高等学校"十三五"规划教材

本书荣获中国石油和化学工业优秀出版物奖

微 积 分

第二版
Second Edition

谢彦红　李明辉　裴晓雯　主编

化学工业出版社

·北京·

本书主要面向应用型本科人才的培养。内容包括：函数，极限与连续，导数与微分，微分中值定理与导数的应用，不定积分，定积分，多元函数微积分学（包括空间曲面与常见曲面方程），无穷级数，微分方程与差分方程等。每章末附有知识窗，或介绍微积分发展史，或介绍数学大师趣闻逸事等，能拓宽视野，扩展知识面，提高数学素养。

本书在编写过程中注重数学思想的渗透，重视数学概念产生背景的分析，引进概念尽量结合生活实际，由直观到抽象，深入浅出，通俗易懂；选编了相当数量的经济应用例题，以提高读者运用数学知识解决实际经济问题的能力。本书课后习题按照一定的难易比例进行配备，习题中融入了近年考研真题，满足各层次学生的学习需求。

本书适用于经济管理类本科各专业，亦可供其他相关专业选用，适用面较广。本书还可以作为考研读者及科技工作者的参考书。

图书在版编目（CIP）数据

微积分/谢彦红，李明辉，裴晓雯主编. —2 版.
北京：化学工业出版社，2017.6（2024.7重印）
高等学校"十三五"规划教材　本书荣获中国
石油和化学工业优秀出版物奖
ISBN 978-7-122-29512-5

Ⅰ.①微…　Ⅱ.①谢…②李…③裴…　Ⅲ.①微
积分-高等学校-教材　Ⅳ.①O172

中国版本图书馆 CIP 数据核字（2017）第 081536 号

责任编辑：郝英华　　　　　　　　　装帧设计：韩　飞
责任校对：宋　玮

出版发行：化学工业出版社（北京市东城区青年湖南街 13 号　邮政编码 100011）
印　　装：北京建宏印刷有限公司
787mm×1092mm　1/16　印张 18¾　字数 476 千字　2024 年 7 月北京第 2 版第 5 次印刷

购书咨询：010-64518888　　　　　　　售后服务：010-64518899
网　　址：http://www.cip.com.cn
凡购买本书，如有缺损质量问题，本社销售中心负责调换。

定　　价：46.00 元

《微积分》 编写人员

主 编 谢彦红 李明辉 裴晓雯

参 编 （以姓氏笔画为序）

王 阳 王欣彦 白春艳 刘 欣

李明辉 李慧林 张 成 徐 涛

谢彦红 裴晓雯

员人写编 《公积端》

▶▶▶▶▶▶▶▶▶ 第二版前言

数学不仅是一种工具，还是一种思维模式；不仅是一种知识，还是一种素养；不仅是一种科学，还是一种文化，能否运用数学观念定量思维是衡量民族科学文化素质的一个重要指标。数学教育在培养高素质经济和管理人才中越来越显示出其独特的、不可替代的作用。

微积分是经济管理类学生必修的重要数学基础理论课之一。近年来，经济管理专业一般是文理兼收，导致同一专业学生的数学基础有很大差异，部分文科学生对数学存在畏难情绪；加之某些教材内容陈旧，过于强调数学的严谨和证明，使得学生丧失兴趣和信心，而继续深入学习经管等知识又发现自己的数学基础太差学不下去。因此，编写一部适合经济管理专业学生学习的教材已经刻不容缓，本书正是基于上述考虑编写而成的。

本书根据国家数学与统计学教学指导委员会的经济管理类本科数学基础课程教学基本要求而编写，编者将多年的教学经验有机地融于其中，在编写过程中注重数学思想的渗透，重视数学概念产生背景的分析。根据经济管理类学生的特点，引进概念尽量结合生活实际或几何意义，尽量结合学生已掌握的知识，由直观到抽象，力争深入浅出，通俗易懂；从客观实际出发，淡化数学理论的证明，略去了部分让学生"生畏"的证明，代之以直观形象的阐述，加强数学理论的应用，注重培养学生掌握应用理论解决实际问题的方法。

本书第1章增加了中学数学中忽略的而高等数学所必需的知识点，如三角函数的积化和差等基本公式、极坐标等。每章末附有知识窗，或介绍微积分发展史，或介绍数学大师趣闻逸事，既能拓宽视野、扩展知识面，又能提高学生的数学素养，调动学生学习数学的积极性。本书选编了相当数量的经济应用例题，以期提高读者运用数学知识解决实际经济问题的能力。书中打 * 号部分内容或习题可作为选学内容或学生自学用。书中配置了较多例题和习题，课后习题按照一定的难易比例进行配备，同时融入了近年考研真题，如（数学二）表示考研试题中数学二中的考题，以期满足各层次学生的学习需求。

本书第二版是在第一版的基础上，根据我们四年多的教学实践，按照新形势下教材改革的需求，并吸取使用本书的同行们所提出的宝贵意见修订而成。

本次修订，我们保留了原书的体系，对书中一些不很确切的文字符号做了修改；对书中几处内容做了次序调整；调整了部分例题和习题，删去了过难、计算量过大的例题和习题以及过于抽象的学习内容；增加了空间曲面与常见曲面方程等内容，为后续求空间立体体积奠定基础；增加了最新考研试题，为进一步深造的同学提供参考资料。

本书由谢彦红、李明辉、裴晓雯主编。参加本书编写的还有白春艳、张成、王阳、刘欣、王欣彦、李慧林、徐涛。

本书的出版得益于沈阳化工大学各级领导的鼓励和支持，得益于广大同仁的努力和帮助，在此一并表示衷心的感谢！

编者力求编好此书，得到读者好评，但限于水平，难免有疏漏之处，敬请广大同仁及读者批评指正。

编者
2017 年 5 月

目录 ◀◀◀◀◀◀◀

第1章 函数1

1.1 函数的概念 ……………… 1

1.1.1 预备知识 ……………… 1

1.1.2 函数的概念 ……………… 2

1.1.3 复合函数与反函数 ……… 4

1.1.4 函数的基本性质 ………… 6

1.1.5 极坐标 ……………… 7

习题 1.1 ……………… 7

1.2 初等函数 ……………… 8

1.2.1 基本初等函数 ………… 8

1.2.2 初等函数 ……………… 10

习题 1.2 ……………… 11

1.3 经济学中常见的函数 …… 12

1.3.1 成本函数 ……………… 12

1.3.2 收益函数 ……………… 12

1.3.3 利润函数 ……………… 13

1.3.4 需求函数与供给函数 …… 13

习题 1.3 ……………… 14

总习题 1 ……………… 15

知识窗 1 函数的产生及其发展 …… 17

第2章 极限与连续

2.1 数列的极限 …………… 20

2.1.1 数列的概念 …………… 20

2.1.2 数列的极限 …………… 21

2.1.3 数列极限的性质 ……… 22

习题 2.1 ……………… 24

2.2 函数的极限 …………… 24

2.2.1 $x \to \infty$ 时函数的极限 … 24

2.2.2 $x \to x_0$ 时函数的极限 … 26

2.2.3 函数极限的性质 ……… 27

习题 2.2 ……………… 28

2.3 无穷小量和无穷大量 …… 29

2.3.1 无穷小量 ……………… 29

2.3.2 无穷大量 ……………… 30

2.3.3 无穷小量与无穷大量的关系 …… 31

习题 2.3 ……………… 31

2.4 极限的运算法则 ………… 31

习题 2.4 ……………… 34

2.5 两个重要极限 …………… 34

2.5.1 夹逼准则 ……………… 34

2.5.2 单调有界原理 ………… 36

习题 2.5 ……………… 37

2.6 无穷小的比较和极限在经济学中的应用 …… 38

2.6.1 无穷小的比较 ………… 38

2.6.2 等价无穷小的性质 …… 39

2.6.3 极限在经济学中的应用 …… 40

习题 2.6 ……………… 40

2.7 函数的连续性 …………… 41

2.7.1 函数连续性的概念 …… 41

2.7.2 函数的间断点 ………… 43

2.7.3 连续函数的性质及初等函数的连续性 …… 44

习题 2.7 ……………… 45

2.8 闭区间上连续函数的性质 …… 46

2.8.1 最值定理及有界性定理 …… 46

2.8.2 零点定理与介值定理 …… 46

习题 2.8 ·········· 47 知识窗 2　极限思想的产生和发展 ········ 49
总习题 2 ·········· 47

第 3 章　导数与微分

3.1　导数概念 ··········· 52
　3.1.1　引例 ··········· 52
　3.1.2　导数的定义 ··········· 53
　3.1.3　导数的几何意义 ··········· 55
　3.1.4　函数可导与连续的关系 ··········· 56
习题 3.1 ··········· 57
3.2　函数求导的运算法则 ··········· 57
　3.2.1　函数的和、差、积、商的
　　　　求导法则 ··········· 57
　3.2.2　反函数的求导法则 ··········· 59
　3.2.3　复合函数的求导法则
　　　　（链式法则） ··········· 60
　3.2.4　基本初等函数的导数公式 ··········· 62
　3.2.5　隐函数求导法 ··········· 62
　3.2.6　取对数求导法 ··········· 63

　3.2.7　由参数方程所确定的函
　　　　数的导数 ··········· 64
习题 3.2 ··········· 64
3.3　高阶导数 ··········· 65
习题 3.3 ··········· 67
3.4　微分及其运算 ··········· 67
　3.4.1　微分的概念 ··········· 67
　3.4.2　微分与导数的关系 ··········· 68
*3.4.3　微分的几何意义 ··········· 69
　3.4.4　基本初等函数的微分公式
　　　　与微分运算法则 ··········· 69
　3.4.5　微分在近似计算中的应用 ··········· 71
习题 3.4 ··········· 72
总习题 3 ··········· 73
知识窗 3　导数与微分的发展史况 ········ 74

第 4 章　微分中值定理与导数的应用

4.1　微分中值定理 ··········· 78
　4.1.1　罗尔定理 ··········· 78
　4.1.2　拉格朗日中值定理 ··········· 80
　4.1.3　柯西中值定理 ··········· 81
习题 4.1 ··········· 82
4.2　洛必达法则 ··········· 82
　4.2.1　$\frac{0}{0}$ 型未定式 ··········· 83
　4.2.2　$\frac{\infty}{\infty}$ 型未定式 ··········· 84
　4.2.3　其他未定式 ··········· 85
习题 4.2 ··········· 87
4.3　函数的单调性、极值与最值 ··········· 87
　4.3.1　函数单调性 ··········· 87
　4.3.2　函数的极值与最值 ··········· 89
习题 4.3 ··········· 93

*4.4　函数的凹凸性与拐点及函数
　　　图形的作法 ··········· 94
　4.4.1　函数的凹凸性与拐点 ··········· 94
　4.4.2　函数图形的作法 ··········· 96
习题 4.4 ··········· 98
4.5　导数在经济学中的应用 ··········· 98
　4.5.1　边际分析 ··········· 98
　4.5.2　弹性分析 ··········· 100
　4.5.3　最优化问题 ··········· 102
习题 4.5 ··········· 103
总习题 4 ··········· 103
知识窗 4（1）　中值定理及其应
　　　　　　　用发展 ··········· 105
知识窗 4（2）　洛必达法则趣闻 ········ 105

第 5 章　不定积分

5.1　不定积分的概念和性质 ··········· 107
　5.1.1　原函数 ··········· 107

　5.1.2　不定积分 ··········· 108
　5.1.3　不定积分的性质 ··········· 108

　　5.1.4　基本积分表 …………… 109
　习题 5.1 …………………………… 110
　5.2　换元积分法 …………………… 111
　　5.2.1　第一类换元积分法
　　　　　　（凑微分法） …………… 111
　　5.2.2　第二类换元积分法 ……… 114
　习题 5.2 …………………………… 117

　5.3　分部积分法 …………………… 117
　习题 5.3 …………………………… 119
*5.4　简单有理函数的积分 ………… 120
　习题 5.4 …………………………… 122
　总习题 5 …………………………… 122
　知识窗 5　积分的发展史况 ……… 123

第 6 章　定积分

　6.1　定积分的概念 ………………… 127
　　6.1.1　引例 ……………………… 127
　　6.1.2　定积分定义 ……………… 128
　　6.1.3　定积分的几何意义 ……… 129
　　6.1.4　定积分的性质 …………… 130
　习题 6.1 …………………………… 132
　6.2　微积分基本公式 ……………… 132
　　6.2.1　积分上限函数及其导数 … 133
　　6.2.2　牛顿-莱布尼茨公式 …… 135
　习题 6.2 …………………………… 136
　6.3　定积分的换元积分法 ………… 136
　习题 6.3 …………………………… 139
　6.4　定积分的分部积分法 ………… 140
　习题 6.4 …………………………… 141

　6.5　定积分的应用 ………………… 142
　　6.5.1　定积分的微元法 ………… 142
　　6.5.2　定积分的几何应用 ……… 142
　　6.5.3　定积分的经济应用 ……… 147
　习题 6.5 …………………………… 148
*6.6　反常积分初步 ………………… 148
　　6.6.1　无穷积分 ………………… 148
　　6.6.2　瑕积分 …………………… 150
　　6.6.3　Γ 函数 ………………… 152
　习题 6.6 …………………………… 152
　总习题 6 …………………………… 153
　知识窗 6　博学多才的数学大师——
　　　　　　莱布尼茨 ……………… 154

第 7 章　多元函数微积分学

　7.1　多元函数的基本概念 ………… 158
　　7.1.1　平面点集 ………………… 158
　　7.1.2　多元函数及空间几何简介 … 160
　　7.1.3　多元函数的极限 ………… 164
　　7.1.4　多元函数的连续性 ……… 165
　习题 7.1 …………………………… 166
　7.2　偏导数 ………………………… 167
　　7.2.1　偏导数的定义及其计算法 … 167
　　7.2.2　偏导数的几何意义及偏导数存在
　　　　　　与连续性的关系 ……… 168
　　7.2.3　高阶偏导数 ……………… 169
　　7.2.4　偏导数在经济分析中的应
　　　　　　用——交叉弹性 ……… 170
　习题 7.2 …………………………… 171
　7.3　全微分及其应用 ……………… 172
　　7.3.1　全微分的定义 …………… 172
　*7.3.2　全微分在近似计

　　　　　算中的应用 ……………… 174
　习题 7.3 …………………………… 174
　7.4　多元复合函数的求导法则 …… 175
　　7.4.1　复合函数的中间变量均为
　　　　　　一元函数的情形 ……… 175
　　7.4.2　复合函数的中间变量均为
　　　　　　多元函数的情形 ……… 175
　　7.4.3　复合函数的中间变量既有一元函
　　　　　　数又有多元函数的情形 … 176
　习题 7.4 …………………………… 177
　7.5　隐函数的求导法则 …………… 178
　　7.5.1　一个方程的情形 ………… 178
　*7.5.2　方程组的情形 …………… 179
　习题 7.5 …………………………… 180
　7.6　多元函数的极值及其求法 …… 181
　　7.6.1　多元函数的极值及最大值、
　　　　　　最小值 ………………… 181

7.6.2 条件极值　拉格朗日
　　　乘数法 ………………… 183
习题 7.6 ……………………… 184
7.7 二重积分简介 ……………… 185
　7.7.1 二重积分的概念 ……… 185
　7.7.2 二重积分的性质 ……… 186

7.7.3 二重积分的计算 ………… 187
习题 7.7 ……………………… 192
总习题 7 ……………………… 193
知识窗 7(1)　多元函数及其微分法
　　　　　　的发展简况 ……… 195
知识窗 7(2)　科学的巨人——牛顿 …… 196

第 8 章　无穷级数

8.1 常数项级数的概念和性质 ……… 199
　8.1.1 引例 …………………… 199
　8.1.2 常数项级数的概念 …… 200
　8.1.3 收敛级数的基本性质 … 202
习题 8.1 ……………………… 203
8.2 正项级数的审敛法 ………… 203
　8.2.1 比较审敛法 …………… 204
　8.2.2 比值审敛法 …………… 207
　*8.2.3 根值审敛法 …………… 208
习题 8.2 ……………………… 208
8.3 绝对收敛与条件收敛 ……… 209
　8.3.1 交错级数及其审敛法 … 209
　8.3.2 绝对收敛及条件收敛 … 209
习题 8.3 ……………………… 210
8.4 幂级数 …………………… 211

8.4.1 函数项级数 …………… 211
8.4.2 幂级数及其收敛域 …… 212
8.4.3 幂级数的运算与性质 … 214
习题 8.4 ……………………… 217
8.5 函数展开成幂级数 ………… 218
　8.5.1 泰勒公式与泰勒级数 … 218
　8.5.2 函数展开成幂级数 …… 219
　*8.5.3 利用函数幂级数展
　　　　开式进行近似计算 …… 221
习题 8.5 ……………………… 222
总习题 8 ……………………… 222
知识窗 8(1)　级数的发展简况 ……… 224
知识窗 8(2)　近代数学先驱——
　　　　　　欧拉 ………………… 226

第 9 章　微分方程

9.1 微分方程的基本概念 ……… 228
　9.1.1 引例 …………………… 228
　9.1.2 微分方程的基本概念 … 229
习题 9.1 ……………………… 230
9.2 一阶微分方程 ……………… 230
　9.2.1 可分离变量的微分方程 …… 231
　9.2.2 齐次微分方程 ………… 232
　9.2.3 一阶线性微分方程 …… 233
习题 9.2 ……………………… 236
9.3 可降阶的微分方程 ………… 237
　9.3.1 $y^{(n)} = f(x)$型的微分方程 …… 237
　9.3.2 $y'' = f(x, y')$型的微
　　　　分方程 ………………… 238
　9.3.3 $y'' = f(y, y')$型的微分方程 …… 239
习题 9.3 ……………………… 240

9.4 二阶常系数线性微分方程 ……… 240
　9.4.1 二阶常系数齐次线
　　　　性微分方程 …………… 240
　9.4.2 二阶常系数非齐次线
　　　　性微分方程 …………… 243
习题 9.4 ……………………… 247
*9.5 微分方程在经济学中的应用 …… 248
　9.5.1 微分方程的平衡解与稳定性 … 248
　9.5.2 供需均衡的价格调整模型 …… 249
　9.5.3 索洛(Solow)新古典经济
　　　　增长模型 ………………… 250
　9.5.4 新产品的推广模型 …… 251
习题 9.5 ……………………… 253
总习题 9 ……………………… 253
知识窗 9　常微分方程的发展史况 ……… 255

第10章 差分方程初步

10.1 差分方程的基本概念 ················ 258
10.1.1 差分 ······························ 258
10.1.2 差分方程的基本概念 ··········· 259
习题 10.1 ································ 260
10.2 一阶常系数线性差分方程 ·········· 260
10.2.1 一阶常系数线性齐次
        差分方程 ···················· 260
10.2.2 一阶常系数线性非齐次
        差分方程 ···················· 261
习题 10.2 ······························· 263
*10.3 二阶常系数线性差分方程 ········· 264
10.3.1 二阶常系数线性齐次
        差分方程 ···················· 264
10.3.2 二阶常系数线性非齐
        次差分方程 ················· 265
习题 10.3 ······························· 267
总习题 10 ······························· 267
知识窗 10 微积分的诞生与发展 ········· 268

部分习题参考答案与提示

第1章

函数

数学是一门研究数量关系与空间形式的科学，函数关系是满足一定条件的一种数量关系．函数是微积分研究的对象，是最重要的基本概念之一．尽管我们在以前已对它有了一定的认识，但认真学好本章，加深对函数概念及其性质的理解和掌握，为学习本课程打下良好基础仍是不容忽视的．

1.1 函数的概念

1.1.1 预备知识

我们在观察某一现象时，常常会遇到各种不同的量，其中有的量在过程中保持不变，称为常量；有的量在过程中是变化的，称为变量．通常用字母 x, y, z 表示变量，用字母 a, b, c 表示常量．

在一些实际问题中，如果变量的变化是连续的，则常用区间来表示其变化范围．在数轴上来说，区间是指介于某两点之间的线段上点的全体．区间通常分为有限区间和无限区间，表 1.1 给出了有限区间的表示方法：设 a, b 为实数，且 $a < b$．

表 1.1

名　称	满足的不等式	记　法	数轴上的表示
闭区间	$a \leqslant x \leqslant b$	$[a, b]$	
开区间	$a < x < b$	(a, b)	
半开区间	$a < x \leqslant b$ 或 $a \leqslant x < b$	$(a, b]$ 或 $[a, b)$	

除此之外，还有无限区间：

$[a，+\infty)$：表示不小于 a 的实数的全体，也可记为：$a\leqslant x<+\infty$；

$(-\infty，b)$：表示小于 b 的实数的全体，也可记为：$-\infty<x<b$；

其中 $-\infty$ 和 $+\infty$，分别读作"负无穷大"和"正无穷大"，它们不是数，仅仅是记号.

为描述一个变量 x 在一个已知点 x_0 附近变化，我们给出邻域这一术语：

$(x_0-\delta，x_0+\delta)=\{x\mid|x-x_0|<\delta，\delta>0\}$ 称为点 x_0 的 δ 邻域，记为 $U(x_0，\delta)$. x_0 称为邻域的中心，δ 称为邻域的半径，如图 1.1 所示.

$(x_0-\delta，x_0)\bigcup(x_0，x_0+\delta)=\{x\mid0<|x-x_0|<\delta，\delta>0\}$ 称为以 x_0 为中心、δ 为半径的去心邻域，记为 $\mathring{U}(x_0，\delta)$，如图 1.2 所示.

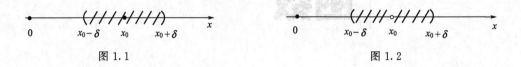

图 1.1　　　　　　　　　　　　　　　　　图 1.2

1.1.2　函数的概念

在自然界中，某一现象中的各种变量之间，通常并不都是独立变化的，它们之间存在着依赖关系，我们观察下面几个例子.

例如，某种商品的销售单价为 p 元，则其销售额 L 与销售量 x 之间存在这样的依赖关系：$L=px$. 又例如：圆的面积 S 和半径 r 之间存在这样的依赖关系：$S=\pi r^2$

不考虑上面两个例子中量的实际意义，它们都给出了两个变量之间的相互依赖关系，这种关系是一种对应法则，根据这一法则，当其中一个变量在其变化范围内任意取定一个数值时，另一个变量就有确定的值与之对应. 两个变量间的这种对应关系就是函数概念的实质.

定义 1.1　设在某个变化过程中有变量 x 和 y，如果对于 x 取值范围内的每一个数值，都有一个确定的 y 值与之对应，则称 y 是 x 的函数.

为了突出这里是集合之间的对应关系，给出如下定义.

定义 1.1′　设 D 是一个非空实数集合，f 是一个对应规则，在此规则下，对每一个 $x\in D$，都有唯一确定的实数 y 与之对应，则称此对应规则 f 为定义在 D 上的一个函数关系，称变量 y 是变量 x 的函数. 记做 $y=f(x)，x\in D$.

这里称 x 为自变量，称 y 为因变量. 集合 D 称为该函数的定义域，可记做 $D(f)$. 对于 $x_0\in D(f)$ 所对应的 y 值记作 $f(x_0)$ 或 $y|_{x=x_0}$，称为当 $x=x_0$ 时函数 $f(x)$ 的函数值. 全体函数值的集合 $\{y\mid y=f(x)，x\in D(f)\}$ 称为函数 $y=f(x)$ 的值域，记作 Z 或 $Z(f)$.

注意：1. 由函数的定义可知，一个函数的构成要素为：定义域、对应规则和值域. 由于值域是由定义域和对应规则决定的，所以，如果两个函数的定义域和对应关系完全一致，我们就称两个函数相等.

2. 如果自变量在定义域内任取一个确定的值时，函数只有一个确定的值和它对应，这种函数叫做单值函数，否则叫做多值函数. 这里我们只讨论单值函数.

函数通常有以下三种表示方法.

① 解析法（或分析法、公式法）：如 $y=\sin x$，$y=\sqrt{x^2+1}$，这样的表达式亦为函数的解析式，这种表示法的主要优点是严密.

② 图示法：如用直角坐标（或极坐标等）平面的一条曲线表示，这种表示法的主要优点是直观.

③ 表格法：如三角函数表、对数表、正态分布表等，这种表示法的主要优点是能进行函数值的查询.

若函数 $f(x)$ 在定义域不同的区间上用不同解析式来表示，则称函数 $f(x)$ 为分段函数.

如 $f(x) = \begin{cases} x-1, & x<0 \\ 0, & x=0 \\ x+1, & x>0 \end{cases}$ 和符号函数 $y = \operatorname{sgn} x = \begin{cases} 1, & x>0 \\ 0, & x=0 \\ -1, & x<0 \end{cases}$，都是定义域在 $(-\infty, +\infty)$ 内的分段函数，其图形分别如图 1.3 和图 1.4 所示.

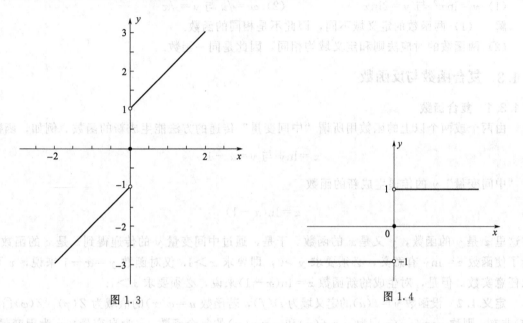

图 1.3　　　　　　　　　　　　　　　图 1.4

对于给定的一个二元方程 $F(x, y) = 0$，只要给定 x 的值，就能确定出与之对应的 y 值，从而确定一个或几个（自变量 x 的）函数 y. 例如方程 $xy - 2x + 3y - 1 = 0$ 就确定一个函数 $y = \dfrac{2x+1}{x+3}$，而方程 $x^2 + y^2 - 1 = 0$ 则可以确定两个函数 $y = \sqrt{1-x^2}$ 与 $y = -\sqrt{1-x^2}$.

在很多情形中，由给定方程 $F(x, y) = 0$ 所确定的函数不可能像所举例的两个简单例子那样把 y 解出来，例如 $xy - e^y = 0, x e^y + \sin xy = 0$ 等. 因此，不管表达式如何，只要在 x 的取值范围内，满足方程 $F(x, y) = 0$ 的每一个函数 $f(x)$ 都称为是由这个方程所确定的隐函数，而把以前提到过的形如 $y = f(x)$ 的函数表达形式称为显函数.

【例 1.1】　设 $f(x+1) = 2x^2 + 3x - 1$，求 $f(x)$.

解　设 $x+1 = t$ 得 $x = t-1$，则 $f(t) = 2(t-1)^2 + 3(t-1) - 1 = 2t^2 - t - 2$，所以 $f(x) = 2x^2 - x - 2$.

【例 1.2】　确定函数 $y = \arcsin\dfrac{x-1}{5} + \dfrac{1}{\sqrt{25-x^2}}$ 的定义域.

解　由 $\left| \dfrac{x-1}{5} \right| \leqslant 1$ 且 $x^2 < 25$，即 $|x-1| \leqslant 5$ 且 $|x| < 5$，得 $-4 \leqslant x \leqslant 6$ 且 $-5 < x < 5$.

故所求定义域是 $[-4, 5)$.

【例 1.3】 求函数 $y=\sqrt{x^2-x-6}+\arcsin\dfrac{2x-1}{7}$ 的定义域.

解 要使函数有定义，即有

$$\begin{cases} x^2-x-6\geqslant0 \\ |\dfrac{2x-1}{7}|\leqslant1 \end{cases} \Leftrightarrow \begin{cases} x\geqslant3 \text{ 或 } x\leqslant-2 \\ -3\leqslant x\leqslant4 \end{cases} \Leftrightarrow -3\leqslant x\leqslant-2 \text{ 或 } 3\leqslant x\leqslant4$$

于是，所求函数的定义域是：$[-3,-2]\cup[3,4]$.

【例 1.4】 判断以下函数是否是同一函数，为什么？

(1) $y=\ln x^2$ 与 $y=2\ln x$ (2) $\omega=\sqrt{u}$ 与 $y=\sqrt{x}$

解 （1）两函数的定义域不同，因此不是相同的函数.

（2）两函数的对应法则和定义域均相同，因此是同一函数.

1.1.3 复合函数与反函数

1.1.3.1 复合函数

由两个或两个以上的函数用所谓"中间变量"传递的方法能生成新的函数. 例如，函数

$$z=\ln y \text{ 与 } y=x-1$$

由"中间变量"y 的传递生成新的函数

$$z=\ln(x-1)$$

在这里 z 是 y 的函数，y 又是 x 的函数. 于是，通过中间变量 y 的传递得到 z 是 x 的函数. 为了使函数 $z=\ln y$ 有意义，必须要求 $y>0$，即要求 $x>1$. 仅对函数 $y=x-1$ 来说，x 可取任意实数. 但是，对生成的新函数 $z=\ln(x-1)$ 来说，必须要求 $x>1$.

定义 1.2 设函数 $y=f(u)$ 的定义域为 $D(f)$，若函数 $u=\varphi(x)$ 的值域为 $Z(\varphi)$，$Z(\varphi)\cap D(f)$ 非空，则称 $y=f[\varphi(x)]$ 为 $y=f(u)$ 和 $u=\varphi(x)$ 的复合函数. x 为自变量，y 为因变量，u 称为中间变量.

【例 1.5】 若 $y=\sqrt{u}$，$u=\sin x$，则其复合而成的函数为

解 $y=\sqrt{\sin x}$，要求 $u\geqslant0$ 所以 $\sin x\geqslant0$，$x\in[2k\pi,\pi+2k\pi]$.

【例 1.6】 分析下列复合函数的结构.

(1) $y=\sqrt{\cot\dfrac{x}{2}}$;   (2) $y=\mathrm{e}^{\sin\sqrt{x^2+1}}$.

解 （1）$y=\sqrt{u}$，$u=\cot v$，$v=\dfrac{x}{2}$.

（2）$y=\mathrm{e}^u$，$u=\sin v$，$v=\sqrt{t}$，$t=x^2+1$.

1.1.3.2 反函数

在高中已经学习了反函数，如对数函数是指数函数的反函数，反三角函数是三角函数的反函数. 鉴于反函数的重要性，我们将复习反函数的概念.

圆的面积公式 $S=\pi r^2$

中，半径 r 是自变量，面积 S 是因变量，即对任意半径 $r\in(0,+\infty)$，对应唯一一个面积 S. 反之，对任意面积 $S\in(0,+\infty)$，按此对应关系，也对应唯一一个半径 r（正数），即

$$r = \sqrt{\frac{S}{\pi}}$$

函数 $r = \sqrt{\dfrac{S}{\pi}}$ 就是函数 $S = \pi r^2$ 的反函数.

定义 1.3　设 $y = f(x)$, $x \in D(f)$, $y \in Z(f)$. 如果对于每一个 $y \in Z(f)$, 都有唯一确定的而且满足 $y = f(x)$ 的 $x \in D(f)$ 与之对应, 其对应规则用 f^{-1} 表示, 这个定义在 $Z(f)$ 上的函数 $x = f^{-1}(y)$ 称为 $y = f(x)$ 的反函数（或称 $y = f(x)$ 与 $x = f^{-1}(y)$ 互为反函数）.

由定义知函数 $y = f(x)$ 的自变量是 x, 因变量是 y, 定义域是 $D(f)$, 值域是 $Z(f)$. 而函数 $x = f^{-1}(y)$ 的自变量是 y, 因变量是 x, 定义域是 $Z(f)$, 值域是 $D(f)$.

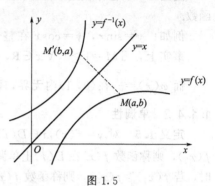

图 1.5

习惯上常用 x 表示自变量, y 表示因变量. 因此可以将 $x = f^{-1}(y)$ 改写为 $y = f^{-1}(x)$, 就是说 $y = f^{-1}(x)$ 是 $y = f(x)$ 的反函数.

从几何上看, $y = f(x)$ 与 $x = f^{-1}(y)$ 的图形是同一图形, 由于 x 和 y 互换, 于是 $y = f(x)$ 与 $y = f^{-1}(x)$ 的图形是关于直线 $y = x$ 对称的, 如图 1.5 所示.

【例 1.7】　求 $y = 2x - 1$ 的反函数.

解　由 $y = 2x - 1$ 求出 $x = \dfrac{y+1}{2}$. 用 x 表示自变量, y 表示因变量, 于是 $y = 2x - 1$ 的反函数是 $y = \dfrac{x+1}{2}$.

【例 1.8】　$y = x^2$, $x \in [0, +\infty)$ 的反函数是 $y = \sqrt{x}$, 而 $y = x^2$, $x \in (-\infty, 0]$ 的反函数是 $y = -\sqrt{x}$.

一个函数如果有反函数, 它的定义域 $D(f)$ 与值域 $Z(f)$ 之间必定是一一对应的, 即每一个 x 值确定一个 y 值, 并且每一个 y 值仅取决于一个 x 值. 在 $(-\infty, +\infty)$ 内, $y = x^2$ 不是一一对应的函数关系, 它没有反函数.

【例 1.9】　设 $y = f(x) = \begin{cases} x, & -\infty < x < 1 \\ x^2, & 1 \leqslant x \leqslant 4 \\ 2^x, & 4 < x < +\infty \end{cases}$, 求 $f^{-1}(x)$.

解　求分段函数的反函数, 只要分别求出各区间段的反函数及定义域即可.

由 $y = x$, $-\infty < x < 1$ 得 $x = y$, $-\infty < y < 1$, 于是反函数为

$$y = x, \quad -\infty < x < 1,$$

由 $y = x^2$, $1 \leqslant x \leqslant 4$ 得 $x = \sqrt{y}$, $1 \leqslant y \leqslant 16$, 于是反函数为

$$y = \sqrt{x}, \quad 1 \leqslant x \leqslant 16,$$

由 $y = 2^x$, $4 < x < +\infty$ 得 $x = \log_2 y$, $16 < y < +\infty$, 于是反函数为

$$y = \log_2 x, \quad 16 < x < +\infty,$$

综上所述，
$$f^{-1}(x)=\begin{cases} x, & -\infty<x<1 \\ \sqrt{x}, & 1\leqslant x\leqslant 16 \\ \log_2 x, & 16<x<+\infty \end{cases}.$$

1.1.4　函数的基本性质

1.1.4.1　有界性

定义1.4　若存在正数 M，对一切 $x\in D(f)$，有 $|f(x)|\leqslant M$ 成立，则称 $f(x)$ 为有界函数.

例如：$y=\sin x$，$y=\cos x$ 在整个实数轴上均有界.

事实上，$\exists M=1>0$，$\forall x\in \mathbf{R}$，有 $|\sin x|\leqslant 1$ 与 $|\cos x|\leqslant 1$.

而 $\varphi(x)=\dfrac{1}{x}$ 在 $(0,1)$ 内无界，而在区间 $(\varepsilon,1)$ $(\varepsilon>0)$ 内是有界的.

1.1.4.2　单调性

定义1.5　对 $y=f(x)$，$x\in D(f)$，对任意两点 $x_1,x_2\in D(f)$，当 $x_1<x_2$ 时，若 $f(x_1)<f(x_2)$，则称函数 $f(x)$ 在 $D(f)$ 上单调递增，区间 $D(f)$ 称为 $f(x)$ 的单调递增区间；当 $x_1<x_2$ 时，若 $f(x_1)>f(x_2)$，则称函数 $f(x)$ 在 $D(f)$ 上单调递减，区间 $D(f)$ 称为 $f(x)$ 的单调递减区间.

单调递增区间或单调递减区间统称为单调区间.

【例1.10】　说明 $y=a^x$，$y=\log_a x$ 在其定义域区间内的单调性.

解　$y=a^x$，当 $a>1$ 时，定义域 R 为单调递增区间；当 $0<a<1$ 时，定义域 R 为单调递减区间. $y=\log_a x$，当 $a>1$ 时，定义域 $(0,+\infty)$ 为单调递增区间，当 $0<a<1$ 时，定义域 $(0,+\infty)$ 为单调递减区间.

【例1.11】　判断 $y=3x^2$ 的单调性.

解　$y=3x^2$ 的定义域是 $D=(-\infty,+\infty)$，对于任意的 $x_1,x_2\in D$，$f(x_1)-f(x_2)=3x_1^2-3x_2^2=3(x_1^2-x_2^2)$.

在 $(-\infty,0)$ 内，当 $x_1<x_2$ 时，$f(x_1)-f(x_2)>0$，即 $f(x_1)>f(x_2)$，因此 $y=3x^2$ 是单调递减.

在 $(0,+\infty)$ 内，当 $x_1<x_2$ 时，$f(x_1)-f(x_2)<0$，即 $f(x_1)<f(x_2)$，因此 $y=3x^2$ 是单调递增.

1.1.4.3　奇偶性

定义1.6　对 $y=f(x)$，$x\in D(f)$，若对任意 $x\in D(f)$，有 $f(-x)=-f(x)$ 成立，则称 $f(x)$ 为奇函数；若 $f(-x)=f(x)$ 成立，则称 $f(x)$ 为偶函数. 奇函数的几何图形关于原点对称，而偶函数的几何图形关于 y 轴对称.

【例1.12】　判断 $y=\cos x(\mathrm{e}^{-x}+\mathrm{e}^x)$ 的奇偶性.

解　因为 $y=\cos x(\mathrm{e}^{-x}+\mathrm{e}^x)$ 的定义域为 $(-\infty,+\infty)$，是关于原点对称的，并且
$$f(-x)=\cos(-x)(\mathrm{e}^x+\mathrm{e}^{-x})=\cos x(\mathrm{e}^{-x}+\mathrm{e}^x)=f(x)$$
故此函数为偶函数.

显然，函数 $y=x^3$ 是奇函数，函数 $y=x^3+1$ 既不是奇函数也不是偶函数.

1.1.4.4　周期性

定义1.7　对 $y=f(x)$，$x\in D(f)$，若存在一个正数 T，使得对于任一 $x\in D(f)$ 有 $(x\pm T)\in D$ 且 $f(x+T)=f(x)$ 恒成立，则称 $f(x)$ 为周期函数，T 是 $f(x)$ 的周期. 通常

我们说的周期函数的周期是指最小正周期.

例如，函数 $y=\sin x$，$y=\cos x$ 的周期均为 2π，$y=\tan x$ 的周期为 π. 而 $y=c$（c 是一个常数）是以任何正数为周期的周期函数，但它不存在最小正周期. 所以说，并不是所有的周期函数都存在最小正周期.

1.1.5　极坐标

极坐标是一种重要的坐标系，有些几何轨迹如果用极坐标法处理，它的方程比用直角坐标系来得简单，在微积分中经常用到.

在平面直角坐标系中，是以一对实数来确定平面上一点的位置，现在叙述另一种坐标，它对平面上的一点的位置虽然也是用有序实数对来确定，但这一对实数中，一个是表示距离，而另一个则是指示方向. 一般来说，取一个定点 O，称为极点，作一水平射线 Ox，称为极轴，在 Ox 上规定单位长度，这样就组成了一个极坐标系. 平面上一点 P 的位置，可以由 OP 的长度及 $\angle xOP$ 的大小决定，这种确定一点位置的方法，叫做极坐标法. 具体地说，假设平面上有点 P，连接 OP，设 OP 的长度 $|OP|=\rho$，$\angle xOP=\theta$. ρ 和 θ 的值确定了，则 P 点的位置就确定了. ρ 叫做 P 点的极径，θ 叫做 P 点的极角，(ρ,θ) 叫做 P 点的极坐标（规定 ρ 写在前，θ 写在后）. 显然，每一对实数 (ρ,θ) 决定平面上一个点的位置.

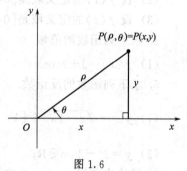

图 1.6

极坐标与直角坐标系的关系如图 1.6 所示，将极坐标的极点 O 作为直角坐标系的原点，将极坐标的极轴作为直角坐标系 x 轴的正半轴. 如果点 P 在直角坐标系下的坐标为 (x,y)，在极坐标系下的坐标为 (ρ,θ)，则有下列关系成立

$$\cos\theta=\frac{x}{\rho},\ \sin\theta=\frac{y}{\rho}$$

即

$$x=\rho\cos\theta,\quad y=\rho\sin\theta$$

另外还有下式成立

$$\rho^2=x^2+y^2,\ \tan\theta=\frac{y}{x}.$$

【例 1.13】 给出极坐标系中点 $P(2,\pi/3)$ 的直角坐标.

解　由上面的讨论知

$$x=\rho\cos\theta=2\cos\frac{\pi}{3}=1,\ \ y=\rho\sin\theta=2\sin\frac{\pi}{3}=\sqrt{3}$$

故点 P 的直角坐标为 $(1,\sqrt{3})$.

习题 1.1

1. 对下列函数，求指定的函数值.

(1) 设 $g(x)=-\sin x$，求 $g\left(-\sin\frac{\pi}{2}\right)$；　(2) 设 $f(x-1)=x^2+1$，求 $f(x_0+h)-f(x_0)$；

(3) 设 $f\left(\frac{1}{x}\right)=\left(\frac{x+1}{x}\right)^2$，求 $f(x)$；　(4) 设 $f\left(\frac{1}{x-1}\right)=x^2+x+1$，求 $f(x)$；

(5) 设 $f(x)=\dfrac{x}{x-1}$，求 $x\ne 1$ 且 $x\ne 0$ 时的 $f\left[\dfrac{1}{f(x)}\right]$；

(6) 设 $f(x)$ 满足 $af(x)+bf\left(\dfrac{1}{x}\right)=cx$，其中 a,b,c 均为非零常数，且 $|a|\ne|b|$. 求 $f(x)$ 的表达式.

2. 求下列函数的定义域.

(1) $f[g(x)]$，其中 $f(x)=\lg x,g(x)=x+3$；　　(2) $y=\dfrac{\sqrt{2x+1}}{2x^2-x-1}$；

(3) $y=\dfrac{x-1}{\lg x}+\sqrt{16-x^2}$；　　　　　　　(4) $f(x)=\dfrac{1}{\lg|x-5|}$.

3. 求下列函数的定义域.

(1) 设 $f(x)$ 的定义域是 $[0,2]$，求 $f(x-1)$ 的定义域.

(2) 设 $f(x)$ 的定义域是 $[0,4]$，求 $f(x^2)$ 的定义域.

(3) 设 $f(x)$ 的定义域是 $[0,1]$，且 $0\le a\le 0.5$，求 $f(x+a)+f(x-a)$ 的定义域.

4. 求下列函数的值域.

(1) $f(x)=3+2\cos x$；　　　　　　　　　(2) $y=\sqrt{x-4}+\sqrt{15-3x}$.

5. 求下列函数的反函数.

(1) $y=-\sqrt{x-1},x\in[1,+\infty)$；　　(2) $y=\pi+\arctan\dfrac{x}{2},x\in\mathbf{R}$；

(3) $y=2^x-1,x\in\mathbf{R}$；　　　　　　(4) $y=\log_9 3+\log_4\sqrt{x},x\in(0,+\infty)$.

6. 试给出曲线 $\rho=2\cos\theta$ 在直角坐标系下的方程.

1.2 初等函数

1.2.1 基本初等函数

在数学的发展过程中，形成了最简单最常用的六类函数，即常数函数、幂函数、指数函数、对数函数、三角函数与反三角函数，这六类函数称为基本初等函数.

1.2.1.1 常数函数

$y=c,x\in\mathbf{R}$，其中 c 是常数. 它的图像是通过点 $(0,c)$，且平行于 x 轴的直线，如图 1.7 所示.

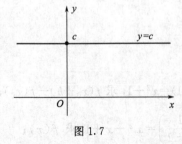

图 1.7

常数函数是有界函数、周期函数、偶函数. 特别当 $c=0$ 时，它还是奇函数.

1.2.1.2 幂函数

形如 $y=x^\alpha$ 的函数是幂函数，其中 α 是实数. 其定义域因 α 不同而异，然而对任何 α 值，在 $(0,+\infty)$ 内，x^α 都有定义，并且图形皆过点 $(1,1)$.

例如，$y=x^2,y=x^{\frac{2}{3}}$ 的定义域为 $(-\infty,+\infty)$，值域为 $[0,+\infty)$，图形对称于 y 轴，如图 1.8 所示. $y=x^3,y=x^{\frac{1}{3}}$

的定义域为 $(-\infty,+\infty)$，值域为 $(-\infty,+\infty)$，图形对称于原点，如图 1.9 所示.

1.2.1.3 指数函数

$y=a^x(a>0,a\neq1)$，其定义域为 $(-\infty,+\infty)$，值域为 $(0,+\infty)$，对任何 a，$y=a^x$ 的图形都通过点 $(0,1)$，当 $a>1$ 时函数单调增加；当 $0<a<1$ 时，函数单调减少，如图 1.10 所示.

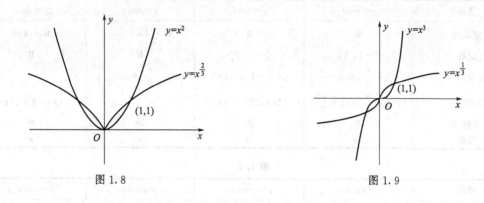

图 1.8　　　　　　　　　　　　　图 1.9

1.2.1.4 对数函数

$y=\log_a x(a>0,a\neq1)$，其定义域为 $(0,+\infty)$，值域为 $(-\infty,+\infty)$，对任何 a，$y=\log_a x$ 的图形都通过 $(1,0)$ 点，当 $a>1$ 时函数单调增加，当 $0<a<1$ 时，函数单调减少，如图 1.11 所示. 对同一 a 值，$y=\log_a x$ 与 $y=a^x$ 互为反函数，见表 1.2.

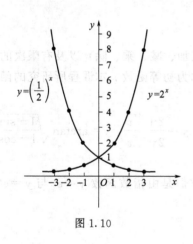
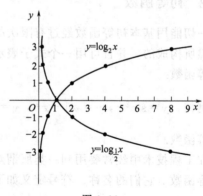

图 1.10　　　　　　　　　　　　　图 1.11

表 1.2

项目	$y=a^x$		$y=\log_a x$	
a	$0<a<1$	$a>1$	$0<a<1$	$a>1$
定义域	**R**	**R**	$(0,+\infty)$	$(0,+\infty)$
值域	$(0,+\infty)$	$(0,+\infty)$	**R**	**R**
递增区间		**R**		$(0,+\infty)$
递减区间	**R**		$(0,+\infty)$	

1.2.1.5 三角函数

$y = \sin x$，$y = \cos x$，$y = \tan x$，$y = \cot x$，$y = \sec x$，见表 1.3.

1.2.1.6 反三角函数

$y = \arcsin x$，$y = \arccos x$，$y = \arctan x$，$y = \mathrm{arccot}\, x$，见表 1.4.

表 1.3

项目	$y = \sin x$	$y = \cos x$	$y = \tan x$	$y = \cot x$
定义域	$\mathbf{R}$	$\mathbf{R}$	$\mathbf{R} - \{k\pi + \frac{\pi}{2}\}$	$\mathbf{R} - \{k\pi\}$
值域	$[-1, 1]$	$[-1, 1]$	$\mathbf{R}$	$\mathbf{R}$
递增区间	$[2k\pi - \frac{\pi}{2}, 2k\pi + \frac{\pi}{2}]$	$[(2k-1)\pi, 2k\pi]$	$\left(k\pi - \frac{\pi}{2}, k\pi + \frac{\pi}{2}\right)$	
递减区间	$[2k\pi + \frac{\pi}{2}, 2k\pi + \frac{3\pi}{2}]$	$[2k\pi, (2k+1)\pi]$		$(k\pi, (k+1)\pi)$
奇偶性	奇	偶	奇	奇
周期	2π	2π	π	π

表 1.4

项目	$y = \arcsin x$	$y = \arccos x$	$y = \arctan x$	$y = \mathrm{arccot}\, x$
定义域	$[-1, 1]$	$[-1, 1]$	$\mathbf{R}$	$\mathbf{R}$
值域	$[-\frac{\pi}{2}, \frac{\pi}{2}]$	$[0, \pi]$	$\left(-\frac{\pi}{2}, \frac{\pi}{2}\right)$	$(0, \pi)$
递增区间	$[-1, 1]$		$\mathbf{R}$	
递减区间		$[-1, 1]$		$\mathbf{R}$
奇偶性	奇		奇	

1.2.2 初等函数

一切能用基本初等函数经过有限次的四则运算（加、减、乘、除）以及有限次的函数复合步骤所构成的，并且可用一个式子表示的函数，称为初等函数. 本课程所研究的函数主要是初等函数.

例如，$y = \sin^2 x$，$y = \sqrt{1 - x^2}$，$y = \lg\sqrt{1 + x^2}$，$y = \dfrac{2 + \sqrt[3]{x}}{2 - \sqrt{x}}$，$y = \arctan\sqrt{\dfrac{1 + \sin x}{1 - \cos x}}$ 等都是初等函数.

在工程技术中经常要用到一类所谓双曲函数，它们是由指数函数 $y = e^x$ 与 $y = e^{-x}$ 生成的初等函数. 它们的名称、符号定义如下.

双曲正弦：$\quad \mathrm{sh}\, x = \dfrac{e^x - e^{-x}}{2}$.

双曲余弦：$\quad \mathrm{ch}\, x = \dfrac{e^x + e^{-x}}{2}$.

双曲正切：$\quad \mathrm{th}\, x = \dfrac{\mathrm{sh}\, x}{\mathrm{ch}\, x} = \dfrac{e^x - e^{-x}}{e^x + e^{-x}}$.

双曲余切：$\quad \mathrm{cth}\, x = \dfrac{\mathrm{ch}\, x}{\mathrm{sh}\, x} = \dfrac{e^x + e^{-x}}{e^x - e^{-x}}$.

双曲正弦的定义域为 $(-\infty, +\infty)$；它是奇函数，它的图像通过原点且关于原点对称. 在区间 $(-\infty, +\infty)$ 内它是单调增加的. 当 x 的绝对值很大时，它的图像在第一象限内接近

于曲线 $y=\dfrac{1}{2}\mathrm{e}^x$；在第三象限内接近于曲线 $y=-\dfrac{1}{2}\mathrm{e}^{-x}$，如图 1.12 所示.

双曲余弦的定义域为 $(-\infty,+\infty)$；它是偶函数，它的图像通过 $(0,1)$ 且关于 y 轴对称. 在区间 $(-\infty,0)$ 内它是单调减少的；在区间 $(0,+\infty)$ 内它是单调增加的. $\mathrm{ch}0=1$ 是这函数的最小值. 当 x 的绝对值很大时，它的图像在第一象限内接近于曲线 $y=\dfrac{1}{2}\mathrm{e}^x$；在第二象限内接近于曲线 $y=\dfrac{1}{2}\mathrm{e}^{-x}$，如图 1.12 所示.

双曲正切的定义域为 $(-\infty,+\infty)$；它是奇函数，它的图像通过原点且关于原点对称. 在区间 $(-\infty,+\infty)$ 内它是单调增加的. 它的图像夹在水平直线 $y=1$ 及 $y=-1$ 之间；当 x 的绝对值很大时，它的图像在第一象限内接近于直线 $y=1$；在第三象限内接近于直线 $y=-1$，如图 1.13 所示.

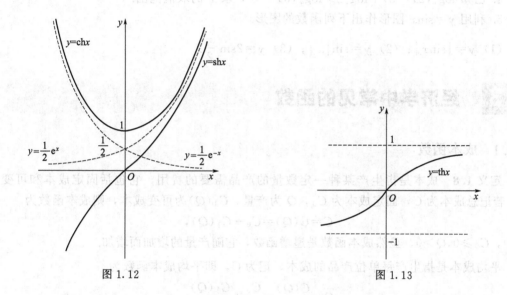

图 1.12　　　　　　　　　　　　　　图 1.13

双曲函数的公式与三角函数的公式相似. 由双曲函数的定义，可以证明下列公式

$$\mathrm{ch}^2x-\mathrm{sh}^2x=1,\quad \mathrm{ch}x+\mathrm{sh}x=\mathrm{e}^x,\quad \mathrm{ch}x-\mathrm{sh}x=\mathrm{e}^{-x}.$$

习题 1.2

1. 选择题.

(1) 若 $10^{2x}=25$，则 10^{-x} 等于（　　）.

　　(A) $\dfrac{1}{5}$　　　　(B) $-\dfrac{1}{5}$　　　　(C) $\dfrac{1}{50}$　　　　(D) $\dfrac{1}{625}$

(2) 某商品的价格前两年每年递增 20%，后两年每年递减 20%，则四年后的价格与原来价格比较，变化的情况是（　　）.

　　(A) 减少 7.84%　(B) 增加 7.84%　　(C) 减少 9.5%　　(D) 不增不减

(3) 若函数 $f(x)=\log_a x\,(0<a<1)$ 在区间 $[a,2a]$ 上的最大值是最小值的 3 倍，则 a 的值为（　　）.

　　(A) $\dfrac{\sqrt{2}}{4}$　　　　(B) $\dfrac{\sqrt{2}}{2}$　　　　(C) $\dfrac{1}{4}$　　　　(D) $\dfrac{1}{2}$

(4) 已知函数 $y=e^x$ 的图像与函数 $y=f(x)$ 的图像关于直线 $y=x$ 对称，则（　　）.

　(A) $f(2x)=e^{2x}(x\in\mathbf{R})$　　　　(B) $f(2x)=\ln 2\cdot\ln x(x>0)$

　(C) $f(2x)=2e^x(x\in\mathbf{R})$　　　　(D) $f(2x)=\ln x+\ln 2(x>0)$

2. 填空题.

(1) 已知函数 $f(x)=a-\dfrac{1}{2^x+1}$，若 $f(x)$ 为奇函数，则 $a=$ _____.

(2) 若函数 $f(x)=\log_a(x+\sqrt{x^2+2a^2})$ 是奇函数，则 $a=$ _____.

(3) 方程 $\log_3(2x-1)=2$ 的解 $x=$ _____.

(4) 化简 $\log_2(\sqrt{5}-1)+\log_2(\sqrt{5}+1)=$ _____.

3. 若 $\log_a\dfrac{4}{3}>1$，求 a 的取值范围.

4. 已知 $\log_a(2x-3)+\log_a 2>\log_a(5x-1)$，求 x 的取值范围.

5. 利用 $y=\sin x$ 图形作出下列函数的图形.

(1) $y=|\sin x|$；(2) $y=\sin|x|$；(3) $y=2\sin\dfrac{x}{2}$.

1.3　经济学中常见的函数

1.3.1　成本函数

定义 1.8　成本是指生产某种一定数量的产品需要的费用，它包括固定成本和可变成本. 若记总成本为 C，固定成本为 C_0，Q 为产量，$C_1(Q)$ 为可变成本，则成本函数为

$$C=C(Q)=C_0+C_1(Q),$$

其中，$C_0\geqslant 0,Q>0$，显然成本函数是递增函数，它随产量的增加而增加.

平均成本是指生产每单位产品的成本，记为 $\overline{C}$，即平均成本函数为

$$\overline{C}=\frac{C(Q)}{Q}=\frac{C_0}{Q}+\frac{C_1(Q)}{Q}.$$

平均成本的大小反映企业生产的好差，平均成本越小说明企业生产单位产品时消耗的资源费用越低，效益更好.

【例 1.14】　某工厂生产 Q 个单位产品的总成本函数为 $C=C(Q)=108+Q+\dfrac{1}{9}Q^2$，求生产 18 个单位产品的总成本及平均成本.

解　当 $Q=18$ 时，总成本为

$$C(18)=108+18+\frac{1}{9}\times 324=162.$$

平均成本为

$$\overline{C}(18)=\frac{C(18)}{18}=9.$$

1.3.2　收益函数

定义 1.9　总收益是生产者出售一定数量产品所得到的全部收入. 用 Q 表示出售的产品

数量，R 表示总收益，$\overline{R}$ 表示平均收益，则

$$R=R(Q), \quad \overline{R}=\frac{R(Q)}{Q},$$

如果产品价格 P 保持不变，则

$$R=PQ, \quad \overline{R}=P$$

【例 1.15】 设某产品的价格与销售量的关系为 $Q=100-2P$，求销售量为 10 时的总收益和平均收益.

解 $Q=100-2p$，当 $Q=10$ 时，$P=45$. 则 $R(10)=PQ=45\times10=450$，$\overline{R}(10)=45$.

1.3.3 利润函数

定义 1.10 总利润是生产中获得的总收益与投入的总成本之差，用 L 表示总利润，则
$$L(Q)=R(Q)-C(Q),$$
平均利润函数为 $\qquad \overline{L}(Q)=\frac{L(Q)}{Q}.$

【例 1.16】 某工厂生产某种产品，固定成本为 10000 元，每生产一件产品的费用为 50 元，预计售价 80 元，求总成本函数、平均成本函数、总收益函数、总利润函数和平均利润函数.

解 设产量为 Q，则总成本函数、平均成本函数、总收益函数分别为

$$C(Q)=10000+50Q, \overline{C}(Q)=\frac{10000}{Q}+50, R(Q)=80Q,$$

而总利润函数为

$$L(Q)=80Q-(10000+50Q)=30Q-10000.$$

平均利润函数为

$$\overline{L}(Q)=\frac{L(Q)}{Q}=30-\frac{10000}{Q}.$$

1.3.4 需求函数与供给函数

1.3.4.1 需求函数

定义 1.11 需求是指消费者在某一特定的时期内，在一定的价格条件下对某种商品具有购买力的需要.

消费者对某种商品的需求量除了与该商品的价格有直接关系外，还与消费者的习性、偏好、收入、其他可取代商品的价格甚至季节的影响有关. 现在只考虑商品的价格因素，其他因素暂时取定值. 这样，对商品的需求量就是该商品价格的函数，称为需求函数. 用 Q 表示对商品的需求量，P 表示商品的价格，则需求函数为

$$Q=Q(P)$$

鉴于实际情况，自变量 P 和因变量 Q 都取非负值.

一般地，需求量随价格上涨而减少，因此通常需求函数是价格的递减函数.

常见的需求函数有以下几种.

① 线性需求函数：$Q=a-bP$，其中 a,b 均为非负常数.

② 二次曲线需求函数：$Q=a-bP-cP^2$，其中 a,b 均为非负常数，$c>0$．

③ 指数需求函数：$Q=ae^{-bp}$，其中 a,b 均为非负常数．

④ 幂函数：$Q=kP^{-a}$，其中 $k>0,a>0$．

需求函数 $Q=Q(P)$ 的反函数称为价格函数，记作 $P=P(Q)$，其也反映商品的需求与价格的关系．

1.3.4.2　供给函数

定义 1.12　供给是指在某一时间内，在一定的价格条件下，生产者愿意并且能够售出的商品．供给量记为 S，供应者愿意接受的价格为 P，则供给量与价格之间的关系为 $S=S(P)$，称其为供给函数，S 与 P 均取非负值．由供给函数所作图形称为供给曲线．

一般地，供给函数可以用以下简单函数近似代替．

① 线性函数：$S=aP-b$，其中 a,b 均为非负常数．

② 幂函数：$S=kP^a$，其中 a,k 均为非负常数．

③ 指数函数：$S=ae^{bP}$，其中 a,b 均为非负常数．

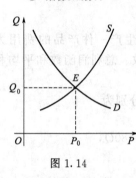

图 1.14

需求函数与供给函数密切相关，把需求曲线和供给曲线画在同一坐标系中，如图 1.14 所示．由于需求函数是递减函数，供给函数是递增函数，它们的图形必相交于一点，这一点叫做均衡点，均衡点所对应的价格 P_0 就是供、需平衡的价格，也叫均衡价格；均衡点所对应的需求量或供给量就叫做均衡需求量或均衡供给量．当市场价格 P 高于均衡价格 P_0 时，产生了"供大于求"的现象，从而使市场价格下降；当市场价格 P 低于均衡价格 P_0 时，这时会产生"供不应求"的现象，从而使市场价格上升．市场价格的调节就是这样实现的．

应该指出，市场的均衡是暂时的，当条件发生变化时，原有的均衡状态就被破坏，从而需要在新的条件下建立新的均衡．

【例 1.17】　某商品的需求量 Q 与价格 P 的关系由 $3Q^2+P=123$ 给出，而供给量 Q 与价格 P 的关系由 $Q^2-20Q-P=-99$ 给出，试求市场达到供需平衡时的均衡价格和均衡需求量．

解　要求均衡价格和均衡需求量，即解方程组

$$\begin{cases} Q^2-20Q-P=-99 \\ 3Q^2+P=123 \end{cases},$$

得到两组结果　$\begin{cases} P_1=120 \\ Q_1=-1 \end{cases}$ 和 $\begin{cases} P_2=15 \\ Q_2=6 \end{cases}$．

显然，第一组结果没有意义，故所求均衡价格为 15 个单位，均衡需求量为 6 个单位．

习题 1.3

1. 某工厂生产某种产品，固定成本为 200 元，每多生产 1 件产品，成本增加 10 元，该产品的需求函数为 $Q=50-2P$，试计算该产品的成本、平均成本、收益和利润．

2. 已知产品价格 P 与需求量 Q 满足关系 $4P+Q=60$．求

(1) 价格对于需求的函数 $P=P(Q)$，并作图．

(2) 总收益函数 $R=R(Q)$，并作图．

3. 某个商店以每件 100 元的价格批发某种牌子的衬衫,如果顾客一次购买 20 件以上但不超过 50 件,则超出 20 件的部分以 8 折优惠顾客. 如果顾客一次购买超过 50 件以上,则超出 50 件的部分以 7 折优惠顾客. 试把一次成交的销售收入 R 表示成销售量 Q 的函数.

4. 设需求函数由 $P+Q=1$ 给出,其中 P 是价格,Q 是需求量.

(1) 求总收益 R 关于 Q 的函数 $R(Q)$;(2) 若出售 1/3 单位,则总收益应是多少?

5. 设一商品的供给函数与需求函数分别为 $S(x)=\dfrac{1}{7}x+2$,$D(x)=-\dfrac{4}{11}x+9$,其中 x 为价格,试求该商品的市场均衡价格,并作图.

总习题 1

1. 填空题.

(1) 设 $f(x)$ 是定义在实数域上的一个函数,且 $f(x-1)=x^2+x+1$,则 $f\left(\dfrac{1}{x-1}\right)=$ _____.

(2) 设 $f(x)=\begin{cases}1, & \dfrac{1}{e}<x<1 \\ x, & 1\leqslant x\leqslant e\end{cases}$,$\varphi(x)=e^x$,则 $f(\varphi(x))=$ _____.

(3) 函数 $y=1+\lg(x+2)$ 的反函数为 _____.

2. 选择题.

(1) 如果 $E=\{x\,|\,x(x^2-1)=0\}$,下列集合中哪个集合与 E 相等 ( ).

(A) $\{x\,|\,x(x+1)=0\}$ (B) $\{x\,|\,x^2(x^2-1)=0\}$

(C) $\{x\,|\,(x-1)(x^2-1)=0\}$ (D) $\{x\,|\,e^x(x^2-1)=0\}$

(2) 设 $f(x)$ 在 $(-\infty,+\infty)$ 内有定义,则下列函数中必为奇函数的是 ( ).

(A) $y=|f(x)|$ (B) $y=-|f(x)|$

(C) $y=c$ (D) $y=xf(x^2)$

(3) 下列 ( ) 为复合函数.

(A) $y=3^x$ (B) $y=2^{-\sqrt{-(2-\sin x)}}$

(C) $y=\sqrt{-(2+x^4)}$ (D) $y=\sqrt{-x}\ (x<0)$

3. 用区间表示满足下列不等式的所有 x 的集合.

(1) $|x|\leqslant 3$;(2) $|x-a|\leqslant\varepsilon$ (a 为常数,ε 为正的常数);(3) $|x+2|>3$.

4. 说明下列各式是不是函数关系?

(1) $y=\lg(-x^2)$;   (2) $y=\sqrt{-2-\cos x}$.

5. 判断下列各对函数是否相同,为什么?

(1) $f(x)=\dfrac{x^2-4}{x-2}$ 与 $g(x)=x+2$;

(2) $f(x)=\dfrac{\pi}{2}x$ 与 $g(x)=x(\arcsin x+\arccos x)$.

6. $f(x)=\begin{cases}e^x, & x<0 \\ 3, & 0\leqslant x\leqslant 2 \\ x^2-1, & x>2\end{cases}$,求 $f(-2),f(1),f(4),f(0),f(2)$.

7. 设 $f(x)=x^2,g(x)=x^2-x$,求 $f(g(x))$ 及 $g(f(x))$,并求出使 $f(g(x))=g(f(x))$

成立的 x 值.

8. 设 $f(x) = \dfrac{1-x}{1+x}$，求 $f(-x), f(x+1), f\left(\dfrac{1}{x}\right)$.

9. 已知 $f(x+1) = x^2 + \cos x$，求 $f(x-2), f(2x)$.

10. 求下列函数的定义域.

(1) $f(x) = \dfrac{1}{\sqrt{x(1-x)}}$；

(2) $y = \sqrt{\lg \dfrac{5x - x^2}{4}}$；

(3) $y = \sqrt{\sin x} + \sqrt{16 - x^2}$；

(4) $y = \dfrac{\arccos \dfrac{2x-1}{7}}{\sqrt{x^2 - x - 6}}$.

11. 将函数 $y = 5 - |2x - 1|$ 用分段形式表示，作出函数图形.

12. 下列哪些函数是奇函数、偶函数、非奇非偶函数？

(1) $y = \dfrac{\sin x}{x}$；

(2) $y = x e^x$；

(3) $y = x + \sin x$；

(4) $y = \ln \dfrac{1-x}{1+x}$.

13. 判断下列函数的单调性.

(1) $y = \left(\dfrac{1}{3}\right)^x$；

(2) $y = 1 - 3x^2$.

14. 试求下列函数的周期.

(1) $y = \sin \dfrac{x}{2}$；

(2) $y = \sin^2 x$.

15. 求下列函数的反函数.

(1) $y = \dfrac{1-x}{1+x}$；

(2) $y = \log_4 2 + \log_4 \sqrt{x}$.

16. 下列函数可以看成是由哪些简单函数复合而成的.

(1) $y = \sqrt{1 - \sin x}$；

(2) $y = \cos^2 \sqrt{x+1}$；

(3) $y = \sqrt{\ln \sqrt{x}}$.

17. 证明题.

(1) 如果 $f(x)$ 是定义在 $(-L, L)$ 内的函数，证明 $f(x) + f(-x)$ 是偶函数，$f(x) - f(-x)$ 是奇函数.

(2) 如果 $\varphi(x) = \ln \dfrac{1-x}{1+x}$，证明 $\varphi(y) + \varphi(z) = \varphi\left(\dfrac{y+z}{1+yz}\right)$.

(3) 如果 $f(x) = a^x$，证明 $f(x) \cdot f(y) = f(x+y)$，$\dfrac{f(x)}{f(y)} = f(x-y)$.

18. 邮资 y 是信件重量的函数，按照邮局的规定，对国内外埠平信，按信的重量，每重 20g 应付邮资 8 角，不足 20g 者应以 20g 计算，当信件重量在 60g 以内时，试写出这个函数的表达式，并画出它的图形.

19. 某工厂生产某产品，年产量为 x 台，每台售价为 250 元，当年产量在 600 台以内时，可全部售出，当年产量超过 600 台时，经广告宣传后又可再多售出 200 台，每台平均广告费 20 元，再多生产，本年就销售不出去了. 试建立本年的销售总收入 R 与年产量 x 的函数关系.

知识窗 1　函数的产生及其发展

函数是一个变量对另一个（或多个）变量的依赖关系的抽象模型.

函数概念是数学中的重要概念之一，它是现代数学各分支的主要研究对象. 自 17 世纪近代数学产生以来，函数的概念一直处于数学思想的真正核心位置.

自然界中各种物体、各种现象往往是有机地互相关联、彼此相互依赖的，常常是一个量（或多个量）能决定其他量的值. 例如，矩形的长和宽决定其面积值；已给气体在一定的温度下，体积决定其压力值等. 类似的这些量之间的规律性也是函数概念的根源.

函数的发展可以分为四个时期：

第一时期为 17 世纪初叶以前，其特点是用文字和比例语言表达函数关系；

第二时期为 17 世纪中下叶，其特点是将函数当作曲线来研究；

第三时期为 18 世纪，其特点是将函数定义为解析表达式；

第四时期为 19 世纪初叶之后，这时已给出了函数明确的现代定义.

17 世纪早期，由于天文学和航海事业的发展，科学家以如何解释地球运动原理、如何解释天体运动作为研究课题，从这些对运动的研究中推动了函数概念的发展. 此后的两百年里，函数概念几乎在涉及数学的所有工作中占据中心的位置. 伽利略（Galileo，1564～1642）在其创建近代力学的著作《两门新科学》一书中，几乎从头到尾包含了函数概念，他用文字和比例语言表达函数关系. 此后不久，他又将自由落体距离用公式 $s=kt^2$ 表示.

法国哲学家、数学家笛卡儿（Descartes，1596～1650）引入了坐标与变量，致使数学发生了巨大的变革. 变量的引入，导致了函数概念的产生. 笛卡儿在研究 y 和 x 是变量（"未知和未定的量"）的时候，也注意到 y 依赖于 x 而变这一特性，这是函数的萌芽.

"函数"（function）这个词作为数学术语，是微积分奠基人之一、德国哲学家、数学家莱布尼茨（Leibniz，1646～1716）在他 1673 年的手稿中首次使用的. 但其含义与现在不同，他当时用"函数"来表示任何一个随曲线上的点的变动而变动的量，例如切线、法线等的长度. 在 1692 年莱布尼茨发表的关于《Acta Eruditorum》的论文中也使用了函数一词，我们可以把莱布尼茨建立的概念看成是函数的第一个定义. 17 世纪引入的绝大多数函数都是当作曲线来研究的，这也是 17 世纪后半叶最有成效的、辉煌的观念之一.

1718 年，莱布尼茨的学生、瑞士数学家约翰·伯努利（Johann Bernoulli，1667～1748）给函数作了如下定义："变量的函数就是变量和常量以任何方式组成的量". 换句话说，约翰·伯努利称由 x 和常量所构成的式子为函数.

1734 年欧拉（Euler，1707～1783）引入符号 $f(x)$ 表示函数. 在其 1748 年的著作《无穷小分析引论》一书中，他将"解析表达式"定义为函数，指出"变量的函数是一个解析表达式，它是由这个变量和一些常量以任何方式组成的".

欧拉关于"解析表达式"的定义要比莱布尼茨的定义及约翰·伯努利的定义广泛得多. 它包括由加、减、乘、除、开方等代数运算所得到的代数多项式，还包括有 $\sin x$，$\cos x$ 等三角式及 a^x 指数式等. 欧拉也曾指出"在 xy 平面上徒手画出来的曲线所表示的 y 与 x 间关系为函数". 1775 年欧拉在《微分学》中又给出了另一种定义："如果某些变量，以这样一种方式依赖于另一些变量，即当后面这些变量变化时，前面这些变量也随之而变化，则将前面的变量称为后面变量的函数".

欧拉前后使用了三种定义：1. "解析表达式"；2. "由曲线所确定的关系"；3. "依赖变化". 用现代观点来看，这三种关于函数的定义都有一定的局限性. 第 1、3 个定义较易理解，而且现在仍然被一些通俗读物采用，缺点是过于狭窄．因为许多函数不能用解析表达式表出，也有的函数不随自变量 x 的变化而变化（例如，外埠平信的邮资 y 是信件质量 x 的函数，但只要 x 不超过 20g，不管 x 多重，邮资总是 8 角，在一定范围内 y 不随 x 而变）．第 2 个定义虽接近现代定义，但不够明确．然而不管怎样，欧拉的定义对后世影响颇大．

欧拉还引入了超越函数，定义了多元函数，他把函数分为：代数函数和超越函数，有理函数与无理函数，单值函数与多值函数，隐函数与显函数等等．

18 世纪的数学家大多数都相信函数必须处处有相同的解析表达式．直到 18 世纪下半叶，在很大程度上是由于弦振动问题的争论，导致意大利数学家拉格朗日（Lagrange，1736～1813）等重新考虑函数的概念．他们提出，允许在不同区域上的函数有不同的表达式，即引入了分段函数的概念．

1807 年，法国数学家、物理学家傅里叶（Fourier，1768～1830）在其《热的分析理论》中指出："任何函数都可以表示成三角级数"．傅里叶的工作标志着人们从解析式的定义中解放出来．在傅里叶以前，人们曾坚信函数必须处处有相同的解析表达式．傅里叶的工作表明了，一个不连续曲线可能需要多个表达式表示，或用无穷多项之和即级数的形式表示，从而动摇了旧的关于函数概念的传统思想，在当时的数学界引起了很大震动．

柯西（Cauchy，1789～1857）在他 1821 年的著作中提出了无穷级数表示函数的新定义，指出函数不一定有解析表达式．在其 1823 年所写的《微积分学纲要》中，柯西还指出：在某些变量间存在着一定关系，一经给定其中某一变数之值，其他变数之值亦可随之而确定时，则将最初的变数称为"自变数"，其他各变数则称为"函数"．这一定义与现今教科书中的定义很相近．柯西关于无穷级数表示函数及函数不一定有解析表达式的定义拓广了函数的概念．

1834 年俄罗斯数学家巴切夫斯基（Лобалевский，1792～1856）进一步拓广了函数的概念，使函数概念从解析式中解放出来．他曾指出："这个一般的概念，要求把那个对于每个 x 所给予的，并随着 x 而逐渐变动的数，称为函数．函数可以用解析式子表达，也可以用条件来表达．我们可以借这个式子或条件来试验所有的数 x 而选择适合的数，最后，由相依关系可能找出，也可能找不出"．

1837 年德国数学家狄里赫莱（Dirichlet，1805～1859）提出了近似于现代的定义"对于在某个区间上每一确定的 x 值，y 都有一个或多个确定的值，那么 y 叫做 x 的函数"．这个定义抓住了概念的本质属性，比前面的定义更具普遍性，为理论研究和实际应用提供了方便．因此，这个定义曾被比较长期地使用着．

19 世纪 70 年代，德国数学家康托尔（Cantor，1845～1918）的集合论出现以后，函数又被定义为集合间的对应关系．现在许多教科书中采用此"集合对应"的定义．这种定义法摆脱了"自变量"提法的缺陷．因为对于变量而言，必定随某个过程而变，即它不可能脱离"过程"而"自变"．用"集合对应"定义函数则无需依赖过程．因此，目前有些学者主张废弃"变量"这个词，而将"自变量"、"因变量"改称为"第一值"（first entry）、"第二值"（second entry）．

自从德国数学家康托尔的集合论被大家接受后，函数便明确地定义为集合间的对应关系，这是目前一般教科书所用的"集合对应"定义．中文数学书上使用的"函数"一词是转译词，是我国清代数学家李善兰在翻译《代数学》（1895 年）一书时，把"function"译成了"函数"．中国古代"函"字与"含"字通用，都有着"包含"的意思．李善兰给出的定义是："凡式中含天，为天之函数"．中国古代用天、地、人、物四个字来表示四个不同的未知数或变量，这个定义的含义是："凡是公式中含有变量 x，则该式子叫做 x 的函数". 所以"函数"是指公式里含有变量的意思.

　　我们可以预计到，关于函数的争论、研究、发展、拓广将不会完结，也正是这些影响着数学及其相邻学科的发展.

第2章

极限与连续

极限与连续是微积分这门课的主要内容之一．本章主要介绍极限的概念、性质、运算法则、无穷小量和两个重要极限，并在此基础上介绍连续函数以及连续函数的一些性质．学好这些内容，准确理解极限的概念，熟练掌握极限运算方法，是学好微积分的基础．

2.1 数列的极限

数列极限的概念，大家在中学的数学课程中已经粗略地学习了．本节，我们主要是通过精确的数学语言来表述数列极限的概念．

2.1.1 数列的概念

如果按照某个法则，对每个正整数 n，都对应着一个确定的实数 x_n，那么这些实数 x_n 按下标从小到大依次排成一个序列 $x_1, x_2, \cdots, x_n, \cdots$，这就叫做数列，记作 $\{x_n\}$，数列中的每一个数叫做数列的项，第 n 个数 x_n 叫做数列的第 n 项，也叫做一般项．

例如数列

(1) $\dfrac{1}{2}, \dfrac{2}{3}, \dfrac{3}{4}, \cdots, \dfrac{n}{n+1}, \cdots$

(2) $2, 4, 8, \cdots, 2^n, \cdots$

(3) $1, -1, 1, -1, \cdots, (-1)^{n-1}, \cdots$

(4) $2, \dfrac{1}{2}, \dfrac{4}{3}, \cdots, \dfrac{n+(-1)^{n+1}}{n}, \cdots$

它们的一般项依次为：

$$\frac{n}{n+1}, \quad 2^n, \quad (-1)^{n-1}, \quad \frac{n+(-1)^{n+1}}{n}.$$

对于任何一个数列 $\{x_n\}$，我们都可以把它看作是一个定义在正整数集 $\mathbf{N}^+$ 上的函数

$$x_n = f(n), \quad n \in \mathbf{N}^+$$

当 n 依次取 $1,2,3,\cdots$（一切正整数）时，对应的函数值就排列成数列 $\{x_n\}$.

在几何上，数列 $\{x_n\}$ 也可看作数轴上的一个动点，它依次取数轴上的点 $x_1, x_2, \cdots, x_n, \cdots$，如图 2.1 所示.

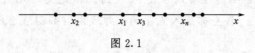

图 2.1

2.1.2　数列的极限

我们研究数列 $\{x_n\}$，主要是研究当 n 取正整数而无限增大时（即 $n \to \infty$ 时），数列的一般项 x_n 是否会趋于某一个确定的数？如果能趋于某一个确定的数，那么这个数是多少？我们如何求得这个数？

下面我们以数列 $x_n = \dfrac{n + (-1)^{n+1}}{n}$ $(n = 1, 2, \cdots)$ 来进行具体的分析. 我们考察数列的一般项 x_n 与实数 1 之间的关系.

我们知道，刻画两个数 a 与 b 之间的接近程度可以用这两个数之差的绝对值 $|b-a|$ 来度量，$|b-a|$ 越小，表示这两个数 a 与 b 越接近，就我们要考察的数列来说，因为

$$|x_n - 1| = \left| \frac{n + (-1)^{n+1}}{n} - 1 \right| = \frac{1}{n}$$

所以，当 n 越来越大时，$\dfrac{1}{n}$ 会越来越小，从而 x_n 就越来越接近 1. 因为只要 n 足够大，$|x_n - 1|$ 就可以小于任意给定的正数，所以说，当 n 取正整数而无限增大时，x_n 无限接近于 1. 例如，给定正数 $\dfrac{1}{100}$，欲使 $\dfrac{1}{n} < \dfrac{1}{100}$，只要 $n > 100$，即从第 101 项起，都能使不等式 $|x_n - 1| < \dfrac{1}{100}$ 成立，同样，如果给定正数 $\dfrac{1}{10000}$，则从第 10001 项起，都能使不等式 $|x_n - 1| < \dfrac{1}{10000}$ 成立. 可见，对于我们考察的这个数列，不论给定的正数 ε 多么小，总存在一个正整数 N，使得当 $n > N$ 时，不等式 $|x_n - 1| < \varepsilon$ 成立. 这就是数列 $x_n = \dfrac{n + (-1)^{n+1}}{n}(n = 1, 2, \cdots)$ 当 $n \to \infty$ 时无限接近于 1 的实质. 而这样的一个数 1，就叫做数列 $x_n = \dfrac{n + (-1)^{n+1}}{n}(n = 1, 2, \cdots)$ 当 $n \to \infty$ 时的极限.

一般地，我们有如下关于数列极限的定义.

定义 2.1　设 $\{x_n\}$ 为一数列，如果存在常数 a，对于任意给定的正数 ε（不论它多么小），总存在正整数 N，使得当 $n > N$ 时，不等式 $|x_n - a| < \varepsilon$ 成立，那么就称常数 a 是数列 $\{x_n\}$ 的极限，或者称数列 $\{x_n\}$ 收敛于 a，记作 $\lim\limits_{n \to \infty} x_n = a$ 或 $x_n \to a$（当 $n \to \infty$ 时）.

如果不存在这样的常数 a，就说数列 $\{x_n\}$ 没有极限，或者说数列 $\{x_n\}$ 是发散的，习惯

上说 $\lim\limits_{n\to\infty}x_n$ 不存在.

注意：① 定义中的 ε 是任意给定的（任意小），其小的程度没有限制，因为只有这样，不等式 $|x_n-a|<\varepsilon$ 才能体现出"x_n 任意接近 a"这一事实.

② 定义中的正整数 N 是依赖于 ε 的给定而确定的，它指出了一个位置，只要 n 增大到这一点后，就有 $|x_n-a|<\varepsilon$，并且 N 的表示形式也不唯一.

③ 由于 $|x_n-a|<\varepsilon \Leftrightarrow a-\varepsilon<x_n<a+\varepsilon$，因此，定义的几何解释就是，无论 ε 多么的小，自某项开始的点 x_n 将全部落入点 a 的 ε 邻域内（如图 2.2 所示）.

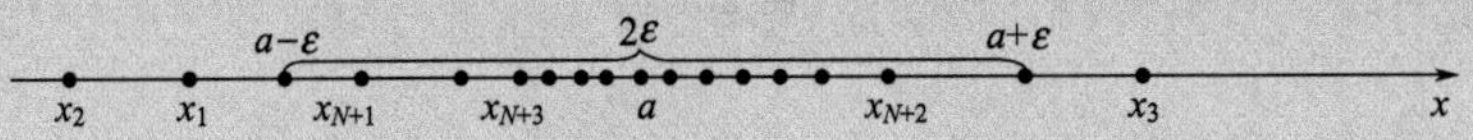

图 2.2

这也说明，数列 $\{x_n\}$ 的极限存在与否，与它前面的有限项无关.

④ 为了表达方便，引入记号"$\forall$"表示"对于任意给定的"，记号"$\exists$"表示"存在".

【例 2.1】 证明数列 $2,\dfrac{1}{2},\dfrac{4}{3},\cdots,\dfrac{n+(-1)^{n-1}}{n},\cdots$ 的极限为 1.

证 由于 $|x_n-a|=\left|\dfrac{n+(-1)^{n-1}}{n}-1\right|=\dfrac{1}{n}$

那么要使 $|x_n-1|$ 小于任意给定的正数 ε，只要 $\dfrac{1}{n}<\varepsilon$，即 $n>\dfrac{1}{\varepsilon}$，所以，$\forall \varepsilon>0$，取 $N=\left[\dfrac{1}{\varepsilon}\right]$，则当 $n>N$ 时，总有

$$|x_n-a|=\left|\frac{n+(-1)^{n-1}}{n}-1\right|<\varepsilon$$

因此，$\lim\limits_{n\to\infty}\dfrac{n+(-1)^{n-1}}{n}=1.$

【例 2.2】 已知 $x_n=\dfrac{\sin n}{(n+1)^2}$，证明 $\lim\limits_{n\to\infty}x_n=0$.

证 由于 $|x_n-a|=\left|\dfrac{\sin n}{(n+1)^2}-0\right|=\dfrac{|\sin n|}{(n+1)^2}<\dfrac{1}{(n+1)^2}<\dfrac{1}{n}$，

因此，要使 $|x_n-0|<\varepsilon$，只要 $\dfrac{1}{n}<\varepsilon$，即 $n>\dfrac{1}{\varepsilon}$，所以，$\forall \varepsilon>0$，取 $N=\left[\dfrac{1}{\varepsilon}\right]$，则当 $n>N$ 时，总有 $\left|\dfrac{\sin n}{(n+1)^2}-0\right|<\varepsilon$ 即 $\lim\limits_{n\to\infty}\dfrac{\sin n}{(n+1)^2}=0$.

【例 2.3】 设 $|q|<1$，证明等比数列 $1,q,q^2,\cdots,q^{n-1},\cdots$ 的极限是 0.

证 $\forall \varepsilon>0$（设 $\varepsilon<1$）由于 $|x_n-a|=|q^{n-1}-0|=|q|^{n-1}$，要使 $|x_n-0|<\varepsilon$，只要 $|q|^{n-1}<\varepsilon$，取自然对数，得 $(n-1)\ln|q|<\ln\varepsilon$，因为 $|q|<1,\ln|q|<0$，故 $n>1+\dfrac{\ln\varepsilon}{\ln|q|}$.

所以，$\forall \varepsilon>0$，取 $N=\left[1+\dfrac{\ln\varepsilon}{\ln|q|}\right]$，则当 $n>N$ 时，总有 $|q^{n-1}-0|<\varepsilon$，即 $\lim\limits_{n\to\infty}q^{n-1}=0$.

一般情况下，定义只能用来验证某个数是某个数列的极限，但不能用于求出数列的极限. 以后我们会陆续介绍极限的运算法则和极限的若干求法.

2.1.3 数列极限的性质

性质 1（极限的唯一性）如果数列 $\{x_n\}$ 收敛，那么它的极限唯一.

证　反证法,假设同时有 $x_n \to a$ 和 $x_n \to b$,且 $a < b$,取 $\varepsilon = \dfrac{b-a}{2}$.

因为 $x_n \to a$,故 $\exists$ 正整数 N_1,当 $n > N_1$ 时,不等式

$$|x_n - a| < \frac{b-a}{2} \tag{2.1}$$

都成立.同理,因为 $x_n \to b$,故 $\exists$ 正整数 N_2,当 $n > N_2$ 时,不等式

$$|x_n - b| < \frac{b-a}{2} \tag{2.2}$$

都成立.取 $N = \max\{N_1, N_2\}$,则当 $n > N$ 时,式(2.1)与式(2.2)会同时成立,但由式(2.1)有 $x_n < \dfrac{a+b}{2}$,由式(2.2)有 $x_n > \dfrac{a+b}{2}$,这是不可能的.这个矛盾证明了本性质的结论是正确的.

【例 2.4】　证明数列 $x_n = (-1)^{n-1}(n = 1, 2, \cdots)$ 是发散的.

证　如果这个数列收敛,根据性质 1,它有唯一的极限,设 $\lim\limits_{n \to \infty} x_n = a$,则由数列极限的定义,对于 $\varepsilon = \dfrac{1}{2}$,$\exists$ 正整数 N,当 $n > N$ 时,有不等式 $|x_n - a| < \dfrac{1}{2}$ 成立,即当 $n > N$ 时,数列 $\{x_n\}$ 中所有的项都落在开区间 $\left(a - \dfrac{1}{2}, a + \dfrac{1}{2}\right)$ 内,但这是不可能的,因为数列 $\{x_n\}$ 中的项无休止的一再重复取得 -1 和 1 这两个数,而这两个数不可能同时属于长度为 1 的开区间 $\left(a - \dfrac{1}{2}, a + \dfrac{1}{2}\right)$ 内,因此这个数列极限不存在.

性质 2　(收敛数列的有界性)　如果数列 $\{x_n\}$ 收敛,那么数列 $\{x_n\}$ 一定有界.

证　因为数列 $\{x_n\}$ 收敛,设 $\lim\limits_{n \to \infty} x_n = a$,根据数列极限的定义,对于 $\varepsilon = 1$,$\exists$ 正整数 N,当 $n > N$ 时,不等式 $|x_n - a| < 1$ 成立,于是,当 $n > N$ 时,

$$|x_n| = |x_n - a + a| \leqslant |x_n - a| + |a| < 1 + |a|$$

取 $M = \max\{|x_1|, |x_2|, \cdots, |x_N|, |a| + 1\}$,那么数列 $\{x_n\}$ 中的一切 x_n 都满足不等式 $|x_n| \leqslant M$,这就证明了数列 $\{x_n\}$ 的有界性.

根据性质 2,如果数列 $\{x_n\}$ 无界,那么数列 $\{x_n\}$ 一定发散.但是,如果数列 $\{x_n\}$ 有界,却不能断定数列 $\{x_n\}$ 一定收敛,例如数列 $1, -1, 1, -1, \cdots, (-1)^{n-1}, \cdots$ 有界,但例 2.4 已经证明了这个数列是发散的.

性质 3　(收敛数列的保号性)　如果 $\lim\limits_{n \to \infty} x_n = a$,且 $a > 0$(或 $a < 0$),那么存在正整数 N,当 $n > N$ 时,都有 $x_n > 0$(或 $x_n < 0$).

证　就 $a > 0$ 的情形加以证明.由数列极限的定义,对于 $\varepsilon = \dfrac{a}{2} > 0$,存在正整数 N,当 $n > N$ 时,有

$$|x_n - a| < \frac{a}{2}$$

从而

$$x_n > a - \frac{a}{2} = \frac{a}{2} > 0$$

最后,我们介绍子数列的概念以及关于收敛的数列与其子数列之间关系的一个性质.

在数列 $\{x_n\}$ 中任意抽取无限多项并保持这些项在原数列 $\{x_n\}$ 中的先后次序,这样得到

的一个数列称为原数列 $\{x_n\}$ 的子数列（或子列）.

例如，在数列 $\{x_n\}$ 中，第一次抽取 x_{n_1}，第二次抽去 x_{n_2}，…，这样无休止地抽取下去，得到一个数列 $x_{n_1}, x_{n_2}, \cdots, x_{n_k}, \cdots$，这个数列 $\{x_{n_k}\}$ 就是数列 $\{x_n\}$ 的一个子列. 在子列 $\{x_{n_k}\}$ 中，一般项 x_{n_k} 是第 k 项，而 x_{n_k} 在原数列 $\{x_n\}$ 中却是第 n_k 项，显然 $n_k \geq k$.

性质 4 （收敛数列与其子列间的关系）如果数列 $\{x_n\}$ 收敛于 a，那么它的任一子列也收敛于 a.

证 设数列 $\{x_{n_k}\}$ 是数列 $\{x_n\}$ 的一个子列. 由于 $\lim\limits_{n\to\infty} x_n = a$，故 $\forall \varepsilon > 0$，存在正整数 N，当 $n > N$ 时，有 $|x_n - a| < \varepsilon$ 成立. 取 $K = N$，则当 $k > K$ 时，$n_k > n_K = n_N > N$，于是 $|x_{n_k} - a| < \varepsilon$，这就证明了 $\lim\limits_{k\to\infty} x_{n_k} = a$.

由性质 4 知，如果数列 $\{x_n\}$ 有两个子列收敛于不同的极限，那么数列 $\{x_n\}$ 是发散的. 例如，例 2.4 中的数列 $1, -1, 1, -1, \cdots, (-1)^{n-1}, \cdots$ 的子列 $\{x_{2k-1}\}$ 收敛于 1，而子列 $\{x_{2k}\}$ 收敛于 -1，因此此数列是发散的. 这个例子也说明，一个发散的数列也可能有收敛的子列.

习题 2.1

1. 观察下列数列 $\{x_n\}$ 中的一般项 x_n 的变化趋势，写出它们的极限.

(1) $x_n = \dfrac{1}{2^n}$；

(2) $x_n = (-1)^n \dfrac{1}{n+1}$；

(3) $x_n = 2 - \dfrac{1}{n^2}$；

(4) $x_n = \dfrac{n-1}{n+1}$；

(5) $x_n = \cos\dfrac{1}{n}$；

(6) $x_n = \sin\dfrac{\pi}{2n}$.

*2. 用数列极限的定义证明：

(1) $\lim\limits_{n\to\infty} \dfrac{\sqrt{n^2+4}}{n} = 1$；

(2) $\lim\limits_{n\to\infty} \dfrac{3n+1}{2n+1} = \dfrac{3}{2}$；

(3) $\lim\limits_{n\to\infty} \dfrac{n+(-1)^{n-1}}{n} = 1$；

(4) $\lim\limits_{n\to\infty} \sin\dfrac{1}{n} = 0$.

*3. 若 $\lim\limits_{n\to\infty} x_n = a$，证明 $\lim\limits_{n\to\infty} |x_n| = |a|$. 并举例说明：如果数列 $\{|x_n|\}$ 有极限，但数列 $\{x_n\}$ 未必有极限.

4. 设数列 $\{x_n\}$ 有界，又 $\lim\limits_{n\to\infty} y_n = 0$，证明：$\lim\limits_{n\to\infty} x_n y_n = 0$.

2.2　函数的极限

数列 $\{x_n\}$ 可看作自变量为 n 的函数：$x_n = f(n), n \in \mathbf{N}^+$，所以数列极限 $\lim\limits_{n\to\infty} x_n = a$ 就是当自变量 n 取正整数而趋于无穷大时，对应的函数值 $f(n)$ 无限接近于确定的数 a. 如果我们撇开数列极限概念中自变量的变化过程为 n 取正整数而趋于无穷大等特殊性，就可得到函数极限的概念：在自变量的某一变化过程中，如果对应的函数值无限接近某个确定的数，那么这个数就叫做在自变量的这一变化过程中函数的极限. 我们这里主要讨论自变量 x 趋于无穷大（记作 $x \to \infty$）和自变量 x 趋于有限值 x_0（记作 $x \to x_0$）时函数的极限.

2.2.1　$x \to \infty$ 时函数的极限

定义 2.2 设函数 $f(x)$ 当 $|x|$ 大于某一正数时有定义，如果存在常数 A，对于任意给

定的正数 ε（不论它多么小），总存在正数 X，使得当 $|x|>X$ 时，恒有

$$|f(x)-A|<\varepsilon$$

则称常数 A 为函数 $f(x)$ 当 $x\to\infty$ 时的极限，记作

$$\lim_{x\to\infty}f(x)=A \text{ 或 } f(x)\to A \text{ （当 } x\to\infty\text{）.}$$

注意：① 定义中的 ε 是任意小的，用来刻画 $f(x)$ 与 A 的接近程度，通常都是越小越好.

② X 是用来刻画 $|x|$ 充分大的程度，X 与 ε 有关，随 ε 变化.

③ $\lim\limits_{x\to\infty}f(x)=A\Leftrightarrow\forall\varepsilon>0$，$\exists X>0$，当 $|x|>X$ 时，有 $|f(x)-A|<\varepsilon$.

④ 从几何上来看，$\lim\limits_{x\to\infty}f(x)=A$ 表示：$\exists X>0$，当 $x>X$ 或 $x<-X$ 时，$f(x)$ 介于直线 $y=A+\varepsilon$ 和 $y=A-\varepsilon$ 之间（如图 2.3 所示）.

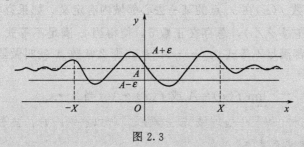

图 2.3

⑤ 由极限 $\lim\limits_{x\to\infty}f(x)=A$ 所得的直线 $y=A$，称为函数 $y=f(x)$ 的图形的水平渐近线.

【例 2.5】 用定义证明 $\lim\limits_{x\to\infty}\dfrac{1}{x}=0$.

证 $\forall\varepsilon>0$，要证 $\exists X>0$，当 $|x|>X$ 时，不等式 $\left|\dfrac{1}{x}-0\right|<\varepsilon$ 成立，而这个不等式相当于 $\dfrac{1}{|x|}<\varepsilon$ 也就是 $|x|>\dfrac{1}{\varepsilon}$，所以，$\forall\varepsilon>0$，取 $X=\dfrac{1}{\varepsilon}$，当 $|x|>X=\dfrac{1}{\varepsilon}$ 时，不等式 $\left|\dfrac{1}{x}-0\right|<\varepsilon$ 成立，这就证明了 $\lim\limits_{x\to\infty}\dfrac{1}{x}=0$.

直线 $y=0$ 是函数 $y=\dfrac{1}{x}$ 的图形的水平渐近线.

定义 2.3 设函数 $f(x)$ 当 x 大于某一正数时有定义，如果存在常数 A，对于任意给定的正数 ε（不论它多么小），总存在正数 X，使得当 $x>X$ 时，恒有 $|f(x)-A|<\varepsilon$，则称常数 A 为函数 $f(x)$ 当 $x\to+\infty$ 时的极限，记作

$$\lim_{x\to+\infty}f(x)=A \text{ 或 } f(x)\to A \text{ （当 } x\to+\infty\text{）.}$$

定义 2.4 设函数 $f(x)$ 当 x 小于某一负数时有定义，如果存在常数 A，对于任意给定的正数 ε（不论它多么小），总存在正数 X，使得当 $x<-X$ 时，恒有 $|f(x)-A|<\varepsilon$，则称常数 A 为函数 $f(x)$ 当 $x\to-\infty$ 时的极限，记作

$$\lim_{x\to-\infty}f(x)=A \text{ 或 } f(x)\to A \text{ （当 } x\to-\infty\text{）.}$$

【例 2.6】 用定义证明 $\lim\limits_{x\to+\infty}\dfrac{\sin x}{\sqrt{x}}=0$.

证 $\forall \varepsilon > 0$，要证 $\exists X > 0$，当 $x > X$ 时，不等式 $\left| \dfrac{\sin x}{\sqrt{x}} - 0 \right| < \varepsilon$ 成立，而 $\left| \dfrac{\sin x}{\sqrt{x}} - 0 \right| \leqslant$ $\left| \dfrac{1}{\sqrt{x}} \right|$，所以要 $\left| \dfrac{\sin x}{\sqrt{x}} - 0 \right| < \varepsilon$ 成立，只需 $\left| \dfrac{1}{\sqrt{x}} \right| < \varepsilon$ 成立，也就是 $x > \dfrac{1}{\varepsilon^2}$.

所以，$\forall \varepsilon > 0$，取 $X = \dfrac{1}{\varepsilon^2}$，当 $x > X = \dfrac{1}{\varepsilon^2}$ 时，不等式 $\left| \dfrac{\sin x}{\sqrt{x}} - 0 \right| < \varepsilon$ 成立，这就证明了

$$\lim_{x \to +\infty} \frac{\sin x}{\sqrt{x}} = 0.$$

2.2.2 $x \to x_0$ 时函数的极限

定义 2.5 设函数 $f(x)$ 在 x_0 点的某一去心邻域内有定义. 如果存在常数 A，对于任意给定的正数 ε（不论它多么小），总存在正数 δ，使得当 x 满足不等式 $0 < |x - x_0| < \delta$ 时，对应的函数值 $f(x)$ 都满足不等式 $|f(x) - A| < \varepsilon$，那么常数 A 就叫做函数 $f(x)$ 当 $x \to x_0$ 时的极限，记作

$$\lim_{x \to x_0} f(x) = A \text{ 或 } f(x) \to A \ (\text{当 } x \to x_0).$$

注意： ① 定义中 $0 < |x - x_0|$ 表示 $x \neq x_0$，所以 $x \to x_0$ 时，函数 $f(x)$ 有无极限与 $f(x)$ 在 x_0 是否有定义无关.

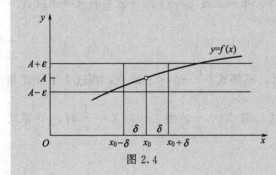

图 2.4

② 定义中的 ε 是用来刻画 $f(x)$ 与 A 的接近程度，δ 是用来刻画 x 与 x_0 的接近程度，ε 是任意的，而 δ 与 ε 有关，随 ε 变化.

③ $\lim\limits_{x \to x_0} f(x) = A \Longleftrightarrow \forall \varepsilon > 0$，$\exists \delta > 0$，当 $0 < |x - x_0| < \delta$ 时，有 $|f(x) - A| < \varepsilon$.

④ 几何解释：$\forall \varepsilon > 0$，无论它多么小，都存在一个点 x_0 的 δ 去心邻域 $\mathring{U}(x_0, \delta)$，当 $x \in \mathring{U}(x_0, \delta)$ 时，相应的函数值 $y = f(x)$ 全部落入区间 $(A - \varepsilon, A + \varepsilon)$ 之内（如图 2.4）.

【例 2.7】 用定义证明 $\lim\limits_{x \to x_0} c = c$.

证 $\forall \varepsilon > 0$，要证 $\exists \delta > 0$，当 $0 < |x - x_0| < \delta$ 时，不等式 $|f(x) - A| = |c - c| < \varepsilon$ 成立. 而 $|f(x) - A| = |c - c| = 0 < \varepsilon$ 是恒成立的，所以可任取 $\delta > 0$，当 $0 < |x - x_0| < \delta$ 时，有不等式 $|f(x) - A| = |c - c| = 0 < \varepsilon$，所以 $\lim\limits_{x \to x_0} c = c$.

【例 2.8】 用定义证明 $\lim\limits_{x \to x_0} x = x_0$.

证 因为 $|f(x) - A| = |x - x_0|$，

所以 $\forall \varepsilon > 0$，取 $\delta = \varepsilon$，当 $0 < |x - x_0| < \delta = \varepsilon$ 时，总有

$$|f(x) - A| = |x - x_0| < \varepsilon$$

成立，即 $\lim\limits_{x \to x_0} x = x_0$.

【例 2.9】 用定义证明 $\lim\limits_{x \to 2}(3x - 5) = 1$.

证　因为 $|f(x)-A|=|(3x-5)-1|=3|x-2|$，要使 $|f(x)-A|<\varepsilon$，只需 $|x-2|<\dfrac{\varepsilon}{3}$.

所以，$\forall\varepsilon>0$，取 $\delta=\dfrac{\varepsilon}{3}$，当 $0<|x-2|<\delta=\dfrac{\varepsilon}{3}$ 时，总有 $|f(x)-A|=|(3x-5)-1|<\varepsilon$. 从而 $\lim\limits_{x\to 2}(3x-5)=1$.

【例 2.10】　证明 $\lim\limits_{x\to 2}\dfrac{x^2-4}{x-2}=4$.

证　函数 $f(x)=\dfrac{x^2-4}{x-2}$ 在点 $x=2$ 没有定义，但是当 $x\to 2$ 时，函数 $f(x)$ 的极限存在与否，与它在点 $x=2$ 有无定义是无关的，实际上不等式

$$|f(x)-A|=\left|\frac{x^2-4}{x-2}-4\right|<\varepsilon$$

约去非零因子 $x-2$ 后可化为

$$|f(x)-A|=|x+2-4|=|x-2|<\varepsilon$$

所以，$\forall\varepsilon>0$，取 $\delta=\varepsilon$，当 $0<|x-2|<\delta$ 时，总有

$$\left|\frac{x^2-4}{x-2}-4\right|<\varepsilon$$

所以

$$\lim_{x\to 2}\frac{x^2-4}{x-2}=4.$$

定义 2.6　设函数 $f(x)$ 在 x_0 某左邻域有定义. 如果存在常数 A，对于任意给定的正数 ε（不论它多么小），总存在正数 δ，使得当 x 满足不等式 $-\delta<x-x_0<0$ 时，对应的函数值 $f(x)$ 都满足不等式 $|f(x)-A|<\varepsilon$，那么常数 A 就叫做函数 $f(x)$ 当 $x\to x_0$ 时的左极限，记作

$$\lim_{x\to x_0^-}f(x)=A \quad \text{或} \quad f(x_0^-)=A.$$

定义 2.7　设函数 $f(x)$ 在 x_0 某右邻域有定义. 如果存在常数 A，对于任意给定的正数 ε（不论它多么小），总存在正数 δ，使得当 x 满足不等式 $0<x-x_0<\delta$ 时，对应的函数值 $f(x)$ 都满足不等式 $|f(x)-A|<\varepsilon$，那么常数 A 就叫做函数 $f(x)$ 当 $x\to x_0$ 时的右极限，记作

$$\lim_{x\to x_0^+}f(x)=A \quad \text{或} \quad f(x_0^+)=A.$$

定理 2.1　$\lim\limits_{x\to x_0}f(x)=A$ 成立的充分必要条件是：$\lim\limits_{x\to x_0^-}f(x)=\lim\limits_{x\to x_0^+}f(x)=A$.

【例 2.11】　设 $f(x)=\begin{cases}x-1, & x<0\\ 0, & x=0\\ x+1, & x>0\end{cases}$，讨论 $x\to 0$ 时函数 $f(x)$ 的极限是否存在？

解　因为 $\lim\limits_{x\to 0^-}f(x)=\lim\limits_{x\to 0^-}(x-1)=-1$，$\lim\limits_{x\to 0^+}f(x)=\lim\limits_{x\to 0^+}(x+1)=1$，$\lim\limits_{x\to 0^-}f(x)\neq\lim\limits_{x\to 0^+}f(x)$ 所以，当 $x\to 0$ 时函数 $f(x)$ 的极限不存在.

2.2.3　函数极限的性质

与收敛数列的性质相比较，可得函数极限的一些相应性质，由于函数极限的定义按自变量的变化过程有多种形式，我们仅以 "$\lim\limits_{x\to x_0}f(x)$" 这种形式为代表给出关于函数极限的一些性质.

性质 1（函数极限的唯一性）　如果 $\lim\limits_{x\to x_0}f(x)$ 存在，那么这极限唯一.

证　假设 $\lim\limits_{x \to x_0} f(x) = A$ 和 $\lim\limits_{x \to x_0} f(x) = B$ 同时成立且 $A < B$，则由极限的定义，对于给定的正数 $\varepsilon = \dfrac{B-A}{2}$，存在 $\delta_1 > 0$，当 $0 < |x - x_0| < \delta_1$ 时，有

$$|f(x) - A| < \varepsilon \qquad\qquad (2.3)$$

同样，存在 $\delta_2 > 0$，当 $0 < |x - x_0| < \delta_2$ 时，有

$$|f(x) - B| < \varepsilon \qquad\qquad (2.4)$$

取 $\delta = \min\{\delta_1, \delta_2\}$，则当 $0 < |x - x_0| < \delta$ 时，上述的式(2.3)和式(2.4)同时成立，而由式(2.3)可得 $f(x) < \dfrac{B+A}{2}$，由式(2.4)得 $f(x) > \dfrac{B+A}{2}$，这是不可能的．这矛盾证明了此定理的正确性．

性质 2　（函数极限的局部有界性）如果 $\lim\limits_{x \to x_0} f(x) = A$，那么存在常数 $M > 0$ 和 $\delta > 0$，使得当 $0 < |x - x_0| < \delta$ 时，有 $|f(x)| \leqslant M$.

证　因为 $\lim\limits_{x \to x_0} f(x) = A$，故由极限的定义，对于 $\varepsilon = 1$，存在 $\delta > 0$，当 $0 < |x - x_0| < \delta$ 时，有 $|f(x) - A| < \varepsilon$，而

$$|f(x)| = |(f(x) - A) + A| \leqslant |f(x) - A| + |A| < 1 + |A|$$

取 $M = |A| + 1$ 即可．

性质 3　（函数极限的局部保号性）如果 $\lim\limits_{x \to x_0} f(x) = A$，且 $A > 0$（或 $A < 0$），那么存在常数 $\delta > 0$，使得当 $0 < |x - x_0| < \delta$ 时，有 $f(x) > 0$（或 $f(x) < 0$）．

证　假设 $A > 0$，则由极限的定义，对于 $\varepsilon = \dfrac{A}{2} > 0$，存在 $\delta > 0$，当 $0 < |x - x_0| < \delta$ 时，有

$$|f(x) - A| < \frac{A}{2}$$

从而有

$$f(x) > \frac{A}{2} > 0.$$

对于 $A < 0$ 时的情形，取 $\varepsilon = -\dfrac{A}{2} > 0$ 即可．

推论 1　如果在 x_0 的某去心邻域内 $f(x) \geqslant 0$（或 $f(x) \leqslant 0$），而且 $\lim\limits_{x \to x_0} f(x) = A$，那么 $A \geqslant 0$（或 $A \leqslant 0$）．

推论 2　如果 $f(x) \geqslant g(x)$，而 $\lim\limits_{x \to x_0} f(x) = A$，$\lim\limits_{x \to x_0} g(x) = B$，那么 $A \geqslant B$.

习题 2.2

1. 用函数极限的定义证明．

(1) $\lim\limits_{x \to 2} (2x - 3) = 1$；

(2) $\lim\limits_{x \to -3} \dfrac{x^2 - 9}{x + 3} = -6$；

(3) $\lim\limits_{x \to \infty} \dfrac{2 + x^2}{3x^2} = \dfrac{1}{3}$；

(4) $\lim\limits_{x \to +\infty} \dfrac{\cos x}{\sqrt{x}} = 0$.

2. 证明函数 $f(x) = |x|$ 当 $x \to 0$ 时的极限为零．

3. 证明 $\lim\limits_{x \to 1} \dfrac{x^2-1}{x-1} e^{\frac{1}{x-1}}$ 不存在且不为 ∞.

*4. 根据函数极限的定义证明：$\lim\limits_{x \to x_0} f(x)$ 存在的充分必要条件是 $\lim\limits_{x \to x_0^-} f(x)$ 和 $\lim\limits_{x \to x_0^+} f(x)$ 都存在且相等.

2.3　无穷小量和无穷大量

2.3.1　无穷小量

定义 2.8　如果在自变量的某一变化过程中，函数 $f(x)$ 的极限为零，则称函数 $f(x)$ 为在自变量的这一变化过程中的无穷小量，简称无穷小.

【例 2.12】　因为 $\lim\limits_{x \to 2}(x-2)=0$，所以函数 $f(x)=x-2$ 是 $x \to 2$ 时的无穷小.

【例 2.13】　因为 $\lim\limits_{x \to \infty} \dfrac{1}{2x+1}=0$，所以函数 $f(x)=\dfrac{1}{2x+1}$ 是 $x \to \infty$ 时的无穷小.

> **注意**：① 无穷小是一个变量，它不同于很小的数.
> ② 0 是唯一一个可看作无穷小的常数.

定理 2.2　在自变量的同一变化过程 $x \to x_0$（或 $x \to \infty$）中，函数 $f(x)$ 的极限为 A 的充分必要条件是 $f(x)=A+\alpha$，其中 α 为 $x \to x_0$ 时的无穷小.

证　先证必要性. 设 $\lim\limits_{x \to x_0} f(x)=A$，则由极限的定义知 $\forall \varepsilon>0$，$\exists \delta>0$，当 $0<|x-x_0|<\delta$ 时，有 $|f(x)-A|<\varepsilon$. 令 $\alpha=f(x)-A$，则 α 是 $x \to x_0$ 时的无穷小，且 $f(x)=A+\alpha$.

再证充分性. 设 $f(x)=A+\alpha$，其中 A 是常数，α 是 $x \to x_0$ 时的无穷小，则 $|f(x)-A|=|\alpha|$.

因为 α 是 $x \to x_0$ 时的无穷小，所以 $\forall \varepsilon>0$，$\exists \delta>0$，当 $0<|x-x_0|<\delta$ 时，有 $|\alpha|<\varepsilon$，即 $|f(x)-A|<\varepsilon$.

这就证明了函数 $f(x)$ 的极限为 A.

定理 2.3　在自变量的同一变化过程 $x \to x_0$（或 $x \to \infty$）中，如果 α 为无穷小量，函数 $f(x)$ 为有界函数，则 $\alpha f(x)$ 为无穷小量.

证　设函数 $f(x)$ 在 x_0 的某个去心邻域 $\mathring{U}(x_0, \delta_1)$ 内是有界的，即存在 $M>0$，使得当 $x \in \mathring{U}(x_0, \delta_1)$ 时，恒有 $|f(x)| \leqslant M$ 成立. 又设 α 是 $x \to x_0$ 为无穷小量，即 $\forall \varepsilon>0$，$\exists \delta_2>0$，当 $0<|x-x_0|<\delta_2$ 时，有

$$|\alpha|<\frac{\varepsilon}{M}.$$

取 $\delta=\min\{\delta_1, \delta_2\}$，则当 $0<|x-x_0|<\delta$ 时，$|f(x)| \leqslant M$ 和 $|\alpha|<\dfrac{\varepsilon}{M}$ 同时成立. 从而

$$|\alpha f(x)|=|\alpha| \cdot |f(x)|<M \cdot \frac{\varepsilon}{M}=\varepsilon，$$ 即 $\alpha f(x)$ 为 $x \to x_0$ 时的无穷小量.

【例 2.14】　求 $\lim\limits_{x \to \infty} \dfrac{1}{x} \cdot \sin x$.

解　因为 $|\sin x| \leqslant 1$，所以 $\sin x$ 是有界函数，又 $\lim\limits_{x \to \infty} \dfrac{1}{x}=0$，所以 $\dfrac{1}{x}$ 是自变量 $x \to \infty$ 时的

无穷小，根据定理 2.3，$\frac{1}{x} \cdot \sin x$ 是自变量 $x \to \infty$ 时的无穷小. 所以 $\lim\limits_{x \to \infty} \frac{1}{x} \cdot \sin x = 0$.

【例 2.15】 求 $\lim\limits_{x \to 0} x \cdot \sin \frac{1}{x}$.

解 因为 $\left| \sin \frac{1}{x} \right| \leqslant 1$，所以 $\sin \frac{1}{x}$ 是有界函数，又 $\lim\limits_{x \to 0} x = 0$，所以 x 是自变量 $x \to 0$ 时的无穷小，根据定理 2.3，$x \cdot \sin \frac{1}{x}$ 是自变量 $x \to 0$ 时的无穷小. 所以 $\lim\limits_{x \to 0} x \cdot \sin \frac{1}{x} = 0$.

推论 1 常数与无穷小的乘积为无穷小.

定理 2.4 在自变量的同一变化过程 $x \to x_0$（或 $x \to \infty$）中，两个无穷小的和、差、积仍为无穷小.

证 设 α 和 β 都是 $x \to x_0$ 时的无穷小，下面证明 $\alpha + \beta$ 也是 $x \to x_0$ 时的无穷小.

因为 α 是 $x \to x_0$ 时的无穷小，所以 $\forall \varepsilon > 0$，$\exists \delta_1 > 0$，当 $0 < |x - x_0| < \delta_1$ 时，有 $|\alpha| < \frac{\varepsilon}{2}$.

同样，因为 β 也是 $x \to x_0$ 时的无穷小，所以对上述 ε，$\exists \delta_2 > 0$，当 $0 < |x - x_0| < \delta_2$ 时，有 $|\beta| < \frac{\varepsilon}{2}$. 取 $\delta = \min\{\delta_1, \delta_2\}$，则当 $0 < |x - x_0| < \delta$ 时，$|\alpha| < \frac{\varepsilon}{2}$ 及 $|\beta| < \frac{\varepsilon}{2}$ 同时成立. 从而 $|\alpha + \beta| \leqslant |\alpha| + |\beta| < \frac{\varepsilon}{2} + \frac{\varepsilon}{2} < \varepsilon$，即 $\alpha + \beta$ 也是 $x \to x_0$ 时的无穷小.

类似可以证明 $\alpha - \beta$ 和 $\alpha \cdot \beta$ 也是 $x \to x_0$ 时的无穷小.

推论 2 有限个无穷小的和仍是无穷小.

推论 3 有限个无穷小的积仍是无穷小.

2.3.2 无穷大量

定义 2.9 如果在自变量的某一变化过程 $x \to x_0$（或 $x \to \infty$）中，函数 $|f(x)|$ 无限增大，则称函数 $f(x)$ 为当 $x \to x_0$（或 $x \to \infty$）时的无穷大量，简称无穷大. 通常记为

$$\lim\limits_{x \to x_0} f(x) = \infty \quad (\text{或} \lim\limits_{x \to \infty} f(x) = \infty).$$

【例 2.16】 因为 $\lim\limits_{x \to 0} \frac{1}{x} = \infty$，所以 $\frac{1}{x}$ 是 $x \to 0$ 时的无穷大.

【例 2.17】 因为 $\lim\limits_{x \to \infty} (2x + 1) = \infty$，所以 $2x + 1$ 是 $x \to \infty$ 时的无穷大.

> **注意：** ① 无穷大是个变量，它不同于很大的数.
> ② 无穷大虽然用 $\lim\limits_{x \to x_0} f(x) = \infty$（或 $\lim\limits_{x \to \infty} f(x) = \infty$）表示，但函数 $f(x)$ 的极限是不存在的.
> ③ $\lim\limits_{x \to x_0} f(x) = \infty \Leftrightarrow \forall M > 0$，$\exists \delta > 0$，当 $0 < |x - x_0| < \delta$ 时，有 $|f(x)| > M$.
> ④ $\lim\limits_{x \to \infty} f(x) = \infty \Leftrightarrow \forall M > 0$，$\exists X > 0$，当 $|x| > X$ 时，有 $|f(x)| > M$.
> ⑤ 在自变量的同一变化过程中，无穷大一定是无界的，但是无界不一定是无穷大.

【例 2.18】 证明 $\lim\limits_{x \to 1} \frac{1}{x - 1} = \infty$.

证 设 $\forall M > 0$，要使 $|f(x)| = \left| \frac{1}{x - 1} \right| > M$，只需 $|x - 1| < \frac{1}{M}$.

所以，取 $\delta=\dfrac{1}{M}$，当 $0<|x-1|<\delta=\dfrac{1}{M}$ 时，就有 $\left|\dfrac{1}{x-1}\right|>M$. 即 $\lim\limits_{x\to 1}\dfrac{1}{x-1}=\infty$.

一般地说，如果 $\lim\limits_{x\to x_0}f(x)=\infty$，则直线 $x=x_0$ 就称为函数 $y=f(x)$ 的图形的铅直渐近线.

由例 2.18 知，直线 $x=1$ 是函数 $y=\dfrac{1}{x-1}$ 图形的铅直渐近线.

2.3.3　无穷小量与无穷大量的关系

定理 2.5　在自变量的某一变化过程 $x\to x_0$（或 $x\to\infty$）中，如果 $f(x)$ 为无穷大，则 $\dfrac{1}{f(x)}$ 为无穷小；反之，如果 $f(x)$ 为无穷小，且 $f(x)\neq 0$，则 $\dfrac{1}{f(x)}$ 为无穷大.

证　设 $\lim\limits_{x\to x_0}f(x)=\infty$，则 $\forall\varepsilon>0$，取 $M=\dfrac{1}{\varepsilon}$，$\exists\delta>0$，当 $0<|x-x_0|<\delta$ 时，有 $|f(x)|>M=\dfrac{1}{\varepsilon}$，即 $\left|\dfrac{1}{f(x)}\right|<\dfrac{1}{M}=\varepsilon$.

所以 $\dfrac{1}{f(x)}$ 为 $x\to x_0$ 时的无穷小.

反之，设 $\lim\limits_{x\to x_0}f(x)=0$，且 $f(x)\neq 0$.

$\forall M>0$，取 $\varepsilon=\dfrac{1}{M}$，$\exists\delta>0$，当 $0<|x-x_0|<\delta$ 时，有 $|f(x)|<\varepsilon=\dfrac{1}{M}$，

因为当 $0<|x-x_0|<\delta$ 时 $f(x)\neq 0$，所以有 $\left|\dfrac{1}{f(x)}\right|>M$，即 $\dfrac{1}{f(x)}$ 为 $x\to x_0$ 时无穷大.

类似可证明 $x\to\infty$ 时的情形.

【例 2.19】　求 $\lim\limits_{x\to\infty}(2x^3+3x-5)$.

解　因为 $f(x)=\dfrac{1}{2x^3+3x-5}$ 是 $x\to\infty$ 时的无穷小且 $f(x)\neq 0$，所以 $\dfrac{1}{f(x)}=2x^3+3x-5$ 是 $x\to\infty$ 时的无穷大，即 $\lim\limits_{x\to\infty}(2x^3+3x-5)=\infty$.

习题 2.3

1. 两个无穷小的商是否仍是无穷小？如果不是，都有哪些情形？

2. 根据无穷小的定义证明：$f(x)=x^3-1$ 是 $x\to 1$ 时的无穷小.

3. 根据无穷大的定义证明：$f(x)=\dfrac{1}{x-2}$ 是 $x\to 2$ 时的无穷大.

*4. 利用无穷大定义叙述 $\lim\limits_{x\to-\infty}f(x)=+\infty$.

5. 数列 $x_n=\dfrac{\sqrt{n}+[1-(-1)^n]n^2}{n}$ 是否为 $n\to\infty$ 时的无穷大？为什么？

6. 求函数 $f(x)=\dfrac{4}{x^2-2x}$ 的图形的水平渐近线和铅直渐近线.

2.4　极限的运算法则

本节讨论极限的运算法则，主要是建立极限的四则运算法则. 利用这些法则可以求某些

函数的极限. 在下面的讨论中，记号"lim"下面没有标明自变量的变化过程，也就是下面的定理和推论对 $x \to x_0$ 及 $x \to \infty$ 都是成立的.

定理 2.6　如果 $\lim f(x) = A$，$\lim g(x) = B$，那么

(1) $\lim [f(x) \pm g(x)] = A \pm B$；

(2) $\lim [f(x) \cdot g(x)] = A \cdot B$；

(3) 若 $B \neq 0$，则 $\lim \dfrac{f(x)}{g(x)} = \dfrac{A}{B}$；

证　(1) 因为 $\lim f(x) = A$，$\lim g(x) = B$，所以 $f(x) = A + \alpha$，$g(x) = B + \beta$ 其中 α, β 为无穷小，于是

$$f(x) \pm g(x) = (A + \alpha) \pm (B + \beta) = (A \pm B) + (\alpha \pm \beta)$$

又 $\alpha \pm \beta$ 是无穷小，所以

$$\lim [f(x) \pm g(x)] = A \pm B$$

类似方法可以证明 (2) 和 (3).

推论 1　如果 $\lim f(x) = A$，而 C 为常数，则 $\lim C f(x) = C \lim f(x) = CA$.

推论 2　如果 $\lim f(x) = A$，而 n 为正整数，则 $\lim [f(x)]^n = [\lim f(x)]^n = A^n$.

【例 2.20】　求 $\lim\limits_{x \to 2} (3x - 5)$.

解　$\lim\limits_{x \to 2} (3x - 5) = \lim\limits_{x \to 2} 3x - \lim\limits_{x \to 2} 5 = 3 \lim\limits_{x \to 2} x - 5 = 3 \times 2 - 5 = 1$.

【例 2.21】　求 $\lim\limits_{x \to -2} (5x^3 + 3x - 6)$.

解　$\lim\limits_{x \to -2} (5x^3 + 3x - 6) = 5 (\lim\limits_{x \to -2} x)^3 + 3 \lim\limits_{x \to -2} x - \lim\limits_{x \to -2} 6$

$$= 5 \times (-2)^3 + 3 \times (-2) - 6 = -52.$$

【例 2.22】　求 $\lim\limits_{x \to 2} \dfrac{x^3 + 1}{x^2 - 5x + 2}$.

解　$\lim\limits_{x \to 2} \dfrac{x^3 + 1}{x^2 - 5x + 2} = \dfrac{\lim\limits_{x \to 2} (x^3 + 1)}{\lim\limits_{x \to 2} (x^2 - 5x + 2)} = \dfrac{(\lim\limits_{x \to 2} x)^3 + 1}{(\lim\limits_{x \to 2} x)^2 - 5 \lim\limits_{x \to 2} x + 2} = -\dfrac{9}{4}$.

可见，若 $f(x)$ 为多项式函数，或 $x \to x_0$ 时分母极限不为零的分式函数时，由极限运算法则可得

$$\lim_{x \to x_0} f(x) = f(x_0).$$

【例 2.23】　求 $\lim\limits_{x \to 2} \dfrac{3x}{x^2 - 4}$.

解　因为 $\lim\limits_{x \to 2} (x^2 - 4) = 0$，所以不能直接用商的极限运算法则，但因 $\lim\limits_{x \to 2} \dfrac{x^2 - 4}{3x} = 0$，所以根据无穷小与无穷大的关系得 $\lim\limits_{x \to 2} \dfrac{3x}{x^2 - 4} = \infty$.

【例 2.24】　求 $\lim\limits_{x \to 2} \dfrac{x - 2}{x^2 - 4}$.

解　因为当 $x \to 2$ 时，分子和分母的极限都是零，因此不能直接用商的极限运算法则，但是分子和分母都有公因子 $x - 2$，而 $x \to 2$ 时，$x - 2 \neq 0$，可约去这个不为零的公因子，所以

$$\lim_{x \to 2} \frac{x - 2}{x^2 - 4} = \lim_{x \to 2} \frac{1}{x + 2} = \frac{\lim\limits_{x \to 2} 1}{\lim\limits_{x \to 2} (x + 2)} = \frac{1}{4}.$$

【例 2.25】　求 $\lim\limits_{x \to \infty} \dfrac{2x^3 + 4x - 7}{4x^3 - 5x^2 + 3}$.

解　先用 x^3 去除分母及分子，然后取极限，得

$$\lim_{x \to \infty} \frac{2x^3 + 4x - 7}{4x^3 - 5x^2 + 3} = \lim_{x \to \infty} \frac{2 + \dfrac{4}{x^2} - \dfrac{7}{x^3}}{4 - \dfrac{5}{x} + \dfrac{3}{x^3}} = \frac{1}{2}.$$

【例 2.26】　求 $\lim\limits_{x \to \infty} \dfrac{5x^2 + 2x - 3}{3x^3 + 5x}$.

解　先用 x^3 去除分母及分子，然后取极限得

$$\lim_{x \to \infty} \frac{5x^2 + 2x - 3}{3x^3 + 5x} = \lim_{x \to \infty} \frac{\dfrac{5}{x} + \dfrac{2}{x^2} - \dfrac{3}{x^3}}{3 + \dfrac{5}{x^2}} = 0.$$

【例 2.27】　求 $\lim\limits_{x \to \infty} \dfrac{3x^3 + 5x}{5x^2 + 2x - 3}$.

解　先用 x^3 去除分母及分子，然后取极限得

$$\lim_{x \to \infty} \frac{3x^3 + 5x}{5x^2 + 2x - 3} = \lim_{x \to \infty} \frac{3 + \dfrac{5}{x^2}}{\dfrac{5}{x} + \dfrac{2}{x^2} - \dfrac{3}{x^3}}.$$

利用定理 2.5 及例 2.26 的结果得 $\lim\limits_{x \to \infty} \dfrac{3x^3 + 5x}{5x^2 + 2x - 3} = \infty$.

注意：例 2.25～例 2.27 均用到了 $\lim\limits_{x \to \infty} \dfrac{1}{x^n} = 0 (n > 0)$.

由例 2.25～例 2.27，我们可以得到下面的结论

$$\lim_{x \to \infty} \frac{a_0 x^m + a_1 x^{m-1} + \cdots + a_m}{b_0 x^n + b_1 x^{n-1} + \cdots + b_n} = \begin{cases} \dfrac{a_0}{b_0}, & m = n, \\ 0, & m < n, \\ \infty, & m > n. \end{cases} \quad m \text{ 和 } n \text{ 为非负整数，且 } a_0 \neq 0, b_0 \neq 0.$$

定理 2.7　设有数列 $\{x_n\}$ 和 $\{y_n\}$，如果 $\lim\limits_{n \to \infty} x_n = A$，$\lim\limits_{n \to \infty} y_n = B$，那么

(1) $\lim\limits_{n \to \infty} (x_n \pm y_n) = A \pm B$；

(2) $\lim\limits_{n \to \infty} x_n \cdot y_n = A \cdot B$；

(3) 若 $y_n \neq 0 (n = 1, 2, \cdots)$ 且 $B \neq 0$，则 $\lim\limits_{n \to \infty} \dfrac{x_n}{y_n} = \dfrac{A}{B}$.

【例 2.28】　求 $\lim\limits_{n \to \infty} \left(\dfrac{1}{n^2} + \dfrac{2}{n^2} + \cdots + \dfrac{n}{n^2} \right)$.

解　因为 $\dfrac{1}{n^2} + \dfrac{2}{n^2} + \cdots + \dfrac{n}{n^2} = \dfrac{n(n+1)}{2n^2}$，所以

$$\lim_{n \to \infty} \left(\frac{1}{n^2} + \frac{2}{n^2} + \cdots + \frac{n}{n^2} \right) = \lim_{n \to \infty} \frac{n(n+1)}{2n^2} = \frac{1}{2}.$$

习题 2.4

1. 计算下列极限.

(1) $\lim\limits_{x\to 3}\dfrac{3x^2+5}{5x-3}$;

(2) $\lim\limits_{x\to\sqrt{2}}\dfrac{x^2-2}{2x^2-3}$;

(3) $\lim\limits_{x\to 1}\dfrac{x^2-2x+1}{x^2-1}$;

(4) $\lim\limits_{x\to 0}\dfrac{(x+a)^2-a^2}{x}$;

(5) $\lim\limits_{x\to\infty}\dfrac{x^3+x}{5x^4+2x-3}$;

(6) $\lim\limits_{x\to\infty}\dfrac{x^2+5x}{5x^2-3}$;

(7) $\lim\limits_{x\to 1}\left(\dfrac{1}{1-x}-\dfrac{3}{1-x^3}\right)$;

(8) $\lim\limits_{x\to 0}\left(\dfrac{\sqrt{1+x}-\sqrt{1+x^2}}{\sqrt{1+x}-1}\right)$;

(9) $\lim\limits_{n\to\infty}\left(1+\dfrac{1}{3}+\dfrac{1}{9}+\cdots+\dfrac{1}{3^n}\right)$;

(10) $\lim\limits_{n\to\infty}\dfrac{(n+1)(2n+1)(3n+1)}{3n^3-2n}$.

2. 已知 $\lim\limits_{x\to\infty}\left(\dfrac{x^2}{x+1}-ax+b\right)=1$，则 a,b 应为何值？

3. 求 a,b 的值，使 $\lim\limits_{x\to +\infty}(5x-\sqrt{ax^2+bx+1})=2$.

4. 设 $f(x)=\dfrac{Ax^2+Bx+5}{x-5}$，问

(1) A,B 为何值时，$\lim\limits_{x\to +\infty}f(x)=1$；

(2) A,B 为何值时，$\lim\limits_{x\to +\infty}f(x)=0$；

(3) A,B 为何值时，$\lim\limits_{x\to 5}f(x)=1$.

5. 下列陈述中，哪些是对的，哪些是错的？如果是对的，说明理由；如果是错的，试给出一个反例.

(1) 如果 $\lim\limits_{x\to x_0}f(x)$ 存在，但 $\lim\limits_{x\to x_0}g(x)$ 不存在，那么 $\lim\limits_{x\to x_0}[f(x)+g(x)]$ 不存在；

(2) 如果 $\lim\limits_{x\to x_0}f(x)$ 和 $\lim\limits_{x\to x_0}g(x)$ 都不存在，那么 $\lim\limits_{x\to x_0}[f(x)+g(x)]$ 不存在；

(3) 如果 $\lim\limits_{x\to x_0}f(x)$ 存在，但 $\lim\limits_{x\to x_0}g(x)$ 不存在，那么 $\lim\limits_{x\to x_0}f(x)\cdot g(x)$ 不存在.

2.5 两个重要极限

2.5.1 夹逼准则

定理 2.8 如果数列 $\{x_n\}$，$\{y_n\}$ 和 $\{z_n\}$ 满足下列条件：

(1) 存在正整数 N_1，当 $n>N_1$ 时，有 $y_n\leqslant x_n\leqslant z_n$；

(2) $\lim\limits_{n\to\infty}y_n=\lim\limits_{n\to\infty}z_n=a$.

那么数列 $\{x_n\}$ 的极限存在，且 $\lim\limits_{n\to\infty}x_n=a$.

证 因为 $\lim\limits_{n\to\infty}y_n=\lim\limits_{n\to\infty}z_n=a$，所以根据数列极限的定义，$\forall\varepsilon>0$，$\exists$ 正整数 $N_2>0$，当 $n>N_2$ 时，有 $|y_n-a|<\varepsilon$；同样 $\exists$ 正整数 $N_3>0$，当 $n>N_3$ 时，有 $|z_n-a|<\varepsilon$. 下面取 $N=\max\{N_1,N_2,N_3\}$，则当 $n>N$ 时，有 $y_n\leqslant x_n\leqslant z_n$，$|y_n-a|<\varepsilon$ 和 $|z_n-a|<\varepsilon$ 同时成

立，从而有 $a-\varepsilon < y_n \leqslant x_n \leqslant z_n < a+\varepsilon$ 成立，也就是 $|x_n-a| < \varepsilon$ 成立，这就证明了

$$\lim_{n\to\infty} x_n = a.$$

【例 2.29】 求 $\displaystyle\lim_{n\to\infty}\left(\frac{1}{\sqrt{n^2+1}}+\frac{1}{\sqrt{n^2+2}}+\cdots+\frac{1}{\sqrt{n^2+n}}\right)$.

解 记 $A_n = \dfrac{1}{\sqrt{n^2+1}}+\dfrac{1}{\sqrt{n^2+2}}+\cdots+\dfrac{1}{\sqrt{n^2+n}}$，则 $\dfrac{n}{\sqrt{n^2+n}}\leqslant A_n \leqslant \dfrac{n}{\sqrt{n^2+1}}$.

因为

$$\lim_{n\to\infty}\frac{n}{\sqrt{n^2+n}} = \lim_{n\to\infty}\frac{n}{\sqrt{n^2+1}} = 1,$$

所以，由定理 2.8，$\displaystyle\lim_{n\to\infty}\left(\frac{1}{\sqrt{n^2+1}}+\frac{1}{\sqrt{n^2+2}}+\cdots+\frac{1}{\sqrt{n^2+n}}\right)=1$.

定理 2.9 如果函数 $f(x)$，$g(x)$ 和 $h(x)$ 满足下列条件：

(1) $\exists\, x_0$ 的某个去心邻域 $\mathring{U}(x_0,\delta_0)$，当 $x\in\mathring{U}(x_0,\delta_0)$ 时，有 $g(x)\leqslant f(x)\leqslant h(x)$；

(2) $\displaystyle\lim_{x\to x_0} g(x)=\lim_{x\to x_0} h(x)=A$，

那么 $\displaystyle\lim_{x\to x_0} f(x)$ 存在，且等于 A.

证明 （略）.

注意： 此定理的结论可推广到 $x\to\infty$ 时的情形.

【例 2.30】 证明 $\displaystyle\lim_{x\to 0}(1-\cos x)=0$.

证 因为当 $x\to 0$ 时有

$0\leqslant 1-\cos x = 2\sin^2\dfrac{x}{2}\leqslant\dfrac{x^2}{2}$，而 $\displaystyle\lim_{x\to 0} 0 = \lim_{x\to 0}\frac{x^2}{2}=0$，所以由定理 2.9，$\displaystyle\lim_{x\to 0}(1-\cos x)=0$.

下面我们就利用上述定理的结论来证明第一个重要极限 $\displaystyle\lim_{x\to 0}\frac{\sin x}{x}=1$.

证 因为函数 $f(x)=\dfrac{\sin x}{x}$ 对于一切 $x\neq 0$ 都有定义，而且它是个偶函数，所以我们只讨论 $x\to 0^+$ 时的情形即可. 在图 2.5 所示的四分之一圆中，设圆心角 $\angle AOB = x\left(0<x<\dfrac{\pi}{2}\right)$，点 A 处的切线与 OB 的延长线相交于点 D，又 $BC\perp OA$，因此有

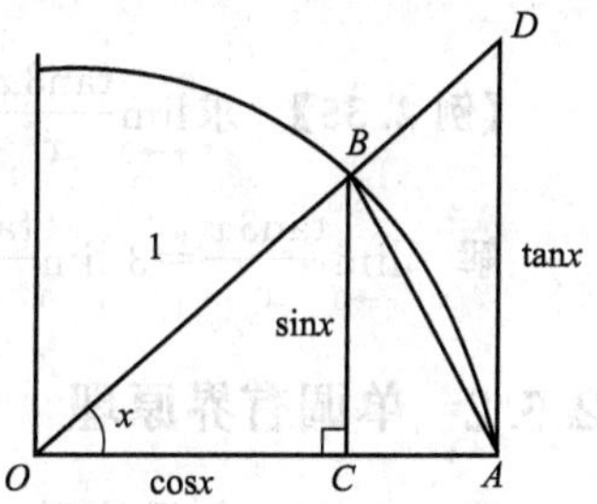

$$\sin x = CB, \quad x = \overset{\frown}{AB}, \quad \tan x = AD,$$

图 2.5

因为 $\triangle AOB$ 的面积 $<$ 扇形 AOB 的面积 $<\triangle AOD$ 的面积，

所以 $\dfrac{1}{2}\sin x < \dfrac{1}{2}x < \dfrac{1}{2}\tan x$，即 $\sin x < x < \tan x$，不等号各项都除以 $\sin x$，得 $1 < \dfrac{x}{\sin x} < \dfrac{1}{\cos x}$，即 $\cos x < \dfrac{\sin x}{x} < 1$，

由例 2.30 知 $\displaystyle\lim_{x\to 0^+}\cos x = 1$，而 $\displaystyle\lim_{x\to 0^+} 1 = 1$，所以由定理 2.9 有 $\displaystyle\lim_{x\to 0^+}\frac{\sin x}{x}=1$，同样 $\displaystyle\lim_{x\to 0^-}\frac{\sin x}{x}=1$，所以 $\displaystyle\lim_{x\to 0}\frac{\sin x}{x}=1$.

【例 2.31】 求 $\lim\limits_{x\to 0}\dfrac{\tan x}{x}$.

解 $\lim\limits_{x\to 0}\dfrac{\tan x}{x}=\lim\limits_{x\to 0}\left(\dfrac{\sin x}{x}\cdot\dfrac{1}{\cos x}\right)=\lim\limits_{x\to 0}\dfrac{\sin x}{x}\cdot\lim\limits_{x\to 0}\dfrac{1}{\cos x}=1.$

【例 2.32】 求 $\lim\limits_{x\to 0}\dfrac{\arctan x}{x}$.

解   令 $t=\arctan x$，则 $x=\tan t$，当 $x\to 0$ 时，$t\to 0$，所以

$$\lim\limits_{x\to 0}\dfrac{\arctan x}{x}=\lim\limits_{t\to 0}\dfrac{t}{\tan t}=\lim\limits_{t\to 0}\dfrac{1}{\dfrac{\tan t}{t}}=1.$$

【例 2.33】 求 $\lim\limits_{x\to 0}\dfrac{1-\cos x}{x^2}$.

解 $\lim\limits_{x\to 0}\dfrac{1-\cos x}{x^2}=\lim\limits_{x\to 0}\dfrac{2\sin^2\dfrac{x}{2}}{x^2}=\dfrac{1}{2}\lim\limits_{x\to 0}\dfrac{\sin^2\dfrac{x}{2}}{\left(\dfrac{x}{2}\right)^2}=\dfrac{1}{2}\lim\limits_{x\to 0}\left(\dfrac{\sin\dfrac{x}{2}}{\dfrac{x}{2}}\right)^2=\dfrac{1}{2}.$

【例 2.34】 求 $\lim\limits_{x\to\pi}\dfrac{\sin x}{\pi-x}$.

解   令 $t=\pi-x$，当 $x\to\pi$ 时，$t\to 0$，所以

$$\lim\limits_{x\to\pi}\dfrac{\sin x}{\pi-x}=\lim\limits_{x\to\pi}\dfrac{\sin(\pi-x)}{\pi-x}=\lim\limits_{t\to 0}\dfrac{\sin t}{t}=1.$$

> **注意**：对于第一个重要极限 $\lim\limits_{x\to 0}\dfrac{\sin x}{x}=1$ 的结果，我们常用到它的变形形式：在自变量的某个变化过程 $x\to x_0$（或 $x\to\infty$）中，如果 $f(x)\to 0$，那么极限 $\lim\limits_{\substack{x\to x_0\\(x\to\infty)}}\dfrac{\sin f(x)}{f(x)}=1$.

【例 2.35】 求 $\lim\limits_{x\to 0}\dfrac{\tan 3x}{x}$.

解 $\lim\limits_{x\to 0}\dfrac{\tan 3x}{x}=3\lim\limits_{x\to 0}\dfrac{\tan 3x}{3x}=3.$

2.5.2 单调有界原理

定义 2.10   如果数列 $\{x_n\}$ 满足条件：$x_1\leqslant x_2\leqslant\cdots\leqslant x_n\leqslant x_{n+1}\leqslant\cdots$，就称数列 $\{x_n\}$ 是单调增加的；如果数列 $\{x_n\}$ 满足条件：$x_1\geqslant x_2\geqslant\cdots\geqslant x_n\geqslant x_{n+1}\geqslant\cdots$，就称数列 $\{x_n\}$ 是单调减少的；单调增加和单调减少的数列统称为单调数列.

定理 2.10   单调有界数列必有极限.

证明   （略）

下面我们利用定理 2.10 来讨论另一个重要极限 $\lim\limits_{n\to\infty}\left(1+\dfrac{1}{n}\right)^n$.

可以证明数列 $x_n=\left(1+\dfrac{1}{n}\right)^n$ $(n=1,2,\cdots)$ 是单调增加，而且是有界的. 所以，根据定理 2.9，$\lim\limits_{n\to\infty}\left(1+\dfrac{1}{n}\right)^n$ 一定存在，这个极限用字母 e 来表示，即 $\lim\limits_{n\to\infty}\left(1+\dfrac{1}{n}\right)^n=\mathrm{e}.$

可以证明当 x 取实数而趋于 $+\infty$ 或 $-\infty$ 时，函数 $\left(1+\dfrac{1}{x}\right)^{x}$ 的极限存在且都等于 e. 因此

$$\lim_{x \to \infty}\left(1+\frac{1}{x}\right)^{x}=\mathrm{e}.$$

它的另一种表示形式为 $\lim\limits_{x \to 0}(1+x)^{\frac{1}{x}}=\mathrm{e}$.

这个数 e 是无理数，它的值是 $\mathrm{e}=2.718281828459045\cdots$.

【例 2.36】　求 $\lim\limits_{x \to \infty}\left(1-\dfrac{2}{x}\right)^{x}$.

解　令 $t=-\dfrac{2}{x}$，则 $x \to \infty$ 时，$t \to 0$，所以

$$\lim_{x \to \infty}\left(1-\frac{2}{x}\right)^{x}=\lim_{t \to 0}(1+t)^{-\frac{2}{t}}=\lim_{t \to 0}\left[(1+t)^{\frac{1}{t}}\right]^{-2}=\mathrm{e}^{-2}.$$

【例 2.37】　求 $\lim\limits_{x \to \infty}\left(1+\dfrac{3}{x}\right)^{x}$.

解　令 $t=\dfrac{3}{x}$，则 $x \to \infty$ 时，$t \to 0$，所以

$$\lim_{x \to \infty}\left(1+\frac{3}{x}\right)^{x}=\lim_{t \to 0}(1+t)^{\frac{3}{t}}=\lim_{t \to 0}\left[(1+t)^{\frac{1}{t}}\right]^{3}=\mathrm{e}^{3}.$$

注意：对于第二个重要极限 $\lim\limits_{x \to \infty}\left(1+\dfrac{1}{x}\right)^{x}=\mathrm{e}$ 的结果，我们常用到它的变形形式：在自变量的某个变化过程 $x \to x_{0}$（或 $x \to \infty$）中，如果 $f(x) \to 0$，那么极限

$$\lim_{\substack{x \to x_{0} \\ (x \to \infty)}}[1+f(x)]^{\frac{1}{f(x)}}=\mathrm{e}.$$

【例 2.38】　求 $\lim\limits_{x \to \infty}\left(\dfrac{2x+3}{2x+1}\right)^{x+1}$.

解　$\lim\limits_{x \to \infty}\left(\dfrac{2x+3}{2x+1}\right)^{x+1}=\lim\limits_{x \to \infty}\left[\left(1+\dfrac{2}{2x+1}\right)^{\frac{2x+1}{2}}\right]^{\frac{2}{2x+1} \cdot (x+1)}$

因为当 $x \to \infty$ 时，$f(x)=\dfrac{2}{2x+1} \to 0$，所以 $\lim\limits_{x \to \infty}\left(1+\dfrac{2}{2x+1}\right)^{\frac{2x+1}{2}}=\mathrm{e}$，又 $\lim\limits_{x \to \infty}\dfrac{2(x+1)}{2x+1}=1$，所以 $\lim\limits_{x \to \infty}\left(\dfrac{2x+3}{2x+1}\right)^{x+1}=\mathrm{e}^{1}=\mathrm{e}$.

一般地，对于形如 $u(x)^{v(x)}$ $(u(x)>0, u(x) \not\equiv 1)$ 的函数（通常称为幂指函数），如果

$$\lim u(x)=a>0, \lim v(x)=b,$$

那么 $\lim u(x)^{v(x)}=a^{b}$.

注意：这里的 lim 均表示在自变量的同一变化过程的极限.

习题 2.5

1. 计算下列极限.

（1）$\lim\limits_{x \to 0}\dfrac{\sin 3x}{x}$；

（2）$\lim\limits_{x \to 0}\dfrac{\sin(\sin x)}{x}$；

(3) $\lim\limits_{x\to 0}\dfrac{\sin ax}{4x}$；

(4) $\lim\limits_{x\to 0}\dfrac{\sin^2 3x}{3x^4}$；

(5) $\lim\limits_{x\to 0^+}\dfrac{1-\cos\sqrt{x}}{x}$；

(6) $\lim\limits_{x\to +\infty}\dfrac{x\sqrt{x}\sin\dfrac{1}{x}}{\sqrt{x}-1}$．

2．计算下列极限．

(1) $\lim\limits_{x\to 0}(1+2x^3)^{\frac{1}{x^3}}$；

(2) $\lim\limits_{x\to 0}(1+3x)^{\frac{3}{x}}$；

(3) $\lim\limits_{x\to\infty}\left(1+\dfrac{3}{x^2}\right)^{3x^2}$；

(4) $\lim\limits_{x\to\infty}\left(\dfrac{x-1}{x+3}\right)^{x+2}$．

3．讨论极限 $\lim\limits_{x\to 0}(1+|x|)^{\frac{1}{x}}$ 是否存在？

4．证明下列极限．

(1) $\lim\limits_{n\to\infty}n\left(\dfrac{1}{n^2+\pi}+\dfrac{1}{n^2+2\pi}+\cdots+\dfrac{1}{n^2+n\pi}\right)=1$；

(2) 数列 $\sqrt{2}$，$\sqrt{2+\sqrt{2}}$，$\sqrt{2+\sqrt{2+\sqrt{2}}}$，$\cdots$ 的极限存在；

(3) $\lim\limits_{x\to 0^+}x\left[\dfrac{1}{x}\right]=1$．

2.6　无穷小的比较和极限在经济学中的应用

2.6.1　无穷小的比较

前面我们已经介绍，两个无穷小的和、差、积仍为无穷小．但是，关于两个无穷小的商却会出现不同的情形．例如当 $x\to 0$ 时，我们有

$$\lim_{x\to 0}\dfrac{x^3}{3x}=0,\ \lim_{x\to 0}\dfrac{3x}{x^3}=\infty,\ \lim_{x\to 0}\dfrac{\sin x}{x}=1.$$

之所以会出现这种情形，是因为当 $x\to 0$ 时，它们趋于零的速度不同．由上面的几个极限式可知，x^3 趋于零的速度比 $3x$ 快，而 $3x$ 趋于零的速度比 x^3 要慢，$\sin x$ 与 x 趋于零的速度快慢相当．下面就根据无穷小之比的极限的不同情况给出如下定义．

定义 2.11　α,β 是自变量在同一变化过程中的无穷小，且 $\alpha\neq 0$，$\lim\dfrac{\beta}{\alpha}$ 也是在这个变化过程中的极限．

如果 $\lim\dfrac{\beta}{\alpha}=0$，就说 β 是比 α 高阶的无穷小，记作 $\beta=o(\alpha)$；

如果 $\lim\dfrac{\beta}{\alpha}=\infty$，就说 β 是比 α 低阶的无穷小；

如果 $\lim\dfrac{\beta}{\alpha}=c\neq 0$，就说 β 与 α 是同阶无穷小；

如果 $\lim\dfrac{\beta}{\alpha^k}=c\neq 0$，$k>0$ 就说 β 是关于 α 的 k 阶无穷小；

如果 $\lim\dfrac{\beta}{\alpha}=1$，就说 β 与 α 是等价无穷小，记作 $\alpha\sim\beta$（它是同阶无穷小中 $c=1$ 的特殊

情形).

下面我们根据此定义举一些例子.

因为 $\lim\limits_{x \to 0} \dfrac{x^3}{3x} = 0$，所以当 $x \to 0$ 时，x^3 是比 $3x$ 高阶的无穷小，即 $x^3 = o(3x)$.

因为 $\lim\limits_{x \to 2} \dfrac{x-2}{x^2-4} = \dfrac{1}{4}$，所以当 $x \to 2$ 时，$x-2$ 与 x^2-4 是同阶无穷小.

因为 $\lim\limits_{x \to 0} \dfrac{1-\cos x}{x^2} = \dfrac{1}{2}$，所以当 $x \to 0$ 时，$1-\cos x$ 是关于 x 的二阶无穷小.

因为 $\lim\limits_{x \to 0} \dfrac{\sin x}{x} = 1$，所以当 $x \to 0$ 时，$\sin x$ 与 x 是等价无穷小，即 $\sin x \sim x$.

【例 2.39】　证明当 $x \to 0$ 时，$\sqrt[n]{1+x} - 1 \sim \dfrac{1}{n}x$.

证　因为
$$\lim_{x \to 0} \frac{\sqrt[n]{1+x}-1}{\dfrac{1}{n}x} = \lim_{x \to 0} \frac{(\sqrt[n]{1+x})^n - 1}{\dfrac{1}{n}x\left[\sqrt[n]{(1+x)^{n-1}} + \sqrt[n]{(1+x)^{n-2}} + \cdots + 1\right]}$$
$$= \lim_{x \to 0} \frac{n}{\left[\sqrt[n]{(1+x)^{n-1}} + \sqrt[n]{(1+x)^{n-2}} + \cdots + 1\right]} = 1.$$

所以当 $x \to 0$ 时，$\sqrt[n]{1+x} - 1 \sim \dfrac{1}{n}x$.

【例 2.40】　求 $\lim\limits_{x \to 0} \dfrac{\sin 2x}{2x}$.

解　令 $t = 2x$，则当 $x \to 0$ 时，$t \to 0$，从而 $\lim\limits_{x \to 0} \dfrac{\sin 2x}{2x} = \lim\limits_{t \to 0} \dfrac{\sin t}{t} = 1$，所以当 $x \to 0$ 时，$\sin 2x \sim 2x$.

当 $x \to 0$ 时，常见的等价无穷小有：$\sin x \sim x$，$\arcsin x \sim x$，$\tan x \sim x$，$\arctan x \sim x$，$1-\cos x \sim \dfrac{1}{2}x^2$，$\ln(1+x) \sim x$，$\mathrm{e}^x - 1 \sim x$，$a^x - 1 \sim x\ln a$，$\sqrt[n]{1+x} - 1 \sim \dfrac{1}{n}x$，$\sin ax \sim ax$，$\tan ax \sim ax$.

2.6.2　等价无穷小的性质

定理 2.11　β 与 α 是等价无穷小的充分必要条件是 $\beta = \alpha + o(\alpha)$.

证　必要性. 设 $\alpha \sim \beta$，则 $\lim \dfrac{\beta - \alpha}{\alpha} = \lim\left(\dfrac{\beta}{\alpha} - 1\right) = \lim \dfrac{\beta}{\alpha} - 1 = 0$，因此 $\beta - \alpha = o(\alpha)$，即 $\beta = \alpha + o(\alpha)$.

充分性. 设 $\beta = \alpha + o(\alpha)$，则 $\lim \dfrac{\beta}{\alpha} = \lim \dfrac{\alpha + o(\alpha)}{\alpha} = \lim\left(1 + \dfrac{o(\alpha)}{\alpha}\right) = 1$，因此 $\alpha \sim \beta$.

【例 2.41】　因为当 $x \to 0$ 时 $\sin x \sim x$，$\arcsin x \sim x$，$1-\cos x \sim \dfrac{1}{2}x^2$，$\ln(1+x) \sim x$，所以当 $x \to 0$ 时有

$$\sin x = x + o(x), \quad \arcsin x = x + o(x),$$

$$1-\cos x = \frac{1}{2}x^2 + o(x^2),\ \ln(1+x) = x + o(x).$$

定理 2.12　设 $\alpha \sim \alpha'$，$\beta \sim \beta'$，且 $\lim \dfrac{\beta'}{\alpha'}$ 存在，则 $\lim \dfrac{\beta}{\alpha} = \lim \dfrac{\beta'}{\alpha'}$.

证　$\lim \dfrac{\beta}{\alpha} = \lim \left(\dfrac{\beta}{\beta'} \cdot \dfrac{\beta'}{\alpha'} \cdot \dfrac{\alpha'}{\alpha} \right) = \lim \dfrac{\beta}{\beta'} \cdot \lim \dfrac{\beta'}{\alpha'} \cdot \lim \dfrac{\alpha'}{\alpha} = \lim \dfrac{\beta'}{\alpha'}$.

此定理说明，在求两个无穷小之比的极限时，分子分母都可用等价无穷小来代替．只要选择得当，可以大大简化计算过程．

【例 2.42】　求 $\lim\limits_{x \to 0} \dfrac{\sin 2x}{\tan 3x}$.

解　当 $x \to 0$ 时 $\sin 2x \sim 2x$，$\tan 3x \sim 3x$，所以 $\lim\limits_{x \to 0} \dfrac{\sin 2x}{\tan 3x} = \lim\limits_{x \to 0} \dfrac{2x}{3x} = \dfrac{2}{3}$.

【例 2.43】　$\lim\limits_{x \to 0} \dfrac{(1+x^2)^{\frac{1}{3}} - 1}{\cos x - 1}$.

解　当 $x \to 0$ 时，$(1+x^2)^{\frac{1}{3}} - 1 \sim \dfrac{1}{3}x^2$，$\cos x - 1 \sim -\dfrac{1}{2}x^2$，所以

$$\lim_{x \to 0} \frac{(1+x^2)^{\frac{1}{3}} - 1}{\cos x - 1} = \lim_{x \to 0} \frac{\frac{1}{3}x^2}{-\frac{1}{2}x^2} = -\frac{2}{3}.$$

2.6.3　极限在经济学中的应用

极限在经济学中的应用也是十分广泛的，下面我们仅就连续复利问题进行探讨．

【例 2.44】　设某人以本金 A_0 元进行一项投资，投资的年利率为 r，如果以年为单位计算复利（即每年计息一次，并把利息加入下年的本金，重复计息），那么 t 年后，资金总额将变为 $A_0(1+r)^t$（元）；

如果以月为单位计算复利（即每月计息一次，并把利息加入下月的本金，重复计息），那么 t 年后，资金总额将变为 $A_0 \left(1 + \dfrac{r}{12} \right)^{12t}$（元）；

以此类推，若以天为单位计算复利，那么 t 年后，资金总额将变为 $A_0 \left(1 + \dfrac{r}{365} \right)^{365t}$（元）；

一般地，若以 $\dfrac{1}{n}$ 为单位计算复利，那么 t 年后，资金总额将变为 $A_0 \left(1 + \dfrac{r}{n} \right)^{nt}$（元）；

现在让 $n \to \infty$，即每时每刻计算复利（称为连续复利），那么 t 年后，资金总额将变为

$$\lim_{n \to \infty} A_0 \left(1 + \frac{r}{n} \right)^{nt} = \lim_{n \to \infty} A_0 \left[\left(1 + \frac{r}{n} \right)^{\frac{n}{r}} \right]^{rt} = A_0 \mathrm{e}^{rt}\ \ \text{（元）}.$$

习题 2.6

1. 当 $x \to 0$ 时，$2x - x^2$ 与 $x^2 + x^3$ 相比，哪一个是高阶无穷小？

2. 当 $x \to 1$ 时, 无穷小 $1-x$ 和 (1) $1-x^2$, (2) $\dfrac{1}{2}(1-x^2)$ 是否同阶? 是否等价?

3. 证明: 当 $x \to 0$ 时, $(1+4x^2)^{\frac{1}{4}}-1$ 与 $x \sin x$ 是等价无穷小.

4. 若当 $x \to x_0$ 时, α 与 α_1 是等价无穷小, β 是比 α 高阶的无穷小, 则当 $x \to x_0$ 时, $\alpha - \beta$ 与 $\alpha_1 - \beta$ 是否也是等价无穷小? 为什么?

5. 利用等价无穷小的性质求下列极限.

(1) $\lim\limits_{x \to 0} \dfrac{\arcsin 2x}{\tan 5x}$;

(2) $\lim\limits_{x \to 0} \dfrac{\sin (x)^n}{(\sin x)^m}$ (m, n 为正整数);

(3) $\lim\limits_{x \to 0} \dfrac{\tan x - \sin x}{\sin^3 x}$;

(4) $\lim\limits_{x \to \infty} \dfrac{3x^2+5}{5x+3} \cdot \sin \dfrac{4}{x}$.

6. 已知当 $x \to 0$ 时, $(1+ax^2)^{\frac{1}{3}}-1$ 与 $\cos x - 1$ 是等价无穷小, 求 a.

2.7　函数的连续性

2.7.1　函数连续性的概念

连续性是函数的一个十分重要的特性. 因为自然界的许多现象, 如气温的变化、河水的流动、植物的生长等, 都是连续地变化着的. 这种现象反映在函数关系上就是函数的连续性. 例如就气温的变化来说, 气温是随着时间的变化而变化的, 当时间变化很微小时, 气温的变化也很微小, 这种特点就是所谓的函数的连续性. 下面先介绍几个与连续性相关的概念.

2.7.1.1　增量

设变量 u 从它的一个初值 u_1 变到终值 u_2, 终值与初值的差 $u_2 - u_1$ 就叫做变量 u 的增量, 记作 Δu, 即 $\Delta u = u_2 - u_1$.

这里, 增量 Δu 可正可负, 而且记号 Δu 仅是一个记号, Δ 和 u 是一个不可分割的整体.

2.7.1.2　函数的增量

设函数 $y = f(x)$ 在点 x_0 的某一邻域内有定义, 当自变量 x 在这邻域内从 x_0 变到 $x_0 + \Delta x$ 时, 函数值 y 相应的从 $f(x_0)$ 变到 $f(x_0 + \Delta x)$, 因此函数 y 的相应增量为

$$\Delta y = f(x_0 + \Delta x) - f(x_0)$$

从上式可以看出, 如果保持 x_0 不动而让自变量的增量 Δx 变动, 函数 y 的相应增量 Δy 也要随着变动. 如果当 $\Delta x \to 0$ 时, 有 $\Delta y \to 0$, 即 $\lim\limits_{\Delta x \to 0} \Delta y = 0$, 或 $\lim\limits_{\Delta x \to 0} [f(x_0 + \Delta x) - f(x_0)] = 0$. 则称函数 $y = f(x)$ 在点 x_0 处是连续的.

定义 2.12　设函数 $y = f(x)$ 在点 x_0 的某一邻域内有定义, 如果

$$\lim\limits_{\Delta x \to 0} \Delta y = \lim\limits_{\Delta x \to 0} [f(x_0 + \Delta x) - f(x_0)] = 0$$

则称函数 $y = f(x)$ 在点 x_0 处是连续的.

注意：① 定义的另一种形式：设 $x=x_0+\Delta x$，则 $\Delta x\to 0$ 时，$x\to x_0$，又由于

$$\Delta y=f(x_0+\Delta x)-f(x_0)=f(x)-f(x_0),$$

所以 $\Delta y\to 0$ 也就是 $f(x)\to f(x_0)$，从而得到连续的另一种定义形式

$$\lim_{x\to x_0}f(x)=f(x_0).$$

② 用"$\varepsilon-\delta$"语言可叙述连续的定义为：$\forall\varepsilon>0,\exists\delta>0$，当 $|x-x_0|<\delta$ 时，有 $|f(x)-f(x_0)|<\varepsilon$.

③ 函数 $y=f(x)$ 在点 x_0 处连续应同时满足以下三个条件：函数 $y=f(x)$ 在点 x_0 邻域内有定义；$\lim\limits_{x\to x_0}f(x)$ 存在；$\lim\limits_{x\to x_0}f(x)=f(x_0)$.

2.7.1.3　左连续及右连续

(1) 左连续：如果 $\lim\limits_{x\to x_0^-}f(x)=f(x_0^-)$ 存在且等于 $f(x_0)$，即 $f(x_0^-)=f(x_0)$ 就说函数 $y=f(x)$ 在点 x_0 左连续.

(2) 右连续：如果 $\lim\limits_{x\to x_0^+}f(x)=f(x_0^+)$ 存在且等于 $f(x_0)$，即 $f(x_0^+)=f(x_0)$ 就说函数 $y=f(x)$ 在点 x_0 右连续.

如果函数 $f(x)$ 在区间 (a,b) 上的每一点都连续，则称函数 $f(x)$ 为区间 (a,b) 上的连续函数；如果函数 $f(x)$ 在区间 (a,b) 上连续，且左端点右连续，右端点左连续，则称函数 $f(x)$ 在闭区间 $[a,b]$ 上连续.

从几何上来说函数 $y=f(x)$ 的连续性指的是：当横轴上两点间的距离充分小时，函数图形上对应点的纵坐标之差可以任意小，所以连续函数的图形是一条连续而不间断的曲线.

【例 2.45】 证明函数 $f(x)=\sin x$ 在区间 $(-\infty,+\infty)$ 内连续.

证　$\forall x\in(-\infty,+\infty)$，当 x 获得增量 Δx 时，函数的增量为

$$\Delta y=\sin(x+\Delta x)-\sin x=2\cos\frac{(x+\Delta x)+x}{2}\sin\frac{(x+\Delta x)-x}{2}=2\cos\frac{2x+\Delta x}{2}\sin\frac{\Delta x}{2}$$

所以 $|\Delta y|=\left|2\cos\dfrac{2x+\Delta x}{2}\sin\dfrac{\Delta x}{2}\right|\leqslant 2\left|\sin\dfrac{\Delta x}{2}\right|.$

因为对于任意的角度 α，当 $\alpha\neq 0$ 时，$|\sin\alpha|<|\alpha|$，所以

$$0\leqslant|\Delta y|=|\sin(x+\Delta x)-\sin x|\leqslant 2\left|\sin\frac{\Delta x}{2}\right|<|\Delta x|.$$

因此，当 $\Delta x\to 0$ 时，有 $\Delta y\to 0$，即函数 $f(x)=\sin x$ 在区间 $(-\infty,+\infty)$ 内连续.

【例 2.46】 讨论函数 $f(x)=\begin{cases}e^{\sin x}, & x\leqslant 0\\ ax+b, & x>0\end{cases}$ 在 $x=0$ 处的连续性.

解　因为 $f(0^-)=\lim\limits_{x\to 0^-}f(x)=\lim\limits_{x\to 0^-}e^{\sin x}=1,$

$$f(0^+)=\lim_{x\to 0^+}f(x)=\lim_{x\to 0^+}(ax+b)=b,$$

$$f(0)=1.$$

所以，只有当 $b=1$ 时，$f(0^-)=f(0^+)=f(0)$，函数 $f(x)$ 在 $x=0$ 处连续.

【例 2.47】 确定 a,b 使函数 $f(x)=\begin{cases}3x+b, & 0<x<1\\ a, & x=1\\ x-b, & 1<x\leqslant 2\end{cases}$ 在 $x=1$ 处连续.

解　由于 $f(1^-)=\lim\limits_{x\to1^-}(3x+b)=3+b$，$f(1^+)=\lim\limits_{x\to1^+}(x-b)=1-b$，$f(1)=a$，

所以，要使函数 $f(x)$ 在 $x=1$ 处是连续，必有 $3+b=1-b=a$．解得 $a=2,b=-1$．

所以，当 $a=2,b=-1$ 时，函数 $f(x)$ 在 $x=1$ 处是连续的．

2.7.2　函数的间断点

在本节的第一部分已经介绍，如果函数 $y=f(x)$ 在点 x_0 处连续，它必须同时满足以下三个条件：函数 $y=f(x)$ 在点 x_0 邻域内有定义；$\lim\limits_{x\to x_0}f(x)$ 存在；$\lim\limits_{x\to x_0}f(x)=f(x_0)$．也就是说，只要函数 $f(x)$ 在点 x_0 不满足三者之一，它在点 x_0 就是不连续的．由此我们可以得到函数的间断点的定义．

定义 2.13　设函数 $f(x)$ 在点 x_0 的某去心邻域内有定义，如果函数 $f(x)$ 满足下列三种情形之一：

(1) 在点 $x=x_0$ 没有定义；

(2) 在点 $x=x_0$ 有定义，但是 $\lim\limits_{x\to x_0}f(x)$ 不存在；

(3) 虽然在点 $x=x_0$ 有定义，且 $\lim\limits_{x\to x_0}f(x)$ 存在，但是 $\lim\limits_{x\to x_0}f(x)\neq f(x_0)$．

则函数 $f(x)$ 在点 x_0 不连续，点 x_0 称为函数 $f(x)$ 的不连续点或间断点．

【例 2.48】　考察函数 $f(x)=\sin\dfrac{1}{x}$ 在 $x=0$ 处的连续性.

解　因为函数 $f(x)=\sin\dfrac{1}{x}$ 在 $x=0$ 处没有定义，所以它在 $x=0$ 处不连续，$x=0$ 为此函数的间断点．

【例 2.49】　考察函数 $f(x)=\begin{cases}x+1,&x\geqslant1\\x-1,&x<1\end{cases}$ 在 $x=1$ 处的连续性．

解　因为 $f(1^-)=\lim\limits_{x\to1^-}(x-1)=0$，$f(1^+)=\lim\limits_{x\to1^+}(x+1)=2$，$f(1^-)\neq f(1^+)$，$\lim\limits_{x\to1}f(x)$ 不存在，所以函数 $f(x)$ 在 $x=1$ 处不连续，$x=1$ 为此函数的间断点．

【例 2.50】　考察函数 $f(x)=\begin{cases}\dfrac{\sin x}{x},&x\neq0\\2,&x=0\end{cases}$ 在 $x=0$ 处的连续性．

解　因为 $\lim\limits_{x\to0}\dfrac{\sin x}{x}=1$，$f(0)=2$，即函数 $f(x)$ 在 $x=0$ 处的极限与它在 $x=0$ 处的函数值不相等，所以函数 $f(x)$ 在 $x=0$ 处不连续，$x=0$ 为此函数的间断点．

从上面的几个例子可见，虽然函数在给定的点处不连续，但是导致它们不连续的原因是不同的，下面我们就根据这种现象将间断点进行分类．

第一类间断点：如果点 x_0 是函数 $f(x)$ 的间断点，但左极限 $f(x_0^-)$ 及右极限 $f(x_0^+)$ 都存在，那么点 x_0 称为函数 $f(x)$ 的第一类间断点．

有时，我们又可以根据左右极限的不同情况将第一类间断点做更进一步的分类．

如果左极限 $f(x_0^-)$ 与右极限 $f(x_0^+)$ 都存在且相等，那么点 x_0 称为函数 $f(x)$ 的可去间断点．对于这类间断点，我们通常可以通过改变或补充定义，使函数 $f(x)$ 在点 x_0 处连续．如例 2.50，我们可以改变定义，令 $f(0)=1$，则函数 $f(x)$ 在点 $x=0$ 处连续．

如果左极限 $f(x_0^-)$ 与右极限 $f(x_0^+)$ 都存在但不相等，那么点 x_0 称为函数 $f(x)$ 的跳跃

间断点，如例 2.49.

第二类间断点：如果点 x_0 是函数 $f(x)$ 的间断点，且左极限 $f(x_0^-)$ 及右极限 $f(x_0^+)$ 至少有一个不存在，那么点 x_0 称为函数 $f(x)$ 的第二类间断点，如例 2.48.

2.7.3　连续函数的性质及初等函数的连续性

定理 2.13　设函数 $f(x)$ 和 $g(x)$ 在点 x_0 连续，则它们的和 $f(x)+g(x)$、差 $f(x)-g(x)$、积 $f(x) \cdot g(x)$ 及商 $\dfrac{f(x)}{g(x)}$（当 $g(x_0) \neq 0$ 时）都在点 x_0 连续.

【例 2.51】　讨论函数 $f(x) = \sin x + x^2$ 的连续性.

解　因为 $\sin x$ 和 x^2 都在区间 $(-\infty, +\infty)$ 内连续，所以由定理 2.13 知 $f(x) = \sin x + x^2$ 也在区间 $(-\infty, +\infty)$ 内连续.

【例 2.52】　讨论函数 $f(x) = \tan x$ 的连续性.

解　因为 $\tan x = \dfrac{\sin x}{\cos x}$，而 $\sin x$ 和 $\cos x$ 都在区间 $(-\infty, +\infty)$ 内连续，所以由定理 2.13 知函数 $f(x) = \tan x$ 在它的定义域内是连续的.

定理 2.14　如果函数 $y = f(x)$ 在区间 I_x 上单调增加（或单调减少）且连续，那么它的反函数 $x = f^{-1}(y)$ 也在对应的区间 $I_y = \{y \mid y = f(x), x \in I_x\}$ 上单调增加（或单调减少）且连续.

【例 2.53】　由于函数 $y = \sin x$ 在闭区间 $\left[-\dfrac{\pi}{2}, \dfrac{\pi}{2}\right]$ 上单调增加且连续，所以它的反函数 $y = \arcsin x$ 在闭区间 $[-1, 1]$ 上也是单调增加且连续的.

定理 2.15　设函数 $y = f[g(x)]$ 是由函数 $u = g(x)$ 和 $y = f(u)$ 复合而成，$U(x_0) \subset D_{f \circ g}$. 若函数 $u = g(x)$ 在 $x = x_0$ 连续，且 $g(x_0) = u_0$，而函数 $y = f(u)$ 在 $u = u_0$ 连续，则复合函数 $y = f[g(x)]$ 在 $x = x_0$ 连续.

【例 2.54】　讨论函数 $y = \sin \dfrac{1}{x}$ 的连续性.

解　函数 $y = \sin \dfrac{1}{x}$ 可看作是由 $u = \dfrac{1}{x}$ 及 $y = \sin u$ 复合而成. $\dfrac{1}{x}$ 在 $(-\infty, 0) \bigcup (0, +\infty)$ 内连续，$\sin u$ 在 $(-\infty, +\infty)$ 内连续，所以由定理 2.15，函数 $y = \sin \dfrac{1}{x}$ 在 $(-\infty, 0) \bigcup (0, +\infty)$ 内连续.

可以证明一切基本初等函数在其定义域内是连续的. 并且由初等函数的定义及连续函数的性质可以得到下面的结论：一切初等函数在其定义区间内都是连续的.

这是个非常重要的结论，因为如果函数 $f(x)$ 在点 x_0 连续，那么求 $f(x)$ 当 $x \to x_0$ 时的极限时，只需求 $f(x)$ 在点 x_0 的函数值就可以了. 也就是说：如果 $f(x)$ 为初等函数，且点 x_0 是 $f(x)$ 的定义区间内的点，则 $\lim\limits_{x \to x_0} f(x) = f(x_0)$.

【例 2.55】　求 $\lim\limits_{x \to 0} \dfrac{\sqrt{1+x^2}-1}{x}$.

解　$\lim\limits_{x \to 0} \dfrac{\sqrt{1+x^2}-1}{x} = \lim\limits_{x \to 0} \dfrac{(\sqrt{1+x^2}-1)(\sqrt{1+x^2}+1)}{x(\sqrt{1+x^2}+1)} = \lim\limits_{x \to 0} \dfrac{x}{\sqrt{1+x^2}+1} = 0.$

【例 2.56】　求 $\lim\limits_{x \to 0} \dfrac{\log_a(1+x)}{x}$.

解　$\lim\limits_{x\to0}\dfrac{\log_a(1+x)}{x}=\lim\limits_{x\to0}\log_a(1+x)^{\frac1x}=\log_a\mathrm{e}=\dfrac{1}{\ln a}.$

【例 2.57】　求 $\lim\limits_{x\to0}\dfrac{a^x-1}{x}$.

解　令 $a^x-1=t$，则 $x=\log_a(1+t)$，当 $x\to0$ 时，$t\to0$，于是

$$\lim\limits_{x\to0}\frac{a^x-1}{x}=\lim\limits_{t\to0}\frac{t}{\log_a(1+t)}=\ln a.$$

【例 2.58】　求 $\lim\limits_{x\to0}(1+2x)^{\frac{3}{\sin x}}$.

解　$\lim\limits_{x\to0}(1+2x)^{\frac{3}{\sin x}}=\mathrm{e}^{\lim\limits_{x\to0}\left[6\,\frac{x}{\sin x}\ln(1+2x)^{\frac{1}{2x}}\right]}=\mathrm{e}^6.$

习题 2.7

1. 研究下列函数的连续性，并画出函数的图形.

(1) $f(x)=\begin{cases}x^2, & 0\leqslant x\leqslant1\\ 1-x, & 1<x\leqslant2\end{cases}$;
　　(2) $f(x)=\begin{cases}x, & -1\leqslant x\leqslant1\\ 1, & x<-1\ 或\ x>1\end{cases}$.

2. 下列函数在指出的点处间断，说明这些间断点属于哪一类，如果是可去间断点，则补充或改变函数的定义使它连续.

(1) $f(x)=\dfrac{x^2-1}{x^2-3x+2}$，$x=1,x=2$;
　　(2) $f(x)=\begin{cases}x-1, & x\leqslant1\\ 3-x, & x>1\end{cases}$，$x=1$.

3. 求函数 $f(x)=\begin{cases}1+\sin2x, & -\dfrac{\pi}{2}\leqslant x<0\\[2mm] 0, & 0<x<1\\[1mm] x^2-1, & 1\leqslant x<2\end{cases}$ 当 $x\to0$ 和 $x\to1$ 时的极限，并判断其连续性及间断点的类型.

4. 确定 a,b 使函数 $f(x)=\begin{cases}a+x\sin\dfrac{1}{x}, & x<0\\[2mm] \dfrac{2}{3}, & x=0\\[2mm] \dfrac{\sin2x}{\sin bx}, & x>0\end{cases}$，在 $x=0$ 处连续.

5. 求下列极限.

(1) $\lim\limits_{x\to0}\sqrt{x^2-2x+5}$;
　　(2) $\lim\limits_{x\to0}\dfrac{\sqrt{x+1}-1}{x}$;

(3) $\lim\limits_{x\to\frac{\pi}{6}}\ln(2\cos2x)$;
　　(4) $\lim\limits_{x\to1}\dfrac{\sqrt{5x-4}-\sqrt{x}}{x-1}$;

(5) $\lim\limits_{x\to\infty}\mathrm{e}^{\frac1x}$;
　　(6) $\lim\limits_{x\to\infty}\left(1+\dfrac{1}{x}\right)^{\frac{x}{2}}$;

(7) $\lim\limits_{x\to0}\ln\dfrac{\sin x}{x}$;
　　(8) $\lim\limits_{x\to0}(1+3\tan^2x)^{\cot^2x}$.

6. 讨论函数 $f(x)=\lim\limits_{n\to\infty}\dfrac{1-x^{2n}}{1+x^{2n}}$ 的连续性，若有间断点，判别类型.

7. 下列陈述中，哪些是对的，哪些是错的？如果是对的，说明理由；如果是错的，试给出一个反例.

(1) 如果函数 $f(x)$ 在 a 点连续，那么 $|f(x)|$ 也在 a 点连续；

(2) 如果函数 $|f(x)|$ 在 a 点连续，那么函数 $f(x)$ 也在 a 点连续.

2.8　闭区间上连续函数的性质

2.8.1　最值定理及有界性定理

定义 2.14　函数 $f(x)$ 的定义区间为 I，如果有 $x_0 \in I$，使得对于任一 $x \in I$ 都有

$$f(x) \leqslant f(x_0) \quad (f(x) \geqslant f(x_0))$$

则称 $f(x_0)$ 是函数 $f(x)$ 在区间 I 上的最大值（最小值）.

> **注意**：① 取得最大值或最小值的点称为函数的最值点；
>
> ② 最值点不一定唯一；
>
> ③ 最大值和最小值可以相等.

定理 2.16　如果函数 $f(x)$ 在闭区间 $[a,b]$ 上连续，那么它在该区间上有界且一定能取得最大值和最小值.

> **注意**：此定理对于开区间内的连续函数或在闭区间上有不连续点的函数未必正确.

【例 2.59】　函数 $f(x) = \dfrac{1}{x}$ 在开区间 $(0,1)$ 内连续，但是它在 $(0,1)$ 内既没有最大值，也没有最小值.

【例 2.60】　函数 $f(x) = \begin{cases} 1-x, & 0 \leqslant x \leqslant 1 \\ 1, & x=1 \\ 3-x, & 1 < x \leqslant 2 \end{cases}$ 在闭区间 $[0,2]$ 上有间断点 $x=1$，此函数 $f(x)$ 虽在闭区间 $[0,2]$ 上有界，但是既没有最大值，也没有最小值.

2.8.2　零点定理与介值定理

定义 2.15　使得函数 $f(x)$ 等于零的点 x_0，称为函数 $f(x)$ 的零点.

【例 2.61】　求函数 $f(x) = x^2 - 3x + 2$ 的零点.

解　由 $x^2 - 3x + 2 = 0$，得 $x=1, x=2$. 所以，函数 $f(x) = x^2 - 3x + 2$ 的零点是 $x=1, x=2$.

定理 2.17　（零点定理）如果函数 $f(x)$ 在闭区间 $[a,b]$ 上连续，且端点处的函数值 $f(a)$ 和 $f(b)$ 异号（即 $f(a) \cdot f(b) < 0$），那么至少存在一点 $\xi \in (a,b)$，使得 $f(\xi) = 0$.

证明　（略）

【例 2.62】　证明方程 $x^5 - 3x = 1$ 至少有一个根介于 1 和 2 之间.

证　设 $f(x) = x^5 - 3x - 1$，$f(x)$ 在 $[1,2]$ 连续，且 $f(1) = -3 < 0$，$f(2) = 25 > 0$，由零点定理知至少存在一点 $\xi \in (1,2)$，使 $f(\xi) = 0$.

即方程 $x^5 - 3x = 1$ 至少有一个根介于 1 和 2 之间.

定理 2.18　（介值定理）设函数 $f(x)$ 在闭区间 $[a,b]$ 上连续，且在这区间的端点取不同的函数值 $f(a) = A$，$f(b) = B$，那么，对于 A 与 B 之间的任意一个数 C，至少存在一点 $\xi \in (a,b)$，使得 $f(\xi) = C (a < \xi < b)$.

证　设 $\varphi(x) = f(x) - C$，则 $\varphi(x)$ 在闭区间 $[a,b]$ 上连续，且 $\varphi(a) = A - C$ 与 $\varphi(b) = B - C$

异号. 根据零点定理, 至少存在一点 $\xi \in (a, b)$, 使得 $\varphi(\xi) = 0 (a < \xi < b)$, 又 $\varphi(\xi) = f(\xi) - C$, 也就是 $f(\xi) = C (a < \xi < b)$.

推论　设函数 $f(x)$ 在闭区间 $[a, b]$ 上连续, 则 $f(x)$ 能取得介于最大值 M 和最小值 m 之间的一切值.

【例 2.63】　若函数 $f(x)$ 在闭区间 $[a, b]$ 上连续, $a < x_1 < x_2 < \cdots < x_{n-1} < x_n < b (n \geqslant 3)$, 则在 (x_1, x_n) 内至少存在一点 ξ, 使

$$f(\xi) = \frac{f(x_1) + f(x_2) + \cdots + f(x_n)}{n}.$$

证　因为函数 $f(x)$ 是闭区间 $[a, b]$ 上的连续函数, 所以 $f(x)$ 在闭区间 $[x_1, x_n]$ 上连续, 则 $f(x)$ 在闭区间 $[x_1, x_n]$ 上必取得最大值 M 和最小值 m, 从而有

$$m \leqslant f(x_i) \leqslant M (i = 1, 2, \cdots, n),$$
$$nm \leqslant f(x_1) + f(x_2) + \cdots + f(x_n) \leqslant nM,$$
$$m \leqslant \frac{f(x_1) + f(x_2) + \cdots + f(x_n)}{n} \leqslant M.$$

也就是, 数值 $\dfrac{f(x_1) + f(x_2) + \cdots + f(x_n)}{n}$ 是介于最大值 M 和最小值 m 之间的一个值. 由推论知, 在 (x_1, x_n) 内至少存在一点 ξ, 使

$$f(\xi) = \frac{f(x_1) + f(x_2) + \cdots + f(x_n)}{n}.$$

习题 2.8

1. 设函数 $f(x)$ 在闭区间 $[a, b]$ 上连续, 且 $f(a) > 0$, $f(b) > 0$, 而函数 $f(x)$ 在闭区间 $[a, b]$ 上的最小值为负, 则方程 $f(x) = 0$ 在 (a, b) 内至少有几个根?

2. 设函数 $f(x)$ 在闭区间 $[0, 1]$ 上连续, 并且对 $[0, 1]$ 上的任一点 x 有 $0 \leqslant f(x) \leqslant 1$. 试证明在 $[0, 1]$ 中必存在一点 ξ, 使得 $f(\xi) = \xi$.

3. 证明方程 $\sin x + x + 1 = 0$ 在开区间 $\left(-\dfrac{\pi}{2}, \dfrac{\pi}{2}\right)$ 内至少有一个根.

4. 设函数 $f(x)$ 和 $g(x)$ 在闭区间 $[a, b]$ 上连续, 且 $f(a) < g(a)$, $f(b) > g(b)$. 证明在 (a, b) 内至少存在一点 ξ, 使 $f(\xi) = g(\xi)$.

总习题 2

1. 填空题.

(1)（数学二）设函数 $f(x) = \begin{cases} \dfrac{1 - e^{\tan x}}{\arcsin \dfrac{x}{2}}, & x > 0 \\ a e^{2x}, & x < 0 \end{cases}$ 在 $x = 0$ 处连续, 则 $a = $ _____.

(2)（数学二） $\lim\limits_{x \to 1} \dfrac{\sqrt{3-x} - \sqrt{1+x}}{x^2 + x - 2} = $ _____.

(3)（数学二）已知函数 $f(x)$ 连续, 且 $\lim\limits_{x \to 0} \dfrac{1 - \cos[x f(x)]}{(e^{x^2} - 1) f(x)} = 1$, 则 $f(0) = $ _____.

(4)（数学二）曲线 $y = \dfrac{x + 4 \sin x}{5x - 2 \cos x}$ 的水平渐近线方程为 _____.

(5)（数学二）设 $f(x) = \lim\limits_{n \to \infty} \dfrac{(n-1)x}{nx^2+1}$，则 $f(x)$ 的间断点为 $x = $ _____.

2. 选择题.

(1) $\lim\limits_{x \to \infty} \dfrac{2x+3}{\sqrt{x^2+5}} = $ （   ）.

(A) 2 　　　　(B) -2 　　　　(C) 0 　　　　(D) 不存在

(2) $\lim\limits_{x \to 0} (1+2x)^{\frac{\sin x}{x}} = $ （   ）.

(A) 1 　　　　(B) e^2 　　　　(C) e 　　　　(D) 2

(3) 设数列的通项是 $x_n = \dfrac{\sqrt{n} + [1-(-1)^n]n^2}{n}$，则当 $n \to \infty$ 时，x_n 是（   ）.

(A) 无穷大量 　　　　　　　　(B) 有界变量，但不是无穷小

(C) 无穷小量 　　　　　　　　(D) 无界变量，但不是无穷大

(4) $\lim\limits_{x \to \infty} \dfrac{\sin x^2 + x}{\cos x^2 - x} = $ （   ）.

(A) ∞ 　　　　(B) -1 　　　　(C) 1 　　　　(D) 不存在

(5) 设函数 $f(x) = x\sin\dfrac{1}{x} + \dfrac{1}{x}\sin x$，$\lim\limits_{x \to 0} f(x) = a$，$\lim\limits_{x \to \infty} f(x) = b$，则有（   ）.

(A) $a=1, b=1$ 　(B) $a=1, b=2$ 　(C) $a=2, b=1$ 　(D) $a=2, b=2$

3. 求下列极限.

(1) $\lim\limits_{x \to 1} \dfrac{x^2 - x + 2}{(x-1)^2}$；

(2) $\lim\limits_{x \to +\infty} x(\sqrt{x^2+1} - x)$；

(3) $\lim\limits_{n \to \infty} \dfrac{(-2)^n + 3^n}{(-2)^{n+1} + 3^{n+1}}$；

(4) $\lim\limits_{n \to \infty} \left(\dfrac{1}{1 \times 2} + \dfrac{1}{2 \times 3} + \cdots + \dfrac{1}{n \times (n+1)} \right)$；

(5) $\lim\limits_{n \to \infty} \left(\dfrac{1+2+3+\cdots+n}{n+2} - \dfrac{n}{2} \right)$；

(6) $\lim\limits_{n \to \infty} (\sqrt{n^2+n+1} - \sqrt{n^2-n+1})$；

(7) $\lim\limits_{x \to 1} \dfrac{\sqrt[3]{x} - 1}{\sqrt{x} - 1}$；

(8) $\lim\limits_{x \to +\infty} \dfrac{e^{2x} + e^{-x}}{3e^x + 2e^{2x}}$；

(9) $\lim\limits_{x \to 4} \dfrac{\sqrt{2x+1} - 3}{\sqrt{x-2} - \sqrt{2}}$；

(10) $\lim\limits_{x \to \pi} \dfrac{\sin x}{x - \pi}$；

(11) $\lim\limits_{x \to 0} \dfrac{\tan x - \sin x}{\sin^3 x}$；

(12) $\lim\limits_{x \to 0} \dfrac{1 - \sqrt{1-x}}{\sin 4x}$；

(13) $\lim\limits_{x \to \infty} \left(1 + \dfrac{2}{x} \right)^{2x}$；

(14) $\lim\limits_{x \to \infty} \left(\dfrac{x-1}{x+1} \right)^x$；

(15) $\lim\limits_{x \to \infty} \left(\dfrac{x^2+1}{x^2-1} \right)^{x^2}$；

(16) $\lim\limits_{x \to \frac{\pi}{2}} (\sin x)^{\tan x}$.

4. 已知当 $x \to 0$ 时，$(1+ax^2)^{\frac{1}{4}} - 1$ 与 $\cos 2x - 1$ 是等价无穷小，求 a.

5. 求函数 $f(x) = xe^{\frac{2}{x}} + 1$ 的图形的渐近线.

6. 下列结论中哪些是正确的，哪些是不正确的？正确的给出原因，错误的给出反例.

(1) 若 $f(x)$ 在 $x = x_0$ 处有定义，且 $f(x_0^-) = f(x_0^+)$，那么 $f(x)$ 在 $x = x_0$ 处一定连续；

(2) 若 $\lim\limits_{x \to x_0} u(x) = \infty$，$\lim\limits_{x \to x_0} u(x)v(x) = A \neq 0$，那么 $\lim\limits_{x \to x_0} v(x) = 0$；

(3) 设 $f(x)$ 在 $(-\infty, +\infty)$ 上连续且 $f(x) \neq 0$，$\varphi(x)$ 在 $(-\infty, +\infty)$ 上有定义且有间断点，则在 $\varphi[f(x)]$ 和 $f[\varphi(x)]$ 必有间断点.

7. 设函数 $f(x) = \dfrac{e^{\frac{1}{x}} - 1}{e^{\frac{1}{x}} + 1}$，求函数 $f(x)$ 的间断点，并判断其类型.

8. 设 $f(x) = \begin{cases} e^{\frac{1}{x-1}}, & x > 0 \\ \ln(1+x), & -1 < x \leqslant 0 \end{cases}$ 求函数 $f(x)$ 的间断点，并判断其类型.

9. 已知 $f(x) = \lim\limits_{n \to \infty} \dfrac{1-x^{2n}}{1+x^{2n}} x$，求函数 $f(x)$ 的间断点，并判断其类型.

10. 设函数 $f(x) = \begin{cases} \dfrac{\sin x}{x}, & x < 0 \\ a, & x = 0, \\ \dfrac{\sin x}{x} + b, & x > 0 \end{cases}$ 问

(1) a 为何值时，才使 $f(x)$ 在 $x = 0$ 处左连续；

(2) a 和 b 为何值时，才使 $f(x)$ 在 $x = 0$ 处连续.

11. 已知 $\lim\limits_{x \to \infty} \left(\dfrac{x^2+1}{x+1} - ax + b \right) = 0$，求 a 和 b 的值.

12. 设 $f(x) = \begin{cases} \sqrt{x^2-1}, & -\infty < x < -1 \\ b, & x = -1 \\ a + \arccos x, & -1 < x < 1 \end{cases}$，确定 a 和 b 的值，使 $f(x)$ 在 $x = -1$ 连续.

13. 证明方程 $x2^x = 1$ 至少有一个小于 1 的正根.

14. 设 $a > 0$，$x_1 > 0$，$x_{n+1} = \dfrac{1}{2}\left(x_n + \dfrac{a}{x_n}\right)$ $(n = 1, 2, \cdots)$，证明 $\lim\limits_{n \to \infty} x_n$ 存在，并求此极限.

15. 设 $f(x)$ 在闭区间 $[0, 2a]$ 上连续，且 $f(0) = f(2a)$，证明至少存在一点 $\xi \in [0, a]$，使得 $f(\xi) = f(\xi + a)$.

知识窗 2　极限思想的产生和发展

极限概念是微积分的基础及其基本推理工具，可以说没有函数极限的概念，就不可能有微积分的严格结构；只有借助极限的概念，才能对自然学科中所碰到的许多具体量给出完整而严密的定义. 极限概念是从常量到变量，从有限到无限，即从初等数学过渡到高等数学的关键.

与一切科学的思想方法一样，极限思想也是从实际问题中抽象出来的. 极限的思想可以追溯到古代中国，春秋战国时期的哲学家、思想家庄子（约公元前 355～公元前 275，另一说公元前 369～公元前 286）在《天下篇》中写道："一尺之棰，日取其半，万世不竭". 意思是说：一尺长的棍子，第一天取去一半，第二天取去剩下的一半，以后每天都取去剩下的一半，这样永远也取之不尽. 此例已隐含了极限思想. 刘徽（3 世纪）的"割圆术"中有"割之弥细，所失弥少，割之又割，以至不可割，则与圆周合体，而无所失矣". 意思是说，

圆内接正多边形的边数越多，它与圆越接近．此割圆术就是建立在直观基础上的一种原始的极限思想的应用．

古希腊人的穷竭法也蕴含了极限思想，但由于希腊人"对无限的恐惧"，他们避免明显地"取极限"，而是借助于间接证法——归谬法来完成有关的证明．

到了 16 世纪，荷兰数学家斯蒂文（Sidiwen，1548～1620）在考察三角形重心的过程中改进了古希腊人的穷竭法，他借助几何直观、大胆地运用极限思想思考问题，放弃了归谬法的证明．如此，他就在无意中"指出了把极限方法发展成为一个实用概念的方向"．

极限思想的进一步发展是与微积分的建立紧密相连的．16 世纪的欧洲处于资本主义萌芽时期，生产力得到极大的发展，生产和技术中大量的问题用初等数学的方法已无法解决，要求数学突破只研究常量的传统范围，而提供能够用以描述和研究运动、变化过程的新工具，这是促进极限发展、建立微积分的社会背景．

起初牛顿（Newton，1642～1727）和莱布尼茨以无穷小概念为基础建立微积分，后来因遇到逻辑困难，所以在他们的晚期都不同程度地接受了极限思想．牛顿用路程的改变量与时间的改变量之比表示运动物体的平均速度，让时间的改变量无限趋近于零，对其求极限得到物体的瞬时速度，并由此引出导数概念和微分学理论．他意识到极限概念的重要性，试图以极限概念作为微积分的基础．他说："两个量和量之比，如果在有限时间内不断趋于相等，且在这一时间终止前互相靠近，使得其差小于任意给定的差，则最终就成为相等．"但牛顿的极限观念是建立在几何直观上的，因而他无法得出极限的严格表述．牛顿所运用的极限概念，只是接近于下列直观性的语言描述："如果当 n 无限增大时，无限地接近于常数 A，那么就说以 A 为极限．"人们容易接受这种描述性语言．现代一些初等的微积分读物中还经常采用这种定义．但是，这种定义没有定量地给出两个"无限过程"之间的联系，不能作为科学论证的逻辑基础．

正因为当时缺乏严格的极限定义，微积分理论才受到人们的怀疑与攻击，例如在瞬时速度概念中，瞬时速度究竟是否等于零？如果是零，怎么能用它去作除法呢？如果不是零，又怎么能把包含着它的那些项去掉呢？这就是数学史上所说的"无穷小悖论"．英国哲学家、大主教贝克莱（Berkeley，1685～1753）对微积分的攻击最为激烈，他说微积分的推导是"分明的诡辩"．

贝克莱之所以激烈地攻击微积分，一方面是为宗教服务，另一方面也由于当时的微积分缺乏牢固的理论基础，连牛顿自己也无法摆脱极限概念中的混乱．这个事实表明，弄清极限概念，建立严格的微积分理论基础，不但是数学本身所需要的，而且有着认识论上的重大意义．

极限思想的完善与微积分的严格化密切联系．在很长一段时间里，许多人尝试解决微积分理论基础的问题，但都未能如愿．这是因为数学的研究对象已从常量扩展到变量，而人们对变量数学特有的规律还不十分清楚，对变量数学和常量数学的区别和联系还缺乏了解，对有限和无限的对立统一关系还不明确．人们使用习惯了的处理常量数学的传统思想方法，就不能适应变量数学的新需要，仅用旧的概念说明不了这种"零"与"非零"相互转化的辩证关系．

到了 18 世纪，罗宾逊（Robinson）、达朗贝尔（d'Alembert，1717～1783）等人先后明确地表示必须将极限作为微积分的基础概念，并且都对极限作出了各自的定义．其中达朗贝尔的定义是："一个量是另一个量的极限，假如第二个量比任意给定的值更为接近第一个量．"它接近于极限的正确定义．然而，这些人的定义都无法摆脱对几何直观的依赖．事情也只能如此，因为 19 世纪以前的算术和几何概念大部分都是建立在几何量的概念上的.

　　首先用极限概念给出导数正确定义的是捷克数学家波尔查诺（Bolzano，1781～1848），他把函数 $f(x)$ 的导数定义为差商 $\dfrac{\Delta y}{\Delta x}$ 的极限 $f'(x)$，并强调指出 $f'(x)$ 不是两个零的商. 波尔查诺的思想是有价值的，但关于极限的本质他仍未说清楚.

　　到了 19 世纪，法国数学家柯西在前人工作的基础上，比较完整地阐述了极限概念及其理论. 他在《分析教程》中指出：“当一个变量逐次所取的值无限趋于一个定值，最终使变量的值和该定值之差要多小就多小，这个定值就叫做所有其他值的极限值，特别地，当一个变量的数值（绝对值）无限地减小使之收敛到极限 0，就说这个变量成为无穷小.”

　　柯西把无穷小视为以零为极限的变量，这就澄清了无穷小“似零非零”的模糊认识. 即在变化过程中，它的值可以是非零，但它变化的趋向是“零”，可以无限地接近于零.

　　柯西试图消除极限概念中的几何直观，做出极限的明确定义，然后去完成牛顿的愿望. 但柯西的叙述中还存在描述性的词语，如“无限趋近”、“要多小就多小”等，因此还保留着几何和物理的直观痕迹，没有达到彻底严密化的程度.

　　为了排除极限概念中的直观痕迹，维尔斯特拉斯（Weierstrass，1815～1897）提出了极限的静态的定义，给微积分提供了严格的理论基础. 所谓 $\lim\limits_{n\to\infty} f(x)=A$，就是指：“如果对任何 $\varepsilon>0$，总存在自然数 N，使得当 $n>N$ 时，不等式 $|f(x)-A|<\varepsilon$ 恒成立.”

　　这个定义借助不等式，通过 ε 和 N 之间的关系，定量地、具体地刻画了两个“无限过程”之间的联系. 因此，这样的定义是严格的，可以作为科学论证的基础，至今仍在数学分析书籍中使用. 在该定义中，涉及的仅仅是数及其大小关系，此外给定、存在、任取等词语，已经摆脱了“趋近”一词，不再求助于运动的直观.

　　极限思想揭示了变量与常量、无限与有限的对立统一关系，是唯物辩证法的对立统一规律在数学领域中的应用. 借助极限思想，人们可以从有限认识无限，从直线形认识曲线形，从不变认识变，从量变认识质变，从近似认识精确.

　　极限思想反映了近似与精确的对立统一关系，他们在一定条件下也可相互转化，这种转化是数学应用于实际计算的重要方法. 数学分析中的“部分和”、“圆内接正多边形面积”、“矩形的面积”、“平均速度”，分别是相应的“无穷级数和”、“圆面积”、“曲边梯形的面积”、“瞬时速度”的近似值，取极限后就可得到相应的精确值. 这都是借助于极限的思想方法，从近似来得到精确的.

　　极限的思想方法贯穿于微积分课程的始终. 利用极限的思想方法可得出连续函数、导数、定积分、广义积分的敛散性、级数的敛散性、多元函数的偏导数、重积分等概念.

第3章

导数与微分

一元函数微分学是微积分的重要组成部分，而导数与微分又都是微分学中的重要基本概念，它们在自然科学与社会科学中均有广泛的应用. 本章介绍导数、微分的概念与基本运算.

3.1 导数概念

3.1.1 引例

3.1.1.1 变速直线运动的速度

设一质点在坐标轴上做非匀速运动，在时刻 t 质点的坐标为 s，s 是 t 的函数：

$$s = s(t)$$

为求得质点在时刻 t_0 的速度，我们考虑比值

$$\frac{s(t) - s(t_0)}{t - t_0}$$

这个比值可认为是质点在时间间隔 $t - t_0$ 内的平均速度，但该质点是在做变速运动，它在各个点处的速度往往都是不同的，即使时间间隔 $t - t_0$ 取得再小，用平均速度 $\dfrac{s(t) - s(t_0)}{t - t_0}$ 来代替 t_0 点的速度显然也是不够精确的，因此，为求得 t_0 点的速度（称之为瞬时速度），令 $t - t_0 \to 0$，取比值 $\dfrac{s(t) - s(t_0)}{t - t_0}$ 的极限，如果这个极限存在，设为 $v(t_0)$，即

$$v(t_0) = \lim_{t \to t_0} \frac{s(t) - s(t_0)}{t - t_0}$$

这时就把这个极限值 $v(t_0)$ 称为质点在时刻 t_0 的瞬时速度. 因此我们说瞬时速度是平均速度的极限.

3.1.1.2 切线问题

设有曲线 L 及 L 上的一点 P_0，在点 P_0 外另取 L 上一点 P，做割线 $P_0 P$. 当点 P 沿曲

线 L 趋于点 P_0 时，如果割线 P_0P 绕点 P_0 旋转而趋于极限位置 P_0T，直线 P_0T 就称为曲线 L 在 P_0 点处的切线（如图 3.1）.

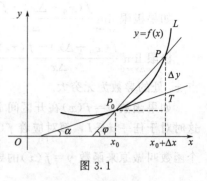

图 3.1

设曲线 L 的方程为 $y=f(x)$，现在要确定曲线在点 $P_0(x_0,y_0)(y_0=f(x_0))$ 处的切线，我们只需求出切线的斜率. 为此，在 P_0 点外另取 L 上一点 $P(x_0+\Delta x,y_0+\Delta y)$，于是割线 P_0P 的斜率为

$$\tan\varphi=\frac{y-y_0}{x-x_0}=\frac{f(x_0+\Delta x)-f(x_0)}{\Delta x},$$

其中，φ 为割线 P_0P 的倾角. 当点 P 沿曲线 L 趋于点 P_0 时，有 $x\to x_0$. 如果当 $x\to x_0$ 时

$$\tan\varphi=\frac{y-y_0}{x-x_0}=\frac{f(x_0+\Delta x)-f(x_0)}{\Delta x}$$

的极限存在，将其设为 k，即

$$k=\lim_{\Delta x\to 0}\frac{f(x_0+\Delta x)-f(x_0)}{\Delta x},$$

此极限 k 为割线斜率的极限，也就是切线的斜率，这里 $k=\tan\alpha$，其中 α 是切线 P_0T 的倾角. 于是，通过点 $P_0(x_0,y_0)$ 且以 k 为斜率的直线 P_0T 便是曲线 L 在点 P_0 处的切线. 若令 $\Delta x=x-x_0$，则 $\Delta y=f(x_0+\Delta x)-f(x_0)=f(x)-f(x_0)$，而 $x\to x_0$ 相当于 $\Delta x\to 0$，因此

$$k=\lim_{\Delta x\to 0}\frac{f(x_0+\Delta x)-f(x_0)}{\Delta x}=\lim_{x\to x_0}\frac{f(x)-f(x_0)}{x-x_0}\text{ 或 }\lim_{\Delta x\to 0}\frac{\Delta y}{\Delta x}.$$

3.1.2　导数的定义

3.1.2.1　函数在一点处的导数与导函数

总结非匀速直线运动的速度和切线的斜率时我们发现，它们其实都可归结为 $\lim\limits_{x\to x_0}\dfrac{f(x)-f(x_0)}{x-x_0}$ 形式的极限，由此我们将其抽象出微分学中的重要概念——导数.

定义 3.1　设函数 $y=f(x)$ 在点 x_0 的某个邻域内有定义，当自变量 x 在 x_0 处取得增量 Δx（点 $x_0+\Delta x$ 仍属于该邻域）时，相应地，函数 y 取得增量 $\Delta y=f(x_0+\Delta x)-f(x_0)$，如果 Δy 与 Δx 之比当 $\Delta x\to 0$ 时的极限存在，则称函数 $y=f(x)$ 在点 x_0 处可导，并称这个极限为函数 $y=f(x)$ 在点 x_0 处的导数或微商，记为 $f'(x_0)$，即

$$f'(x_0)=\lim_{\Delta x\to 0}\frac{\Delta y}{\Delta x}=\lim_{\Delta x\to 0}\frac{f(x_0+\Delta x)-f(x_0)}{\Delta x},$$

也可记为 $y'\Big|_{x=x_0}$，$\dfrac{\mathrm{d}y}{\mathrm{d}x}\Big|_{x=x_0}$ 或 $\dfrac{\mathrm{d}f(x)}{\mathrm{d}x}\Big|_{x=x_0}$.

函数 $f(x)$ 在点 x_0 处可导也称为 $f(x)$ 在点 x_0 具有导数或导数存在.

导数的定义式也可取不同的形式，如 $f'(x_0)=\lim\limits_{h\to 0}\dfrac{f(x_0+h)-f(x_0)}{h}$ 或

$$f'(x_0)=\lim_{x\to x_0}\frac{f(x)-f(x_0)}{x-x_0}.$$

$f'(x_0)$ 刻画了函数在 x_0 点的变化速度，因此 x_0 点的导数也称为 x_0 点的变化率.

如果极限 $\lim\limits_{\Delta x \to 0} \dfrac{f(x_0+\Delta x)-f(x_0)}{\Delta x}$ 不存在，就说函数 $y=f(x)$ 在点 x_0 处不可导.

极限 $\lim\limits_{\Delta x \to 0} \dfrac{f(x_0+\Delta x)-f(x_0)}{\Delta x}=\infty$ 是导数不存在的情形，但也往往说函数 $y=f(x)$ 在点 x_0 处的导数为无穷大.

如果函数 $y=f(x)$ 在开区间 I 内的每点处都可导，就称函数 $f(x)$ 在开区间 I 内可导，这时对于任一 $x \in I$，都对应着 $f(x)$ 的一个确定的导数值，这样就构成了一个新的函数，这个函数叫做原来函数 $y=f(x)$ 的导函数，记作 y'，$f'(x)$，$\dfrac{\mathrm{d}y}{\mathrm{d}x}$ 或 $\dfrac{\mathrm{d}f(x)}{\mathrm{d}x}$.

导函数的定义式 $y'=\lim\limits_{\Delta x \to 0} \dfrac{f(x+\Delta x)-f(x)}{\Delta x}=\lim\limits_{h \to 0} \dfrac{f(x+h)-f(x)}{h}$.

$f'(x_0)$ 与 $f'(x)$ 之间有如下的关系.

函数 $f(x)$ 在点 x_0 处的导数 $f'(x_0)$ 就是导函数 $f'(x)$ 在点 $x=x_0$ 处的函数值，即

$$f'(x_0)=f'(x)\big|_{x=x_0}.$$

导函数 $f'(x)$ 也简称做导数，而 $f'(x_0)$ 是 $f(x)$ 在 x_0 处的导数或导函数 $f'(x)$ 在 x_0 处的值.

【例 3.1】 求函数 $f(x)=C$（C 为常数）的导数.

解 $f'(x)=\lim\limits_{h \to 0} \dfrac{f(x+h)-f(x)}{h}=\lim\limits_{h \to 0} \dfrac{C-C}{h}=0$，即 $(C)'=0$.

【例 3.2】 求函数 $f(x)=x^n$（n 为正整数）在 $x=a$ 处的导数.

解 $f'(a)=\lim\limits_{x \to a} \dfrac{f(x)-f(a)}{x-a}=\lim\limits_{x \to a} \dfrac{x^n-a^n}{x-a}=\lim\limits_{x \to a}(x^{n-1}+ax^{n-2}+\cdots+a^{n-1})=na^{n-1}$，

把以上结果中的 a 换成 x 得 $f'(x)=nx^{n-1}$，即 $(x^n)'=nx^{n-1}$，在稍后的章节中将证明更一般的结果：

$$(x^\mu)'=\mu x^{\mu-1},$$

其中，μ 为任意常数.

当 μ 分别取 $0,-1,\dfrac{1}{2}$ 时得到

$$(1)'=0,\quad \left(\dfrac{1}{x}\right)'=-\dfrac{1}{x^2},\quad (\sqrt{x})'=\dfrac{1}{2\sqrt{x}}.$$

【例 3.3】 求函数 $f(x)=\sin x$ 的导数.

解 $f'(x)=\lim\limits_{h \to 0} \dfrac{f(x+h)-f(x)}{h}=\lim\limits_{h \to 0} \dfrac{\sin(x+h)-\sin x}{h}$

$$=\lim\limits_{h \to 0}\cos\left(x+\dfrac{h}{2}\right)\dfrac{\sin\dfrac{h}{2}}{\dfrac{h}{2}}=\cos x.$$

即 $(\sin x)'=\cos x$. 用类似的方法可求得 $(\cos x)'=-\sin x$.

【例 3.4】 求函数 $f(x)=a^x$（$a>0,a\neq 1$）的导数.

解 $f'(x)=\lim\limits_{h \to 0} \dfrac{f(x+h)-f(x)}{h}=\lim\limits_{h \to 0} \dfrac{a^{x+h}-a^x}{h}$

$$= a^x \lim_{h \to 0} \frac{a^h - 1}{h} \xlongequal{\text{令} a^h - 1 = t} a^x \lim_{t \to 0} \frac{t}{\log_a(1+t)} = a^x \frac{1}{\log_a e} = a^x \ln a.$$

即 $(a^x)' = a^x \ln a$，特别地有 $(e^x)' = e^x$.

【例 3.5】 求函数 $f(x) = \log_a x (a > 0, a \neq 1)$ 的导数.

解 $f'(x) = \lim_{h \to 0} \frac{f(x+h) - f(x)}{h} = \lim_{h \to 0} \frac{\log_a(x+h) - \log_a x}{h} = \lim_{h \to 0} \frac{1}{h} \log_a\left(\frac{x+h}{x}\right)$

$$= \frac{1}{x} \lim_{h \to 0} \frac{x}{h} \log_a\left(1 + \frac{h}{x}\right) = \frac{1}{x} \lim_{h \to 0} \log_a\left(1 + \frac{h}{x}\right)^{\frac{x}{h}} = \frac{1}{x} \log_a e = \frac{1}{x \ln a}.$$

即 $(\log_a x)' = \frac{1}{x \ln a}$. 特别地，当 $a = e$ 时有 $(\ln x)' = \frac{1}{x}$.

3.1.2.2 单侧导数

根据函数 $f(x)$ 在点 x_0 处的导数 $f'(x_0)$ 的定义知，$f'(x_0)$ 存在，即极限 $\lim_{h \to 0} \frac{f(x+h) - f(x)}{h}$ 存在的充分必要条件是其左极限 $\lim_{h \to 0^-} \frac{f(x+h) - f(x)}{h}$ 及右极限 $\lim_{h \to 0^+} \frac{f(x+h) - f(x)}{h}$ 都存在且相等.

称 $\lim_{h \to 0^-} \frac{f(x+h) - f(x)}{h}$ 为 $f(x)$ 在 x_0 处的左导数，记作 $f'_-(x_0)$，称 $\lim_{h \to 0^+} \frac{f(x+h) - f(x)}{h}$ 为 $f(x)$ 在 x_0 处的右导数，记作 $f'_+(x_0)$. 左导数与右导数统称为单侧导数.

因此，函数 $f(x)$ 在点 x_0 处可导的充分必要条件是其左导数与右导数均存在且相等.

【例 3.6】 讨论函数 $f(x) = |x|$ 在 $x = 0$ 处的可导性.

解 $f'_-(0) = \lim_{h \to 0^-} \frac{f(0+h) - f(0)}{h} = \lim_{h \to 0^-} \frac{|h|}{h} = -1,$

$f'_+(0) = \lim_{h \to 0^+} \frac{f(0+h) - f(0)}{h} = \lim_{h \to 0^+} \frac{|h|}{h} = 1,$

因为 $f'_-(0) \neq f'_+(0)$，所以函数 $f(x) = |x|$ 在 $x = 0$ 处不可导.

如果函数 $f(x)$ 在开区间 (a, b) 内可导，且 $f'_+(a)$ 及 $f'_-(b)$ 都存在，则称 $f(x)$ 在闭区间 $[a, b]$ 上可导.

【例 3.7】 设函数 $f(x) = \begin{cases} \ln(1 - x^3), & x \geqslant 0 \\ x^2 \sin \dfrac{1}{x}, & x < 0 \end{cases}$，求 $f'(0)$.

解 $f'_+(0) = \lim_{x \to 0^+} \frac{f(x) - f(0)}{x} = \lim_{x \to 0^+} \frac{\ln(1 - x^3)}{x} = \lim_{x \to 0^+} \frac{-x^3}{x} = 0,$

$f'_-(0) = \lim_{x \to 0^-} \frac{f(x) - f(0)}{x} = \lim_{x \to 0^-} \frac{x^2 \sin \dfrac{1}{x}}{x} = 0,$

因此 $f'(0) = 0$.

3.1.3 导数的几何意义

由引例中的切线问题易知，函数 $y = f(x)$ 在点 x_0 处的导数 $f'(x_0)$ 在几何上表示曲线 $y = f(x)$ 在点 $M(x_0, f(x_0))$ 处的切线斜率，即 $f'(x_0) = \tan \alpha$，其中 α 是切线的倾角

（如图 3.2）.

如果 $y=f(x)$ 在点 x_0 处的导数为无穷大，这时曲线 $y=f(x)$ 的割线以垂直于 x 轴的直线 $x=x_0$ 为极限位置，即曲线 $y=f(x)$ 在点 $M(x_0,f(x_0))$ 处具有垂直于 x 轴的切线 $x=x_0$.

【例 3.8】 函数 $f(x)=\sqrt[3]{x}$ 在区间 $(-\infty,+\infty)$ 内连续，但在点 $x=0$ 处不可导，这是因为函数在点 $x=0$ 处导数为无穷大

$$\lim_{h\to 0}\frac{f(0+h)-f(0)}{h}=\lim_{h\to 0}\frac{\sqrt[3]{h}-0}{h}=+\infty.$$

尽管如此，曲线在该点的切线却是存在的，即直线 $x=0$（如图 3.3）.

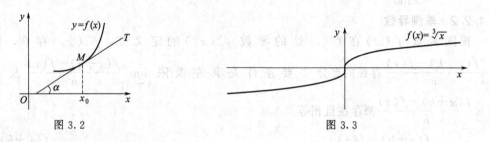

图 3.2　　　　　　　　　　　　　　　图 3.3

由直线的点斜式方程可知曲线 $y=f(x)$ 在点 $M(x_0,y_0)$ 处的切线方程为
$$y-y_0=f'(x_0)(x-x_0).$$
过切点 $M(x_0,y_0)$ 且与切线垂直的直线叫做曲线 $y=f(x)$ 在点 M 处的法线.

如果 $f'(x_0)\neq 0$，法线的斜率为 $-\dfrac{1}{f'(x_0)}$，从而法线方程为
$$y-y_0=-\frac{1}{f'(x_0)}(x-x_0).$$

【例 3.9】 求等边双曲线 $y=\dfrac{1}{x}$ 在点 $\left(\dfrac{1}{2},2\right)$ 处的切线的斜率，并写出在该点处的切线方程和法线方程.

解　$y'=-\dfrac{1}{x^2}$，所求切线斜率为 $k_1=\left(-\dfrac{1}{x^2}\right)\Big|_{x=\frac{1}{2}}=-4$，

法线斜率为
$$k_2=-\frac{1}{k_1}=\frac{1}{4},$$

所求切线方程为
$$y-2=-4\left(x-\frac{1}{2}\right),$$
即
$$4x+y-4=0,$$

所求法线方程为
$$y-2=\frac{1}{4}\left(x-\frac{1}{2}\right),$$
即
$$2x-8y+15=0.$$

3.1.4　函数可导与连续的关系

设函数 $y=f(x)$ 在点 x_0 处可导，即 $\lim\limits_{\Delta x\to 0}\dfrac{\Delta y}{\Delta x}=f'(x_0)$ 存在，则

$$\lim_{\Delta x \to 0} \Delta y = \lim_{\Delta x \to 0} \frac{\Delta y}{\Delta x} \cdot \Delta x = \lim_{\Delta x \to 0} \frac{\Delta y}{\Delta x} \cdot \lim_{\Delta x \to 0} \Delta x = f'(x_0) \cdot 0 = 0.$$

这就是说，函数 $y = f(x)$ 在点 x_0 处是连续的．所以，如果函数 $y = f(x)$ 在点 x 处可导，则函数在该点必连续.

另一方面，一个函数在某点连续却不一定在该点处可导.

由例 3.6 可知，函数 $y = |x|$ 在 $x = 0$ 处连续但不可导（如图 3.4）.

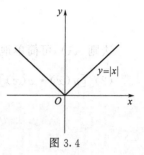

图 3.4

习题 3.1

1. 判断下列函数在 $x = 0$ 点的连续性与可导性.

(1) $f(x) = \begin{cases} x^2 + 1, & x \geq 0 \\ x + 1, & x < 0 \end{cases}$; (2) $f(x) = \begin{cases} x \sin \dfrac{1}{x}, & x \neq 0 \\ 0, & x = 0 \end{cases}$.

2. 设 $f(x) = \begin{cases} x^2 + 1, & x \geq 1 \\ ax + b, & x < 1 \end{cases}$，问：当 a, b 取何值时，$f(x)$ 在 $x = 1$ 处可导.

3. 设 $f'(x_0)$ 存在，求：

(1) $\lim\limits_{\Delta x \to 0} \dfrac{f(x_0) - f(x_0 - \Delta x)}{\Delta x}$; (2) $\lim\limits_{t \to 0} \dfrac{f(x_0 + 3t) - f(x_0)}{t}$.

4. 在曲线 $y = x^{\frac{1}{3}}$ 上求一点，使函数在该点的导数等于该点纵坐标的 2 倍.

5. 求 $y = e^x$ 在 $(1, e)$ 处的导数.

6. 曲线 $y = x^2$ 在哪个点处的切线与直线 $y = x$ 平行？求出该点处的切线方程.

7. 求曲线 $y = x^3$ 在点 $(1, 1)$ 处的切线和法线方程.

8. 已知 $f(x) = \begin{cases} x^2, & x < 0 \\ \sin x, & x \geq 0 \end{cases}$，求 $f'_-(0)$、$f'_+(0)$，问 $f'(0)$ 是否存在.

9. 已知 $f(x) = \begin{cases} x^3, & x < 0 \\ 2^x, & x \geq 0 \end{cases}$，试写出 $f'(x)$ 的表达式.

10. 已知 $f(x) = x|x|$，求 $f'(x)$.

11. 如果 $f(x)$ 为偶函数，且 $f'(0)$ 存在，证明 $f'(0) = 0$.

3.2 函数求导的运算法则

3.2.1 函数的和、差、积、商的求导法则

定理 3.1 如果函数 $u = u(x)$ 及 $v = v(x)$ 在点 x 具有导数，那么它们的和、差、积、商（除分母为零的点外）都在点 x 具有导数，并且

(1) $[u(x) \pm v(x)]' = u'(x) \pm v'(x)$;

(2) $[u(x) \cdot v(x)]' = u'(x)v(x) + u(x)v'(x)$;

(3) $\left[\dfrac{u(x)}{v(x)} \right]' = \dfrac{u'(x)v(x) - u(x)v'(x)}{v^2(x)}$ $(v(x) \neq 0)$.

证 (1) $[u(x) \pm v(x)]' = \lim\limits_{h \to 0} \dfrac{[u(x+h) \pm v(x+h)] - [u(x) \pm v(x)]}{h}$

$$=\lim_{h\to0}\left[\frac{u(x+h)-u(x)}{h}\pm\frac{v(x+h)-v(x)}{h}\right]=u'(x)\pm v'(x).$$

法则（1）可简单地表示为 $(u\pm v)'=u'\pm v'$.

(2) $[u(x)\cdot v(x)]'=\lim_{h\to0}\dfrac{u(x+h)v(x+h)-u(x)v(x)}{h}$

$$=\lim_{h\to0}\frac{1}{h}[u(x+h)v(x+h)-u(x)v(x+h)+u(x)v(x+h)-u(x)v(x)]$$

$$=\lim_{h\to0}\left[\frac{u(x+h)-u(x)}{h}v(x+h)+u(x)\frac{v(x+h)-v(x)}{h}\right]$$

$$=\lim_{h\to0}\frac{u(x+h)-u(x)}{h}\cdot\lim_{h\to0}v(x+h)+u(x)\cdot\lim_{h\to0}\frac{v(x+h)-v(x)}{h}$$

$$=u'(x)v(x)+u(x)v'(x),$$

其中 $\lim\limits_{h\to0}v(x+h)=v(x)$ 是由于 $v'(x)$ 存在，故 $v(x)$ 在点 x 连续.

法则（2）可简单地表示为 $(uv)'=u'v+uv'$.

(3) $\left[\dfrac{u(x)}{v(x)}\right]'=\lim_{h\to0}\dfrac{\dfrac{u(x+h)}{v(x+h)}-\dfrac{u(x)}{v(x)}}{h}=\lim_{h\to0}\dfrac{u(x+h)v(x)-u(x)v(x+h)}{v(x+h)v(x)h}$

$$=\lim_{h\to0}\frac{[u(x+h)-u(x)]v(x)-u(x)[v(x+h)-v(x)]}{v(x+h)v(x)h}$$

$$=\lim_{h\to0}\frac{\dfrac{u(x+h)-u(x)}{h}v(x)-u(x)\dfrac{v(x+h)-v(x)}{h}}{v(x+h)v(x)}$$

$$=\frac{u'(x)v(x)-u(x)v'(x)}{v^2(x)}.$$

法则（3）可简单地表示为 $\left(\dfrac{u}{v}\right)'=\dfrac{u'v-uv'}{v^2}$.

定理 3.1 中的法则（1）、（2）可推广到任意有限个可导函数的情形. 例如，设 $u=u(x)$、$v=v(x)$、$w=w(x)$ 均可导，则有

$$(u+v-w)'=u'+v'-w'.$$

$$(uvw)'=[(uv)w]'=(uv)'w+(uv)w'$$

$$=(u'v+uv')w+uvw'=u'vw+uv'w+uvw',$$

即

$$(uvw)'=u'vw+uv'w+uvw'.$$

在法则（2）中，如果 $v=C$（C 为常数），则有 $(Cu)'=Cu'$.

而商的求导法则在 $u(x)=1$ 时，有 $\left(\dfrac{1}{v}\right)'=-\dfrac{v'}{v^2}$.

【例 3.10】 设 $s(t)=3\ln t+\sin e$，求 $s'(t)$.

解　$s'(t)=(3\ln t)'+(\sin e)'=\dfrac{3}{t}+0=\dfrac{3}{t}$.

【例 3.11】 $f(x)=e^x(\sin x+\cos x)$，求 $f'(x)$ 及 $f'\left(\dfrac{\pi}{4}\right)$

解　$f'(x)=(e^x)'(\sin x+\cos x)+e^x(\sin x+\cos x)'$

$$=e^x(\sin x+\cos x)+e^x(\cos x-\sin x)=2e^x\cos x.$$

$$f'\left(\frac{\pi}{4}\right)=\sqrt{2}\,\mathrm{e}^{\frac{\pi}{4}}$$

【例 3.12】　$y=\tan x$，求 y'.

解　$y'=(\tan x)'=\left(\dfrac{\sin x}{\cos x}\right)'=\dfrac{(\sin x)'\cos x-\sin x(\cos x)'}{\cos^2 x}=\dfrac{\cos^2 x+\sin^2 x}{\cos^2 x}=\dfrac{1}{\cos^2 x}=\sec^2 x$，

即　　　　　　　　　　　　　　　　　$(\tan x)'=\sec^2 x$.

类似地有　　　　　　　　　　　　　$(\cot x)'=-\csc^2 x$

【例 3.13】　$y=\sec x$，求 y'.

解　$y'=(\sec x)'=\left(\dfrac{1}{\cos x}\right)'=\dfrac{-(\cos x)'}{\cos^2 x}=\dfrac{\sin x}{\cos^2 x}=\sec x\tan x$，

即　　　　　　　　　　　　　　　　$(\sec x)'=\sec x\tan x$.

类似地　　　　　　　　　　　　　$(\csc x)'=-\csc x\cot x$，

　　关于六个三角函数求导结果中的符号问题，有如下的规律.

　　三角函数的记号中，凡以字母 c 开始的，求导结果中都有负号

$$(\cos x)'=-\sin x,\quad(\cot x)'=-\csc^2 x,\quad(\csc x)'=-\csc x\cot x;$$

而不以字母 c 开始的，求导结果中都是正号

$$(\sin x)'=\cos x,\quad(\tan x)'=\sec^2 x,\quad(\sec x)'=\sec x\tan x.$$

3.2.2　反函数的求导法则

　　定理 3.2　如果函数 $x=f(y)$ 在某区间 I_y 内单调、可导且 $f'(y)\neq 0$，那么它的反函数 $y=f^{-1}(x)$ 在对应区间 $I_x=\{x\mid x=f(y),\,y\in I_y\}$ 内也单调、可导，并且

$$[f^{-1}(x)]'=\frac{1}{f'(y)}\ \text{或}\ \frac{\mathrm{d}y}{\mathrm{d}x}=\frac{1}{\dfrac{\mathrm{d}x}{\mathrm{d}y}}.$$

　　证　由于 $x=f(y)$ 在 I_y 内单调、可导（从而连续），所以 $x=f(y)$ 的反函数 $y=f^{-1}(x)$ 存在，且 $f^{-1}(x)$ 在 I_x 内也单调、连续.

　　下面证明其可导性.

　　任取 $x\in I_x$，给 x 以增量 $\Delta x(\Delta x\neq 0,x+\Delta x\in I_x)$，由 $y=f^{-1}(x)$ 的单调性可知

$$\Delta y=f^{-1}(x+\Delta x)-f^{-1}(x)\neq 0,$$

于是　　　　　　　　　　　　　　$\dfrac{\Delta y}{\Delta x}=\dfrac{1}{\dfrac{\Delta x}{\Delta y}}.$

因为 $y=f^{-1}(x)$ 连续，故　　　　$\lim\limits_{\Delta x\to 0}\Delta y=0$

从而　　　　　$[f^{-1}(x)]'=\lim\limits_{\Delta x\to 0}\dfrac{\Delta y}{\Delta x}=\lim\limits_{\Delta y\to 0}\dfrac{1}{\dfrac{\Delta x}{\Delta y}}=\dfrac{1}{f'(y)}.$

　　上述结论可简单地叙述为：反函数的导数等于直接函数导数的倒数.

　　【例 3.14】　设 $x=\sin y$，$y\in\left[-\dfrac{\pi}{2},\dfrac{\pi}{2}\right]$ 为直接函数，则 $y=\arcsin x$ 是它的反函数. 函数 $x=\sin y$ 在开区间 $\left(-\dfrac{\pi}{2},\dfrac{\pi}{2}\right)$ 内单调、可导，且 $(\sin y)'=\cos y>0$.

　　因此，由反函数的求导法则，在对应区间 $I_x=(-1,1)$ 内有

$$(\arcsin x)' = \frac{1}{(\sin y)'} = \frac{1}{\cos y} = \frac{1}{\sqrt{1-\sin^2 y}} = \frac{1}{\sqrt{1-x^2}}.$$

类似地，有
$$(\arccos x)' = -\frac{1}{\sqrt{1-x^2}}.$$

【例 3.15】 设 $x = \tan y$，$y \in \left(-\dfrac{\pi}{2}, \dfrac{\pi}{2}\right)$ 为直接函数，则 $y = \arctan x$ 是它的反函数．函数 $x = \tan y$ 在区间 $\left(-\dfrac{\pi}{2}, \dfrac{\pi}{2}\right)$ 内单调、可导，且 $(\tan y)' = \sec^2 y \neq 0$，因此，由反函数的求导法则，在对应区间 $I_x = (-\infty, +\infty)$ 内有

$$(\arctan x)' = \frac{1}{(\tan y)'} = \frac{1}{\sec^2 y} = \frac{1}{1+\tan^2 y} = \frac{1}{1+x^2}.$$

类似地，有
$$(\operatorname{arccot} x)' = -\frac{1}{1+x^2}.$$

【例 3.16】 设 $x = a^y (a > 0, a \neq 1)$ 为直接函数，则 $y = \log_a x$ 是它的反函数，函数 $x = a^y$ 在区间 $I_y = (-\infty, +\infty)$ 内单调、可导，且 $(a^y)' = a^y \ln a \neq 0$．因此，由反函数的求导法则，在对应区间 $I_x = (0, +\infty)$ 内有

$$(\log_a x)' = \frac{1}{(a^y)'} = \frac{1}{a^y \ln a} = \frac{1}{x \ln a}.$$

特别地，有
$$(\ln x)' = \frac{1}{x}.$$

3.2.3　复合函数的求导法则（链式法则）

定理 3.3 设函数 $y = f(u)$ 在点 $u = g(x)$ 可导，$u = g(x)$ 在点 x 可导，则复合函数 $y = f[g(x)]$ 在点 x 可导，且其导数为

$$\frac{\mathrm{d}y}{\mathrm{d}x} = f'(u) \cdot g'(x) \text{ 或 } \frac{\mathrm{d}y}{\mathrm{d}x} = \frac{\mathrm{d}y}{\mathrm{d}u} \cdot \frac{\mathrm{d}u}{\mathrm{d}x}.$$

证 当 $u = g(x)$ 在 x 的某邻域内为常数时，$y = f[\varphi(x)]$ 也是常数，此时导数为零，结论自然成立．

当 $u = g(x)$ 在 x 的某邻域内不等于常数时，$\Delta u \neq 0$，此时有

$$\frac{\Delta y}{\Delta x} = \frac{f[g(x+\Delta x)] - f[g(x)]}{\Delta x} = \frac{f[g(x+\Delta x)] - f[g(x)]}{g(x+\Delta x) - g(x)} \cdot \frac{g(x+\Delta x) - g(x)}{\Delta x}$$

$$= \frac{f(u+\Delta u) - f(u)}{\Delta u} \cdot \frac{g(x+\Delta x) - g(x)}{\Delta x},$$

由于 $u = g(x)$ 在点 x 可导，所以，$u = g(x)$ 在点 x 连续，因此有当 $\Delta x \to 0$ 时 $\Delta u \to 0$，

$$\frac{\mathrm{d}y}{\mathrm{d}x} = \lim_{\Delta x \to 0} \frac{\Delta y}{\Delta x} = \lim_{\Delta u \to 0} \frac{f(u+\Delta u) - f(u)}{\Delta u} \cdot \lim_{\Delta x \to 0} \frac{g(x+\Delta x) - g(x)}{\Delta x} = f'(u) \cdot g'(x).$$

【例 3.17】 $y = \sin 2x$，求 $\dfrac{\mathrm{d}y}{\mathrm{d}x}$．

解 函数 $y = \sin 2x$ 可看作是由 $y = \sin u$，$u = 2x$ 复合而成的，因此

$$\frac{\mathrm{d}y}{\mathrm{d}x} = \frac{\mathrm{d}y}{\mathrm{d}u} \cdot \frac{\mathrm{d}u}{\mathrm{d}x} = \cos u \cdot 2 = 2\cos 2x.$$

【例 3.18】 $y = \ln \dfrac{2x}{1+x^2}$，求 $\dfrac{\mathrm{d}y}{\mathrm{d}x}$.

解　函数 $y = \ln \dfrac{2x}{1+x^2}$ 是由 $y = \ln u$，$u = \dfrac{2x}{1+x^2}$ 复合而成的，

因此　$\dfrac{\mathrm{d}y}{\mathrm{d}x} = \dfrac{\mathrm{d}y}{\mathrm{d}u} \cdot \dfrac{\mathrm{d}u}{\mathrm{d}x} = \dfrac{1}{u} \cdot \dfrac{2(1+x^2)-(2x)2}{(1+x^2)^2} = \dfrac{1+x^2}{2x} \cdot \dfrac{2-2x^2}{(1+x^2)^2} = \dfrac{1-x^2}{x(1+x^2)}$

对复合函数的导数运算比较熟练后，就不必再写出中间变量.

【例 3.19】 $y = \ln\sin x$，求 $\dfrac{\mathrm{d}y}{\mathrm{d}x}$.

解　$\dfrac{\mathrm{d}y}{\mathrm{d}x} = (\ln\sin x)' = \dfrac{1}{\sin x} \cdot (\sin x)' = \dfrac{1}{\sin x} \cdot \cos x = \cot x$.

【例 3.20】 $y = \sqrt[3]{1-2x^2}$，求 $\dfrac{\mathrm{d}y}{\mathrm{d}x}$.

解　$\dfrac{\mathrm{d}y}{\mathrm{d}x} = \left[(1-2x^2)^{\frac{1}{3}}\right]' = \dfrac{1}{3}(1-2x^2)^{-\frac{2}{3}} \cdot (1-2x^2)' = \dfrac{-4x}{3\sqrt[3]{(1-2x^2)^2}}$.

复合函数的求导法则可以推广到多个（有限个）中间变量的情形. 例如，设 $y = f(u)$，$u = \varphi(v)$，$v = \psi(x)$，且每个函数对其自变量的导数均存在，则 $\dfrac{\mathrm{d}y}{\mathrm{d}x} = \dfrac{\mathrm{d}y}{\mathrm{d}u} \cdot \dfrac{\mathrm{d}u}{\mathrm{d}x} = \dfrac{\mathrm{d}y}{\mathrm{d}u} \cdot \dfrac{\mathrm{d}u}{\mathrm{d}v} \cdot \dfrac{\mathrm{d}v}{\mathrm{d}x}$.

【例 3.21】 $y = \ln\cos(\mathrm{e}^x)$，求 $\dfrac{\mathrm{d}y}{\mathrm{d}x}$.

解　$\dfrac{\mathrm{d}y}{\mathrm{d}x} = [\ln\cos(\mathrm{e}^x)]' = \dfrac{1}{\cos(\mathrm{e}^x)} \cdot [\cos(\mathrm{e}^x)]' = \dfrac{1}{\cos(\mathrm{e}^x)} \cdot [-\sin(\mathrm{e}^x)] \cdot (\mathrm{e}^x)' = -\mathrm{e}^x \tan(\mathrm{e}^x)$.

【例 3.22】 $y = \ln|x|$，求 y'.

解　因为 $y = \ln|x| = \begin{cases} \ln x, & x > 0 \\ \ln(-x), & x < 0 \end{cases}$,

当 $x > 0$ 时，显然 $y' = \dfrac{1}{x}$，

当 $x < 0$ 时，由复合函数求导法知 $y' = [\ln(-x)]' = \dfrac{1}{-x} \cdot (-x)' = \dfrac{1}{x}$，

综上，当 $x \neq 0$ 时有 $(\ln|x|)' = \dfrac{1}{x}$.

【例 3.23】 $y = \operatorname{arccot}\dfrac{x-3}{3}$，求 $y'|_{x=3}$.

$$y' = -\dfrac{1}{1+\left(\dfrac{x-3}{3}\right)^2} \times \dfrac{1}{3}, \quad y'|_{x=3} = -\dfrac{1}{3}.$$

现利用复合函数求导法则证明幂函数的求导公式.

【例 3.24】 $y = x^\mu$（$x > 0$，μ 为任意实数），求 $\dfrac{\mathrm{d}y}{\mathrm{d}x}$.

解　$\dfrac{\mathrm{d}y}{\mathrm{d}x} = (x^\mu)' = (\mathrm{e}^{\mu\ln x})' = \mathrm{e}^{\mu\ln x}(\mu\ln x)' = x^\mu \cdot \mu \cdot \dfrac{1}{x} = \mu x^{\mu-1}$.

3.2.4　基本初等函数的导数公式

(1) $(C)'=0$；

(2) $(x^{\mu})'=\mu x^{\mu-1}$；

(3) $(\sin x)'=\cos x$；

(4) $(\cos x)'=-\sin x$；

(5) $(\tan x)'=\sec^2 x$；

(6) $(\cot x)'=-\csc^2 x$；

(7) $(\sec x)'=\sec x\tan x$；

(8) $(\csc x)'=-\csc x\cot x$；

(9) $(a^x)'=a^x\ln a\,(a>0,a\neq 1)$；

(10) $(\mathrm{e}^x)'=\mathrm{e}^x$；

(11) $(\log_a x)'=\dfrac{1}{x\ln a}(a>0,a\neq 1)$；

(12) $(\ln|x|)'=\dfrac{1}{x}$；

(13) $(\arcsin x)'=\dfrac{1}{\sqrt{1-x^2}}$；

(14) $(\arccos x)'=-\dfrac{1}{\sqrt{1-x^2}}$；

(15) $(\arctan x)'=\dfrac{1}{1+x^2}$；

(16) $(\mathrm{arccot}\,x)'=-\dfrac{1}{1+x^2}$．

3.2.5　隐函数求导法

形如 $y=f(x)$ 的函数称为显函数. 例如 $y=\sin x$，$y=\ln x+\mathrm{e}^x$. 而由方程 $F(x,y)=0$ 所确定的函数称为隐函数. 方程 $F(x,y)=0$ 称为隐式方程.

如果在方程 $F(x,y)=0$ 中，当 x 取某区间内的任一值时，相应地，总有满足这方程的唯一的 y 值存在，那么就说方程 $F(x,y)=0$ 在该区间内确定了一个隐函数 $y=f(x)$.

下面我们在不考虑隐函数显化的情况下，利用复合函数求导法求隐式方程 $F(x,y)=0$ 所确定的隐函数 $y=f(x)$ 的导数 y'，这种方法称为隐函数求导法. 该方法是：在方程 $F(x,y)=0$ 两端同时对自变量 x 求导，遇到 y 的函数时，把 y 看作是 x 的函数，因此 y 的函数即是以 y 为中间变量、以 x 为自变量的复合函数，于是可得到一个关于 y' 的方程，只要解出 y' 即可.

【例 3.25】 求由方程 $\mathrm{e}^y+xy-\mathrm{e}=0$ 所确定的隐函数 y 的导数 $\dfrac{\mathrm{d}y}{\mathrm{d}x}$.

解 把方程两边的每一项对 x 求导得

$$(\mathrm{e}^y)'+(xy)'-(\mathrm{e})'=(0)',$$

即

$$\mathrm{e}^y\cdot y'+y+xy'=0,$$

从而

$$y'=-\frac{y}{x+\mathrm{e}^y}\quad(x+\mathrm{e}^y\neq 0).$$

在用隐函数求导法求导的结果中，不仅可以含有自变量 x，而且允许 y 及 y 的函数出现.

【例 3.26】 求由方程 $x=y\ln(xy)$ 所确定的隐函数 $y=f(x)$ 的导数 y'.

解 方程两边分别对 x 求导得

$$1=y'\ln(xy)+y\cdot\frac{y+xy'}{xy},$$

由此解得

$$y'=\frac{x-y}{x[1+\ln(xy)]}.$$

【例 3.27】 求椭圆 $\dfrac{x^2}{16}+\dfrac{y^2}{9}=1$ 在 $x=2$ 处的切线方程.

解 在椭圆方程的两端分别对 x 求导，得

$$\frac{x}{8}+\frac{2}{9}y\cdot y'=0.$$

从而
$$y'=-\frac{9x}{16y}.$$

当 $x=2$ 时，由 $\dfrac{x^2}{16}+\dfrac{y^2}{9}=1$ 知 $y=\pm\dfrac{3}{2}\sqrt{3}$，代入上式得所求切线的斜率

$$k=y'|_{x=2}=\mp\frac{\sqrt{3}}{4}.$$

于是所求的切线方程为　$y-\dfrac{3}{2}\sqrt{3}=-\dfrac{\sqrt{3}}{4}(x-2)$，或 $y+\dfrac{3}{2}\sqrt{3}=\dfrac{\sqrt{3}}{4}(x-2)$

即
$$\sqrt{3}\,x+4y-8\sqrt{3}=0 \text{ 或 } 4y-\sqrt{3}\,x+8\sqrt{3}=0.$$

3.2.6　取对数求导法

我们称函数 $y=[u(x)]^{v(x)}$ 为幂指函数，其中 $u(x)>0$，$u(x)\neq1$. 利用取对数求导法（简称对数求导法）便于求出幂指函数的导数. 这种方法是先在 $y=f(x)$ 的两边取对数，然后利用隐函数求导法求出 y 的导数.

设 $y=[u(x)]^{v(x)}=u^v$，两边取对数得

$$\ln y=\ln u^v=v\ln u$$

两边对 x 求导，得
$$\frac{1}{y}y'=v'\ln u+\frac{u'v}{u},$$

因此
$$y'=y\left(v'\ln u+\frac{u'v}{u}\right)=u^v\left(v'\ln u+\frac{u'v}{u}\right)\ (u(x)>0)$$

> **注意**：这种方法虽然利用了取对数把显函数变成隐函数进行求导，但最后的结果中不允许 y 出现，要将 $y=[u(x)]^{v(x)}$ 代回.
>
> 这种幂指函数的导数也可按下面的方法求出.
>
> 当 $y>0$ 时，由对数恒等式 $y=e^{\ln y}$ 知
> $$y=e^{\ln y}=e^{\ln u^v}=e^{v\ln u}$$
>
> 因此
> $$y'=(e^{v\ln u})'=e^{v\ln u}\left(v'\ln u+\frac{u'v}{u}\right)=u^v\left(v'\ln u+\frac{u'v}{u}\right)$$

【例 3.28】　求 $y=x^{\sin x}\ (x>0)$ 的导数.

解法 1　两边取对数，得　$\ln y=\sin x\cdot\ln x$，

上式两边对 x 求导，得
$$\frac{1}{y}y'=\cos x\cdot\ln x+\sin x\cdot\frac{1}{x},$$

于是
$$y'=y\left(\cos x\cdot\ln x+\sin x\cdot\frac{1}{x}\right)=x^{\sin x}\left(\cos x\cdot\ln x+\frac{\sin x}{x}\right).$$

解法 2　$y=x^{\sin x}=e^{\sin x\cdot\ln x}$，$y'=e^{\sin x\cdot\ln x}(\sin x\cdot\ln x)'=x^{\sin x}\left(\cos x\cdot\ln x+\frac{\sin x}{x}\right).$

对数求导法还可用于多因子之积、商及开方的函数的求导.

【例 3.29】　求函数 $y=\sqrt{\dfrac{x(x+1)(x+2)}{(x+3)(x+4)}}\ (x>0)$ 的导数.

解　先在两边取对数得

$$\ln y = \frac{1}{2}\left[\ln x + \ln(x+1) + \ln(x+2) - \ln(x+3) - \ln(x+4)\right],$$

上式两边对 x 求导，得 $\dfrac{1}{y}y' = \dfrac{1}{2}\left(\dfrac{1}{x} + \dfrac{1}{x+1} + \dfrac{1}{x+2} - \dfrac{1}{x+3} - \dfrac{1}{x+4}\right)$,

于是

$$y' = \frac{y}{2}\left(\frac{1}{x} + \frac{1}{x+1} + \frac{1}{x+2} - \frac{1}{x+3} - \frac{1}{x+4}\right),$$

即

$$y' = \frac{1}{2}\sqrt{\frac{x(x+1)(x+2)}{(x+3)(x+4)}}\left(\frac{1}{x} + \frac{1}{x+1} + \frac{1}{x+2} - \frac{1}{x+3} - \frac{1}{x+4}\right).$$

3.2.7 由参数方程所确定的函数的导数

设 y 与 x 的函数关系是由参数方程 $\begin{cases} x = \varphi(t) \\ y = \psi(t) \end{cases}$ 确定的，则称此函数关系所表达的函数为由参数方程所确定的函数.

下面我们在不考虑消去参数的情况下来计算由参数方程所确定的函数的导数.

设 $x = \varphi(t)$ 具有单调、连续的反函数 $t = \varphi^{-1}(x)$, $\varphi'(t) \neq 0$, 且此反函数能与函数 $y = \psi(t)$ 构成复合函数 $y = \psi[\varphi^{-1}(x)]$, 若 $x = \varphi(t)$ 和 $y = \psi(t)$ 都可导，则

$$\frac{dy}{dx} = \frac{dy}{dt} \cdot \frac{dt}{dx} = \frac{dy}{dt} \cdot \frac{1}{\dfrac{dx}{dt}} = \frac{\psi'(t)}{\varphi'(t)},$$

即

$$\frac{dy}{dx} = \frac{\psi'(t)}{\varphi'(t)} \text{或} \frac{dy}{dx} = \frac{\dfrac{dy}{dt}}{\dfrac{dx}{dt}}.$$

【例 3.30】 求椭圆 $\begin{cases} x = a\cos t \\ y = b\sin t \end{cases}$ 在相应于 $t = \dfrac{\pi}{4}$ 点处的切线方程.

解 $\dfrac{dy}{dx} = \dfrac{(b\sin t)'}{(a\cos t)'} = \dfrac{b\cos t}{-a\sin t} = -\dfrac{b}{a}\cot t$, 所求切线的斜率为 $\dfrac{dy}{dx}\bigg|_{t=\frac{\pi}{4}} = -\dfrac{b}{a}$, 切点的坐标为

$$x_0 = a\cos\frac{\pi}{4} = \frac{\sqrt{2}}{2}a, \quad y_0 = b\sin\frac{\pi}{4} = \frac{\sqrt{2}}{2}b,$$

切线方程为

$$y - \frac{\sqrt{2}}{2}b = -\frac{b}{a}\left(x - \frac{\sqrt{2}}{2}a\right),$$

即

$$bx + ay - \sqrt{2}ab = 0.$$

习题 3.2

1. 计算下列函数的导数：

(1) $f(t) = \dfrac{1+t^2}{1-t^2}$;

(2) $f(x) = \dfrac{\ln x}{x}$;

(3) $f(t) = \dfrac{t\sin t}{1+\tan t}$;

(4) $y = \sqrt{a^2 - x^2}$;

(5) $y = (1-x^2)^{\frac{2}{3}}$;

(6) $y = \cos[\cos(\cos 2x)]$;

(7) $y=\ln(x+\sqrt{1+x^2})$;　　(8) $y=(x+1)(x+2)(x+3)$;　(9) $y=2^{x^2}$;

(10) $y=\arctan\dfrac{1+x}{1-x}$;　　　(11) $y=\sec^2\dfrac{x}{2}+\csc^2\dfrac{x}{2}$.

2. 求曲线 $y=\ln^2 x$ 上的点，使曲线在该点处的切线经过原点.

3. 在曲线 $y=\dfrac{1}{1+x^2}$ 上求一点，使经过该点的切线平行于 x 轴.

4. 已知 $[f(x^3)]'=\dfrac{1}{x}$，求 $f'(x)$.

5. 已知 $f(x)$ 和 $g(x)$ 可导，求下列函数的导数.

(1) $y=\sqrt{f^2(x)+\sqrt{g(x)}}$;　(2) $y=g(x)\mathrm{e}^{-f(x)}$.

6. $y=x+\ln(x+1)-\sin x$，求 $x'(y)$.

7. 求下列隐函数的导函数 $\dfrac{\mathrm{d}y}{\mathrm{d}x}$.

(1) $xy=1+x\mathrm{e}^y$;　　　　　(2) $\arctan\dfrac{x}{y}=\ln\sqrt{x^2+y^2}$;　(3) $x^2+y^2-xy=2$.

8. 求 $\dfrac{\mathrm{d}y}{\mathrm{d}x}$，设 (1) $\begin{cases} x=\cos t \\ y=at\sin t \end{cases}$;　(2) $\begin{cases} x=a\cos^3 t \\ y=a\sin^3 t \end{cases}$.

9. 计算下列函数的导数.

(1) $f(x)=\dfrac{x^2}{1-x}\cdot\sqrt[3]{\dfrac{3-x}{(3+x)^2}}$;　(2) $g(x)=\dfrac{\sqrt{x}\sin x^2}{(x+3)^2\ln x}$;　　(3) $y=x^x$;

(4) $y=(\sin x)^{\ln(1-x)}$;　　(5) $y=(\ln x)^{\tan 2x}$;　　　(6) $y=\mathrm{e}^{\sin x}$;

(7) $y=\mathrm{arccot}\dfrac{1}{x}$;　　　(8) $y=\arcsin x+\arccos x$.

10. 证明：(1) 可导的奇函数其导函数为偶函数；(2) 可导的偶函数其导函数为奇函数.

11. 已知 $g(x)=a^{f^2(x)}$，且 $f'(x)=\dfrac{1}{f(x)\ln a}$，证明：$g'(x)=2g(x)$.

3.3　高阶导数

如果 $y=\sin x$，则 $y'=\cos x$ 仍是 x 的函数，于是我们可以继续计算 $y'=\cos x$ 对 x 的导数，即 $(y')'=(\cos x)'=-\sin x$，类似的过程可以一直重复进行.

一般地，函数 $y=f(x)$ 的导数 $y'=f'(x)$ 仍然是 x 的函数. 我们把 $y'=f'(x)$ 的导数叫做函数 $y=f(x)$ 的二阶导数，记作 y''，$f''(x)$ 或 $\dfrac{\mathrm{d}^2 y}{\mathrm{d}x^2}$，即

$$y''=(y')',\quad f''(x)=[f'(x)]',\quad \frac{\mathrm{d}^2 y}{\mathrm{d}x^2}=\frac{\mathrm{d}}{\mathrm{d}x}\left(\frac{\mathrm{d}y}{\mathrm{d}x}\right).$$

相应地，把 $y=f(x)$ 的导数 $f'(x)$ 叫做函数 $y=f(x)$ 的一阶导数.

类似地，二阶导数的导数叫做三阶导数，三阶导数的导数叫做四阶导数，……一般地，$(n-1)$ 阶导数的导数叫做 n 阶导数，分别记作 y'''，$y^{(4)}$，…，$y^{(n)}$ 或 $\dfrac{\mathrm{d}^3 y}{\mathrm{d}x^3}$，$\dfrac{\mathrm{d}^4 y}{\mathrm{d}x^4}$，…，$\dfrac{\mathrm{d}^n y}{\mathrm{d}x^n}$.

函数 $f(x)$ 具有 n 阶导数，也常说成函数 $f(x)$ 为 n 阶可导. 如果函数 $f(x)$ 在点 x 处具有 n 阶导数，那么函数 $f(x)$ 在点 x 的某一邻域内必定具有一切低于 n 阶的导数. 二阶及二

阶以上的导数统称为高阶导数.

【例 3.31】 求函数 $y=\mathrm{e}^x$ 的 n 阶导数.

解 $y'=\mathrm{e}^x, y''=\mathrm{e}^x, y'''=\mathrm{e}^x, y^{(4)}=\mathrm{e}^x, \cdots$，一般地，可得

$$y^{(n)}=\mathrm{e}^x,$$

即

$$(\mathrm{e}^x)^{(n)}=\mathrm{e}^x.$$

【例 3.32】 求正弦函数与余弦函数的 n 阶导数.

解

$$y=\sin x,$$

$$y'=\cos x=\sin\left(x+\frac{\pi}{2}\right),$$

$$y''=\cos\left(x+\frac{\pi}{2}\right)=\sin\left(x+\frac{\pi}{2}+\frac{\pi}{2}\right)=\sin\left(x+2\cdot\frac{\pi}{2}\right),$$

$$y'''=\cos\left(x+2\cdot\frac{\pi}{2}\right)=\sin\left(x+2\cdot\frac{\pi}{2}+\frac{\pi}{2}\right)=\sin\left(x+3\cdot\frac{\pi}{2}\right),$$

$$y^{(4)}=\cos\left(x+3\cdot\frac{\pi}{2}\right)=\sin\left(x+4\cdot\frac{\pi}{2}\right),$$

$$\cdots$$

由数学归纳法知

$$y^{(n)}=\sin\left(x+n\cdot\frac{\pi}{2}\right),$$

即

$$(\sin x)^{(n)}=\sin\left(x+n\cdot\frac{\pi}{2}\right).$$

用类似方法可得

$$(\cos x)^{(n)}=\cos\left(x+n\cdot\frac{\pi}{2}\right).$$

【例 3.33】 求函数 $\ln(1+x)$ 的 n 阶导数.

解

$$y=\ln(1+x), y'=(1+x)^{-1}, y''=-(1+x)^{-2},$$

$$y'''=(-1)(-2)(1+x)^{-3},$$

$$y^{(4)}=(-1)(-2)(-3)(1+x)^{-4},$$

$$\cdots$$

一般地，由数学归纳法可得

$$y^{(n)}=(-1)(-2)\cdots(-n+1)(1+x)^{-n}=(-1)^{n-1}\frac{(n-1)!}{(1+x)^n},$$

即

$$[\ln(1+x)]^{(n)}=(-1)^{n-1}\frac{(n-1)!}{(1+x)^n}.$$

【例 3.34】 求幂函数 $y=x^\mu$（μ 是任意常数）的 n 阶导数公式.

解 $y'=\mu x^{\mu-1}, y''=\mu(\mu-1)x^{\mu-2},$

$$y'''=\mu(\mu-1)(\mu-2)x^{\mu-3}, y^{(4)}=\mu(\mu-1)(\mu-2)(\mu-3)x^{\mu-4},$$

$$\cdots$$

一般地，由数学归纳法知

$$y^{(n)}=\mu(\mu-1)(\mu-2)\cdots(\mu-n+1)x^{\mu-n},$$

即

$$(x^\mu)^{(n)}=\mu(\mu-1)(\mu-2)\cdots(\mu-n+1)x^{\mu-n}.$$

当 $\mu=n$ 时，得到 $\quad (x^n)^{(n)}=u(u-1)(u-2)\cdots3\cdot2\cdot1=n!.$

而

$$(x^n)^{(n+1)}=0.$$

即函数 x^n 的 n 阶以上的导数都为零.

【例 3.35】 设参数方程 $\begin{cases} x=\varphi(t), \\ y=\psi(t), \end{cases} \alpha \leqslant t \leqslant \beta$，其中 $x=\varphi(t),y=\psi(t)$ 二阶可导且 $\varphi'(t)$ $\neq 0$，求 $\dfrac{\mathrm{d}^2 y}{\mathrm{d}x^2}$.

解 因为
$$\frac{\mathrm{d}y}{\mathrm{d}x}=\frac{\psi'(t)}{\varphi'(t)},$$

所以　$\dfrac{\mathrm{d}^2 y}{\mathrm{d}x^2}=\dfrac{\mathrm{d}\left(\dfrac{\mathrm{d}y}{\mathrm{d}x}\right)}{\mathrm{d}x}=\dfrac{\mathrm{d}\left(\dfrac{\psi'(t)}{\varphi'(t)}\right)}{\mathrm{d}x}=\dfrac{\mathrm{d}\left(\dfrac{\psi'(t)}{\varphi'(t)}\right)}{\mathrm{d}t}\cdot\dfrac{\mathrm{d}t}{\mathrm{d}x}=\dfrac{\psi''(t)\varphi'(t)-\psi'(t)\varphi''(t)}{[\varphi'(t)]^2}\cdot\dfrac{1}{\varphi'(t)},$

即
$$\frac{\mathrm{d}^2 y}{\mathrm{d}x^2}=\frac{\psi''(t)\varphi'(t)-\psi'(t)\varphi''(t)}{[\varphi'(t)]^3}.$$

【例 3.36】 求由方程 $x-y+\dfrac{1}{2}\sin y=0$ 所确定的隐函数 $y=y(x)$ 的二阶导数.

解 方程两边对 x 求导，得　　$1-\dfrac{\mathrm{d}y}{\mathrm{d}x}+\dfrac{1}{2}\cos y\cdot\dfrac{\mathrm{d}y}{\mathrm{d}x}=0$，

于是
$$\frac{\mathrm{d}y}{\mathrm{d}x}=\frac{2}{2-\cos y}.$$

上式两边再对 x 求导，得　　$\dfrac{\mathrm{d}^2 y}{\mathrm{d}x^2}=\dfrac{-2\sin y\cdot\dfrac{\mathrm{d}y}{\mathrm{d}x}}{(2-\cos y)^2}=\dfrac{-4\sin y}{(2-\cos y)^3}.$

习题 3.3

1. 已知 $f''(x)$ 存在，求下列函数 y 的二阶导数 $\dfrac{\mathrm{d}^2 y}{\mathrm{d}x^2}$.

(1) $y=f(\mathrm{e}^{-x})$；　　　　　　　　(2) $y=\ln[f(x)]$.

2. 已知 $\mathrm{e}^{x+y}-xy=1$，确定了 $y=y(x)$，求 $y''(0)$.

3. 求 $\dfrac{\mathrm{d}^2 y}{\mathrm{d}x^2}$，设

(1) $\begin{cases} x=t\,\mathrm{e}^t \\ y=2t+t^2 \end{cases}$；　　　　　　(2) $\begin{cases} x=\sin t \\ y=\cos 2t \end{cases}$.

4. 求下列函数的 n 阶导数.

(1) $y=a_0 x^n+a_1 x^{n-1}+\cdots+a_{n-1}x+a_n$ （其中 $a_0,a_1,\cdots,a_n$ 均为常数，且 $a_0\neq 0$）；

(2) $y=\cos^2 x$；　　　　　　　　(3) $y=\dfrac{1}{x(1-x)}$.

5. 已知 $y^{(n-2)}=\dfrac{x}{\ln x}$，求 $y^{(n)}$.

3.4　微分及其运算

3.4.1　微分的概念

引例 一块正方形金属薄片受温度变化的影响，其边长由 x_0 变到 $x_0+\Delta x$，问此薄片

的面积改变了多少？

设此正方形的边长为 x，面积为 A，则 A 是 x 的函数：$A=x^2$，当 $x=x_0$ 时，金属薄片的面积改变量为

$$\Delta A=(x_0+\Delta x)^2-(x_0)^2=2x_0\Delta x+(\Delta x)^2.$$

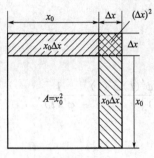

图 3.5

上式的几何意义是：$2x_0\Delta x$ 表示两个长为 x_0 宽为 Δx 的长方形面积；$(\Delta x)^2$ 表示边长为 Δx 的正方形的面积；解析意义是：当 $\Delta x\to 0$ 时，$(\Delta x)^2$ 是比 Δx 高阶的无穷小，即 $(\Delta x)^2=o(\Delta x)$；$2x_0\Delta x$ 是 Δx 的线性函数，是 ΔA 的主要部分，可以近似地代替 ΔA（如图 3.5）。

定义 3.2　设函数 $y=f(x)$ 在某区间内有定义，x_0 及 $x_0+\Delta x$ 在该区间内，如果函数的增量 $\Delta y=f(x_0+\Delta x)-f(x_0)$ 可表示为 $\Delta y=A\Delta x+o(\Delta x)$，其中 A 是不依赖于 Δx 的常数，那么称函数 $y=f(x)$ 在点 x_0 是可微的，而 $A\Delta x$ 叫做函数 $y=f(x)$ 在点 x_0 相应于自变量增量 Δx 的微分，记作 $\mathrm{d}y$，即 $\mathrm{d}y=A\Delta x$.

3.4.2　微分与导数的关系

函数 $f(x)$ 在点 x_0 可微的充分必要条件是：函数 $f(x)$ 在点 x_0 可导，且当函数 $f(x)$ 在点 x_0 可微时，其微分一定是 $\mathrm{d}y=f'(x_0)\Delta x$.

证　必要性：设函数 $f(x)$ 在点 x_0 可微，则按定义有

$$\Delta y=A\Delta x+o(\Delta x),$$

上式两端除以 Δx，得

$$\frac{\Delta y}{\Delta x}=A+\frac{o(\Delta x)}{\Delta x}$$

于是，当 $\Delta x\to 0$ 时，上式两端取极限就得到　$A=\lim\limits_{\Delta x\to 0}\dfrac{\Delta y}{\Delta x}=f'(x_0)$.

因此，如果函数 $f(x)$ 在点 x_0 可微，则 $f(x)$ 在点 x_0 也一定可导，且 $A=f'(x_0)$.

充分性：如果 $f(x)$ 在点 x_0 可导，即　$\lim\limits_{\Delta x\to 0}\dfrac{\Delta y}{\Delta x}=f'(x_0)$

存在，根据函数极限与无穷小的关系，上式可写成

$$\frac{\Delta y}{\Delta x}=f'(x_0)+\alpha,$$

其中 $\alpha\to 0$（当 $\Delta x\to 0$），且 $A=f'(x_0)$ 是常数，$\alpha\Delta x=o(\Delta x)$，由此又有

$$\Delta y=f'(x_0)\Delta x+\alpha\Delta x.$$

因为 $f'(x_0)$ 不依赖于 Δx，故上式又可写成

$$\Delta y=A\Delta x+o(\Delta x),$$

所以 $f(x)$ 在点 x_0 也是可微的.

由于当 $f'(x_0)\neq 0$ 时，有 $\lim\limits_{\Delta x\to 0}\dfrac{\Delta y}{\mathrm{d}y}=\lim\limits_{\Delta x\to 0}\dfrac{\Delta y}{f'(x_0)\Delta x}=\dfrac{1}{f'(x_0)}\lim\limits_{\Delta x\to 0}\dfrac{\Delta y}{\Delta x}=1$.

因此 $\dfrac{\Delta y}{\mathrm{d}y}=1+\alpha$，其中 α 是当 $\Delta x\to 0$ 时的无穷小，从而 $\Delta y=\mathrm{d}y+o(\mathrm{d}y)$.

上式表明，在 $f'(x_0)\neq 0$ 的条件下，以微分 $\mathrm{d}y=f'(x_0)\Delta x$ 近似代替增量 $\Delta y=f(x_0+\Delta x)-f(x_0)$ 时，其误差为 $o(\mathrm{d}y)$，因此，在 $|\Delta x|$ 很小时，有近似等式 $\Delta y\approx\mathrm{d}y$. 函数 $y=f(x)$ 在任意点 x 的微分，称为函数的微分，记作 $\mathrm{d}y$ 或 $\mathrm{d}f(x)$，即 $\mathrm{d}y=f'(x)\Delta x$，例如

$$\text{dcos}x = (\cos x)' \Delta x = -\sin x \Delta x; \quad \text{de}^x = (\text{e}^x)' \Delta x = \text{e}^x \Delta x.$$

【例 3.37】 设函数 $y = \cos x$.

求：(1) 函数的微分；(2) 在 $x = \dfrac{\pi}{2}$ 处的微分；(3) 在 $x = \dfrac{\pi}{2}$ 处，当 $\Delta x = 0.01$ 时的微分.

解 (1) 函数 $y = \cos x$ 的微分为 $\text{d}y = (\cos x)' \Delta x = -\sin x \cdot \Delta x$.

(2) 在 $x = \dfrac{\pi}{2}$ 处，$\text{d}y \big|_{x=\frac{\pi}{2}} = -\sin x \big|_{x=\frac{\pi}{2}} \cdot \Delta x = -\Delta x$.

(3) 在 $x = \dfrac{\pi}{2}$ 处，当 $\Delta x = 0.01$ 时的微分

$$\text{d}y \bigg|_{\substack{x=\frac{\pi}{2} \\ \Delta x = 0.01}} = -\sin x \cdot \Delta x \bigg|_{\substack{x=\frac{\pi}{2} \\ \Delta x = 0.01}} = -0.01.$$

通常把自变量 x 的增量 Δx 称为自变量的微分，并记作 $\text{d}x = \Delta x$，因此函数 $y = f(x)$ 的微分又可记作 $\text{d}y = f'(x)\text{d}x$. 从而有 $\dfrac{\text{d}y}{\text{d}x} = f'(x)$. 这就是说，函数的微分 $\text{d}y$ 与自变量的微分 $\text{d}x$ 之商等于该函数的导数，这也是导数又叫做"微商"的原因.

*3.4.3　微分的几何意义

当 Δy 是曲线 $y = f(x)$ 上的点的纵坐标的增量时，$\text{d}y$ 就是曲线的切线上点的纵坐标的相应增量，当 $|\Delta x|$ 很小时，$|\Delta y - \text{d}y|$ 比 $|\Delta x|$ 小得多，因此在点 M 的邻近，我们可以用切线段来近似代替曲线段（如图 3.6）.

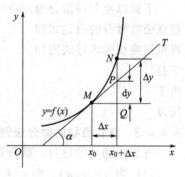

图 3.6

3.4.4　基本初等函数的微分公式与微分运算法则

从函数微分的表达式 $\text{d}y = f'(x)\text{d}x$ 可以看出，要计算函数的微分，只要计算函数的导数再乘以自变量的微分. 因此可得如下的微分公式和微分运算法则.

3.4.4.1　基本初等函数的微分公式

导数公式　　　　　　　　　　　　　微分公式

$(x^\mu)' = \mu x^{\mu-1}$　　　　　　　　　　$\text{d}(x^\mu) = \mu x^{\mu-1}\text{d}x$

$(\sin x)' = \cos x$　　　　　　　　　　$\text{d}(\sin x) = \cos x\,\text{d}x$

$(\cos x)' = -\sin x$　　　　　　　　　$\text{d}(\cos x) = -\sin x\,\text{d}x$

$(\tan x)' = \sec^2 x$　　　　　　　　　$\text{d}(\tan x) = \sec^2 x\,\text{d}x$

$(\cot x)' = -\csc^2 x$　　　　　　　　$\text{d}(\cot x) = -\csc^2 x\,\text{d}x$

$(\sec x)' = \sec x \tan x$　　　　　　　$\text{d}(\sec x) = \sec x \tan x\,\text{d}x$

$(\csc x)' = -\csc x \cot x$　　　　　　$\text{d}(\csc x) = -\csc x \cot x\,\text{d}x$

$(a^x)' = a^x \ln a$　　　　　　　　　　$\text{d}(a^x) = a^x \ln a\,\text{d}x$

$(\text{e}^x)' = \text{e}^x$　　　　　　　　　　　$\text{d}(\text{e}^x) = \text{e}^x\,\text{d}x$

$(\log_a x)' = \dfrac{1}{x \ln a}$　　　　　　　$\text{d}(\log_a x) = \dfrac{1}{x \ln a}\text{d}x$

$(\ln |x|)' = \dfrac{1}{x}$　　　　　　　　　$\text{d}(\ln |x|) = \dfrac{1}{x}\text{d}x$

$$(\arcsin x)' = \frac{1}{\sqrt{1-x^2}}$$ $$\mathrm{d}(\arcsin x) = \frac{1}{\sqrt{1-x^2}}\mathrm{d}x$$

$$(\arccos x)' = -\frac{1}{\sqrt{1-x^2}}$$ $$\mathrm{d}(\arccos x) = -\frac{1}{\sqrt{1-x^2}}\mathrm{d}x$$

$$(\arctan x)' = \frac{1}{1+x^2}$$ $$\mathrm{d}(\arctan x) = \frac{1}{1+x^2}\mathrm{d}x$$

$$(\mathrm{arccot}\,x)' = -\frac{1}{1+x^2}$$ $$\mathrm{d}(\mathrm{arccot}\,x) = -\frac{1}{1+x^2}\mathrm{d}x$$

3.4.4.2 函数和、差、积、商的微分法则

求导法则   微分法则

$$(u \pm v)' = u' \pm v'$$ $$\mathrm{d}(u \pm v) = \mathrm{d}u \pm \mathrm{d}v$$

$$(Cu)' = Cu'$$ $$\mathrm{d}(Cu) = C\mathrm{d}u$$

$$(u \cdot v)' = u'v + uv'$$ $$\mathrm{d}(u \cdot v) = v\mathrm{d}u + u\mathrm{d}v$$

$$\left(\frac{u}{v}\right)' = \frac{u'v - uv'}{v^2}\,(v \neq 0)$$ $$\mathrm{d}\left(\frac{u}{v}\right) = \frac{v\mathrm{d}u - u\mathrm{d}v}{v^2}\,(v \neq 0)$$

下面以乘积的微分为例证明微分的运算法则.

根据函数微分的表达式知 $\mathrm{d}(uv) = (uv)'\mathrm{d}x.$

再根据乘积的求导法则知 $(uv)' = u'v + uv'.$

于是 $\mathrm{d}(uv) = (u'v + uv')\mathrm{d}x = u'v\mathrm{d}x + uv'\mathrm{d}x.$

由于 $u'\mathrm{d}x = \mathrm{d}u, v'\mathrm{d}x = \mathrm{d}v,$

所以 $\mathrm{d}(uv) = v\mathrm{d}u + u\mathrm{d}v.$

3.4.4.3 复合函数的微分法则、微分形式的不变性

有别于函数的导数，微分具有一个特殊性质.

(1) 当 $y = f(u)$，即 u 为自变量时，$y = f(u)$ 的微分为 $\mathrm{d}y = f'(u)\mathrm{d}u$.

(2) 当 $y = f(u)$，$u = \varphi(x)$，即 u 为中间变量时，复合函数 $y = f[\varphi(x)]$ 的微分则为 $\mathrm{d}y = y'_x \mathrm{d}x = f'(u)\varphi'(x)\mathrm{d}x.$

由于 $\varphi'(x)\mathrm{d}x = \mathrm{d}u$，所以，复合函数 $y = f[\varphi'(x)]$ 的微分公式也可以写成 $\mathrm{d}y = f'(u)\mathrm{d}u$.

由此可见，无论 u 是自变量还是另一个变量的可微函数，微分形式 $\mathrm{d}y = f'(u)\mathrm{d}u$ 保持不变，这一性质称为微分形式的不变性. 这个性质表示，当变换自变量时，微分形式 $\mathrm{d}y = f'(u)\mathrm{d}u$ 并不改变.

而导数则不具有形式的不变性.

(1) 当 $y = f(u)$，即 u 为自变量时，$y = f(u)$ 的导数为 $\dfrac{\mathrm{d}y}{\mathrm{d}u} = f'(u)$.

(2) 当 $y = f(u)$，$u = \varphi(x)$ 时，则复合函数 $y = f[\varphi(x)]$ 的导数为 $\dfrac{\mathrm{d}y}{\mathrm{d}x} = f'(u) \cdot \varphi'(x)$.

【例 3.38】 $y = \sin(2x + 1)$，求 $\mathrm{d}y$.

解 把 $2x + 1$ 看成中间变量 u，则

$$\mathrm{d}y = \mathrm{d}(\sin u) = \cos u\,\mathrm{d}u = \cos(2x+1)\mathrm{d}(2x+1) = \cos(2x+1) \cdot 2\mathrm{d}x = 2\cos(2x+1)\mathrm{d}x.$$

在求复合函数的微分时，也可以不写出中间变量.

【例 3.39】 $y = \ln(1 + e^{x^2})$，求 $\mathrm{d}y$.

解　$dy = d\ln(1+e^{x^2}) = \dfrac{1}{1+e^{x^2}} d(1+e^{x^2}) = \dfrac{1}{1+e^{x^2}} \cdot e^{x^2} d(x^2)$

$\qquad = \dfrac{1}{1+e^{x^2}} \cdot e^{x^2} \cdot 2x\,dx = \dfrac{2xe^{x^2}}{1+e^{x^2}}dx.$

【例 3.40】　$y = e^{1-3x}\cos x$，求 dy.

解　应用积的微分与运算法则，得

$$dy = d(e^{1-3x}\cos x) = \cos x\,d(e^{1-3x}) + e^{1-3x}d(\cos x)$$
$$= (\cos x)e^{1-3x}(-3dx) + e^{1-3x}(-\sin x\,dx) = -e^{1-3x}(3\cos x + \sin x)dx.$$

【例 3.41】　在括号中填入适当的函数，使等式成立.

(1) $d(\quad) = x\,dx$；(2) $d(\quad) = \cos\omega t\,dt\,(\omega \neq 0)$.

解　(1) 因为 $d(x^2) = 2x\,dx$，所以

$$x\,dx = \frac{1}{2}d(x^2) = d\left(\frac{1}{2}x^2\right),$$

即

$$d\left(\frac{1}{2}x^2\right) = x\,dx.$$

一般地，有

$$d\left(\frac{1}{2}x^2 + C\right) = x\,dx\ (C\ \text{为任意常数}).$$

(2) 因为 $d(\sin\omega t) = \omega\cos\omega t\,dt$，所以

$$\cos\omega t\,dt = \frac{1}{\omega}d(\sin\omega t) = d\left(\frac{1}{\omega}\sin\omega t\right).$$

一般地，有

$$d\left(\frac{1}{\omega}\sin\omega\,t + C\right) = \cos\omega\,t\,dt\ (C\ \text{为任意常数}).$$

【例 3.42】　求由方程 $xy - e^x + e^y = 0$ 所确定的函数 $y = y(x)$ 的微分与导数.

解　两边同时求微分：$d(xy - e^x + e^y) = d(0)$，即 $d(xy) - d(e^x) + d(e^y) = 0$，

$$y\,dx + x\,dy - e^x dx + e^y dy = 0,$$

因此

$$dy = \frac{e^x - y}{e^y + x}dx,$$

于是

$$y' = \frac{e^x - y}{e^y + x}.$$

3.4.5　微分在近似计算中的应用

如果函数 $y = f(x)$ 在点 x_0 处的导数 $f'(x_0) \neq 0$，且 $|\Delta x|$ 很小时，我们可以得到如下的近似计算公式

$$\Delta y \approx dy = f'(x_0)\Delta x,$$

即

$$\Delta y = f(x_0 + \Delta x) - f(x_0) \approx dy = f'(x_0)\Delta x,$$

或

$$f(x_0 + \Delta x) \approx f(x_0) + f'(x_0)\Delta x.$$

若令 $x = x_0 + \Delta x$，即 $\Delta x = x - x_0$，那么又有 $f(x) \approx f(x_0) + f'(x_0)(x - x_0)$.

特别地，当 $x_0 = 0$ 时，有 $\qquad f(x) \approx f(0) + f'(0)x.$

在实际应用中，我们经常会遇到函数近似求值或计算函数改变量的问题，而这些计算往往又都是很复杂的，但如果利用上面的近似公式，就可以使计算量大大减小，这也是微分概念的一个重要应用.

常用的近似公式（假定 $|x|$ 是较小的数值）：

(1) $\sqrt[n]{1+x} \approx 1+\dfrac{1}{n}x$；

(2) $\sin x \approx x$（x 用弧度作单位来表达）；

(3) $\tan x \approx x$（x 用弧度作单位来表达）；

(4) $e^x \approx 1+x$；

(5) $\ln(1+x) \approx x$.

证 (1) 取 $f(x)=\sqrt[n]{1+x}$，那么 $f(0)=1$，$f'(0)=\dfrac{1}{n}(1+x)^{\frac{1}{n}-1}\big|_{x=0}=\dfrac{1}{n}$，代入

$f(x) \approx f(0)+f'(0)x$ 便得 $\sqrt[n]{1+x} \approx 1+\dfrac{1}{n}x$.

(2) 取 $f(x)=\sin x$，那么 $f(0)=0$，$f'(0)=\cos x|_{x=0}=1$，代入 $f(x) \approx f(0)+f'(0)x$ 便得 $\sin x \approx x$.

用类似的方法可以证明 (3)、(4)、(5).

【例 3.43】 有一批半径为 1cm 的球，为了提高球面的光洁度，要镀上一层铜，厚度定为 0.01cm. 试估计每只球需用铜多少克（铜的密度是 8.9g/cm³）？

解 已知球体体积为 $V=\dfrac{4}{3}\pi R^3$，$R_0=1\text{cm}$，$\Delta R=0.01\text{cm}$.

镀层的体积为

$\Delta V=V(R_0+\Delta R)-V(R_0) \approx V'(R_0)\Delta R=4\pi R_0^2 \Delta R=4 \times 3.14 \times 1^2 \times 0.01=0.13(\text{cm}^3)$.

于是镀每只球需用的铜约为 $0.13 \times 8.9=1.16(\text{g})$.

【例 3.44】 计算 $\sqrt[4]{1.01}$ 的近似值.

解 已知 $\sqrt[n]{1+x} \approx 1+\dfrac{1}{n}x$，取 $x=0.01$，$n=4$ 得

$$\sqrt[4]{1.01} \approx 1+\dfrac{1}{4} \times 0.01=1.0025.$$

习题 3.4

1. 在下列等式左端的括号内填入适当的函数，使等式成立.

(1) $d(\quad)=\dfrac{1}{x}dx$；

(2) $d(\quad)=\dfrac{1}{1+t^2}dt$；

(3) $d(\quad)=2xe^{x^2}dx$；

(4) $d(\quad)=\sec^2 2x dx$.

2. 求下列函数的微分.

(1) $y=\tan(ax+b)$；

(2) $y=e^x(\tan x+1)$；

(3) $y=\sec^2(e^x)$；

(4) $y=\ln\sqrt{\dfrac{1-\sin x}{1+\sin x}}$.

3. 求由方程 $\sin(x+y)-e^x\ln y=1$ 所确定的函数 $y=y(x)$ 的微分及导数.

4. 证明当 $|x|$ 很小时，下列近似公式成立：

(1) $e^x \approx 1+x$；

(2) $\ln(1+x) \approx x$.

5. 求下列各式的近似值.

(1) $\sqrt[5]{0.95}$；
(2) $\sqrt[3]{8.02}$；

(3) $\ln 1.01$；
(4) $e^{0.05}$．

总习题 3

1. （数学三）设 $f(x)=\lim\limits_{t\to 0}x(1+3t)^{\frac{x}{t}}$，则 $f'(x)=$（　　）．

2. 求下列隐函数的二阶导数 $\dfrac{\mathrm{d}^2 y}{\mathrm{d}x^2}$：

(1) $\ln\sqrt{x^2+y^2}=\arctan\dfrac{y}{x}$；
(2) $\dfrac{x^2}{a^2}+\dfrac{y^2}{b^2}=1$．

3. 已知 $f(x)=x(x-1)(x-2)\cdots(x-2012)$，求 $f'(0)$．

4. 已知 $f(x)=\begin{cases}\ln(1+x),&x\geqslant 0\\[2mm]\dfrac{e^{x^2}-1}{x},&x<0\end{cases}$，求 $f'(x)$．

5. 试从 $\dfrac{\mathrm{d}x}{\mathrm{d}y}=\dfrac{1}{y'}$ 中导出 $\dfrac{\mathrm{d}^2 x}{\mathrm{d}y^2}=-\dfrac{y''}{(y')^3}$．

6. 设 $f'(a)=b$，求 $\lim\limits_{x\to a}\dfrac{xf(x)-af(a)}{x-a}$．

7. 已知 $f(0)=1$，$g(1)=2$，$f'(0)=-1$，$g'(1)=-2$，求

(1) $\lim\limits_{x\to 0}\dfrac{\cos x-f(x)}{x}$；
(2) $\lim\limits_{x\to 0}\dfrac{2^x f(x)-1}{x}$；
(3) $\lim\limits_{x\to 1}\dfrac{\sqrt{x}\,g(x)-2}{x-1}$．

8. 已知当 $x\leqslant 0$ 时，$f(x)$ 有定义且二阶可导，问 a,b,c 为何值时，
$F(x)=\begin{cases}f(x),&x\leqslant 0\\ ax^2+bx+c,&x>0\end{cases}$ 是二阶可导？

9. 设 $p(x)=f_1(x)f_2(x)\cdots f_n(x)\neq 0$，且所有的函数都可导，证明：

$$\frac{p'(x)}{p(x)}=\frac{f'_1(x)}{f_1(x)}+\frac{f'_2(x)}{f_2(x)}+\cdots+\frac{f'_n(x)}{f_n(x)}$$

10. （数学三）已知 $f(x)$ 在 $x=0$ 处可导且 $f(0)=0$，则 $\lim\limits_{x\to 0}\dfrac{x^2 f(x)-2f(x^3)}{x^3}=$（　　）．

(A) $-2f'(0)$　　　(B) $-f'(0)$　　　(C) $f'(0)$　　　(D) 0

11. 已知 $y=x+\ln x$，$x>0$，求反函数的导数 $x'(y)$．

12. 已知 $f(x)=\lim\limits_{n\to\infty}(1+\dfrac{2x}{n})^{3\csc\frac{1}{n}}$，求 $f'(x)$．

13. 已知 $1+x+x^2+\cdots+x^n=\dfrac{1-x^{n+1}}{1-x}$，求函数 $1+2x+3x^2+\cdots+nx^{n-1}$ 之和．

14. 设 $y=f^2[f^2(x)]$，其中 $f(x)$ 为可导函数，且 $f(1)=1$，$f'(1)=2$，求 $\dfrac{\mathrm{d}y}{\mathrm{d}x}\Big|_{x=1}$．

15. （数学三）设函数 $f(x)=\begin{cases}\ln\sqrt{x},&x\geqslant 1\\ 2x-1,&x<1\end{cases}$，$y=f(f(x))$，求 $\dfrac{\mathrm{d}y}{\mathrm{d}x}\Big|_{x=0}$．

16. （数学二）设函数 $y=y(x)$ 由方程 $x^2-y+1=e^y$ 确定，求 $\dfrac{\mathrm{d}^2 y}{\mathrm{d}x^2}\Big|_{x=0}$．

17. （数学三）曲线 $\tan\left(x+y+\dfrac{\pi}{4}\right)=e^x$ 在 $(0,0)$ 处的切线方程是（　　）.

知识窗 3　导数与微分的发展史况

导数与微分是微分学的主要概念，微分学的研究对象是函数，其研究方法是对于极限值的研究与计算.

自然科学与技术科学中，量之间的关系往往可以用可微函数来描述，而微分学起到在自然科学与技术科学中用数学表示问题状态与过程的作用. 如描述物体加热或冷却率、化学过程的反应速度、放射过程的衰变率、生物体的生长率、经济的增长率等. 这些问题不研究函数与导数之间的关系简直不可思议，就数学本身而言，微分学的方法与成果已成为高等分析的基础.

微分学产生于 17 世纪，主要是为了解决 17 世纪的一些科学问题而出现. 这些基本问题可归为三类：第一类问题是已知物体移动的距离可以表示为时间的函数，求物体在任意时刻的速度与加速度；第二类问题是求曲线的切线问题，其原因是光学研究中要研究透镜的反射定律，从而要考虑光线同曲线的法线间的夹角，原因是运动轨迹上任一点的速度方向都是该点的切线方向；第三类问题是求函数的极大值与极小值，如寻求能获得最大射程的发射角，求行星离太阳的最远距离与最近距离等皆为其实际背景.

微分学的建立主要归功于牛顿与莱布尼茨，但是在他们走向这光辉的顶点之前，他们的前驱者们已积累了微积分的大量知识. 远在古希腊时期，数学家就已发现了圆、圆锥曲线和一些特殊曲线的切线作法. 他们把与曲线相遇但不穿过曲线的直线定义为该曲线的切线（显然，这与现在的定义不符）；阿波罗尼斯（Apollonlus）曾研究过从定点到已知圆锥曲线上点的最长和最短线段问题，等等. 但是古代数学家的这些方法仅适用于非常特殊的情形，它们与微分学的观念还相差很远.

直到 17 世纪，法国数学家笛卡儿、费马（Fermat，1601～1665）及其他学者在解决曲线的切线问题及变量的极大值与极小值问题时，才走向建立微分学的最初尝试. 他们提出了一些解决实际问题的方法，笛卡儿 1637 年提出了与光学工作有关的作法线的方法，此方法以解析几何为依据. 但是他介绍的方法纯粹是代数计算，因此又称为代数法. 其方法的主要缺点是不适用于作非代数曲线的法线. 法国数学家罗伯瓦（Roberval，1602～1675）在其《不可分法论》一书中推广了阿基米德（Archimedes，公元前 287～公元前 212）用来求螺线上任一点处切线的方法，而后托里拆利（Toricelli，1608～1647）应用罗伯瓦的方法，求得了曲线 $y=x^n$ 的切线. 几乎与此同时，费马也已非常接近微分学的基本观念，对透镜的设计和光学的研究，吸引着费马探求曲线的切线. 1629 年他就找到求曲线切线的一种方法，但于 1637 年才以《求最大值和最小值的方法》为题发表，这个方法实质就是现在的方法.

17 世纪中叶，法国数学家帕斯卡（Pascal，1623～1662）首次引用"特征"三角形——无穷小的坐标增量与弧线组成的三角形. 这种三角形后来被英国数学家牛顿的老师巴罗（Barrow，1630～1677）广泛地应用于切线问题上. 17 世纪中叶，荷兰数学家物理学家惠更斯（Huygens，1629～1695）在研究钟摆时，提出了曲线的渐屈线概念，这些渐屈线很快地在光学方面找到了应用. 1670 年巴罗指出了曲线的切线问题与求积问题间的相逆关系，以几何形式表示了微分与积分间的相逆关系.

总的来看，17 世纪前 2/3 的时期内，微积分的工作仍限于细节的工作上，没能从特殊问题中发掘出普遍性的规律.

　　然而，当时已明显显露出要把各种不同的方法统一起来的趋势，以建立一种更有效的，可以应用到较广泛的函数问题上去的方法．这个工作是由牛顿与莱布尼茨完成的，牛顿与莱布尼茨彼此独立地，从不同的方法论出发、推广，总结了前人的研究成果，建立起一门全新的学科．

　　牛顿从物理学观点上来研究数学，他于 1671 年写出了《流数法与无穷级数》一书，但一直没发表，直到他去世九年后才由后人出版．在这本书中，他指出变量是由点、线和面连续运动而产生的．他称这些变量为流，称变量的变化率为流数，并用 $\dot{x}$，$\dot{y}$ 表示流 x，y 的流数，用 $\ddot{x}$ 表示 $\dot{x}$ 的流数，他的书中清楚地陈述了已知两个流之间的关系，求其流数之间的关系以及其逆问题．在这本书中牛顿还用流数法微分隐函数，求曲线的切线，求函数的最大值与最小值、曲线的曲率、拐点等．牛顿在他 1711 年出版的著作《运用无穷多项方程的分析学》中给出了求一个变量对另一个变量的瞬时变化率的普遍方法．在他 1687 年的巨著《自然哲学的数学原理》一书中对微积分学的一些基本概念和原理进行了陈述．

　　莱布尼茨从几何观点发现了微积分，莱布尼茨于 1666 年完成哲学博士论文而获教授席位．1672 年他为政治出差到巴黎，接触到一些数学家与科学家，特别是会见了惠更斯，激起了他对数学的兴趣．此后，他深入钻研数学，从 1684 年开始发表微积分论文．他自 1673 年写起的，自己从未发表过的成百页的笔记中也包含了他的许多成果及他的思想发展．在他 1684 年的论文《可求分式量及无理式量的极大、极小和切线，特别是这些计算的新方法》一文中，他给出了微分定义，和、差、积、商及乘幂的微分法则，关于一阶微分不变性原理，关于二阶微分的概念，以及微分学对于研究极值、作切线和拐点的应用．莱布尼茨在他 1675 年的手稿中对这些概念符号进行了慎重的选择，他希望这些符号能表现出微分学"算法"的极大力量．他引入 $\mathrm{d}x$，$\mathrm{d}y$，$\dfrac{\mathrm{d}y}{\mathrm{d}x}$，对 n 阶微分引入符号 d^n 等．这些符号沿用至今．这些简捷的符号也有助于他建立微积分规范，即法则和公式系统．

　　牛顿和莱布尼茨对于微分学的主要功绩在于：一是他们使微积分学成为一门独立的学科，并能用于处理更广泛的问题．二是他们在代数的概念上建立了微积分，即使得微积分代数化了．这一点也还是 17 世纪初到 17 世纪末微积分的主要变化之处．他们使微积分成为比几何更有效的工具，使得许多不同的几何与物理问题能用同样的方法处理．三是把前述三类问题都归于微分学．

　　牛顿与莱布尼茨的工作主要区别是：牛顿把 x 和 y 的无穷小增量作为求导数的手段．当增量越来越小的时候，导数实际上就是增量的比的极限．而莱布尼茨却直接用 x 和 y 的无穷小增量（就是微分）求出它们之间的关系．这个差别反映了牛顿侧重于物理学方向，而莱布尼茨侧重于几何学方向．他们的工作方式也不同．牛顿依靠于经验，具体而谨慎；而莱布尼茨侧重于想象，喜欢推广，而且是大胆的．他们对运算符号的关心也有差别，牛顿认为用什么符号无关紧要，而莱布尼茨却花费较大精力选择了富有提示性的简捷符号．

　　不幸的是，在牛顿与莱布尼茨各自独立创建微积分之后，发生了历史上有名的"微积分发明优先权之争"，致使欧洲大陆数学家与英国数学家分为两派．欧洲大陆派以雅各布·伯努利（Jacob Bernoulli，1654～1705）与约翰·伯努利兄弟为代表支持莱布尼茨；而英国数学家捍卫牛顿．两派激烈争吵甚至达到互相敌对的程度．然而在牛顿与莱布尼茨死后的调查表明，他们是各自创建了微积分．虽然牛顿的工作大部分是在莱布尼茨之前建立的，但莱布尼茨也是微积分主要思想的独立发明者．这次争吵，致使英国与欧洲大陆数学家之间停止了很长时间的学术交流，以至于在牛顿死后的一百年中，英国人继续以牛顿的几何方法为工具，而欧洲大陆数学家继续用莱布尼茨的分析法，使微积分学得到发展与改善．这次争吵，使英国的数学落在了欧洲大陆之后，而且使数学界有可能损失了一些有才华的人．

继牛顿、莱布尼茨之后，微分学的两个重要奠基人是欧洲大陆学派的雅各布·伯努利与约翰·伯努利兄弟．他们是瑞士的科学大家族伯努利家族的成员．这两兄弟在莱布尼茨思想的巨大影响与激励下，把莱布尼茨的那些纲领性、概要式的著作大力加工，并做了新发展，陆续发表了《微积分初步》等著作．

然而 17 世纪微积分学的基础是不清楚的．18 世纪的学者主要是按照莱布尼茨所提出的方向致力于扩展微积分的工作．其中心人物是欧拉．欧拉第一次把无穷小分析改造为多种函数的完整理论．他于 1748 年写出了《无穷小分析引论》一书，成为世界上第一本完整的、系统的分析学论著，也是划时代的著作．1775 年他又写出《微分学原理》一书．这些书几乎系统化了 18 世纪微分学的有关资料．这些著作成为当时教科书的典范，属于里程碑式的著作，书中包含了某些高度开创性的内容．欧拉首先把导数归为微分学的基本概念（此术语及符号 $f'(x)$ 为拉格朗日所创）．欧拉的功绩在于：用形式化方法把微积分从几何中解放出来，使其建立在算术和代数的基础上，从而为基于实数系统的微分学的基本论证开辟了道路．

18 世纪的数学家致力于应用、扩展微积分这一强有力的工具，用它去解决科学和技术中的许多实际问题．他们为这种新方法的成功所陶醉，无暇顾及所依据的理论的可靠性，致使出现了许多悖论与混乱局面．直到 1800 年左右，数学家才开始关心微积分概念和证明中的不严密性问题，并决心把分析只在算术概念的基础上重建起来．严密的分析工作是由波尔查诺和柯西等人开始的．

柯西在他 1821 年的著作《分析教程》、1823 年的著作《无穷小分析教程》、1829 年的著作《微分计算教程》中，对数学分析作了新的不同于 18 世纪的讲解．他改进了极限理论的准确性，把其与无穷小结合起来．柯西把无穷小定义为以零为极限的变量．

波尔查诺于 1817 年成为第一个将 $f(x)$ 的导数定义为 $\lim\limits_{\Delta x \to 0} \dfrac{f(x+\Delta x)-f(x)}{\Delta x}$ 的人．他首次引入左导数与右导数的概念．

虽然波尔查诺和柯西已给出了导数、连续性的严密化了的概念，但他们同时代的大多数数学家还没能明了连续性与可微性的区别，甚至在他们以后的五十年中的许多教科书中还"证明"连续函数一定是可微的．波尔查诺当时已了解到连续性与可微性的区别，在他的《函数论》（他于 1834 年写成此书，但是没有发表，此书 1930 年才由后人出版）中，他给出了一个在任何点都没有（有限）导数的连续函数的例子，他举的例子是一条曲线，但没有解析表达式．事实上，即使他当时发表也不会产生什么影响，因为当时函数被定义为由解析表达式给出的实体．

连续性与可微性之间的一个惊人的区别是由瑞士数学家塞里埃（Charles Cellérier，1818～1889）指出的．1860 年他给出了一个连续但处处不可微的例子：

$$f(x) = \sum_{x=1}^{\infty} a^{-x} \sin a^x x$$

其中，a 是一个大的正整数．但该文直到 1890 年才发表．维尔斯特拉斯在 1861 年的讲课中已经确认，想要从连续性推出可微性的任何企图都必定失败．1872 年在柏林的一次演讲中，他给出一个处处不可微的连续函数的例子：

$$f(x) = \sum_{x=0}^{\infty} b^x \cos(a^x \pi x)$$

其中，a 是一个奇整数，而 b 是一个小于 1 的正常数，而且 $ab > 1 + \dfrac{3}{2}\pi$. 这在数学史上是个光辉的范例，有巨大的历史意义. 它揭示了当时统治整个时代的直观方法是不可靠的. 从那时开始，其他许多同类的函数陆续被发现了. 我们甚至可以说，所有连续函数中，在某些点具有切线的只是例外情况（虽然几何直观不是这样一回事）.

微分学在 19 世纪后半叶就已建立在充分广阔而严密的基础上了.

第4章

微分中值定理与导数的应用

本章主要是探讨导数的应用．首先作为理论基础，我们将介绍微分学中的三个基本定理：罗尔定理、拉格朗日中值定理及柯西中值定理，然后我们会研究导数在求极限方面的应用，即洛必达法则，它是求各种未定式极限的有效方法．继而我们还会研究导数的几何应用，即如何用导数分析函数图形的作法．最后我们给出导数在经济学方面的应用，包括边际分析、弹性分析和最优化问题．

4.1 微分中值定理

4.1.1 罗尔定理

4.1.1.1 费马引理

设函数 $f(x)$ 在点 x_0 的某邻域 $U(x_0)$ 内有定义，并且在 x_0 处可导，如果对任意的 $x \in U(x_0)$，有 $f(x) \leqslant f(x_0)$（或 $f(x) \geqslant f(x_0)$），则 $f'(x_0) = 0$．

证 不妨设 $f(x) \leqslant f(x_0)$，于是当 $x > x_0$ 时，$\dfrac{f(x) - f(x_0)}{x - x_0} \leqslant 0$，当 $x < x_0$ 时，

$$\frac{f(x) - f(x_0)}{x - x_0} \geqslant 0.$$

而由极限的性质知 $f'(x_0) = f'_-(x_0) = \lim\limits_{x \to x_0^-} \dfrac{f(x) - f(x_0)}{x - x_0} \geqslant 0$,

$$f'(x_0) = f'_+(x_0) = \lim\limits_{x \to x_0^+} \frac{f(x) - f(x_0)}{x - x_0} \leqslant 0,$$

因此 $f'(x_0) = 0$．

$f(x) \geqslant f(x_0)$ 的情形可用类似方法证明（如图 4.1）．

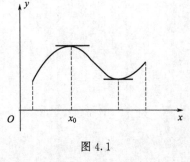

图 4.1

4.1.1.2 罗尔定理

如果函数 $y=f(x)$ 满足

(1) 在闭区间 $[a,b]$ 上连续;

(2) 在开区间 (a,b) 内可导;

(3) $f(a)=f(b)$,

那么在 (a,b) 内至少存在一点 ξ,使得 $f'(\xi)=0$.

证 由于函数 $y=f(x)$ 在闭区间 $[a,b]$ 上连续,由闭区间上连续函数的最值定理知,函数在 $[a,b]$ 上必取得最大值 M 及最小值 m.

(1) 如果 $M=m$,即 $f(x)$ 是常值函数,便有 $f'(x)\equiv0$,则开区间 (a,b) 内的任何点都可作为定理结论中的 ξ 点,定理的结论显然成立.

(2) 如果 $M>m$,由于 $f(a)=f(b)$,则 M 与 m 中至少有一个不等于 $f(a)$,即 M 与 m 中至少有一个在 (a,b) 内取得,不妨设 M 在 (a,b) 内取得,亦即在 (a,b) 内存在一点 ξ,使 $f(\xi)=M$,则由费马定理知 $f'(\xi)=0$.

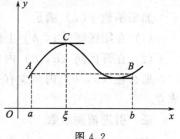

图 4.2

罗尔定理的几何意义是:当 $y=f(x)$ 所表示的曲线在闭区间 $[a,b]$ 上连续,且两端点连线为水平直线时,在开区间 (a,b) 内部至少有一点,在该点处具有水平切线 (如图 4.2).

罗尔定理的三个条件是缺一不可的,否则定理的结论可能就不成立 (如图 4.3).

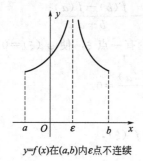

$y=f(x)$ 在 (a,b) 内 ε 点不连续

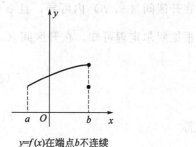

$y=f(x)$ 在端点 b 不连续

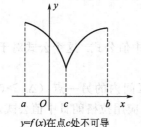

$y=f(x)$ 在点 c 处不可导

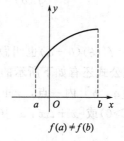

$f(a)\neq f(b)$

图 4.3

【例 4.1】 不用求出导数,判别函数 $f(x)=(x-1)(x-2)(x-3)(x-4)$ 的导数的方程 $f'(x)=0$ 有几个实根,并指出它们所在的位置.

解 显然函数 $f(x)=(x-1)(x-2)(x-3)(x-4)$ 在 $[1,2]$,$[2,3]$,$[3,4]$ 上均连续,在 $(1,2)$,$(2,3)$,$(3,4)$ 内均可导,且有 $f(1)=f(2)=f(3)=f(4)$,即函数分别在 $[1,2]$,$[2,3]$,$[3,4]$ 上满足罗尔定理的条件,因此有 $a\in(1,2)$,$b\in(2,3)$,$c\in(3,4)$ 使得 $f'(a)=f'$

$(b)=f'(c)=0$，即 a、b、c 分别为方程 $f'(x)=0$ 的根，而 $f(x)=(x-1)(x-2)(x-3)(x-4)$ 为四次多项式，因此 $f'(x)$ 为三次多项式，$f'(x)=0$ 为三次方程，该方程最多有三个不等实根，因此它有且仅有三个实根，分别在 $(1,2)$，$(2,3)$，$(3,4)$ 内．

【例 4.2】 证明方程 $\sin x+x\cos x=0$ 在 $(0,\pi)$ 内必有实根．

证 由于 $\sin x+x\cos x$ 是 $x\sin x$ 的导函数，我们构造函数 $F(x)=x\sin x$，显然 $F(x)=x\sin x$ 在 $[0,\pi]$ 上满足罗尔定理的条件，因此在 $(0,\pi)$ 内至少存在一点 ξ，使得 $F'(\xi)=\sin\xi+\xi\cos\xi=0$，从而说明方程 $\sin x+x\cos x=0$ 在 $(0,\pi)$ 内必有实根．

4.1.2 拉格朗日中值定理

如果函数 $f(x)$ 满足

(1) 在闭区间 $[a,b]$ 上连续；

(2) 在开区间 (a,b) 内可导．

那么在 (a,b) 内至少有一点 ξ（$a<\xi<b$），使得等式 $f(b)-f(a)=f'(\xi)(b-a)$ 成立．

证 引进辅助函数

$$\varphi(x)=f(x)-f(a)-\frac{f(b)-f(a)}{b-a}(x-a).$$

容易验证函数 $\varphi(x)$ 满足罗尔定理的三个条件：$\varphi(a)=\varphi(b)=0$、在闭区间 $[a,b]$ 上连续、在开区间 (a,b) 内可导，且 $\varphi'(x)=f'(x)-\dfrac{f(b)-f(a)}{b-a}$．

根据罗尔定理可知，在开区间 (a,b) 内至少有一点 ξ，使 $\varphi'(\xi)=0$，即

$$f'(\xi)-\frac{f(b)-f(a)}{b-a}=0.$$

由此得

$$\frac{f(b)-f(a)}{b-a}=f'(\xi),$$

即

$$f(b)-f(a)=f'(\xi)(b-a).$$

定理证毕．

$f(b)-f(a)=f'(\xi)(b-a)$ 也叫做拉格朗日中值公式．这个公式对于 $b<a$ 也成立．

拉格朗日中值公式还有如下所示的其他形式．

设 x 为区间 $[a,b]$ 内一点，$x+\Delta x$ 为该区间内的另一点（$\Delta x>0$ 或 $\Delta x<0$），则在 $[x,x+\Delta x]$（$\Delta x>0$）或 $[x+\Delta x,x]$（$\Delta x<0$）上应用拉格朗日中值公式，得

$$f(x+\Delta x)-f(x)=f'(x+\theta\Delta x)\cdot\Delta x(0<\theta<1).$$

如果记 $f(x)$ 为 y，则上式又可写为

$$\Delta y=f'(x+\theta\Delta x)\cdot\Delta x(0<\theta<1).$$

由微分定义知 $\Delta y=f'(x)\cdot\Delta x+o(\Delta x)=\mathrm{d}y+o(\Delta x)\approx\mathrm{d}y$，即 $\mathrm{d}y=f'(x)\cdot\Delta x$ 是函数增量 Δy 的近似表达式，而 $f'(x+\theta\Delta x)\cdot\Delta x$ 则是函数增量 Δy 的精确表达式，因此拉格朗日

中值定理又叫做微分中值定理或有限增量公式.

拉格朗日中值定理的几何意义是：如果连续曲线 $f(x)$ 上除端点外处处有不垂直于 x 轴的切线，那么在这条曲线上除端点外必至少存在一点，过该点的切线与区间端点的连线平行.

显然，在拉格朗日中值定理的条件中如果进一步还有 $f(a)=f(b)$，则拉格朗日定理即成为了罗尔定理，说明罗尔定理是拉格朗日定理的特殊情形.

作为拉格朗日中值定理的应用有如下推论.

推论　如果函数 $f(x)$ 在区间 I 上的导数恒为零，则 $f(x)$ 在区间 I 上是一个常数.

证　在区间 I 上任取两点 $x_1, x_2 (x_1 < x_2)$，应用拉格朗日中值定理，就得

$$f(x_2) - f(x_1) = f'(\xi)(x_2 - x_1) \quad (x_1 < \xi < x_2).$$

由假定，$f'(\xi) = 0$，所以 $f(x_2) - f(x_1) = 0$，即 $f(x_2) = f(x_1)$，而 x_1, x_2 是 I 上任意两点，因此 $f(x)$ 在区间 I 上是一个常数.

【例 4.3】　证明 $\arcsin x + \arccos x = \dfrac{\pi}{2} (|x| \leqslant 1)$.

证　设 $f(x) = \arcsin x + \arccos x \ (|x| \leqslant 1)$，则当 $|x| < 1$ 时，$f'(x) = \dfrac{1}{1+x^2} + \left(-\dfrac{1}{1+x^2}\right) = 0$，由拉格朗日中值定理的推论知 $f(x) = \arcsin x + \arccos x$ 当 $|x| < 1$ 时为常数，取 $x = 0$，则有 $f(0) = \dfrac{\pi}{2}$，即当 $|x| < 1$ 时

$$f(x) = \arcsin x + \arccos x = \dfrac{\pi}{2}$$

而当 $|x| = 1$ 时，显然也有 $\qquad f(x) = \arcsin x + \arccos x = \dfrac{\pi}{2}.$

因此 $\qquad\qquad\qquad\qquad \arcsin x + \arccos x = \dfrac{\pi}{2} (|x| \leqslant 1).$

【例 4.4】　证明当 $x > 0$ 时，$\dfrac{x}{1+x} < \ln(1+x) < x$.

证　设 $f(x) = \ln(1+x)$，显然 $f(x)$ 在区间 $[0, x]$ 上满足拉格朗日中值定理的条件，根据定理有 $\qquad f(x) - f(0) = f'(\xi)(x - 0) \quad (0 < \xi < x)$

由于 $\qquad\qquad f(0) = 0, \ f'(x) = \dfrac{1}{1+x}, \ f'(\xi) = \dfrac{1}{1+\xi}$

因此 $\qquad\qquad f(x) - f(0) = f'(\xi)(x - 0) \quad (0 < \xi < x)$

即为 $\qquad\qquad\qquad \ln(1+x) = \dfrac{x}{1+\xi}.$

又由 $0 < \xi < x$，于是 $\dfrac{x}{1+x} < \ln(1+x) < x$.

4.1.3　柯西中值定理

设曲线弧由参数方程 $\begin{cases} X = F(x) \\ Y = f(x) \end{cases} (a \leqslant x \leqslant b)$ 表示，其中 x 为参数. 如果曲线弧上除

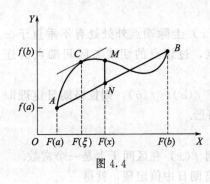

图 4.4

端点外处处具有不垂直于横轴的切线，那么在曲线弧上必有一点 $x=\xi$，使曲线上该点处的切线平行于连接曲线端点的弦 AB（如图 4.4），曲线弧上点 $x=\xi$ 处的切线的斜率为 $\dfrac{\mathrm{d}Y}{\mathrm{d}X}=\dfrac{f'(\xi)}{F'(\xi)}$，弦 AB 的斜率为 $\dfrac{f(b)-f(a)}{F(b)-F(a)}$. 于是

$$\frac{f(b)-f(a)}{F(b)-F(a)}=\frac{f'(\xi)}{F'(\xi)}.$$

柯西中值定理：如果函数 $f(x)$ 及 $F(x)$ 在闭区间 $[a, b]$ 上连续，在开区间 (a, b) 内可导，且 $F'(x)$ 在 (a, b) 内的每一点处均不为零，那么在 (a, b) 内至少有一点 ξ，使等式

$$\frac{f(b)-f(a)}{F(b)-F(a)}=\frac{f'(\xi)}{F'(\xi)}$$

成立（证明略）.

显然，如果取 $F(x)=x$，则 $F(b)-F(a)=b-a$，$F'(x)=1$，因而柯西中值定理就可以写成

$$f(b)-f(a)=f'(\xi)(b-a) \quad (a<\xi<b),$$

即拉格朗日中值定理是柯西中值定理的特殊情形.

习题 4.1

1. 下列函数在所给区间上是否满足罗尔定理的条件？若满足，试求出定理中 ξ 的值.

(1) $f(x)=\dfrac{1}{1+x^2}$ $[-2, 2]$；   (2) $f(x)=x\sqrt{3-x}$ $[0, 3]$；

(3) $f(x)=\mathrm{e}^{x^2}-1$ $[-1, 1]$.

2. 下列函数在所给区间上是否满足拉格朗日定理的条件？若满足，试求出定理中 ξ 的值.

(1) $f(x)=x^3$ $[0,a]$ $(a>0)$；   (2) $f(x)=\ln x$ $[1, 2]$；

(3) $f(x)=x^3-5x^2+x-2$ $[-1, 0]$.

3. 若 4 次方程 $a_0 x^4+a_1 x^3+a_2 x^2+a_3 x+a_4=0$ 有 4 个不等实根，证明：方程 $4a_0 x^3+3a_1 x^2+2a_2 x+a_3=0$ 的所有根皆为实根.

4. 证明不等式.

(1) $|\sin x_2-\sin x_1|\leqslant|x_2-x_1|$；   (2) 当 $b>a>0$ 时，$\dfrac{b-a}{b}<\ln\dfrac{b}{a}<\dfrac{b-a}{a}$.

5. 不用求出函数 $f(x)=x(x-1)(x-2)(x-3)$ 的导数，试判断方程 $f'(x)=0$ 的根的个数，并指出它们所在位置.

4.2　洛必达法则

我们知道，两个无穷小量的比值的极限可能存在也可能不存在，例如：

$$\lim_{x\to 0}\frac{\sin x}{x}=1 \text{（存在）}, \lim_{x\to 0}\frac{x}{x^2}=\infty \text{（不存在）}; \lim_{x\to 0}\frac{x\sin\dfrac{1}{x}}{x}=\lim_{x\to 0}\sin\frac{1}{x} \text{（不存在）}$$

因此这种极限统称为未定式（或待定型），简记为 $\dfrac{0}{0}$. 两个无穷大量的比值的极限也存在类似的情形，简记为 $\dfrac{\infty}{\infty}$. 洛必达法则是处理未定式极限的重要工具，是计算 $\dfrac{0}{0}$ 型、$\dfrac{\infty}{\infty}$ 型及其他类型未定式极限的简单而有效的法则.

4.2.1 $\dfrac{0}{0}$ 型未定式

定理 4.1 设 $f(x)$，$g(x)$ 满足下列条件：

(1) $\lim\limits_{x \to x_0} f(x) = 0$，$\lim\limits_{x \to x_0} g(x) = 0$；

(2) $f(x)$，$g(x)$ 在 $\mathring{U}(x_0)$ 内可导，且 $g'(x) \neq 0$；

(3) $\lim\limits_{x \to x_0} \dfrac{f'(x)}{g'(x)} = A$（或为 ∞），则

$$\lim_{x \to x_0} \frac{f(x)}{g(x)} = \lim_{x \to x_0} \frac{f'(x)}{g'(x)} = A \ （或为 \infty）.$$

证 由于函数在 $x \to x_0$ 的极限是否存在及取得何值，与其在 $x = x_0$ 点的函数值无关，所以补充在 $x = x_0$ 点定义：$f(x_0) = g(x_0) = 0$，则 $f(x)$，$g(x)$ 在 $U(x_0)$ 内连续，设 x 为该邻域内任意一点且 $x \neq x_0$，则在 $[x_0, x]$ 或 $[x, x_0]$ 上 $f(x)$，$g(x)$ 满足柯西中值定理的条件，因此有

$$\frac{f(x)}{g(x)} = \frac{f(x) - f(x_0)}{g(x) - g(x_0)} = \frac{f'(\xi)}{g'(\xi)} \quad (x_0 < \xi < x) 或 (x < \xi < x_0)$$

显然当 $x \to x_0$ 时有 $\xi \to x_0$，于是

$$\lim_{x \to x_0} \frac{f(x)}{g(x)} = \lim_{x \to x_0} \frac{f'(\xi)}{g'(\xi)} = \lim_{\xi \to x_0} \frac{f'(\xi)}{g'(\xi)} = \lim_{x \to x_0} \frac{f'(x)}{g'(x)} = A \ （或为 \infty）$$

【例 4.5】 求下列极限.

(1) $\lim\limits_{x \to 0} \dfrac{\sin x}{x}$； (2) $\lim\limits_{x \to 0} \dfrac{x - \tan x}{x - \sin x}$； (3) $\lim\limits_{x \to 0} \dfrac{\sin^2 x - x \sin x \cos x}{x^4}$.

解 上述极限均为 $x \to 0$ 时的 $\dfrac{0}{0}$ 型.

(1) 在第 2 章中给出该重要极限时，采用的证明方法比较麻烦，但是现在我们用洛必达法则可简单求出

$$\lim_{x \to 0} \frac{\sin x}{x} = \lim_{x \to 0} \frac{\cos x}{1} = 1.$$

(2) $\lim\limits_{x \to 0} \dfrac{x - \tan x}{x - \sin x} = \lim\limits_{x \to 0} \dfrac{1 - \sec^2 x}{1 - \cos x} = \lim\limits_{x \to 0} \dfrac{-2\sec^2 x \cdot \tan x}{\sin x} = -2 \lim\limits_{x \to 0} \dfrac{1}{\cos^3 x} = -2.$

(3) $\lim\limits_{x \to 0} \dfrac{\sin^2 x - x \sin x \cos x}{x^4} = \lim\limits_{x \to 0} \dfrac{\sin x}{x} \cdot \dfrac{\sin x - x \cos x}{x^3} = \lim\limits_{x \to 0} \dfrac{\cos x - (\cos x - x \sin x)}{3x^2} = \dfrac{1}{3}.$

定理 4.1 表明，当 $x \to x_0$ 时 $\dfrac{0}{0}$ 型未定式的极限可以运用洛必达法则，下面的定理 4.1′ 及后面给出的定理则告诉我们，当 $x \to \infty$ 时 $\dfrac{0}{0}$ 型及其他未定式的极限仍然可以运用洛必达法则求出.

定理 4.1′　设 $f(x)$，$g(x)$ 满足下列条件：

(1)　$\lim\limits_{x\to\infty} f(x)=0$，$\lim\limits_{x\to\infty} g(x)=0$；

(2)　存在 $X>0$，当 $|x|>X$ 时，$f(x)$，$g(x)$ 可导，且 $g'(x)\neq 0$；

(3)　$\lim\limits_{x\to\infty}\dfrac{f'(x)}{g'(x)}=A$（或为 ∞），则

$$\lim_{x\to\infty}\frac{f(x)}{g(x)}=\lim_{x\to\infty}\frac{f'(x)}{g'(x)}=A \quad（或为 \infty）.$$

【例 4.6】　求下列极限：

(1)　$\lim\limits_{x\to+\infty}\dfrac{\dfrac{\pi}{2}-\arctan x}{\ln\left(1+\dfrac{1}{x}\right)}$；　　(2)　$\lim\limits_{x\to\infty}\dfrac{\ln\left(1+\dfrac{1}{x}\right)}{\sin\dfrac{1}{x}}$.

解　上述极限均为 $x\to\infty$ 时的 $\dfrac{0}{0}$ 型.

(1)　$\lim\limits_{x\to+\infty}\dfrac{\dfrac{\pi}{2}-\arctan x}{\ln\left(1+\dfrac{1}{x}\right)}=\lim\limits_{x\to+\infty}\dfrac{-\dfrac{1}{1+x^2}}{\dfrac{-\dfrac{1}{x^2}}{1+\dfrac{1}{x}}}=\lim\limits_{x\to+\infty}\dfrac{x^2}{1+x^2}\cdot\left(1+\dfrac{1}{x}\right)=1.$

(2)　除了直接运用洛必达法则外，还可以将以前学过的求极限的方法（如无穷小的等价代换等）与洛必达法则结合使用

$$\lim_{x\to\infty}\frac{\ln\left(1+\dfrac{1}{x}\right)}{\sin\dfrac{1}{x}}=\lim_{x\to\infty}\frac{\dfrac{1}{x}}{\sin\dfrac{1}{x}}=\lim_{t\to 0}\frac{t}{\sin t}=1\left(利用\ \ln\left(1+\frac{1}{x}\right)\sim\frac{1}{x}\ 并设\ t=\frac{1}{x}\right).$$

4.2.2 $\dfrac{\infty}{\infty}$ 型未定式

定理 4.2　设 $f(x)$，$g(x)$ 满足下列条件：

(1)　$\lim\limits_{x\to x_0} f(x)=\infty$，$\lim\limits_{x\to x_0} g(x)=\infty$；

(2)　$f(x)$，$g(x)$ 在 $\overset{\circ}{U}(x_0)$ 内可导，且 $g'(x)\neq 0$；

(3)　$\lim\limits_{x\to x_0}\dfrac{f'(x)}{g'(x)}=A$（或为 ∞），则

$$\lim_{x\to x_0}\frac{f(x)}{g(x)}=\lim_{x\to x_0}\frac{f'(x)}{g'(x)}=A \quad（或为 \infty）.$$

定理 4.2′　设 $f(x)$，$g(x)$ 满足下列条件：

(1)　$\lim\limits_{x\to\infty} f(x)=\infty$，$\lim\limits_{x\to\infty} g(x)=\infty$；

(2)　存在 $X>0$，当 $|x|>X$ 时，$f(x)$，$g(x)$ 可导，且 $g'(x)\neq 0$；

（3）$\lim\limits_{x\to\infty}\dfrac{f'(x)}{g'(x)}=A$（或为$\infty$），则

$$\lim\limits_{x\to\infty}\dfrac{f(x)}{g(x)}=\lim\limits_{x\to\infty}\dfrac{f'(x)}{g'(x)}=A\text{（或为}\infty\text{）}$$

【例 4.7】　求极限 $\lim\limits_{x\to0^+}\dfrac{\ln\cot x}{\ln x}$

解　$\lim\limits_{x\to0^+}\dfrac{\ln\cot x}{\ln x}=\lim\limits_{x\to0^+}\dfrac{\dfrac{1}{\cot x}\cdot(-\csc^2x)}{\dfrac{1}{x}}=\lim\limits_{x\to0^+}\dfrac{-x}{\sin x\cos x}=-\lim\limits_{x\to0^+}\dfrac{1}{\cos x}=-1$

【例 4.8】　求极限 $\lim\limits_{x\to+\infty}\dfrac{x^n}{e^{\lambda x}}$（$n$ 为正整数，$\lambda>0$）

解　洛必达法则可以连续多次使用，直到求出最后的结果，只要新的极限式仍满足洛必达法则要求的条件.

$$\lim\limits_{x\to+\infty}\dfrac{x^n}{e^{\lambda x}}=\lim\limits_{x\to+\infty}\dfrac{nx^{n-1}}{\lambda e^{\lambda x}}=\lim\limits_{x\to+\infty}\dfrac{n(n-1)x^{n-2}}{\lambda^2 e^{\lambda x}}=\cdots=\lim\limits_{x\to+\infty}\dfrac{n!}{\lambda^n e^{\lambda x}}=0$$

事实上，当 n 为任意正数时，结论也成立. 这说明任何正数幂的幂函数的增长总比指数增长慢.

【例 4.9】　求极限 $\lim\limits_{x\to0^+}\dfrac{e^{-\frac{1}{x}}}{x}$

解　$\lim\limits_{x\to0^+}\dfrac{e^{-\frac{1}{x}}}{x}=\lim\limits_{x\to0^+}\dfrac{e^{-\frac{1}{x}}\cdot\dfrac{1}{x^2}}{1}=\lim\limits_{x\to0^+}\dfrac{e^{-\frac{1}{x}}}{x^2}=\lim\limits_{x\to0^+}\dfrac{e^{-\frac{1}{x}}}{2x^3}$，如此做下去得不到结果.

令 $t=\dfrac{1}{x}$，则 $\lim\limits_{x\to0^+}\dfrac{e^{-\frac{1}{x}}}{x}=\lim\limits_{t\to+\infty}\dfrac{t}{e^t}=\lim\limits_{t\to+\infty}\dfrac{1}{e^t}=0$.

4.2.3　其他未定式

（1）若某极限过程中有 $f(x)\to0$ 且 $g(x)\to\infty$，则称 $\lim[f(x)g(x)]$ 为 $0\cdot\infty$ 型未定式. 往往将这种极限变形为 $\lim\dfrac{f(x)}{\dfrac{1}{g(x)}}$ 或 $\lim\dfrac{g(x)}{\dfrac{1}{f(x)}}$，从而使之成为 $\dfrac{0}{0}$ 型或 $\dfrac{\infty}{\infty}$ 型未定式.

（2）若某极限过程中有 $f(x)\to\infty$ 且 $g(x)\to\infty$，则称 $\lim[f(x)-g(x)]$ 为 $\infty-\infty$ 型未定式. 往往将这种极限通分，从而使之成为 $\dfrac{0}{0}$ 型或 $\dfrac{\infty}{\infty}$ 型未定式.

（3）若某极限过程中有 $f(x)\to0^+$ 且 $g(x)\to0$，则称 $\lim f(x)^{g(x)}$ 为 0^0 型未定式.

（4）若某极限过程中有 $f(x)\to1$ 且 $g(x)\to\infty$，则称 $\lim f(x)^{g(x)}$ 为 1^{∞} 型未定式.

（5）若某极限过程中有 $f(x)\to\infty$ 且 $g(x)\to0$，则称 $\lim f(x)^{g(x)}$ 为 ∞^0 型未定式. 对于（3）、（4）、（5）的情形，可利用对数恒等式将其变形为

$$\lim f(x)^{g(x)}=\lim e^{\ln f(x)^{g(x)}}=\lim e^{g(x)\cdot\ln f(x)}=e^{\lim[g(x)\cdot\ln f(x)]}$$

而 $\lim[g(x)\cdot\ln f(x)]$ 则均属于（1）中 $0\cdot\infty$ 型的情形.

【例 4.10】　求极限 $\lim\limits_{x\to1^-}[\ln x\cdot\ln(1-x)]$.

解　$\lim\limits_{x\to1^-}[\ln x\cdot\ln(1-x)]=\lim\limits_{x\to1^-}\dfrac{\ln(1-x)}{(\ln x)^{-1}}=\lim\limits_{x\to1^-}\dfrac{-\dfrac{1}{1-x}}{-\dfrac{1}{x\ln^2 x}}$

$$=\lim_{x\to1^-}\frac{x\ln^2 x}{1-x}=\lim_{x\to1^-}x\cdot\lim_{x\to1^-}\frac{\ln^2 x}{1-x}=\lim_{x\to1^-}\frac{2\ln x\cdot\dfrac{1}{x}}{-1}=0.$$

【例 4.11】　求极限 $\lim\limits_{x\to1}\left(\dfrac{x}{x-1}-\dfrac{1}{\ln x}\right)$.

解　$\lim\limits_{x\to1}\left(\dfrac{x}{x-1}-\dfrac{1}{\ln x}\right)=\lim\limits_{x\to1}\dfrac{x\ln x-x+1}{(x-1)\ln x}=\lim\limits_{x\to1}\dfrac{\ln x}{\ln x+(x-1)\cdot\dfrac{1}{x}}=\lim\limits_{x\to1}\dfrac{\dfrac{1}{x}}{\dfrac{1}{x}+\dfrac{1}{x^2}}=\dfrac{1}{2}.$

【例 4.12】　求极限 $\lim\limits_{x\to0^+}x^{\sin x}$.

解　$\lim\limits_{x\to0^+}x^{\sin x}=\lim\limits_{x\to0^+}\mathrm{e}^{\ln x^{\sin x}}=\lim\limits_{x\to0^+}\mathrm{e}^{\sin x\cdot\ln x}=\mathrm{e}^{\lim\limits_{x\to0^+}\frac{\ln x}{\frac{1}{\sin x}}}$

$$=\mathrm{e}^{\lim\limits_{x\to0^+}-\frac{\frac{1}{x}}{\frac{\cos x}{\sin^2 x}}}=\mathrm{e}^{\lim\limits_{x\to0^+}-\frac{\sin^2 x}{x\cos x}}=\mathrm{e}^{\lim\limits_{x\to0^+}-\frac{\sin^2 x}{x^2}\cdot\frac{x}{\cos x}}=\mathrm{e}^0=1.$$

【例 4.13】　求极限 $\lim\limits_{x\to1}(2-x)^{\tan\frac{\pi}{2}x}$.

解　$\lim\limits_{x\to1}(2-x)^{\tan\frac{\pi}{2}x}=\lim\limits_{x\to1}\mathrm{e}^{\ln(2-x)^{\tan\frac{\pi}{2}x}}=\mathrm{e}^{\lim\limits_{x\to1}\tan\frac{\pi}{2}x\cdot\ln(2-x)}$

$$=\mathrm{e}^{\lim\limits_{x\to1}\frac{\sin\frac{\pi}{2}x}{\cos\frac{\pi}{2}x}\cdot\ln(2-x)}=\mathrm{e}^{\lim\limits_{x\to1}\frac{\ln(2-x)}{\cos\frac{\pi}{2}x}}=\mathrm{e}^{\lim\limits_{x\to1}\frac{-\frac{1}{2-x}}{-\frac{\pi}{2}\sin\frac{\pi}{2}x}}=\mathrm{e}^{\frac{2}{\pi}}.$$

【例 4.14】　求极限 $\lim\limits_{x\to0^+}\left(1+\dfrac{1}{x}\right)^x$.

解　$\lim\limits_{x\to0^+}\left(1+\dfrac{1}{x}\right)^x=\lim\limits_{x\to0^+}\mathrm{e}^{\ln(1+\frac{1}{x})^x}=\mathrm{e}^{\lim\limits_{x\to0^+}x\ln(1+\frac{1}{x})}=\mathrm{e}^{\lim\limits_{x\to0^+}\frac{\ln(1+\frac{1}{x})}{\frac{1}{x}}}=\mathrm{e}^{\lim\limits_{x\to0^+}\frac{-\frac{1}{x^2}}{1+\frac{1}{x}}}$

$$=\mathrm{e}^{\lim\limits_{x\to0^+}\frac{1}{1+\frac{1}{x}}}=\mathrm{e}^0=1.$$

【例 4.15】　求极限 $\lim\limits_{x\to0}\dfrac{x^2\sin\dfrac{1}{x}}{\sin x}$.

解　$\lim\limits_{x\to0}\dfrac{x^2\sin\dfrac{1}{x}}{\sin x}=\lim\limits_{x\to0}\dfrac{x}{\sin x}\cdot x\sin\dfrac{1}{x}=1\cdot0=0.$

注意： 上例若用洛必达法则，则有 $\lim\limits_{x\to0}\dfrac{x^2\sin\dfrac{1}{x}}{\sin x}=\lim\limits_{x\to0}\dfrac{2x\sin\dfrac{1}{x}-\cos\dfrac{1}{x}}{\cos x}$，分子右端 $\cos\dfrac{1}{x}$ 的极限不存在，即该函数不满足洛必达法则中 "$\lim\limits_{x\to x_0}\dfrac{f'(x)}{g'(x)}$ 存在（或为 ∞）" 这个条件，所以洛必达法则失效.

【例 4.16】　求极限 $\lim\limits_{x\to+\infty}\dfrac{e^x+e^{-x}}{e^x-e^{-x}}$.

解　$\lim\limits_{x\to+\infty}\dfrac{e^x+e^{-x}}{e^x-e^{-x}}=\lim\limits_{x\to+\infty}\dfrac{e^{-x}(e^x+e^{-x})}{e^{-x}(e^x-e^{-x})}=\lim\limits_{x\to+\infty}\dfrac{1+e^{-2x}}{1-e^{-2x}}=1.$

注意：上例若用洛必达法则，$\lim\limits_{x\to+\infty}\dfrac{e^x+e^{-x}}{e^x-e^{-x}}=\lim\limits_{x\to+\infty}\dfrac{e^x-e^{-x}}{e^x+e^{-x}}=\lim\limits_{x\to+\infty}\dfrac{e^x+e^{-x}}{e^x-e^{-x}}$，又回到了原点，即使继续，也永远得不到结果.

习题 4.2

1. 利用洛必达法则求下列极限.

(1) $\lim\limits_{x\to a}\dfrac{x^n-a^n}{x^m-a^m}$ $(a\neq0)$;

(2) $\lim\limits_{x\to1}\dfrac{\ln x}{x-1}$;

(3) $\lim\limits_{x\to0}\left(\dfrac{e^x}{x}-\dfrac{1}{e^x-1}\right)$;

(4) $\lim\limits_{x\to0}\dfrac{2^x-2^{\sin x}}{x^3}$;

(5) $\lim\limits_{x\to0}\dfrac{\arctan x-x}{\sin x^3}$;

(6) $\lim\limits_{x\to1}\dfrac{e^{x^2}-e}{\ln x}$;

(7) $\lim\limits_{x\to0}\dfrac{\ln(2^x+3^x)-\ln2}{x}$;

(8) $\lim\limits_{x\to\pi}\dfrac{\sin2x}{x-\pi}$;

(9) $\lim\limits_{x\to+\infty}\dfrac{\ln\left(1+\dfrac{1}{x}\right)}{\operatorname{arccot}x}$;

(10) $\lim\limits_{x\to0}\dfrac{(1+x)^{\frac{1}{x}}-e}{x}$;

(11) $\lim\limits_{x\to\frac{\pi}{4}}(\tan x)^{\tan2x}$;

(12) $\lim\limits_{x\to0}\left(\dfrac{2^x+3^x+4^x}{3}\right)^{\frac{1}{x}}$;

(13) $\lim\limits_{x\to1}x^{\frac{1}{1-x}}$;

(14) $\lim\limits_{x\to0}\left(\cot x-\dfrac{1}{x}\right)$;

(15) $\lim\limits_{x\to+\infty}\dfrac{e^x-2x}{e^x+3x}$.

2. 验证极限 $\lim\limits_{x\to\infty}\dfrac{x-\sin x}{x+\sin x}$ 存在，但不能用洛必达法则求出.

3. 设 $f(x)=\begin{cases}\dfrac{\sin x}{x}-x, & x\neq0 \\ 1, & x=0\end{cases}$，求 $f'(x)$.

4.3　函数的单调性、极值与最值

4.3.1　函数单调性

如果函数 $y=f(x)$ 在 $[a,b]$ 上单调递增（单调递减），那么它的图形是一条沿 x 轴正向上升（下降）的曲线，曲线上各点处如果存在切线，切线斜率是非负的（非正的），即 $y'=f'(x)\geqslant0$ $(y'=f'(x)\leqslant0)$. 由此可见，函数的单调性与导数的符号有着密切的关系（如图 4.5）.

于是，我们可以用导数的符号来判定函数的单调性，即有如下定理.

定理 4.3　（函数单调性的判定法）设函数 $y=f(x)$ 在 $[a,b]$ 上连续，在 (a,b) 内可导.

(1) 如果在 (a,b) 内 $f'(x)>0$，那么函数 $y=f(x)$ 在 $[a,b]$ 上单调递增；

(2) 如果在 (a,b) 内 $f'(x)<0$，那么函数 $y=f(x)$ 在 $[a,b]$ 上单调递减.

证　只证(1). 在 $[a,b]$ 上任取两点 x_1，x_2 $(x_1<x_2)$，应用拉格朗日中值定理，得

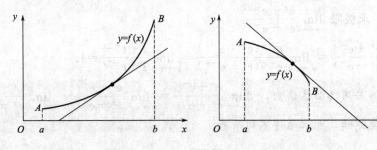

(a) 函数图形上升时切线斜率非负　　　　(b) 函数图形下降时切线斜率非正

图 4.5

$$f(x_2)-f(x_1)=f'(\xi)(x_2-x_1) \quad (x_1<\xi<x_2).$$

由于在上式中，$x_2-x_1>0$，因此，如果在 $(a，b)$ 内导数 $f'(x)$ 保持正号，即 $f'(x)>0$，那么也有 $f'(\xi)>0$. 于是 $f(x_2)-f(x_1)=f'(\xi)(x_2-x_1)>0$，

即　　　　　　　　　　　　　$f(x_1)<f(x_2),$

这说明函数 $y=f(x)$ 在 $[a，b]$ 上单调递增.

　　值得注意的是，判定法中只要函数的导数 $f'(x)$ 保证在开区间 $(a，b)$ 内符号为正（或为负），就可以断定函数 $y=f(x)$ 不仅是在开区间 $(a，b)$ 内单调递增（或单调递减），而且在包括区间端点在内的整个闭区间 $[a，b]$ 上也单调递增（或单调递减）.

　　【例 4.17】　判定函数 $y=x^2-2\ln x$ 在区间 $\left[\dfrac{1}{2}，1\right]$ 上的单调性.

　　解　因为在 $\left(\dfrac{1}{2}，1\right)$ 内 $y'=2x-\dfrac{2}{x}=\dfrac{2}{x}(x^2-1)<0$，所以由判定法可知函数 $y=x^2-2\ln x$ 在 $\left[\dfrac{1}{2}，1\right]$ 上单调递减.

　　【例 4.18】　确定函数 $f(x)=2x^3-9x^2+12x-3$ 的单调区间.

　　解　函数的定义域为：$(-\infty，+\infty)$.

　　函数的导数为：$f'(x)=6x^2-18x+12=6(x-1)(x-2)$，导数为零的点有两个：$x_1=1$，$x_2=2$.

　　列表分析：

x	$(-\infty，1)$	$(1，2)$	$(2，+\infty)$
$f'(x)$	$+$	$-$	$+$
$f(x)$	↗	↘	↗

由判别法知，函数 $f(x)$ 在区间 $(-\infty，1]$ 和 $[2，+\infty)$ 上单调递增，在区间 $[1，2]$ 上单调递减.

　　【例 4.19】　讨论函数 $y=\sqrt[3]{x^2}$ 的单调性.

解　函数的定义域为（$-\infty$，$+\infty$）. 当 $x\neq 0$ 时，函数的导数为 $y'=\dfrac{2}{3\sqrt[3]{x}}$，当 $x=0$ 时　函数的导数不存在. 当 $x<0$ 时，$y'<0$，所以函数在（$-\infty$，0]上单调递减；当 $x>0$ 时，$y'>0$，所以函数在 [0，$+\infty$) 上单调递增（如图 4.6）.

【例 4.20】　讨论函数 $y=x^3$ 的单调性.

解　函数的定义域为（$-\infty$，$+\infty$），且在整个定义域内函数连续，其导数为 $y'=3x^2$. 除 $x=0$ 时 $y'=0$ 外，在其余各点处均有 $y'>0$. 因此函数 $y=x^3$ 在区间（$-\infty$，0] 及 [0，$+\infty$) 内都是单调递增的. 从而在整个定义域（$-\infty$，$+\infty$）内是单调递增的. 在 $x=0$ 处曲线有一水平切线. 一般地，如果在其定义域内连续，且 $f'(x)$ 在某区间内的有限个点处为零，在其余各点处均为正（负）时，那么 $f(x)$ 在该区间上仍旧是单调递增（单调递减）的（如图 4.7）.

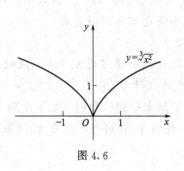

图 4.6

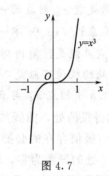

图 4.7

【例 4.21】　证明：当 $x\in(0,1)$ 时，$\arctan x>\ln(1+x)$.

证　令 $f(x)=\arctan x-\ln(1+x)$，则

$$f'(x)=\frac{1}{1+x^2}-\frac{1}{1+x}=\frac{(1+x)-(1+x^2)}{(1+x^2)(1+x)}=\frac{x(1-x)}{(1+x^2)(1+x)}$$

当 $x\in(0,1)$ 时，$f'(x)>0$，因此 $f(x)$ 在[$0,1$]上单调递增，而 $f(0)=0$，从而当 $x\in(0,1)$ 时，有 $f(x)>f(0)$，即 $\arctan x>\ln(1+x)$.

判断函数单调性的步骤可归纳如下：

（1）求函数的定义域；

（2）在函数定义域内求使 $y'=0$ 及 y' 不存在的点，并用这些点将函数的定义域划分成若干个部分区间；

（3）在上述部分区间内，y' 必定保持固定符号，从而根据 y' 的符号便可确定函数的单调性.

4.3.2　函数的极值与最值

4.3.2.1　函数的极值

定义 4.1　设函数 $f(x)$ 在点 x_0 的某邻域 $U(x_0)$ 内有定义，如果对任意的 $x\in(x_0-\delta,x_0)\bigcup(x_0,x_0+\delta)$，有 $f(x)<f(x_0)$(或 $f(x)>f(x_0)$)，则称 $f(x_0)$ 是函数 $f(x)$ 的一个极大值（极小值），x_0 点称为极大值点（极小值点）.

函数的极大值与极小值统称为函数的极值，使函数取得极值的点称为极值点．

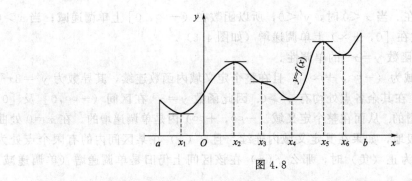

图 4.8

注意： ① 函数的极大值与极小值概念是局部性的，如果 $f(x_0)$ 是函数 $f(x)$ 的一个极大值，那只是就 x_0 附近的一个局部范围而言 $f(x_0)$ 是 $f(x)$ 的一个最大值，就 $f(x)$ 的整个定义域来说 $f(x_0)$ 不一定是最大值．关于极小值也有类似的关系．

② 极值点只能是区间内部的点，不能是区间的端点．

③ 各点处的极值可能是不相等的，甚至某一点处的极小值可能大于另一点处的极大值，例如图 4.8 中的点 x_6 与点 x_2 处的函数值就属于这种情形．

在函数取得极值处，曲线如果有切线，则切线一定是水平的，我们有如下定理．

定理 4.4（极值存在的必要条件） 设函数 $f(x)$ 在点 x_0 处可导，且在 x_0 处取得极值，则该函数在 x_0 处的导数为零，即 $f'(x_0)=0$．

证 由费马引理知结论显然成立．

但曲线上有水平切线的地方，函数却不一定取得极值．如 $f(x)=x^3$ 在 $x=0$ 处的情况即是如此．

定义 4.2 使得导数值为零的点（即方程 $f'(x)=0$ 的实根）称为函数 $f(x)$ 的驻点．

由定理 4.4 可知，可导函数 $f(x)$ 的极值点必定是函数的驻点．但反之，函数 $f(x)$ 的驻点却不一定是极值点．

定理 4.5（极值存在的第一充分条件） 设函数 $f(x)$ 在点 x_0 的某一邻域内连续，在 x_0 的左、右邻域内可导，

（1）如果在 x_0 的左邻域内 $f'(x)>0$，在 x_0 的右邻域内 $f'(x)<0$，那么函数 $f(x)$ 在 x_0 处取得极大值，如图 4.9(a)；

（2）如果在 x_0 的左邻域内 $f'(x)<0$，在 x_0 的右邻域内 $f'(x)>0$，那么函数 $f(x)$ 在 x_0 处取得极小值，如图 4.9(b)；

（3）如果在 x_0 点的左右邻域内 $f'(x)$ 不改变符号，那么函数 $f(x)$ 在 x_0 处没有极值，如图 4.9(c)、(d)．

定理 4.5 表明，在函数 $f(x)$ 连续且在 x_0 点的左右邻域内 $f'(x)$ 存在的前提下，当 x 在 x_0 点附近由小变大经过 x_0 时，如果 $f'(x)$ 的符号由正变负，那么 $f(x)$ 在 x_0 处取得极大值；当 x 在 x_0 点附近由小变大经过 x_0 时，如果 $f'(x)$ 的符号由负变正，那么 $f(x)$ 在 x_0 处取得极小值；如果 $f'(x)$ 的符号不改变，那么 $f(x)$ 在 x_0 处不取得极值．

定理 4.5 要求 x_0 是函数的连续点，这个条件很重要，如果函数 $f(x)$ 在 x_0 不连续，则结论可能不成立：

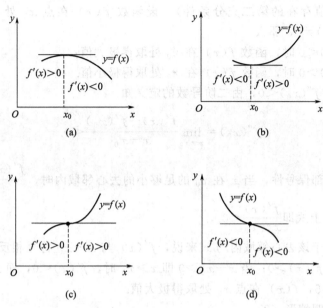

图 4.9

$f(x) = \begin{cases} x^2 + 1, & x \leqslant 0 \\ x^2, & x > 0 \end{cases}$ ，在 $x = 0$ 点的情况即是如此.

确定极值点和极值的步骤如下：

(1) 求出导函数 $f'(x)$；

(2) 求出 $f(x)$ 的全部驻点和不可导点；

(3) 列表判断（考察 $f'(x)$ 的符号在每个驻点和不可导点的左右邻域的情况，以便确定该点是否是极值点，如果是极值点，还要按定理 4.5 确定对应的函数值是极大值还是极小值）；

(4) 确定出函数的所有极值点和极值.

【**例 4.22**】 求函数 $f(x) = x + \sqrt{1-x}$ 的极值.

解　(1) $f(x)$ 在 $(-\infty, 1]$ 上连续、在 $(-\infty, 1)$ 内可导，且 $f'(x) = 1 - \dfrac{1}{2\sqrt{1-x}}$.

(2) 令 $f'(x) = 0$，得驻点 $x = \dfrac{3}{4}$.

(3) 列表判断

x	$\left(-\infty, \dfrac{3}{4}\right)$	$\dfrac{3}{4}$	$\left(\dfrac{3}{4}, 1\right)$
$f'(x)$	+	0	−
$f(x)$	↗	$\dfrac{5}{4}$	↘

即函数在 $\left(-\infty, \dfrac{3}{4}\right]$ 上单调递增，在 $\left[\dfrac{3}{4}, 1\right]$ 上单调递减.

(4) 极大值为 $f\left(\dfrac{3}{4}\right) = \dfrac{5}{4}$.

定理 4.6（极值存在的第二充分条件）　设函数 $f(x)$ 在点 x_0 处具有二阶导数，且 $f'(x_0)=0$，$f''(x_0)\neq0$，那么

（1）当 $f''(x_0)<0$ 时，函数 $f(x)$ 在 x_0 处取得极大值；

（2）当 $f''(x_0)>0$ 时，函数 $f(x)$ 在 x_0 处取得极小值.

证　（1）由于 $f''(x_0)<0$，由二阶导数的定义知

$$f''(x_0)=\lim_{x\to x_0}\frac{f'(x)-f'(x_0)}{x-x_0}<0.$$

根据函数极限的局部保号性，当 x 在 x_0 的足够小的去心邻域内时，$\dfrac{f'(x)-f'(x_0)}{x-x_0}<0$.

但 $f'(x_0)=0$ 所以上式即 $\dfrac{f'(x)}{x-x_0}<0$.

从而知道，对于该去心邻域内的 x 来说，$f'(x)$ 与 $x-x_0$ 符号相反. 因此，当 $x-x_0<0$ 即 $x<x_0$ 时，$f'(x)>0$；当 $x-x_0>0$ 即 $x>x_0$ 时，$f'(x)<0$，而 x_0 显然是函数的连续点，根据定理 4.5，$f(x)$ 在点 x_0 处取得极大值.

类似地可以证明情形（2）.

定理 4.6 表明，如果函数 $f(x)$ 在驻点 x_0 处的二阶导数 $f''(x_0)\neq0$，那么 x_0 一定是极值点，并且可以根据二阶导数 $f''(x_0)$ 的符号来判定 $f(x_0)$ 是极大值还是极小值，但如果 $f''(x_0)=0$，则定理 4.6 就不能应用.

【**例 4.23**】　求函数 $f(x)=(x^2-1)^3+1$ 的极值.

解　（1）$f'(x)=6x(x^2-1)^2$.

（2）令 $f'(x)=0$，求得驻点 $x_1=-1$，$x_2=0$，$x_3=1$.

（3）$f''(x)=6(x^2-1)(5x^2-1)$.

（4）因 $f''(0)=6>0$，所以 $f(x)$ 在 $x=0$ 处取得极小值，极小值为 $f(0)=0$.

（5）因 $f''(-1)=f''(1)=0$. 用定理 4.6 无法判别，但因为在 $x_1=-1$ 的左、右邻域内均有 $f'(x)<0$，所以 $f(x)$ 在 $x_1=-1$ 处不取得极值；同理，$f(x)$ 在 $x_3=1$ 处也不取得极值.

4.3.2.2　函数的最值

我们知道，极值是一个局部性的概念，而最值则是指在所研究的整个范围内的最大值或最小值. 下面我们按照函数的定义域为闭区间及开区间的两种情形探讨函数最值的求法.

（1）在闭区间上求最值　设函数 $f(x)$ 在闭区间 $[a,b]$ 上连续，则函数的最大值和最小值一定存在. 函数的最大（小）值有可能在区间的端点取得；如果最大（小）值不在区间的端点取得，则必在开区间 (a,b) 内取得，在这种情况下，最大（小）值一定是函数的极大（小）值，因此，函数在闭区间 $[a,b]$ 上的最大（小）值一定是所有极大（小）值和区间端点的函数值中最大（小）者.

根据上面的分析，我们将闭区间上求最值的步骤归纳为：

① 求驻点，即 $f'(x)=0$ 的点；

② 求 $f'(x)$ 不存在的点；

③ 比较 $f(a)$、$f(b)$ 及①、②中所求得的点的函数值的大小，最大的即为最大值，最小的即为最小值，此时，并不需要研究①、②中所求得的点是否为极值点.

【**例 4.24**】　求函数 $f(x)=x^2-3x$ 在 $[1,4]$ 上的最大值与最小值.

解　$f'(x)=2x-3$，令 $f'(x)=2x-3=0$ 得驻点 $x=\dfrac{3}{2}$，且 $f\left(\dfrac{3}{2}\right)=-\dfrac{9}{4}$，$f(1)=$ -2，$f(4)=4$，因而函数的最大值为 $f(4)=4$，最小值为 $f\left(\dfrac{3}{2}\right)=-\dfrac{9}{4}$.

【例 4.25】　求函数 $y=|\ln x|$ 在 $\left[\dfrac{1}{2},\ 3\right]$ 上的最大值与最小值.

解　$y=|\ln x|$ 在 $x=1$ 处不可导，且

$$y'=\begin{cases} -\dfrac{1}{x}, & \dfrac{1}{2}<x<1 \\[2mm] \dfrac{1}{x}, & 1<x<3 \end{cases}$$

在 $\left(\dfrac{1}{2},\ 3\right)$ 上使得 $y'=0$ 的点不存在．$f\left(\dfrac{1}{2}\right)=\ln 2$，$f(1)=0$，$f(3)=\ln 3$，因此在 $\left(\dfrac{1}{2},\ 3\right)$ 上，$f(1)=0$ 为函数的最小值，$f(3)=\ln 3$ 为函数的最大值.

(2) 在开区间（有限开区间、无穷开区间）内求最值　在一些应用问题中，如果已知函数在某开区间内必取得最大（小）值，且函数只有唯一的一个极值点，又在该点函数取得极大（小）值，则该点即为函数在该区间内的最大（小）值点.

【例 4.26】　将边长为 a 的一块正方形铁皮的四角各截去一个大小相同的小正方形，然后将四边折起做成一个无盖水槽，问截去的小正方形边长为多大时所得的水槽容积最大？

解　设小正方形边长为 x，则水槽底面的边长为 $a-2x$（如图 4.10），水槽的容积为

图 4.10

$$V=x(a-2x)^2,\ x\in\left(0,\ \dfrac{a}{2}\right)$$

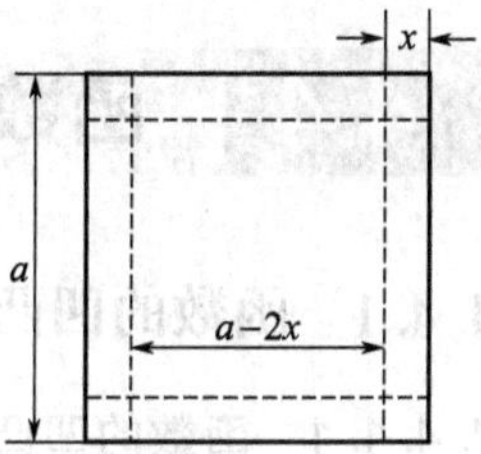

求得 $V'=(a-2x)\cdot(a-6x)$，令 $V'=0$，得 $x_1=\dfrac{a}{6}$，$x_2=\dfrac{a}{2}$，只有 $x_1=\dfrac{a}{6}$ 在 $\left(0,\ \dfrac{a}{2}\right)$ 内，而 $x<x_1$ 时 $V'>0$，$x>x_1$ 时 $V'<0$，因此 $x_1=\dfrac{a}{6}$ 为函数在 $\left(0,\ \dfrac{a}{2}\right)$ 内的唯一的极大值点，即当小正方形边长为 $\dfrac{a}{6}$ 时，水槽的容积最大.

【例 4.27】　求函数 $y=x^2-\dfrac{54}{x}$ 在 $(-\infty,\ 0)$ 内的最小值.

解　$y'=2x+\dfrac{54}{x^2}$，令 $y'=2x+\dfrac{54}{x^2}=2x\left(1+\dfrac{27}{x^3}\right)=0$，得函数在 $(-\infty,\ 0)$ 内的唯一驻点 $x=-3$.由于 $y=x^2-\dfrac{54}{x}$ 在 $(-\infty,\ 0)$ 内连续且当 $-\infty<x<-3$ 时 $y'<0$，即 y 单调递减；当 $-3<x<0$ 时 $y'>0$，即 y 单调递增，因此 $x=-3$ 是函数的最小值点，最小值为 $f(-3)=27$.

习题 4.3

1. 试确定下列函数单调区间.

(1) $f(x)=(x+1)^2(x-1)$;　　　　(2) $f(x)=2x+\dfrac{8}{x}$　$(x>0)$;

(3) $f(x)=x-e^x$;　　　　　　　(4) $f(x)=2x^2-\ln x$;

(5) $f(x)=e^{-x^2}$.

2. 证明下列不等式.

(1) $\cos x+\dfrac{x^2}{2}>1$　$(x>0)$;　　　(2) $\dfrac{2}{\pi}x<\sin x<x$　$\left(0<x<\dfrac{\pi}{2}\right)$;

(3) $1+x\ln(x+\sqrt{1+x^2})>\sqrt{1+x^2}$　$(x>0)$.

3. 证明：(1) 方程 $\sin x=x$ 有且仅有一个实根. (2) 方程 $x^3+x-1=0$ 有且仅有一个正的实根. (3) 方程 $1-x+\dfrac{x^2}{2}-\dfrac{x^3}{3}+\dfrac{x^4}{4}=0$ 无实根.

4. 求下列函数的极值.

(1) $f(x)=x^3-3x^2-9x+5$;　　　(2) $f(x)=x-\ln(1+x)$;

(3) $f(x)=(x-1)\sqrt[3]{x^2}$.

5. 求下列函数的最值.

(1) $f(x)=x^{\frac{1}{x}}$, $x\in(0,+\infty)$;　　(2) $f(x)=x+\sqrt{1-x}$, $x\in[-5,1]$;

(3) $f(x)=2x-5x^2$, $x\in(-\infty,+\infty)$.

6. 证明：如果函数 $y=ax^3+bx^2+cx+d$ 满足 $b^2-3ac<0$，则该函数没有极值.

*4.4　函数的凹凸性与拐点及函数图形的作法

4.4.1　函数的凹凸性与拐点

4.4.1.1　函数的凹凸性

$y=x^2$ 与 $y=\ln x$ 在 $(0,+\infty)$ 上均为单调递增的，但 $y=x^2$ 是向下弯曲的，而 $y=\ln x$ 则是向上弯曲的. 因而我们不仅要研究函数的单调性，还有必要研究函数图形的弯曲方向，也就是凹凸性.

定义 4.3　设 $f(x)$ 在区间 I 上连续，如果对 I 上任意两点 x_1，x_2，恒有 $f\left(\dfrac{x_1+x_2}{2}\right)<\dfrac{f(x_1)+f(x_2)}{2}$，那么称 $f(x)$ 在 I 上为**凹函数**，其图形是凹的（或凹弧），如果恒有 $f\left(\dfrac{x_1+x_2}{2}\right)>\dfrac{f(x_1)+f(x_2)}{2}$，那么称 $f(x)$ 在 I 上为**凸函数**，其图形是凸的（或凸弧），如图 4.11 所示.

设函数 $y=f(x)$ 在区间 I 上连续，如果函数所对应的曲线上任意两点的连线（弦）均在曲线弧的上方，则该曲线在区间 I 上是凹的；如果函数所对应的曲线上任意两点的连线（弦）均在曲线弧的下方，则该曲线在区间 I 上是凸的. 为方便记忆，以上情形可以简单地叙述为：弦在上、弧在下为凹弧；弦在下、弧在上为凸弧.

关于函数的凹凸性，我们有如下的判定定理：

定理 4.7　设 $f(x)$ 在 $[a,b]$ 上连续，在 (a,b) 内具有一阶和二阶导数，那么

(1) 若在 (a,b) 内 $f''(x)>0$，则 $f(x)$ 在 $[a,b]$ 上的图形是凹的；

(2) 若在 (a,b) 内 $f''(x)<0$，则 $f(x)$ 在 $[a,b]$ 上的图形是凸的.

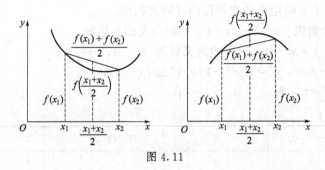

图 4.11

证 (1) 设 $x_1, x_2 \in [a, b]$，且 $x_1 < x_2$，记 $x_0 = \dfrac{x_1 + x_2}{2}$，由拉格朗日中值定理，得

$$f(x_1) - f(x_0) = f'(\xi_1)(x_1 - x_0) = f'(\xi_1)\frac{x_1 - x_2}{2}, \quad x_1 < \xi_1 < x_0,$$

$$f(x_2) - f(x_0) = f'(\xi_2)(x_2 - x_0) = f'(\xi_2)\frac{x_2 - x_1}{2}, \quad x_0 < \xi_2 < x_2,$$

两式相加得

$$f(x_1) + f(x_2) - 2f(x_0) = [f'(\xi_2) - f'(\xi_1)]\frac{x_2 - x_1}{2},$$

再次对 $f'(x)$ 应用拉格朗日中值定理得：

$$f'(\xi_2) - f'(\xi_1) = f''(\xi)(\xi_2 - \xi_1), \quad \xi_1 < \xi < \xi_2$$

从而 $f(x_1) + f(x_2) - 2f(x_0) = [f'(\xi_2) - f'(\xi_1)]\dfrac{x_2 - x_1}{2} = f''(\xi)(\xi_2 - \xi_1)\dfrac{x_2 - x_1}{2} > 0$，

$\xi_1 < \xi < \xi_2$，

即

$$f(x_1) + f(x_2) > 2f(x_0),$$

亦即

$$\frac{f(x_1) + f(x_2)}{2} > f\left(\frac{x_1 + x_2}{2}\right).$$

所以 $f(x)$ 在 $[a, b]$ 上的图形是凹的.

情形 (2) 可以用类似方法加以证明.

4.4.1.2　曲线的拐点

设 $y = f(x)$ 在区间 I 上连续，x_0 是 I 上除端点外的点（即内点）. 如果曲线 $y = f(x)$ 在经过点 $(x_0, f(x_0))$ 时，凹凸性发生了变化，则称点 $(x_0, f(x_0))$ 为曲线的拐点.

注意：① 拐点不是单调性发生变化的分界点，它是连续曲线弧上凹弧与凸弧的分界点.

② 拐点是曲线弧上的点，通常用 $(x_0, f(x_0))$ 表示，而不用 $x = x_0$ 表示，这与极值点的表示方法是有区别的，极值点指的是 x 轴上的点.

③ 拐点只能在下面的点中产生：使得 $f''(x_0)$ 不存在或使得 $f''(x_0) = 0$ 成立的点 $(x_0, f(x_0))$.

确定曲线 $y = f(x)$ 的凹凸性与拐点的步骤：

(1) 确定函数 $y = f(x)$ 的定义域；

(2) 求出二阶导函数 $f''(x)$；

(3) 求使二阶导数为零的点和使二阶导数不存在的点；

（4）利用定理 4.7 确定出曲线的凹凸区间和拐点.

【例 4.28】 求曲线 $y=x^4-2x^3+1$ 的拐点及凹凸区间.

解 （1）函数 $y=x^4-2x^3+1$ 的定义域为 $(-\infty,+\infty)$；

（2）$y'=4x^3-6x^2$，$y''=12x^2-12x=12x(x-1)$；

（3）解方程 $y''=0$，得 $x_1=0$，$x_2=1$；

（4）列表判断：

x	$(-\infty,0)$	0	$(0,1)$	1	$(1,+\infty)$
y''	+	0	−	0	+
y	∪	1(拐点)	∩	0(拐点)	∪

因此，函数的图形在 $(-\infty,0]$ 上是凹弧；在 $[0,1]$ 上在凸弧；在 $[1,+\infty)$ 上是凹弧. 而点 $(0,1)$ 与点 $(1,0)$ 均为拐点.

【例 4.29】 求曲线 $y=\sqrt[3]{x}$ 的拐点.

解 （1）函数的定义域为 $(-\infty,+\infty)$；

（2）$y'=\dfrac{1}{3\sqrt[3]{x^2}}$，$y''=-\dfrac{2}{9x\sqrt[3]{x^2}}$；

（3）二阶导数为零的点不存在，二阶导数不存在的点为 $x=0$；

（4）当 $x<0$ 时，$y''>0$，曲线弧为凹弧；当 $x>0$ 时，$y''<0$，曲线弧为凸弧，因此，点 $(0,0)$ 为曲线的拐点.

4.4.2　函数图形的作法

描绘函数图形的一般步骤如下：

（1）确定函数的定义域及其周期性、奇偶性等，求函数的一阶和二阶导数；

（2）求出一阶、二阶导数为零的点及一阶、二阶导数不存在的点；

（3）列表分析，确定曲线的单调性和凹凸性、极值点与拐点；

（4）确定曲线的渐近线；

（5）确定并描出曲线上极值对应的点、拐点、与坐标轴的交点、其他特殊点；

（6）连接这些点，画出函数的图形.

【例 4.30】 画出函数 $y=x^3-x^2-x+1$ 的图形.

解 （1）函数的定义域为 $(-\infty,+\infty)$.

（2）$f'(x)=3x^2-2x-1=(3x+1)(x-1)$，$f''(x)=6x-2=2(3x-1)$.

$f'(x)=0$ 的根为 $x=-\dfrac{1}{3}$，$x=1$；$f''(x)=0$ 的根为 $x=\dfrac{1}{3}$.

（3）列表分析：

x	$(-\infty,-1/3)$	$-1/3$	$(-1/3,1/3)$	$1/3$	$(1/3,1)$	1	$(1,+\infty)$
$f'(x)$	+	0	−		−	0	+
$f''(x)$	−	−		0	+	+	+
$f(x)$	∩↗	极大	∩↘	拐点	∪↘	极小	∪↗

（4）当 $x\to+\infty$ 时，$y\to+\infty$；当 $x\to-\infty$ 时，$y\to-\infty$.

（5）计算特殊点：$f\left(-\dfrac{1}{3}\right)=\dfrac{32}{27}$，$f\left(\dfrac{1}{3}\right)=\dfrac{16}{27}$，$f(1)=0$，$f(0)=1$；$f(-1)=0$，$f\left(\dfrac{3}{2}\right)=\dfrac{5}{8}$．

（6）描点连线，画出图形（如图 4.12）．

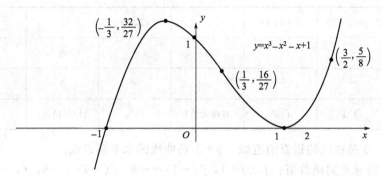

图 4.12

【例 4.31】　描绘函数 $f(x)=\dfrac{1}{\sqrt{2\pi}}\mathrm{e}^{-\frac{1}{2}x^2}$ 的图形．

解　（1）函数为偶函数，定义域为 $(-\infty,+\infty)$，图形关于 y 轴对称．

（2）$f'(x)=-\dfrac{x}{\sqrt{2\pi}}\mathrm{e}^{-\frac{1}{2}x^2}$，$f''(x)=\dfrac{(x+1)(x-1)}{\sqrt{2\pi}}\mathrm{e}^{-\frac{1}{2}x^2}$．

令 $f'(x)=0$，得 $x=0$；令 $f''(x)=0$，得 $x=-1$ 和 $x=1$．

（3）列表：

x	0	$(0,1)$	1	$(1,+\infty)$
$f'(x)$	0	$-$		$-$
$f''(x)$		$-$	0	$+$
$y=f(x)$	$\dfrac{1}{\sqrt{2\pi}}$（极大值）	$\cap\searrow$	$\dfrac{1}{\sqrt{2\pi\mathrm{e}}}$（拐点）	$\cup\searrow$

（4）曲线有水平渐近线 $y=0$．

（5）先画出区间 $(0,+\infty)$ 内的图形，然后利用对称性画出函数在整个定义域内的图形（如图 4.13）．

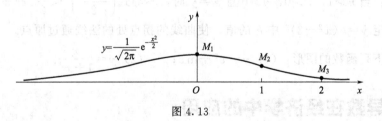

图 4.13

【例 4.32】　作函数 $y=1+\dfrac{36x}{(x+3)^2}$ 的图形．

解　（1）函数的定义域为 $(-\infty,-3)\cup(-3,+\infty)$．

（2）$f'(x)=\dfrac{36(3-x)}{(x+3)^3}$，$f''(x)=\dfrac{72(x-6)}{(x+3)^4}$．

令 $f'(x)=0$ 得 $x=3$，令 $f''(x)=0$ 得 $x=6$. 在 $x=-3$ 处，$f'(x)$ 及 $f''(x)$ 不存在，但该点不在定义域内，所以它既不是极值点，也不是拐点横坐标.

（3）列表分析：

x	$(-\infty, -3)$	$(-3, 3)$	3	$(3, 6)$	6	$(6, +\infty)$
$f'(x)$	$-$	$+$	0	$-$	$-$	$-$
$f''(x)$	$-$	$-$	$-$	$-$	0	$+$
$f(x)$	$\cap\searrow$	$\cap\nearrow$	4（极大值）	$\cap\searrow$	$11/3$（拐点）	$\cup\searrow$

（4）$x=-3$ 是曲线的铅直渐近线，$y=1$ 是曲线的水平渐近线.

（5）计算特殊点的函数值：$f(0)=1$，$f(-1)=-8$，$f(-9)=-8$，$f(-15)=-11/4$.

（6）作图（如图 4.14）.

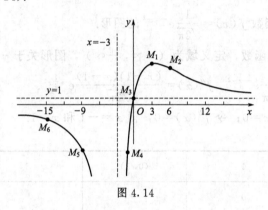

图 4.14

习题 4.4

1. 求下列函数的凹凸区间.

（1）$y=\mathrm{e}^{-x^2}$；　　　　（2）$y=\dfrac{x}{(x+3)^2}$；　　　　（3）$y=\ln(1+x^2)$.

2. 当 a，b 为何值时，点 $(1, 3)$ 为曲线 $y=ax^3+bx^2$ 的拐点？

3. 证明：当 $n>1$，$x>0$，$y>0$ 且 $x\neq y$ 时，不等式 $\left(\dfrac{x+y}{2}\right)^n<\dfrac{1}{2}(x^n+y^n)$.

4. 试确定 $y=k(x^2-3)^2$ 中 k 的值，使曲线的拐点处的法线通过原点.

5. 描绘下列函数的图形：（1）$y=x^2+\ln x$；　　（2）$y=\dfrac{x}{1+x^2}$.

4.5　导数在经济学中的应用

4.5.1　边际分析

设 $y=f(x)$ 是一个经济函数，当一个经济自变量 x 取得一个很小的改变量 Δx 时，因变量 y 的相应改变量为 Δy，Δy 与 Δx 的比值 $\dfrac{\Delta y}{\Delta x}$（平均变化率）称为经济函数 $y=f(x)$

在区间 $[x, x+\Delta x]$ 上的平均意义上的边际.

如果函数 $y=f(x)$ 在 x 点可导，则称 $f'(x)=\lim\limits_{\Delta x \to 0}\dfrac{\Delta y}{\Delta x}$（瞬时变化率）为 $y=f(x)$ 在 x 点处的边际，因此一个函数的导函数在经济应用中也称为**边际函数**. 比如成本函数 $C(x)$ 的导数 $C'(x)$ 也称为 x 点处的边际成本. 类似地可定义边际收益 $R'(x)$、边际利润 $L'(x)$ 等.

由于经济问题中所涉及的函数其自变量取值都很大，因而 $\Delta x=1$ 相对来说就很小，在微分的近似计算公式

$$\Delta y=f(x+\Delta x)-f(x)\approx f'(x) \cdot \Delta x$$

中，如果取 $\Delta x=1$，则得到

$$f'(x) \approx \Delta y=f(x+1)-f(x).$$

因此边际的经济含义是：当经济函数 $f(x)$ 的自变量在 x 处改变一个单位时，函数值的相应改变量近似等于 $f'(x)$ 个单位. 在实际应用中常常略去"近似"二字.

$f'(x) \approx \Delta y=f(x+1)-f(x)$ 可正可负.

若 $f'(x)>0$，表明 $f(x)$ 与其自变量变化的方向相同，即自变量由小（大）变大（小）则函数值也由小（大）变大（小）；

若 $f'(x)<0$，表明 $f(x)$ 与其自变量变化的方向相反，即自变量由小（大）变大（小）则函数值却由大（小）变小（大）.

【例 4.33】 已知某产品的总成本函数为 $C(Q)=100-9Q+\dfrac{1}{5}Q^2$，求它的边际函数及当 $Q=50,100$ 时的边际成本，并解释当 $Q=50,100$ 时的边际成本的经济意义.

解 $\dfrac{\mathrm{d}C}{\mathrm{d}Q}=-9+\dfrac{2}{5}Q$，

当 $Q=50$ 时，$\dfrac{\mathrm{d}C}{\mathrm{d}Q}\Big|_{Q=50}=-9+\dfrac{2}{5}Q\Big|_{Q=50}=11$，

当 $Q=100$ 时，$\dfrac{\mathrm{d}C}{\mathrm{d}Q}\Big|_{Q=100}=-9+\dfrac{2}{5}Q\Big|_{Q=100}=31$.

也就是说：

当产量为 50 时，如果再增产（减产）一个单位，则成本近似增加（减少）11；

当产量为 100 时，如果再增产（减产）一个单位，则成本近似增加（减少）31.

从这个例子中我们看到，同是生产 1 个单位的产品，当产量不同时，增加的成本却可能相差很大.

【例 4.34】 设某产品生产 x 个单位时的总收入 R 是 x 的函数 $R(x)=150x-0.2x^2$，求生产 100 个单位产品时的总收入、平均单位产品收入和边际收入.

解　生产 100 个单位产品时总收入为　$R(100)=13000$

平均单位产品收入为　　　　　　　　　$\overline{R}(100)=\dfrac{R(100)}{100}=130$

边际收入函数为　　　　　　　　　　　$R'(x)=150-0.4x$

生产 100 个单位产品时边际收入为 $R'(100)=110$，它表示：当产量为 100 时，如果再增产（减产）一个单位，则总收益近似增加（减少）110 个单位.

【例 4.35】 设某产品生产 Q 个单位时的利润函数为 $L(Q)=250Q-5Q^2$，求生产 20、

25、35 个单位产品时的边际利润，并解释其经济意义.

解   边际利润函数为 $L'(Q) = 250 - 10Q$，则

$$L'(Q)\Big|_{Q=20} = 250 - 10Q\Big|_{Q=20} = 50$$

$$L'(Q)\Big|_{Q=25} = 250 - 10Q\Big|_{Q=25} = 0$$

$$L'(Q)\Big|_{Q=35} = 250 - 10Q\Big|_{Q=35} = -100$$

当产量为 20 时，如果再增产（减产）一个单位，利润增加（减少）约 50 个单位；

当产量为 25 时，如果再增产（减产）一个单位，利润不变；

当产量为 35 时，如果再增产（减产）一个单位，利润反而减少（增加）约 100 个单位.

因此可见，并非生产的产品数量越多利润就越多.

4.5.2   弹性分析

对于函数 $y = f(x)$ 而言，改变量 Δx 又称为**自变量的绝对改变量**（绝对增量）；改变量 Δy 又称为**函数的绝对改变量**（绝对增量）.

但是用绝对改变量不足以深入刻画变量的变化情况. 比如甲种商品由 10 元涨价 1 元，乙种商品由 1000 元涨价 1 元，其绝对改变量均为 1 元，但与其变化前的价格相比，变化的幅度显然不同，甲种商品涨价幅度为 $\frac{1}{10} = 10\%$，乙种商品涨价幅度为 $\frac{1}{1000} = 0.1\%$. 因此我们有必要引进相对改变量这一概念.

对于函数 $y = f(x)$ 而言，称自变量 x 的绝对改变量与其自身的比值 $\frac{\Delta x}{x}$ 为**自变量的相对改变量**（相对增量）. 同理，称 $\frac{\Delta y}{y}$ 为**函数的相对改变量**（相对增量）.

但是即使有了相对改变量仍然不够，对于两个有关联的变量来说，我们有时还需要研究它们的相对变化率.

例如，某种日用品，当价格 $P = 10$ 元时，其需求量 $Q = 1000$；当价格 $P = 11$ 元时，其需求量 $Q = 920$.

我们可以计算出价格变化的百分比为 $\frac{\Delta P}{P} = \frac{11-10}{10} = 10\%$，即价格上涨了 10%，而此时需求量变动的百分比是 $\frac{\Delta Q}{Q} = \frac{920-1000}{1000} = -8\%$，即需求量下降了 8%. 那么

$$\frac{\Delta Q}{Q} \Big/ \frac{\Delta P}{P} = \frac{-8\%}{10\%} = -\frac{0.8\%}{1\%} = -0.8,$$

表明价格上涨 1% 时，需求量下降 0.8%. 我们称 $\frac{\Delta Q}{Q} \Big/ \frac{\Delta P}{P}$ 为区间 $[x, x+\Delta x]$ 上需求量 Q 对价格 P 的弧弹性.

设函数 $y = f(x)$ 在点 x 的某邻域内有定义，$\Delta x, \Delta y$ 分别为自变量与函数的改变量，我们称函数变动的百分比与自变量变动的百分比的比值 $\frac{\Delta y}{y} \Big/ \frac{\Delta x}{x} = \frac{x}{y} \cdot \frac{\Delta y}{\Delta x}$ 为函数 $y = f(x)$ 在区间 $[x, x+\Delta x]$ 上的**弧弹性**，记做 e_{yx}，即 $e_{yx} = \frac{x}{y} \cdot \frac{\Delta y}{\Delta x}$.

若函数 $y=f(x)$ 在点 x 处可导，则称 $\lim\limits_{\Delta x \to 0} \dfrac{\Delta y}{y} \Big/ \dfrac{\Delta x}{x} = \lim\limits_{\Delta x \to 0} \dfrac{x}{y} \cdot \dfrac{\Delta y}{\Delta x} = \dfrac{x}{y} \cdot \dfrac{\mathrm{d}y}{\mathrm{d}x}$ 为函数 $y=$

$f(x)$ 在 x 点处的**点弹性**，记做 e_{yx} 或 $\dfrac{Ey}{Ex}$，通常也称 e_{yx} 为**弹性系数**.

函数点弹性与弧弹性反映的是因变量对自变量的变化所做出的反应程度，它与变量的度量单位无关，因而比边际分析更具实际应用价值.

当 $|\Delta x|$ 很小时，点弹性 $e_{yx} = \lim\limits_{\Delta x \to 0} \dfrac{\Delta y}{y} \Big/ \dfrac{\Delta x}{x} \approx \dfrac{\Delta y}{y} \Big/ \dfrac{\Delta x}{x}$，因此弹性刻画了因变量的相对变动对于自变量相对变动反应的灵敏程度，具体地说，点弹性 e_{yx} 表示自变量变动 1% 时，因变量近似变动 $e_{yx}\%$. 在应用问题中解释弹性的具体经济意义时，我们也常常略去"近似"二字.

e_{yx} 可正可负：

(1) 当 $e_{yx}>0$ 时，表明因变量的变化方向与自变量的变化方向相同；

(2) 当 $e_{yx}<0$ 时，表明因变量的变化方向与自变量的变化方向相反.

依据 $|e_{yx}|$ 的大小，将弹性分类如下：

(1) 如果 $|e_{yx}|=1$，表明 y 与 x 的变动幅度相同，此时称其为单位弹性；

(2) 如果 $|e_{yx}|>1$，表明 y 比 x 的变动幅度大，此时称其为高弹性或富有弹性；

(3) 如果 $|e_{yx}|<1$，表明 y 比 x 的变动幅度小，此时称其为低弹性或缺乏弹性.

如果函数 $y=f(x)$ 在某区间内可导，则称 $e_{yx} = \dfrac{x}{y} \cdot \dfrac{\mathrm{d}y}{\mathrm{d}x} = \dfrac{x}{f(x)} \cdot f'(x)$ 为 $y=f(x)$ 在该区间内的弹性函数.

下面我们利用以上对弹性的讨论，将抽象函数 $y=f(x)$ 转换成具体的经济函数，进行如下的弹性分析.

4.5.2.1　需求的价格弹性

设某商品的市场需求量为 Q，价格为 P，需求函数 $Q=f(P)$ 可导，称

$$e_{QP} = -\frac{P}{Q} \cdot \frac{\mathrm{d}Q}{\mathrm{d}P} = -\frac{P}{f(P)} \cdot f'(P)$$

为该商品的需求价格弹性，简称需求弹性.

这里要指出的是：在通常情况下，由于商品的需求量与价格的变化方向相反，即价格上涨（降低）时需求量降低（增加），因此 $\dfrac{\mathrm{d}Q}{\mathrm{d}P}$ 为负值，于是 e_{QP} 也为负值. 为了使需求弹性系数为正值，便在公式中加了一个负号.

【例 4.36】 设某商品的需求函数为 $Q=\mathrm{e}^{-\frac{P}{5}}$，其中 P 为价格，求：

(1) 需求弹性函数；

(2) $P=3$，$P=5$，$P=6$ 时的需求弹性.

解　(1) $Q' = -\dfrac{1}{5}\mathrm{e}^{-\frac{P}{5}}$，需求弹性函数为 $e_{QP} = -\dfrac{P}{Q} \cdot Q' = -\dfrac{P}{\mathrm{e}^{-\frac{P}{5}}}\left(-\dfrac{1}{5}\mathrm{e}^{-\frac{P}{5}}\right) = \dfrac{P}{5}$.

(2) $P=3$，$P=5$，$P=6$ 时的需求弹性分别为：

$e_{QP}\Big|_{P=3} = \dfrac{P}{5}\Big|_{P=3} = 0.6<1$，为低弹性，此时，价格上涨（下降）$1\%$，需求下降（上涨）$0.6\%$；

$e_{QP}\Big|_{P=5}=\dfrac{P}{5}\Big|_{P=5}=1$，为单位弹性，此时，价格上涨（下降）1%，需求下降（上涨）1%；

$e_{QP}\Big|_{P=6}=\dfrac{P}{5}\Big|_{P=6}=1.2>1$，为高弹性，此时，价格上涨（下降）1%，需求下降（上涨）1.2%.

下面运用需求弹性分析销售收益与消费支出.

设某商品的需求函数为 $Q=f(P)$，则销售收益函数为 $R=P\cdot Q=Pf(P)$

$$\frac{\mathrm{d}R}{\mathrm{d}P}=R'(P)=f(P)+Pf'(P)=f(P)\left[1+\frac{P}{f(P)}f'(P)\right]=f(P)(1-e_{QP})$$

（1）若 $e_{QP}<1$，则边际收益 $\dfrac{\mathrm{d}R}{\mathrm{d}P}>0$，由于 $\dfrac{\mathrm{d}R}{\mathrm{d}P}\approx\dfrac{\Delta R}{\Delta P}>0$，即 ΔR 与 ΔP 同号，说明价格上涨（下降）时收益增加（减少），此时对低弹性商品适当提价可使销售收益增加，同时使消费支出增加（ΔR 既是收益的改变量也是消费支出的改变量）. 一般而言，生活必需品的需求弹性小于 1. 例如糖尿病人所需的胰岛素就是低弹性商品.

（2）若 $e_{QP}>1$，则边际收益 $\dfrac{\mathrm{d}R}{\mathrm{d}P}<0$，由于 $\dfrac{\mathrm{d}R}{\mathrm{d}P}\approx\dfrac{\Delta R}{\Delta P}<0$，即 ΔR 与 ΔP 异号，说明价格上涨（下降）时收益减少（增加），此时对高弹性商品适当降价反而可使销售收益增加，同时使消费支出增加. 一般来说，奢侈品的需求弹性大于 1.

（3）若 $e_{QP}=1$，则边际收益 $\dfrac{\mathrm{d}R}{\mathrm{d}P}=0$，对于单位需求弹性商品而言，价格的微小变化对收益无明显影响，同时对消费支出也无明显影响.

4.5.2.2　需求的收入弹性

设在其他条件不变的情况下，某商品的需求量 Q 与消费者收入 m 的函数关系为 $Q=f(m)$，$f(m)$ 可导，称 $e_{Qm}=\dfrac{m}{Q}\cdot\dfrac{\mathrm{d}Q}{\mathrm{d}m}=\dfrac{m}{f(m)}\cdot f'(m)$ 为该商品的需求收益弹性.

对于正常商品而言，随着消费者收入的增加，消费者对商品的需求也增加，即 $\dfrac{\mathrm{d}Q}{\mathrm{d}m}>0$，所以需求的收入弹性 $e_{Qm}>0$；如果 $e_{Qm}<0$，则表明该商品是低档商品.

4.5.2.3　收益弹性

根据弹性的定义易知，收益的价格弹性为 $e_{RP}=\dfrac{\mathrm{d}R}{\mathrm{d}P}\cdot\dfrac{P}{R}$；收益的销售弹性为

$$e_{RQ}=\frac{\mathrm{d}R}{\mathrm{d}Q}\cdot\frac{Q}{R}.$$

4.5.3　最优化问题

在许多实际问题中，常常会遇到这样一类问题：在一定条件下，怎样使"产品最多"、"用料最省"、"成本最低"、"效率最高"，这就是所谓的最优化问题.

设某种产品的总成本函数为 $C(Q)$，总收益函数为 $R(Q)$（Q 为产量），则总利润 L 可表示为：$L(Q)=R(Q)-C(Q)$.

如果 $C(Q)$ 在 $(0,+\infty)$ 内二阶可导，则根据极值存在的第二充分条件知，要使利润最大，必须使产量 Q 满足如下两个条件，通常称为最大利润原则：

(1) $L'(Q)=0$，即 $R'(Q)=C'(Q)$，表明产出的边际收益等于边际成本；

(2) $L''(Q)=R''(Q)-C''(Q)<0$，即 $R''(Q)<C''(Q)$，表明边际收益的变化率小于边际成本的变化率.

【例 4.37】 设生产某产品的总成本函数为 $C(Q)=3Q+1$，价格函数为 $P=7-0.2Q$，问产量为多大时可获得最大利润？

解 $L(Q)=R(Q)-C(Q)=PQ-C(Q)=(7-0.2Q)Q-(3Q+1)=-0.2Q^2+4Q-1$，$L'(Q)=-0.4Q+4$，令 $L'(Q)=-0.4Q+4=0$，得 $Q=10$，此时 $L''(Q)=-0.4<0$，可知，产量为 10 时利润最大，为 $L(10)=19$.

【例 4.38】 设某产品的总成本函数为 $C(Q)=54+18Q+6Q^2$，试求平均成本最小时的产量水平.

解 平均成本函数 $\overline{C(Q)}=\dfrac{54+18Q+6Q^2}{Q}$，

$$[\overline{C(Q)}]'=\frac{(18+12Q)Q-(54+18Q+6Q^2)}{Q^2}=\frac{6Q^2-54}{Q^2},$$

即 $Q=3$ 时，可使平均成本最小.

习题 4.5

1. 已知某产品的成本函数为 $C(Q)=200+\dfrac{\sqrt{Q}}{2}$，求 $Q=100$ 时的总成本、平均成本、边际成本.

2. 已知某产品的价格与销售量的关系为 $P=10-\dfrac{Q}{5}$，求销售量为 30 时的总收益、平均收益、边际收益.

3. 设生产某种产品的固定成本为 20000 元，每生产一个单位产品，总成本增加 100 元. 已知总收益 R 是年产量的函数

$$R(Q)=\begin{cases}400Q-\dfrac{1}{2}Q^2, & 0\leqslant Q\leqslant 400 \\ 80000, & Q>400\end{cases}$$

问每年生产多少产品时，总利润最大？此时最大利润是多少？

4. 某产品的需求函数为 $Q(P)=150-2P^2$，

(1) 求 $P=6$ 时的边际需求，并说明其经济意义；

(2) 求 $P=6$ 时的需求弹性，并说明其经济意义；

(3) P 为多少时，总收益最大？

总习题 4

1. 求下列极限

(1) $\lim\limits_{x\to\infty}\left(\dfrac{a_1^{\frac{1}{x}}+a_2^{\frac{1}{x}}+\cdots+a_n^{\frac{1}{x}}}{n}\right)^{nx}$ （其中 $a_1,a_2,\cdots,a_n>0$）；　　(2) $\lim\limits_{n\to\infty}n^2\,(x^{\frac{1}{n}}-x^{\frac{1}{n+1}})$；

(3) $\lim\limits_{x\to 1}\dfrac{(1-x)(1-\sqrt{x})(1-\sqrt[3]{x})\cdots(1-\sqrt[n]{x})}{(1-x)^n}$;

(4) $\lim\limits_{x\to\infty}x^2\left(1-x\sin\dfrac{1}{x}\right)$;

(5) $\lim\limits_{x\to a}\ln\left(2-\dfrac{x}{a}\right)\cot\dfrac{\pi x}{a}$;

(6) $\lim\limits_{x\to 0}\dfrac{x-\sin x}{x(e^{x^2}-1)}$;

(7) $\lim\limits_{x\to 0}\left(\dfrac{1+x}{1-e^{-x}}-\dfrac{1}{x}\right)$;

(8) $\lim\limits_{x\to 1}\dfrac{x^x-x}{1-x+\ln x}$.

2. 证明：若 $ab>0$，则 $ae^b-be^a=(1-\xi)e^{\xi}(a-b)$，$(a<\xi<b)$.

3. 已知 $\lim\limits_{x\to 0}\left(\dfrac{\sin 3x}{x^3}+\dfrac{a}{x^2}+b\right)=1$，求 a，b.

4. （数学二）设函数 $f(x)=\begin{cases}\dfrac{\ln(1+ax^3)}{x-\arcsin x}, & x<0 \\ 6, & x=0 \\ \dfrac{e^{ax}+x^2-ax-1}{x\sin\dfrac{x}{4}}, & x>0\end{cases}$，问 a 为何值时，$f(x)$ 在

$x=0$ 处连续；a 为何值时，$x=0$ 是 $f(x)$ 的可去间断点.

5. （数学三）设函数 $y=y(x)$ 由方程 $y\ln y-x+y=0$ 确定，试判断曲线 $y=y(x)$ 在点 $(1,1)$ 附近的凹凸性.

6. 证明：当 $0<a<b<\pi$ 时，$b\sin b+2\cos b+\pi b>a\sin a+2\cos a+\pi a$.

7. 已知函数 $f(x)$ 在 $[0,3]$ 上连续，在 $(0,3)$ 内可导，且 $f(0)+f(1)+f(2)=3$，$f(3)=1$，试证：必存在 $\xi\in(0,3)$，使 $f'(\xi)=0$.

8. 证明对任意的正整数 n，$\dfrac{1}{n+1}<\ln\left(1+\dfrac{1}{n}\right)<\dfrac{1}{n}$.

9. （数学三）已知函数 $f(x)$ 满足 $\lim\limits_{x\to 0}\dfrac{\sqrt{1+f(x)\sin 2x}-1}{e^{3x}-1}=2$，则 $\lim\limits_{x\to 0}f(x)=$_____.

10. （数学三）$\lim\limits_{x\to 0}\dfrac{e-e^{\cos x}}{\sqrt[3]{1+x^2}-1}=$_____.

11. （数学三）求极限 $\lim\limits_{x\to\frac{\pi}{4}}(\tan x)^{\frac{1}{\cos x-\sin x}}$.

12. （数学三）求极限 $\lim\limits_{x\to 0}\dfrac{e^{x^2}-e^{2-2\cos x}}{x^4}$.

13. （数学三）求极限 $\lim\limits_{x\to 0}\left[\dfrac{\ln(1+x)}{x}\right]^{\frac{1}{e^x-1}}$.

14. （数学三）求极限 $\lim\limits_{x\to 0}\dfrac{\sqrt{1+2\sin x}-x-1}{x\ln(1+x)}$.

15. （数学三）证明方程 $4\arctan x-x+\dfrac{4\pi}{3}-\sqrt{3}=0$ 恰有两个实根.

知识窗 4（1）　中值定理及其应用发展

所谓中值定理，是指导数在某个区间内所具有的一些重要性质，它们都与自变量区间内部的某个中间值有关．它们是微分学中的重要定理，也是微分学的理论基础．

17 世纪后期和 18 世纪，为了适应航海、天文学和地理学的需要，要求三角函数、对数函数和航海表的插值有较高的精度．数学家也感到需要有一种较好的方法．格列戈里（Gregory，1638～1675）和牛顿曾先后独立地得到如今以他们两人名字命名的格列戈里-牛顿内插公式．后来英国数学家泰勒（Taylor，1685～1731）由这个公式引申出一个重要公式：

$$f(a+h)=f(a)+f'(a)h+f''(a)\frac{h^2}{2!}+f'''(a)\frac{h^3}{3!}+\cdots,$$

并于 1712 年写信告诉给马青（Machin，1680～1751）．1715 年他又以定理的形式将其载入他的著作《增量法及其逆》中．这个定理是把函数展成为无穷级数的有力方法．值得指出的是，这个定理早在 1670 年已为格列戈里所知，稍后莱布尼茨也曾发现此结论，但他们两人均未发表．约翰·伯努利曾于 1694 年在《教师学报》上发表了相同的结果，但是和泰勒的证明不同．从现在的观点来看，泰勒的证明是不严密的，他没有考虑收敛问题．事实上，泰勒定理的严格证明是柯西在泰勒公式出现一百多年之后才给出的．柯西的证明于 1839 年载入了他的《关于级数的收敛》一书．1742 年，英国数学家马克劳林（Maclaurin，1698～1746）在他的《流数论》中给出了 $a=0$ 的特殊情形，并说明这是泰勒公式的一种特殊情形，现今称之为马克劳林公式．附带指出，斯特林（Stirling，1692～1770）于 1717 年对代数函数，在 1730 年他的著作《微分法》中对一般函数也给出了这种特殊情形．

拉格朗日在他 1797 年的巨著《解析函数论》中，用代数方法率先证明了泰勒展开式，并给出了带有拉格朗日余项的泰勒展开式：

$$f(x+h)=f(x)+f'(x)h+f''(x)\frac{h^2}{2!}+\cdots+f^{(n)}(x)\frac{h^n}{n!}+R_n(x)$$

其中 $R_n(x)=f^{(n+1)}(x+\theta h)\frac{h^{n+1}}{(n+1)!}$，$0<\theta<1$，称为拉格朗日余项．当 $n=1$ 时，称之为拉格朗日微分中值定理．

所谓罗尔定理，是法国数学家罗尔（Rolle，1652～1719）在其 1691 年的著作《任意次方程的一个解法的证明》中给出的．他指出，在 $f(x)=0$ 的两个相邻的实根之间，$f'(x)=0$ 至少有一个实根，其中 $f(x)$ 是多项式．罗尔对这个结论并未给出证明，且这个结论本来与微分学无关，罗尔本人也曾是一个微积分学的极力反对者．一百年之后，后人将 $f(x)$ 推广到可微函数，并冠以罗尔的名字，使此定理成为微分学的一个基本定理．

知识窗 4（2）　洛必达法则趣闻

洛必达（L'Hopital，1661～1704）又音译为罗必塔，法国"数学家"．

洛必达法则对许多极限问题确实很有效．不过很奇怪的是，历史上其他的数学家如高斯、欧拉、莱布尼茨、牛顿、黎曼等在数学的各个领域都留下了他们的名字，唯有这洛必达就只有孤零零的这么一个定理．能搞出这么重要的一种算法（法则），怎么可能在其他方面没有丝毫建树呢？原来，这所谓的洛必达法则不是他搞出来的，而是他花钱买来的．

洛必达是一个贵族，业余时间喜欢搞一些数学，几乎到了上瘾的地步，甚至不惜花重金请当时的大数学家伯努利兄弟给他做长期辅导. 可惜他的才气远远不如他的财气, 虽然十分用功, 但他在数学上仍然没有什么建树. 伯努利兄弟当时正与莱布尼茨这样的大数学家交流合作, 又正赶上微积分的初创时期, 所以总有最新成果教给洛必达. 这些最新成果严重地打击了他的自信心. 一些他自己感到很得意、废寝忘食搞出来的结果, 与伯努利兄弟教给他的最新结果比起来只能算是一些简单的练习题, 没有丝毫创意. 另一方面, 这些新结果又更激起了他对数学的着迷. 他继续请伯努利兄弟辅导, 甚至当他们离开巴黎回到瑞士以后, 他还继续通过通信方式请他们辅导. 如此持续了一段时间, 他的"练习题"中仍没有什么可以发表扬名的东西. 终于有一天, 他给伯努利兄弟之一的约翰写了一封信, 信中说: "很清楚, 我们互相都有对方所需要的东西. 我能在财力上帮助你, 你能在才智上帮助我. 因此我提议我们做如下交易: 我今年给你三百个里弗尔（注: 一里弗尔相当于一磅银子）, 并且外加两百个里弗尔作为以前你给我寄的资料的报答. 这个数量以后还会增加. 作为回报, 我要求你从现在起定期抽出时间来研究一些固定问题, 并把一切新发现告诉我. 并且, 这些结果不能告诉任何别的人, 更不能寄给别人或发表".

约翰·伯努利收到这封信开始感到很吃惊, 但这三百里弗尔确实很吸引人. 他当时刚结婚, 正是需要用钱的时候, 而且帮助洛必达, 还可以增加打入上流社会的机会, 这笔交易还是比较划算的. 于是, 他定期给洛必达寄去一些研究结果, 洛必达都细心地研究它们, 并把它们整理起来. 一年后, 洛必达出了一本书, 题目叫《无穷小量分析》（就是现在的微积分）. 其中除了他的"练习题"外, 大多数重要结果都是从约翰寄来的那些资料中整理出来的. 并且他还用了一些莱布尼茨的结果. 他很聪明地在前言中写到: 我书中的许多结果都得益于约翰·伯努利和莱布尼茨, 如果他们要来认领这本书里的任何一个结果, 我都悉听尊便. 伯努利拿了人家的钱当然不好意思再出来认领这些定理. 这书中就包括了现在的洛必达法则. 伯努利眼睁睁地看着自己的结果被别人用却因与人有约在先而说不出来. 洛必达花钱买了个青史留名, 这比后来的人花钱到克莱登大学买个学位划算多了.

当然伯努利不愿就此罢了, 洛必达死后他就把那封信拿了出来, 企图重认那越来越重要的洛必达法则. 现在大多数人都承认这个定理是他先证明的了, 可是法则名字却再也变不回来了.

第5章

不定积分

在第 3 章中，我们讨论了如何求一个函数的导函数问题，本章将讨论它的反问题，即要寻求一个可导函数，使它的导函数等于已知函数．这是积分学的基本问题之一．

5.1 不定积分的概念和性质

5.1.1 原函数

定义 5.1 设 $f(x)$ 是定义在某区间上的已知函数，如果存在一个函数 $F(x)$，对于该区间上的每一点都满足 $F'(x)=f(x)$ 或 $\mathrm{d}F(x)=f(x)\mathrm{d}x$，则称函数 $F(x)$ 是已知函数 $f(x)$ 在该区间上的一个原函数．

例如，因 $(\sin x)'=\cos x$，故 $\sin x$ 是 $\cos x$ 的一个原函数．

又如当 $x\in(1,+\infty)$ 时，

$$\left[\ln(x+\sqrt{x^2-1})\right]'=\frac{1}{x+\sqrt{x^2-1}}\left(1+\frac{x}{\sqrt{x^2-1}}\right)=\frac{1}{\sqrt{x^2-1}},$$

故 $\ln(x+\sqrt{x^2-1})$ 是 $\dfrac{1}{\sqrt{x^2-1}}$ 在区间 $(1,+\infty)$ 内的原函数．

对于一个给定的函数 $f(x)$，假如它有一个原函数 $F(x)$，那么它便有无穷多个原函数．因为对于任何常数 C，都有 $[F(x)+C]'=F'(x)=f(x)$．这表明 $F(x)+C$ 也是 $f(x)$ 的原函数．

定理 5.1 如果 $F(x)$ 是 $f(x)$ 的一个原函数，则 $f(x)$ 的所有原函数一定是 $F(x)+C$ 的形式．

证 设 $\Phi(x)$ 是 $f(x)$ 的任意一个原函数

即 $\Phi'(x)=f(x)$，又 $F'(x)=f(x)$，所以

$$[\Phi(x)-F(x)]'=\Phi'(x)-F'(x)=f(x)-f(x)=0.$$

根据拉格朗日中值定理的推论可知：$\Phi(x)-F(x)=C$，即 $\Phi(x)=F(x)+C$．

这就证明了 $f(x)$ 的所有原函数一定是 $F(x)+C$ 的形式．

5.1.2　不定积分

定义 5.2　函数 $f(x)$ 的所有原函数，称为 $f(x)$ 的不定积分，记作 $\int f(x)\mathrm{d}x$.

如果 $F(x)$ 是 $f(x)$ 的一个原函数，则由定义有 $\int f(x)\mathrm{d}x = F(x) + C$　　（C 为任意常数）.

式中，$\int$ 称为积分号；x 称为积分变量；$f(x)$ 称为被积函数；$f(x)\mathrm{d}x$ 称为被积表达式；C 称为积分常数.

因此，要求一个函数的不定积分，只要求它的一个原函数，再加上任意常数 C 就可以了.

【例 5.1】　求函数 $f(x) = 3x^2$ 的不定积分.

解　因为 $(x^3)' = 3x^2$，所以 $\int 3x^2 \mathrm{d}x = x^3 + C$.

【例 5.2】　求函数 $f(x) = \dfrac{1}{x}$ 的不定积分.

解　当 $x > 0$ 时，$(\ln x)' = \dfrac{1}{x}$，所以 $\int \dfrac{1}{x}\mathrm{d}x = \ln x + C$.

当 $x < 0$ 时，$[\ln(-x)]' = \dfrac{1}{-x} \cdot (-1) = \dfrac{1}{x}$，所以 $\int \dfrac{1}{x}\mathrm{d}x = \ln(-x) + C$.

合并以上两式，有 $\int \dfrac{1}{x}\mathrm{d}x = \ln|x| + C$

【例 5.3】　曲线经过点 $(1,3)$，且其切线斜率为 $2x$，求此曲线的方程.

解　设所求曲线方程为 $y = f(x)$，已知 $f'(x) = 2x$，所以 $y = \int 2x \mathrm{d}x = x^2 + C$.

因为所求曲线经过点 $(1,3)$，故 $3 = 1 + C$，$C = 2$.

于是所求曲线方程为 $y = x^2 + 2$.

函数 $f(x)$ 的原函数的图形称为 $f(x)$ 的积分曲线. 因为 C 可以取任意值，因此不定积分表示 $f(x)$ 的一簇积分曲线，而 $f'(x)$ 就是积分曲线的切线的斜率.

5.1.3　不定积分的性质

性质 1　不定积分的导数等于被积函数，或不定积分的微分等于被积表达式，即

$$\left[\int f(x)\mathrm{d}x\right]' = f(x)，\mathrm{d}\int f(x)\mathrm{d}x = f(x)\mathrm{d}x.$$

证　设 $F(x)$ 是 $f(x)$ 的一个原函数，即 $F'(x) = f(x)$.

所以　　　　　　　　　$\left[\int f(x)\mathrm{d}x\right]' = [F(x) + C]' = f(x)$，

$$\mathrm{d}\int f(x)\mathrm{d}x = \mathrm{d}[F(x) + C] = F'(x)\mathrm{d}x = f(x)\mathrm{d}x.$$

性质 2　一个函数的导数的不定积分等于这个函数加上任意常数，即

$$\int f'(x)\mathrm{d}x = f(x) + C \text{ 或记作 } \int \mathrm{d}f(x) = f(x) + C.$$

证　因为 $f(x)$ 是 $f'(x)$ 的一个原函数，所以

$$\int \mathrm{d}f(x) = \int f'(x)\mathrm{d}x = f(x) + C.$$

性质 1 与性质 2 表明求不定积分与求导数或微分互为逆运算.

性质 3　被积函数中的非零因子可以提到积分号之外，即

$$\int kf(x)\mathrm{d}x = k\int f(x)\mathrm{d}x \qquad (k \text{ 为非零常数}).$$

证　因为 $\left[k\int f(x)\mathrm{d}x\right]' = k\left[\int f(x)\mathrm{d}x\right]' = kf(x)$

由不定积分的定义，有 $\int kf(x)\mathrm{d}x = k\int f(x)\mathrm{d}x$.

性质 4　两个函数的代数和的不定积分等于这两个函数不定积分的代数和，即

$$\int [f(x) \pm g(x)]\mathrm{d}x = \int f(x)\mathrm{d}x \pm \int g(x)\mathrm{d}x.$$

这个性质的证明，只需要验证等式右端的导数等于左端的被积函数. 读者不难作出证明.

此性质可以推广到有限个函数代数和的情形，即

$$\int [f_1(x) \pm f_2(x) \pm \cdots \pm f_n(x)]\mathrm{d}x = \int f_1(x)\mathrm{d}x \pm \int f_2(x)\mathrm{d}x \pm \cdots \pm \int f_n(x)\mathrm{d}x$$

5.1.4　基本积分表

由于求不定积分是求导数的逆运算，所以由基本导数公式可以得到相应的基本积分公式.

(1) $\int 0\mathrm{d}x = C$　（C 为常数）；

(2) $\int x^\alpha \mathrm{d}x = \dfrac{1}{\alpha+1}x^{\alpha+1} + C$　（$\alpha \neq -1$）；

(3) $\int \dfrac{1}{x}\mathrm{d}x = \ln|x| + C$；

(4) $\int a^x \mathrm{d}x = \dfrac{1}{\ln a}a^x + C$　（$a > 0, a \neq 1$）；

(5) $\int \mathrm{e}^x \mathrm{d}x = \mathrm{e}^x + C$；

(6) $\int \sin x \mathrm{d}x = -\cos x + C$；

(7) $\int \cos x \mathrm{d}x = \sin x + C$；

(8) $\int \sec^2 x \mathrm{d}x = \tan x + C$；

(9) $\int \csc^2 x \mathrm{d}x = -\cot x + C$；

(10) $\int \dfrac{1}{\sqrt{1-x^2}}\mathrm{d}x = \arcsin x + C$；

(11) $\int \dfrac{1}{1+x^2}\mathrm{d}x = \arctan x + C$.

【例 5.4】　求下列不定积分.

(1) $\int (3+x)\sqrt{x}\,\mathrm{d}x$；

(2) $\int \dfrac{(x+1)^2}{x^2}\mathrm{d}x$；

(3) $\int (\mathrm{e}^x - 2\sin x)\mathrm{d}x$；

(4) $\int \mathrm{e}^x(2^x + 1)\mathrm{d}x$.

解　(1) $\int (3+x)\sqrt{x}\,\mathrm{d}x = \int \left(3x^{\frac{1}{2}} + x^{\frac{3}{2}}\right)\mathrm{d}x = \int 3x^{\frac{1}{2}}\mathrm{d}x + \int x^{\frac{3}{2}}\mathrm{d}x$

$$= 3 \times \frac{2}{3}x^{\frac{3}{2}} + \frac{2}{5}x^{\frac{5}{2}} + C = 2x^{\frac{3}{2}} + \frac{2}{5}x^{\frac{5}{2}} + C.$$

(2) $\int \dfrac{(x+1)^2}{x^2}\mathrm{d}x = \int \dfrac{x^2 + 2x + 1}{x^2}\mathrm{d}x = \int \left(1 + \dfrac{2}{x} + \dfrac{1}{x^2}\right)\mathrm{d}x$

$$= \int \mathrm{d}x + \int \frac{2}{x}\mathrm{d}x + \int x^{-2}\mathrm{d}x = x + 2\ln|x| - x^{-1} + C.$$

(3) $\int (e^x - 2\sin x)dx = \int e^x dx - 2\int \sin x\, dx = e^x + 2\cos x + C$.

(4) $\int e^x (2^x + 1)dx = \int (2e)^x dx + \int e^x dx = \dfrac{(2e)^x}{\ln 2 + 1} + e^x + C$.

【例 5.5】 求下列不定积分.

(1) $\int \tan^2 x\, dx$; 　　　　　　　　(2) $\int \cos^2 \dfrac{x}{2}dx$;

(3) $\int \dfrac{1}{\sin^2 \dfrac{x}{2}\cos^2 \dfrac{x}{2}}dx$; 　　　　(4) $\int \dfrac{x^4 + 2x^2 + 2}{x^2 + 1}dx$.

解 (1) $\int \tan^2 x\, dx = \int (\sec^2 x - 1)dx = \int \sec^2 x\, dx - \int dx = \tan x - x + C$.

(2) $\int \cos^2 \dfrac{x}{2}dx = \int \dfrac{1 + \cos x}{2}dx = \dfrac{1}{2}\int dx + \dfrac{1}{2}\int \cos x\, dx = \dfrac{1}{2}x + \dfrac{1}{2}\sin x + C$.

(3) $\int \dfrac{1}{\sin^2 \dfrac{x}{2}\cos^2 \dfrac{x}{2}}dx = \int \dfrac{1}{\left(\dfrac{\sin x}{2}\right)^2}dx = 4\int \csc^2 x\, dx = -4\cot x + C$.

(4) $\int \dfrac{x^4 + 2x^2 + 2}{x^2 + 1}dx = \int \left(x^2 + 1 + \dfrac{1}{x^2 + 1}\right)dx = \dfrac{1}{3}x^3 + x + \arctan x + C$.

【例 5.6】 某工厂生产某种产品，每日生产的产品的总成本 y 的变化率（即边际成本）是日产量 x 的函数 $y' = 6 + \dfrac{25}{\sqrt{x}}$，已知固定成本为 1000 元，求总成本与日产量的函数关系.

解 因为总成本函数是总成本变化率的原函数，所以

$$y = \int \left(6 + \dfrac{25}{\sqrt{x}}\right)dx = 6x + 50\sqrt{x} + C.$$

已知固定成本为 1000 元，即 $y(0) = 1000$，代入上式，得 $C = 1000$，于是可得

$$y = 6x + 50\sqrt{x} + 1000.$$

习题 5.1

1. 填空题.

(1) $\int f(x)dx = 2\ln(x + 1) + C$，则 $f(x) = $ _____.

(2) $\int f'(x)dx = \cos x + C$，则 $f'(0) = $ _____.

(3) $\int d\arctan x = $ _____.

2. 选择题.

(1) 在下列等式中，正确的是（　　）.

(A) $\int f'(x)dx = f(x)$ 　　　　　　(B) $\int df(x) = f(x)$

(C) $\dfrac{d}{dx}\int f(x)dx = f(x)$ 　　　　(D) $d\int f(x)dx = f(x)$

(2) 若 $f(x)$ 是 $g(x)$ 的一个原函数，则（　　）.

(A) $\int f(x)\mathrm{d}x = g(x) + C$　　　　　　(B) $\int g(x)\mathrm{d}x = f(x) + C$

(C) $\int g'(x)\mathrm{d}x = f(x) + C$　　　　　　(D) $\int f'(x)\mathrm{d}x = g(x) + C$

3. 求下列不定积分.

(1) $\int \dfrac{1}{\sqrt{x}}\mathrm{d}x$;　　　　　　　　　　(2) $\int x^3 \sqrt[3]{x}\,\mathrm{d}x$;

(3) $\int (x^2 + 2x - 4)\mathrm{d}x$;　　　　　　　(4) $\int (x^2 + 1)^2 \mathrm{d}x$;

(5) $\int \dfrac{(1+x)^2}{\sqrt{x}}\mathrm{d}x$;　　　　　　　　(6) $\int \sqrt[3]{x}\,(\sqrt{x^3} + 1)\mathrm{d}x$;

(7) $\int \left(2\mathrm{e}^x - \dfrac{3}{\sqrt{1-x^2}}\right)\mathrm{d}x$;　　　(8) $\int \sec x\,(\sec x - \tan x)\mathrm{d}x$;

(9) $\int \sin^2 \dfrac{x}{2}\mathrm{d}x$;　　　　　　　　(10) $\int \cot^2 x\,\mathrm{d}x$;

(11) $\int \dfrac{x^2}{x^2 + 1}\mathrm{d}x$;　　　　　　　(12) $\int \dfrac{x^4 + 3x^2 + 1}{x^2 + 1}\mathrm{d}x$.

4. 求解下列问题.

(1) 已知某曲线上任意一点的切线的斜率为 $3x^2$ ，且曲线过点 $(0,1)$ ，求此曲线方程.

(2) 已知动点在时刻 t 的速度为 $v = 3t - 2$ ，且 $t = 0$ 时 $s = 5$ ，求此动点的运动方程.

(3) 设生产某产品 x 单位的总成本 C 是 x 的函数 $C(x)$ ，固定成本（即 $C(0)$ ）为 20 元，边际成本函数为 $C'(x) = 2x + 10$ （元/单位），求总成本函数 $C(x)$.

5.2　换元积分法

利用基本积分表与积分的性质所能计算的不定积分是非常有限的．因此，有必要进一步来研究不定积分的求法．本节将介绍换元积分法．

5.2.1　第一类换元积分法（凑微分法）

设 $F(u)$ 是 $f(u)$ 的一个原函数，则 $F'(u) = f(u)$ ，即 $\int f(u)\mathrm{d}u = F(u) + C$.

如果 u 是中间变量：$u = \varphi(x)$ ，且设 $\varphi(x)$ 可微，那么，根据复合函数微分法，有

$$\mathrm{d}F[\varphi(x)] = f[\varphi(x)]\varphi'(x)\mathrm{d}x$$

从而根据不定积分的定义得

$$\int f[\varphi(x)]\varphi'(x)\mathrm{d}x = F[\varphi(x)] + C = \left[\int f(u)\mathrm{d}u\right]_{u=\varphi(x)} .$$

定理 5.2　设 $f(u)$ 具有原函数，$u = \varphi(x)$ 可导，则有换元公式

$$\int f[\varphi(x)]\varphi'(x)\mathrm{d}x = \left[\int f(u)\mathrm{d}u\right]_{u=\varphi(x)} . \tag{5.1}$$

如何应用公式（5.1）来求不定积分？对于 $\int g(x)\mathrm{d}x$ ，如果函数 $g(x)$ 可以化为 $g(x) = f[\varphi(x)]\varphi'(x)$ 的形式，那么

$$\int g(x)\mathrm{d}x = \int f[\varphi(x)]\varphi'(x)\mathrm{d}x = \left[\int f(u)\mathrm{d}u\right]_{u=\varphi(x)} .$$

这样，函数 $g(x)$ 的积分即转化为函数 $f(u)$ 的积分．如果能求得 $f(u)$ 的原函数，那么也就得到了 $g(x)$ 的原函数．这种方法称为第一类换元法，也称凑微分法．

在利用凑微分法求不定积分时，其关键是"凑成微分"．常见的类型有：

(1) $\int f(ax+b)\mathrm{d}x = \dfrac{1}{a}\int f(ax+b)\mathrm{d}(ax+b)$ （ $a \neq 0$ ）；

(2) $\int f(\mathrm{e}^x)\mathrm{e}^x\mathrm{d}x = \int f(\mathrm{e}^x)\mathrm{d}\mathrm{e}^x$ ；

(3) $\int f(x^\mu)x^{\mu-1}\mathrm{d}x = \dfrac{1}{\mu}\int f(x^\mu)\mathrm{d}x^\mu$ （ $\mu \neq 0$ ）；

(4) $\int f(\ln x)\cdot\dfrac{1}{x}\mathrm{d}x = \int f(\ln x)\mathrm{d}\ln x$ ；

(5) $\int f(\cos x)\cdot\sin x\mathrm{d}x = -\int f(\cos x)\mathrm{d}\cos x$ ；

(6) $\int f(\sin x)\cdot\cos x\mathrm{d}x = \int f(\sin x)\mathrm{d}\sin x$ ；

(7) $\int f(\arcsin x)\cdot\dfrac{1}{\sqrt{1-x^2}}\mathrm{d}x = \int f(\arcsin x)\mathrm{d}\arcsin x$ ；

(8) $\int f(\arctan x)\cdot\dfrac{1}{1+x^2}\mathrm{d}x = \int f(\arctan x)\mathrm{d}\arctan x$ ；

(9) $\int f(\tan x)\cdot\sec^2 x\mathrm{d}x = \int f(\tan x)\mathrm{d}\tan x$ ；

(10) $\int f(\cot x)\cdot\csc^2 x\mathrm{d}x = -\int f(\cot x)\mathrm{d}\cot x$ ．

【例 5.7】 求下列不定积分．

(1) $\int \dfrac{1}{2x+1}\mathrm{d}x$ ； 　　　　(2) $\int \dfrac{1}{a^2+x^2}\mathrm{d}x$ ；

(3) $\int \dfrac{1}{\sqrt{a^2-x^2}}\mathrm{d}x$ （ $a > 0$ ）； 　　(4) $\int \dfrac{1}{x^2-a^2}\mathrm{d}x$ ．

解　(1) 原式 $= \dfrac{1}{2}\int \dfrac{1}{2x+1}\mathrm{d}(2x+1) = \dfrac{1}{2}\ln|2x+1|+C$ ．

(2) 原式 $= \dfrac{1}{a^2}\int \dfrac{1}{1+\left(\dfrac{x}{a}\right)^2}\mathrm{d}x = \dfrac{a}{a^2}\int \dfrac{1}{1+\left(\dfrac{x}{a}\right)^2}\mathrm{d}\left(\dfrac{x}{a}\right) = \dfrac{1}{a}\arctan\dfrac{x}{a}+C$ ．

(3) 原式 $= \dfrac{1}{a}\int \dfrac{1}{\sqrt{1-\left(\dfrac{x}{a}\right)^2}}\mathrm{d}x = \int \dfrac{1}{\sqrt{1-\left(\dfrac{x}{a}\right)^2}}\mathrm{d}\left(\dfrac{x}{a}\right) = \arcsin\dfrac{x}{a}+C$ ．

(4) 原式 $= \dfrac{1}{2a}\int\left(\dfrac{1}{x-a}-\dfrac{1}{x+a}\right)\mathrm{d}x = \dfrac{1}{2a}\left(\int \dfrac{1}{x-a}\mathrm{d}x - \int \dfrac{1}{x+a}\mathrm{d}x\right)$

$\qquad = \dfrac{1}{2a}\left[\int \dfrac{1}{x-a}\mathrm{d}(x-a) - \int \dfrac{1}{x+a}\mathrm{d}(x+a)\right]$

$\qquad = \dfrac{1}{2a}[\ln|x-a|-\ln|x+a|]+C$

$\qquad = \dfrac{1}{2a}\ln\left|\dfrac{x-a}{x+a}\right|+C$ ．

【例 5.8】 求下列不定积分

(1) $\displaystyle\int x\sqrt{1-x^2}\,\mathrm{d}x$;　　　　(2) $\displaystyle\int x\,\mathrm{e}^{x^2}\,\mathrm{d}x$;　　　　(3) $\displaystyle\int\frac{1}{x(1+\ln x)}\,\mathrm{d}x$.

解　(1) 原式 $=\dfrac{1}{2}\displaystyle\int\sqrt{1-x^2}\,\mathrm{d}x^2=-\dfrac{1}{2}\displaystyle\int\sqrt{1-x^2}\,\mathrm{d}(1-x^2)$

$$=-\dfrac{1}{2}\times\dfrac{2}{3}\times(1-x^2)^{\frac{3}{2}}+C=-\dfrac{1}{3}(1-x^2)^{\frac{3}{2}}+C .$$

(2) 原式 $=\dfrac{1}{2}\displaystyle\int\mathrm{e}^{x^2}\,\mathrm{d}x^2=\dfrac{1}{2}\mathrm{e}^{x^2}+C .$

(3) 原式 $=\displaystyle\int\dfrac{1}{1+\ln x}\mathrm{d}\ln x=\displaystyle\int\dfrac{1}{1+\ln x}\mathrm{d}(1+\ln x)=\ln|\,1+\ln x\,|+C .$

【例 5.9】 求下列不定积分

(1) $\displaystyle\int\sin^3 x\,\mathrm{d}x$;　　　(2) $\displaystyle\int\sin^2 x\cos^3 x\,\mathrm{d}x$;　　　(3) $\displaystyle\int\tan x\,\mathrm{d}x$;

(4) $\displaystyle\int\cos^2 x\,\mathrm{d}x$;　　　(5) $\displaystyle\int\sin^2 x\cos^2 x\,\mathrm{d}x$;　　　(6) $\displaystyle\int\sec^4 x\,\mathrm{d}x$;

(7) $\displaystyle\int\tan^3 x\sec^3 x\,\mathrm{d}x$;　　(8) $\displaystyle\int\sec x\,\mathrm{d}x$;　　　(9) $\displaystyle\int\cos 3x\cos 5x\,\mathrm{d}x$.

解　(1) 原式 $=\displaystyle\int\sin^2 x\cdot\sin x\,\mathrm{d}x=-\displaystyle\int\sin^2 x\,\mathrm{d}\cos x$

$$=\displaystyle\int(\cos^2 x-1)\,\mathrm{d}\cos x=\dfrac{1}{3}\cos^3 x-\cos x+C .$$

(2) 原式 $=\displaystyle\int\sin^2 x\cos^2 x\cdot\cos x\,\mathrm{d}x=\displaystyle\int\sin^2 x(1-\sin^2 x)\,\mathrm{d}\sin x$

$$=\displaystyle\int(\sin^2 x-\sin^4 x)\,\mathrm{d}\sin x=\dfrac{1}{3}\sin^3 x-\dfrac{1}{5}\sin^5 x+C .$$

(3) 原式 $=\displaystyle\int\dfrac{\sin x}{\cos x}\,\mathrm{d}x=-\displaystyle\int\dfrac{1}{\cos x}\,\mathrm{d}\cos x=-\ln|\cos x|+C .$

类似地可得　　　　　　　　$\displaystyle\int\cot x\,\mathrm{d}x=\ln|\sin x|+C .$

(4) 原式 $=\displaystyle\int\dfrac{1+\cos 2x}{2}\,\mathrm{d}x=\dfrac{1}{2}\Big(\displaystyle\int\mathrm{d}x+\displaystyle\int\cos 2x\,\mathrm{d}x\Big)$

$$=\dfrac{1}{2}\displaystyle\int\mathrm{d}x+\dfrac{1}{4}\displaystyle\int\cos 2x\,\mathrm{d}(2x)=\dfrac{1}{2}x+\dfrac{1}{4}\sin 2x+C .$$

(5) 原式 $=\displaystyle\int\dfrac{1-\cos 2x}{2}\cdot\dfrac{1+\cos 2x}{2}\,\mathrm{d}x=\dfrac{1}{4}\displaystyle\int(1-\cos^2 2x)\,\mathrm{d}x$

$$=\dfrac{1}{4}\displaystyle\int\Big(1-\dfrac{1+\cos 4x}{2}\Big)\mathrm{d}x=\dfrac{1}{8}\displaystyle\int\mathrm{d}x-\dfrac{1}{32}\displaystyle\int\cos 4x\,\mathrm{d}(4x)$$

$$=\dfrac{1}{8}x-\dfrac{1}{32}\sin 4x+C .$$

(6) 原式 $=\displaystyle\int\sec^2 x\cdot\sec^2 x\,\mathrm{d}x=\displaystyle\int(1+\tan^2 x)\,\mathrm{d}\tan x=\tan x+\dfrac{1}{3}\tan^3 x+C .$

(7) 原式 $=\displaystyle\int\tan^2 x\sec^2 x\cdot\tan x\sec x\,\mathrm{d}x=\displaystyle\int(\sec^2 x-1)\sec^2 x\,\mathrm{d}\sec x$

$$=\displaystyle\int(\sec^4 x-\sec^2 x)\,\mathrm{d}\sec x=\dfrac{1}{5}\sec^5 x-\dfrac{1}{3}\sec^3 x+C .$$

(8) 原式 $= \int \dfrac{1}{\cos x} dx = \int \dfrac{\cos x}{\cos^2 x} dx = \int \dfrac{1}{1 - \sin^2 x} d\sin x$

$$= \dfrac{1}{2} \ln \left| \dfrac{1 + \sin x}{1 - \sin x} \right| + C = \ln |\sec x + \tan x| + C.$$

类似地可得
$$\int \csc x \, dx = \ln |\csc x - \cot x| + C.$$

(9) 原式 $= \dfrac{1}{2} \int (\cos 8x + \cos 2x) dx = \dfrac{1}{2} \times \dfrac{1}{8} \int \cos 8x \, d(8x) + \dfrac{1}{2} \times \dfrac{1}{2} \int \cos 2x \, d(2x)$

$$= \dfrac{1}{16} \sin 8x + \dfrac{1}{4} \sin 2x + C.$$

5.2.2　第二类换元积分法

在第一类换元积分法中，我们通过变量代换 $u = \varphi(x)$，将积分 $\int f[\varphi(x)] \varphi'(x) dx$ 化为积分 $\int f(u) du$. 而现在我们所要讨论的第二类换元积分法中，则是适当地选择变量代换 $x = \varphi(t)$，将积分 $\int f(x) dx$ 化为积分 $\int f[\varphi(t)] \varphi'(t) dt$.

定理 5.3　如果 $x = \varphi(t)$ 是单调的、可导的函数，且 $\varphi'(t) \neq 0$，若 $f[\varphi(t)] \varphi'(t)$ 具有原函数 $F(t)$，则 $\int f(x) dx = \int f[\varphi(t)] \varphi'(t) dt = F(t) + C = F[\varphi^{-1}(x)] + C$.

证　利用复合函数与反函数的求导法则，有

$$\{F[\varphi^{-1}(x)]\}' = F'[\varphi^{-1}(x)][\varphi^{-1}(x)]' = F'(t) \cdot \dfrac{1}{\varphi'(t)} = f[\varphi(t)] \varphi'(t) \cdot \dfrac{1}{\varphi'(t)} = f(x).$$

下面举例说明第二类换元法的应用.

【例 5.10】　求下列不定积分.

(1) $\int \sqrt{a^2 - x^2} \, dx$ 　（$a > 0$）；　　(2) $\int \dfrac{1}{\sqrt{x^2 + a^2}} dx$ 　（$a > 0$）；

(3) $\int \dfrac{1}{\sqrt{x^2 - a^2}} dx$（$a > 0$）.

解　(1) 设 $x = a \sin t \left(-\dfrac{\pi}{2} < t < \dfrac{\pi}{2} \right)$，那么 $\sqrt{a^2 - x^2} = \sqrt{a^2 - a^2 \sin^2 t} = a \cos t$，$dx = a \cos t \, dt$，于是

$$原式 = \int a \cos t \cdot a \cos t \, dt = a^2 \int \cos^2 t \, dt = a^2 \int \dfrac{1 + \cos 2t}{2} dt$$

$$= \dfrac{a^2}{2} \left(t + \dfrac{1}{2} \sin 2t \right) + C = \dfrac{a^2}{2} t + \dfrac{a^2}{2} \sin t \cos t + C.$$

由于 $x = a \sin t$，$-\dfrac{\pi}{2} < t < \dfrac{\pi}{2}$，所以 $\sin t = \dfrac{x}{a}$，则

$$t = \arcsin \dfrac{x}{a}, \cos t = \sqrt{1 - \sin^2 t} = \sqrt{1 - \left(\dfrac{x}{a} \right)^2} = \dfrac{\sqrt{a^2 - x^2}}{a}.$$

从而
$$\int \sqrt{a^2 - x^2} \, dx = \dfrac{a^2}{2} \arcsin \dfrac{x}{a} + \dfrac{x}{2} \sqrt{a^2 - x^2} + C.$$

t 与 x 之间的关系，还可以从以 t 为锐角的直角三角形清楚地看出（如图 5.1）．根据 $\sin t = \dfrac{x}{a}$，作斜边为 a、对边为 x、邻边为 $\sqrt{a^2 - x^2}$ 的直角三角形，于是

$$\cos t = \frac{\sqrt{a^2 - x^2}}{a}.$$

（2）设 $x = a \tan t$ $\left(-\dfrac{\pi}{2} < t < \dfrac{\pi}{2}\right)$，那么 $\sqrt{x^2 + a^2} = \sqrt{a^2 \tan^2 t + a^2} = a \sec t$，$\mathrm{d}x = a \sec^2 t\,\mathrm{d}t$，于是

$$原式 = \int \frac{a \sec^2 t}{a \sec t}\mathrm{d}t = \int \sec t\,\mathrm{d}t = \ln|\sec t + \tan t| + C_1.$$

根据 $\tan t = \dfrac{x}{a}$ 作辅助三角形（如图 5.2），有

$$\sec t = \frac{\sqrt{x^2 + a^2}}{a}$$

且 $\sec t + \tan t > 0$，因此

$$\int \frac{1}{\sqrt{x^2 + a^2}}\mathrm{d}x = \ln\left(\frac{x}{a} + \frac{\sqrt{x^2 + a^2}}{a}\right) + C_1 = \ln\left(x + \sqrt{x^2 + a^2}\right) + C$$

式中，$C = C_1 - \ln a$．

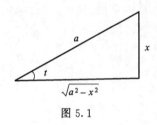

图 5.1

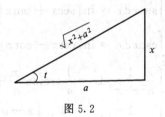

图 5.2

（3）设 $x = a \sec t$ $\left(0 < t < \dfrac{\pi}{2}\right)$，那么 $\sqrt{x^2 - a^2} = \sqrt{a^2 \sec^2 t - a^2} = a \tan t$，$\mathrm{d}x = a \sec t \cdot \tan t\,\mathrm{d}t$，于是

$$原式 = \int \frac{a \sec t \cdot \tan t}{a \tan t}\mathrm{d}t = \int \sec t\,\mathrm{d}t = \ln|\sec t + \tan t| + C_1$$

根据 $\sec t = \dfrac{x}{a}$ 作辅助三角形（如图 5.3），有

$$\tan t = \frac{\sqrt{x^2 - a^2}}{a}.$$

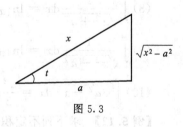

图 5.3

因此，

$$\int \frac{1}{\sqrt{x^2 - a^2}}\mathrm{d}x = \ln\left|\frac{x}{a} + \frac{\sqrt{x^2 - a^2}}{a}\right| + C_1 = \ln\left|x + \sqrt{x^2 - a^2}\right| + C$$

式中，$C = C_1 - \ln a$．

注意： 当 $\dfrac{\pi}{2} < t < \pi$ 时，也可得出相同的结果．

从上面的例子可以看出：如果被积函数含有 $\sqrt{a^2 - x^2}$ ，可以作代换 $x = a \sin t$ 化去根

式；如果被积函数含有 $\sqrt{x^2+a^2}$ ，可以作代换 $x=a\tan t$ 化去根式；如果被积函数含有 $\sqrt{x^2-a^2}$ ，可以作代换 $x=a\sec t$ 化去根式．但具体解题时要分析被积函数的具体情况，选取尽可能简捷的代换，不要拘泥于上述的变量代换．

下面我们通过例子来介绍一种也很有用的代换——倒代换，利用它常可消去被积函数的分母中的变量因子 x．

【例 5.11】 求不定积分 $\displaystyle\int \frac{1}{x\sqrt{x^2-1}}\mathrm{d}x$ 　　（$x>1$）．

解 设 $x=\dfrac{1}{t}$ ，则 $\mathrm{d}x=-\dfrac{1}{t^2}\mathrm{d}t$ ．

$$原式=\int \frac{-\dfrac{1}{t^2}\mathrm{d}t}{\dfrac{1}{t}\sqrt{\left(\dfrac{1}{t}\right)^2-1}}=-\int \frac{\mathrm{d}t}{\sqrt{1-t^2}}=\arccos t+C=\arccos \frac{1}{x}+C．$$

在本节的例题中，有几个积分是以后经常会遇到的，所以它们通常也被当作公式使用．这样，常用的积分公式，除了基本积分表中的几个外，再添加下面几个（其中常数 $a>0$）：

(1) $\displaystyle\int \tan x\,\mathrm{d}x=-\ln|\cos x|+C$ ；

(2) $\displaystyle\int \cot x\,\mathrm{d}x=\ln|\sin x|+C$ ；

(3) $\displaystyle\int \sec x\,\mathrm{d}x=\ln|\sec x+\tan x|+C$ ；

(4) $\displaystyle\int \csc x\,\mathrm{d}x=\ln|\csc x-\cot x|+C$ ；

(5) $\displaystyle\int \frac{1}{a^2+x^2}\mathrm{d}x=\frac{1}{a}\arctan \frac{x}{a}+C$ ；

(6) $\displaystyle\int \frac{1}{x^2-a^2}\mathrm{d}x=\frac{1}{2a}\ln\left|\frac{x-a}{x+a}\right|+C$ ；

(7) $\displaystyle\int \frac{1}{\sqrt{a^2-x^2}}\mathrm{d}x=\arcsin \frac{x}{a}+C$ ；

(8) $\displaystyle\int \frac{1}{\sqrt{x^2+a^2}}\mathrm{d}x=\ln(x+\sqrt{x^2+a^2})+C$ ；

(9) $\displaystyle\int \frac{1}{\sqrt{x^2-a^2}}\mathrm{d}x=\ln|x+\sqrt{x^2-a^2}|+C$ ；

(10) $\displaystyle\int \sqrt{a^2-x^2}\,\mathrm{d}x=\frac{a^2}{2}\arcsin \frac{x}{a}+\frac{x}{2}\sqrt{a^2-x^2}+C$ ．

【例 5.12】 求下列不定积分．

(1) $\displaystyle\int \frac{\mathrm{d}x}{\sqrt{4+9x^2}}$ ；　　　　　　　　(2) $\displaystyle\int \frac{\mathrm{d}x}{\sqrt{2+2x-x^2}}$ ．

解 (1) 原式 $=\displaystyle\int \frac{\mathrm{d}x}{\sqrt{2^2+(3x)^2}}=\frac{1}{3}\int \frac{\mathrm{d}(3x)}{\sqrt{2^2+(3x)^2}}=\frac{1}{3}\ln(3x+\sqrt{4+9x^2})+C$ ．

(2) 原式 $=\displaystyle\int \frac{\mathrm{d}(x-1)}{\sqrt{(\sqrt{3})^2-(x-1)^2}}=\arcsin \frac{x-1}{\sqrt{3}}+C$ ．

习题 5.2

求下列不定积分.

(1) $\displaystyle\int e^{5x+1}\,dx$ ；

(2) $\displaystyle\int \frac{dx}{3-2x}$ ；

(3) $\displaystyle\int (1-2x)^4\,dx$ ；

(4) $\displaystyle\int x\sin(x^2)\,dx$ ；

(5) $\displaystyle\int \frac{x}{\sqrt{2+3x^2}}\,dx$ ；

(6) $\displaystyle\int \frac{\sin x+\cos x}{\sqrt{\sin x-\cos x}}\,dx$ ；

(7) $\displaystyle\int \sin^2(2x+1)\cos(2x+1)\,dx$ ；

(8) $\displaystyle\int \tan^6 x\sec^2 x\,dx$ ；

(9) $\displaystyle\int \frac{dx}{x\ln x}$ ；

(10) $\displaystyle\int \frac{1+\ln x}{(x\ln x)^2}\,dx$ ；

(11) $\displaystyle\int \cos^3 x\,dx$ ；

(12) $\displaystyle\int \sin 4x\cos 2x\,dx$ ；

(13) $\displaystyle\int \frac{dx}{e^x+e^{-x}}$ ；

(14) $\displaystyle\int \frac{dx}{2+\sqrt[3]{x+1}}$ ；

(15) $\displaystyle\int \frac{\sqrt{x}}{1+\sqrt[3]{x}}\,dx$ ；

(16) $\displaystyle\int \frac{dx}{1+\sqrt{2x}}$ ；

(17) $\displaystyle\int \frac{x^3}{4+x^2}\,dx$ ；

(18) $\displaystyle\int \frac{dx}{x\sqrt{x^2+1}}$ ；

(19) $\displaystyle\int \frac{x-1}{x^2+2x+3}\,dx$ ；

(20) $\displaystyle\int \frac{dx}{4x^2-1}$ ；

(21) $\displaystyle\int \frac{dx}{(x-2)(x+3)}$ ；

(22) $\displaystyle\int \frac{x}{x^2-2x-3}\,dx$ ；

(23) $\displaystyle\int \frac{x^2\,dx}{\sqrt{a^2-x^2}}$ ；

(24) $\displaystyle\int \frac{dx}{\sqrt{(x^2+1)^3}}$ ；

(25) $\displaystyle\int \frac{dx}{1+\sqrt{1-x^2}}$ ；

(26) $\displaystyle\int \frac{x^3+1}{(x^2+1)^2}\,dx$.

5.3　分部积分法

前面我们在复合函数求导法则的基础上，得到了换元积分法．现在我们利用两个函数乘积的求导法则，来推导出另一个求积分的基本方法——分部积分法.

设函数 $u=u(x)$ 及 $v=v(x)$ 具有连续的导数．那么，两个函数乘积的导数公式为

$$(uv)'=u'v+uv'$$

移项，得 $\qquad\qquad uv'=(uv)'-u'v$

对这个等式两边求不定积分，得

$$\int uv'\,dx=uv-\int u'v\,dx \tag{5.2}$$

公式（5.2）称为分部积分公式．为简便起见，也可把公式（5.2）写成下面的形式：

$$\int u\,\mathrm{d}v = uv - \int v\,\mathrm{d}u$$

分部积分法的基本思想是当 $\int u\,\mathrm{d}v$ 不易计算时，把它转化为较易计算的 $\int v\,\mathrm{d}u$．对于一个具体问题来说，选取哪个函数为 u，哪个函数为 v，视被积函数的具体情况来定．一般对下列分部积分，是这样选取 u 的.

（1）$\int x^n \mathrm{e}^{ax}\,\mathrm{d}x$，$\int x^n \sin x\,\mathrm{d}x$，$\int x^n \cos x\,\mathrm{d}x$（$n$ 为正整数），选取 $u = x^n$.

（2）$\int x^n \ln x\,\mathrm{d}x$，$\int x^n \arcsin x\,\mathrm{d}x$，$\int x^n \arctan x\,\mathrm{d}x$（$n$ 为正整数或零），选取 $u = \ln x$，$u = \arcsin x$，$u = \arctan x$.

（3）$\int \mathrm{e}^{ax}\sin x\,\mathrm{d}x$，$\int \mathrm{e}^{ax}\cos x\,\mathrm{d}x$，选取 $u = \sin x$，$\cos x$，e^{ax} 均可.

【例 5.13】 求下列不定积分.

（1）$\int x\cos x\,\mathrm{d}x$；   （2）$\int x\mathrm{e}^x\,\mathrm{d}x$；

（3）$\int x^2 \mathrm{e}^x\,\mathrm{d}x$；   （4）$\int x\ln x\,\mathrm{d}x$；

（5）$\int \arccos x\,\mathrm{d}x$；   （6）$\int x\arctan x\,\mathrm{d}x$.

解　（1）原式 $= \int x\,\mathrm{d}\sin x = x\sin x - \int \sin x\,\mathrm{d}x = x\sin x + \cos x + C$.

（2）原式 $= \int x\,\mathrm{d}\mathrm{e}^x = x\mathrm{e}^x - \int \mathrm{e}^x\,\mathrm{d}x = x\mathrm{e}^x - \mathrm{e}^x + C = (x-1)\mathrm{e}^x + C$.

（3）原式 $= \int x^2\,\mathrm{d}\mathrm{e}^x = x^2\mathrm{e}^x - \int \mathrm{e}^x\,\mathrm{d}x^2 = x^2\mathrm{e}^x - 2\int x\mathrm{e}^x\,\mathrm{d}x$.

由题（2）可知，对 $\int x\mathrm{e}^x\,\mathrm{d}x$ 再使用一次分部积分法就可以了．于是.

$$\int x^2 \mathrm{e}^x\,\mathrm{d}x = x^2\mathrm{e}^x - 2\int x\mathrm{e}^x\,\mathrm{d}x = x^2\mathrm{e}^x - 2\int x\,\mathrm{d}\mathrm{e}^x$$
$$= x^2\mathrm{e}^x - 2(x-1)\mathrm{e}^x + C = (x^2 - 2x + 2)\mathrm{e}^x + C.$$

（4）原式 $= \int \ln x\,\mathrm{d}\dfrac{x^2}{2} = \dfrac{x^2}{2}\ln x - \int \dfrac{x^2}{2}\,\mathrm{d}\ln x$

$$= \dfrac{x^2}{2}\ln x - \dfrac{1}{2}\int x\,\mathrm{d}x = \dfrac{x^2}{2}\ln x - \dfrac{x^2}{4} + C.$$

（5）原式 $= x\arccos x - \int x\,\mathrm{d}(\arccos x) = x\arccos x + \int \dfrac{x}{\sqrt{1-x^2}}\,\mathrm{d}x$

$$= x\arccos x - \dfrac{1}{2}\int \dfrac{1}{(1-x^2)^{\frac{1}{2}}}\,\mathrm{d}(1-x^2) = x\arccos x - \sqrt{1-x^2} + C.$$

（6）原式 $= \dfrac{1}{2}\int \arctan x\,\mathrm{d}(x^2) = \dfrac{x^2}{2}\arctan x - \dfrac{1}{2}\int \dfrac{x^2}{1+x^2}\,\mathrm{d}x$

$$= \dfrac{x^2}{2}\arctan x - \dfrac{1}{2}\int \dfrac{1+x^2-1}{1+x^2}\,\mathrm{d}x = \dfrac{x^2}{2}\arctan x - \dfrac{1}{2}\int \left(1 - \dfrac{1}{1+x^2}\right)\mathrm{d}x$$

$$= \frac{x^2}{2}\arctan x - \frac{1}{2}(x - \arctan x) + C = \frac{1}{2}(x^2 + 1)\arctan x - \frac{1}{2}x + C.$$

下面的例子中所用的方法也是比较典型的.

【例 5. 14】　求下列不定积分.

(1) $\displaystyle\int e^x \sin x\, dx$ ；　　　　　　　　(2) $\displaystyle\int \sec^3 x\, dx$.

解　(1) 原式 $= \displaystyle\int \sin x\, d(e^x) = e^x \sin x - \int e^x d\sin x = e^x \sin x - \int e^x \cos x\, dx$

$$= e^x \sin x - \int \cos x\, de^x = e^x \sin x - e^x \cos x - \int e^x \sin x\, dx ,$$

所以　　　　　　　　$\displaystyle\int e^x \sin x\, dx = \frac{1}{2}e^x(\sin x - \cos x) + C.$

此例题，两次用分部积分法，而每次都选同种类型函数即三角函数为 u（或都选指数函数为 u），否则就无法继续计算下去.

(2) 原式 $= \displaystyle\int \sec x\, d(\tan x) = \sec x \tan x - \int \sec x \tan^2 x\, dx$

$$= \sec x \tan x - \int \sec x(\sec^2 x - 1)\, dx$$

$$= \sec x \tan x - \int \sec^3 x\, dx + \int \sec x\, dx$$

$$= \sec x \tan x + \ln|\sec x + \tan x| - \int \sec^3 x\, dx .$$

所以，　　　　　　$\displaystyle\int \sec^3 x\, dx = \frac{1}{2}(\sec x \tan x + \ln|\sec x + \tan x|) + C.$

【例 5. 15】　求不定积分 $\displaystyle\int e^{\sqrt{x}}\, dx$.

解　设 $t = \sqrt{x}$ ，则 $x = t^2$ ，$dx = 2t\, dt$. 于是

$$原式 = 2\int t e^t\, dt .$$

利用例 5. 13（2）的结果，得到

$$\int e^{\sqrt{x}}\, dx = 2\int t e^t\, dt = 2e^t(t - 1) + C = 2e^{\sqrt{x}}(\sqrt{x} - 1) + C .$$

习题 5.3

求下列不定积分.

(1) $\displaystyle\int x \sin x\, dx$ ；　　　　　　　　(2) $\displaystyle\int \ln x\, dx$ ；

(3) $\displaystyle\int \arcsin x\, dx$ ；　　　　　　　(4) $\displaystyle\int x e^{-2x}\, dx$ ；

(5) $\displaystyle\int x^2 \ln x\, dx$ ；　　　　　　　(6) $\displaystyle\int e^{-x} \cos x\, dx$ ；

(7) $\displaystyle\int x^2 \sin x\, dx$ ；　　　　　　　(8) $\displaystyle\int \frac{\ln^3 x}{x^2}\, dx$ ；

(9) $\displaystyle\int e^{\sqrt{x-1}}\, dx$ ；　　　　　　(10) $\displaystyle\int \cos(\ln x)\, dx$ ；

$$(11) \int \arccos \sqrt{x}\, dx ; \qquad\qquad (12) \int x \ln^2 x\, dx .$$

*5.4　简单有理函数的积分

前面已经介绍了求不定积分的两个基本方法——换元积分法和分部积分法. 下面简要地介绍有理函数的积分及可化为有理函数的积分.

有理函数总可以写成两个多项式的比

$$\frac{P(x)}{Q(x)} = \frac{a_0 x^n + a_1 x^{n-1} + \cdots + a_{n-1} x + a_n}{b_0 x^m + b_1 x^{m-1} + \cdots + b_{m-1} x + b_m} .$$

其中，m 为正整数，n 为非负整数，$a_0 \neq 0$，$b_0 \neq 0$，设分子分母间没有公因子，当 $m > n$ 时，称这有理函数为真分式；当 $m \leqslant n$ 时，称为假分式. 假分式可以用除法把它化为一个多项式与一个真分式之和.

对于真分式 $\dfrac{P(x)}{Q(x)}$，如果分母可分解为两个多项式的乘积 $Q(x) = Q_1(x) Q_2(x)$，且 $Q_1(x)$ 与 $Q_2(x)$ 没有公因式，那么它可拆成两个真分式之和

$$\frac{P(x)}{Q(x)} = \frac{P_1(x)}{Q_1(x)} + \frac{P_2(x)}{Q_2(x)} .$$

上述步骤称为把真分式化成部分分式之和. 如果 $Q_1(x)$ 或 $Q_2(x)$ 还能再分解成两个没有公因式的多项式的乘积，那么就可再拆成更简单的部分分式. 最后，有理函数的分解式中只出现多项式、$\dfrac{P_1(x)}{(x-a)^k}$、$\dfrac{P_2(x)}{(x^2+px+q)^l}$ 三类函数（这里 $p^2 - 4q < 0$，$P_1(x)$ 为小于 k 次的多项式，$P_2(x)$ 为小于 $2l$ 次的多项式）. 多项式的积分容易求得.

【例 5.16】 将下列有理函数分解为部分分式.

$$(1)\ \frac{2x-1}{x^2-5x+6} ; \qquad (2)\ \frac{x^2+2x-1}{(x-1)(x^2-x+1)} ; \qquad (3)\ \frac{x-3}{(x-1)(x^2-1)} .$$

解　(1) 解法 1. 被积函数的分母分解成 $(x-3)(x-2)$，故可设

$$\frac{2x-1}{x^2-5x+6} = \frac{A}{x-3} + \frac{B}{x-2} .$$

其中，A，B 为待定系数. 上式两端去分母后，得

$$2x-1 = A(x-2) + B(x-3) \qquad\qquad (5.3)$$

即

$$2x-1 = (A+B)x - (2A+3B) .$$

比较两端同次幂的系数，即有

$$\begin{cases} A+B = 2 \\ 2A+3B = 1 \end{cases},$$

从而解得

$$A = 5, B = -3 .$$

因此，

$$\frac{2x-1}{x^2-5x+6} = \frac{5}{x-3} - \frac{3}{x-2} .$$

解法 2. 在式(5.3)中，令 $x=2$，得 $B=-3$，令 $x=3$，得 $A=5$，与解法 1 的结果一致.

(2) 设 $\dfrac{x^2+2x-1}{(x-1)(x^2-x+1)} = \dfrac{A}{x-1} + \dfrac{Bx+C}{x^2-x+1}$，

去分母，得　　　　　　$x^2+2x-1=A(x^2-x+1)+(Bx+C)(x-1)$.

令 $x=1$，得 $A=2$；令 $x=0$，得 $A-C=-1$，所以 $C=3$；令 $x=2$，得 $3A+2B+C=7$，所以 $B=-1$.

因此　　　　　　$\dfrac{x^2+2x-1}{(x-1)(x^2-x+1)}=\dfrac{2}{x-1}-\dfrac{x-3}{x^2-x+1}$.

(3) 设 $\dfrac{x-3}{(x-1)(x^2-1)}=\dfrac{A}{x+1}+\dfrac{Bx+C}{(x-1)^2}$.

去分母，得　　　　　　$x-3=A(x-1)^2+(x+1)(Bx+C)$.

令 $x=-1$，得 $A=-1$；令 $x=0$，得 $A+C=-3$，所以 $C=-2$；令 $x=1$，得 $2(B+C)=-2$，所以 $B=1$.

因此　　　　　　$\dfrac{x-3}{(x-1)(x^2-1)}=\dfrac{x-2}{(x-1)^2}-\dfrac{1}{x+1}$.

【例 5.17】 求下列不定积分.

(1) $\displaystyle\int\dfrac{2x-1}{x^2-5x+6}\mathrm{d}x$ ；　　　　　　(2) $\displaystyle\int\dfrac{x^2+2x-1}{(x-1)(x^2-x+1)}\mathrm{d}x$ ；

(3) $\displaystyle\int\dfrac{x-3}{(x-1)(x^2-1)}\mathrm{d}x$.

解　(1) $\displaystyle\int\dfrac{2x-1}{x^2-5x+6}\mathrm{d}x=\int\left(\dfrac{5}{x-3}-\dfrac{3}{x-2}\right)\mathrm{d}x=5\ln|x-3|-3\ln|x-2|+C$.

(2) $\displaystyle\int\dfrac{x^2+2x-1}{(x-1)(x^2-x+1)}\mathrm{d}x=\int\left(\dfrac{2}{x-1}-\dfrac{x-3}{x^2-x+1}\right)\mathrm{d}x$

$\displaystyle\qquad\qquad=2\int\dfrac{1}{x-1}\mathrm{d}x-\dfrac{1}{2}\int\dfrac{2x-6}{x^2-x+1}\mathrm{d}x$

$\displaystyle\qquad\qquad=2\ln|x-1|-\dfrac{1}{2}\left[\int\dfrac{2x-1}{x^2-x+1}\mathrm{d}x-5\int\dfrac{1}{x^2-x+1}\mathrm{d}x\right]$

$\displaystyle\qquad\qquad=2\ln|x-1|-\dfrac{1}{2}\int\dfrac{\mathrm{d}(x^2-x+1)}{x^2-x+1}+\dfrac{5}{2}\int\dfrac{\mathrm{d}\left(x-\dfrac{1}{2}\right)}{\left(x-\dfrac{1}{2}\right)^2+\dfrac{3}{4}}$

$\displaystyle\qquad\qquad=2\ln|x-1|-\dfrac{1}{2}\ln(x^2-x+1)+\dfrac{5}{2}\cdot\dfrac{2}{\sqrt{3}}\arctan\dfrac{x-\dfrac{1}{2}}{\dfrac{\sqrt{3}}{2}}+C$

$\displaystyle\qquad\qquad=2\ln|x-1|-\dfrac{1}{2}\ln(x^2-x+1)+\dfrac{5}{\sqrt{3}}\arctan\dfrac{2x-1}{\sqrt{3}}+C$.

(3) $\displaystyle\int\dfrac{x-3}{(x-1)(x^2-1)}\mathrm{d}x=\int\left[\dfrac{x-2}{(x-1)^2}-\dfrac{1}{x+1}\right]\mathrm{d}x$

$\displaystyle\qquad\qquad=\int\dfrac{x-1-1}{(x-1)^2}\mathrm{d}x-\ln|x+1|$

$\displaystyle\qquad\qquad=\int\dfrac{1}{x-1}\mathrm{d}x-\int\dfrac{1}{(x-1)^2}\mathrm{d}(x-1)-\ln|x+1|$

$\displaystyle\qquad\qquad=\ln|x-1|+\dfrac{1}{x-1}-\ln|x+1|+C$.

【例 5.18】 求不定积分 $\int \frac{x^3}{(x^2-2x+2)^2}dx$.

解 因为 $x^2-2x+2=(x-1)^2+1$，所以设 $x-1=\tan t$（$-\frac{\pi}{2}<t<\frac{\pi}{2}$），则 $x^2-2x+2=\sec^2 t$, $dx=\sec^2 t dt$ ，于是

$$\begin{aligned}
\text{原式}&=\int \frac{(\tan t+1)^3}{\sec^4 t}\cdot \sec^2 t dt \\
&=\int(\sin^3 t\cos^{-1}t+3\sin^2 t+3\sin t\cos t+\cos^2 t)dt \\
&=\int(\sin^2 t\cos^{-1}t+3\cos t)\sin t dt+\int(3\sin^2 t+\cos^2 t)dt \\
&=\int[(1-\cos^2 t)\cos^{-1}t+3\cos t](-1)d(\cos t)+\int(2-\cos 2t)dt \\
&=-\int(\cos^{-1}t+2\cos t)d(\cos t)+2t-\frac{1}{2}\sin 2t \\
&=-\ln\cos t-\cos^2 t+2t-\sin t\cos t+C .
\end{aligned}$$

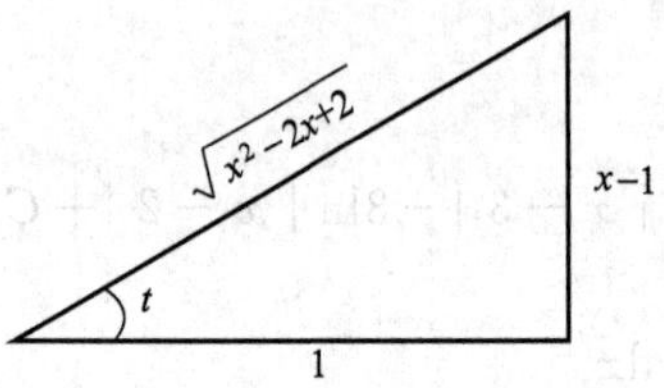

图 5.4

按 $\tan t=x-1$ 作辅助三角形（如图 5.4），有

$$\cos t=\frac{1}{\sqrt{x^2-2x+2}},\ \sin t=\frac{x-1}{\sqrt{x^2-2x+2}} .$$

于是 $\int \frac{x^3}{(x^2-2x+2)^2}dx$

$$=\frac{1}{2}\ln(x^2-2x+2)+2\arctan(x-1)-\frac{x}{x^2-2x+2}+C .$$

习题 5.4

求下列不定积分.

(1) $\int \frac{x^3}{x+1}dx$ ；

(2) $\int \frac{2x+5}{x^2+5x-10}dx$ ；

(3) $\int \frac{x+1}{x^2-2x+3}dx$ ；

(4) $\int \frac{x^5+x^4-6}{x^3+x}dx$ ；

(5) $\int \frac{1}{(x^2+2)(x^2+x)}dx$ ；

(6) $\int \frac{1}{(x^2+x+4)(x^2+x+1)}dx$ ；

(7) $\int \frac{-x^2+2}{(x^2+2x+3)^2}dx$.

总习题 5

1. 填空题.

(1)（数学二）$\int \frac{\tan x}{\sqrt{\cos x}}dx=$__________.

(2)（数学二）$\int x^3 e^{x^2}dx=$__________.

(3)（数学二）$\int \frac{x+5}{x^2-6x+13}dx=$__________.

2. 选择题.

(1)（数学二）设函数 $f(x)$ 在 $(-\infty,+\infty)$ 上连续，则 $\mathrm{d}\!\int f(x)\mathrm{d}x$ 等于（　　）.

(A) $f(x)$　　　　(B) $f(x)\mathrm{d}x$　　　　(C) $f(x)+C$　　　　(D) $f'(x)\mathrm{d}x$

(2)（数学二）若 $f(x)$ 的导函数是 $\sin x$，则 $f(x)$ 有一个原函数为（　　）.

(A) $1+\sin x$　　(B) $1-\sin x$　　(C) $1+\cos x$　　　　(D) $1-\cos x$

3. 求下列不定积分.

(1) $\displaystyle\int\frac{1}{\mathrm{e}^x-\mathrm{e}^{-x}}\mathrm{d}x$；

(2) $\displaystyle\int\frac{x}{(1+x)^3}\mathrm{d}x$；

(3) $\displaystyle\int\frac{1-\cos x}{x-\sin x}\mathrm{d}x$；

(4) $\displaystyle\int\tan^4 x\,\mathrm{d}x$；

(5) $\displaystyle\int\frac{\cos^2 x}{\sin^3 x}\mathrm{d}x$；

(6) $\displaystyle\int\frac{\cos x}{1+\cos x}\mathrm{d}x$；

(7) $\displaystyle\int\frac{1}{x^2\sqrt{1+x^2}}\mathrm{d}x$；

(8) $\displaystyle\int\frac{x^2}{(1+x^6)^2}\mathrm{d}x$；

(9)（数学二）$\displaystyle\int\frac{1}{x\ln^2 x}\mathrm{d}x$；

(10)（数学二）$\displaystyle\int x\sin^2 x\,\mathrm{d}x$；

(11)（数学二）$\displaystyle\int\frac{x^3}{\sqrt{1+x^2}}\mathrm{d}x$.

知识窗 5　积分的发展史况

积分学和微分学一起构成微积分学. 微分学的任务是研究函数的导数的性质，它给出一种极限表示. 导数值仅取决于函数在某点任意小的邻域内的函数值，因而可以说导数描述了函数的局部性质. 积分学包含定积分与不定积分两部分. 定积分的研究对象是定义并计算由封闭曲线所围成区域的面积，以及相类似的问题，这类问题统称为求积问题. 求积无疑依赖于区域的边界曲线，因为它描述了函数的整体性质. 而不定积分研究的对象是函数的另一属性：它在某个区间中导数等于另一给定的函数.

积分学与微分学同产生于 17 世纪. 当时主要是为了解决两类问题：一类是已知物体的加速度表示为时间的函数公式，求速度和距离；另一类是求曲线长、曲线围成的面积、曲面围成的体积、物体的中心等问题.

积分学的建立也主要归功于牛顿与莱布尼茨. 然而积分方法的思想早已出现，早在公元前 2000 年，埃及和古巴比伦人就掌握了求积问题. 他们能近似地测量圆的面积、知道底为正方形的截断角锥体体积和测量方法. 古希腊科学家还给角锥体及圆的测量法则以理论依据. 这也是数学中引进无穷这一概念的重要原因.

公元前 5 世纪著名唯物哲学家德谟克利特（Demcritus，约公元前 460～公元前 357）指出，可以把物体看成由大量的微小部分所组成，从这个观点来看，圆锥是由极薄的、具有不同直径的圆柱片一层层重叠起来的总体. 例如，他指出角锥体与圆锥体的体积分别等于等底等高的角柱体或圆柱体的体积的 1/3. 虽然他的证明是不严谨的，但人们仍然认为积分方法的原则为德谟克利特首创.

方圆问题在积分学中也有重大意义. 古希腊时代的希庇亚斯（Hippias，约公元前 5 世纪中叶）在这个问题的研究中得出某些曲线图形的精确面积. 哲学家安提丰（Antiphon，约公元前 5 世纪中叶）在圆内作边数逐渐增加的正多边形，试图由此得出与该圆等面积的正方形. 安提丰认为，边数极多的圆内接正多边形看起来与圆重合. 于是他推断，他已求出方圆问题的解. 虽然他的论断是错误的，但并未降低安提丰的这个"借助于曲线形的内接直线形近似求积法"的价值.

公元前 3～公元前 4 世纪，由于圆锥曲线理论的发展，以及静力学和流体力学发展的需要，出现了许多新的几何形体面积、体积及重心的计算方法. 在这个领域中获得最高成就者当属于阿基米德（Archimedes，公元前 287～公元前 212），他的求抛物线弓形面积的方法是当时出现的典型代表. 阿基米德首次作出了类似于现在的"上积分"与"下积分"的和数，前者超过所求量，后者小于它. 两个和数的各项无限减小，项数无限增加，而它们（两个和数）之差用现在的语言来说是趋于零. 在阿基米德的方法中隐含了现代的积分法，但是他的"积分法"内容十分狭窄，而且纯粹是文字的叙述方式.

从 9 世纪直到 15 世纪的学者研究了阿基米德的著作，并把它译成了阿拉伯文字. 此时期对积分学的唯一贡献是，他们按照穷竭法得出了求抛物线扇形绕弦或绕过顶点的切线旋转而成的旋转体体积的计算法.

到了 16 世纪和 17 世纪，静力学、流体力学、动力学、天文学及其他科学的发展为数学提出了许多新课题，特别是求面积、体积和确定重心等课题. 17 世纪前半叶的许多学者，例如意大利数学家瓦莱里奥（Valerio，1552～1618）、比利时数学家格列戈里和斯蒂文（1548～1620）等人，建立了求个别形体面积、体积及重心的方法. 德国数学家开普勒（Kepler，1571～1630）率先以纯粹数学形式开创了不可分元的应用，从而发展了与积分相联系的无穷小概念. 他在 1615 年的论文《测量酒桶体积的科学》中，应用粗糙的积分法求出了 93 种立体的体积. 这些立体大都是圆锥曲线的某段绕它们所在平面上的轴旋转而成的旋转体. 开普勒还用近似积分法得到天文学中著名的开普勒第二定律. 然而开普勒的这些积分法缺乏严格性，而且基本上使用了几何变换的性质，这些几何变化又是特殊的，不具备普遍性.

意大利数学家卡瓦列里（Cavalieri，1598～1647）提出"不可分元法". 这个原理的基础是：一条线由无穷多个点构成，一个面由无穷多条线构成，一个立体由无穷多个面构成. 点的运动产生线，线的运动产生面，面的运动产生体. 这个理论也是微积分原始的雏形. 依靠这个理论，卡瓦列里求得了相当于曲线 $y=x^n$ 下 x 轴以上自 $x=0$ 到 $x=1$ 范围的面积.

卡瓦列里的不可分元法有下列缺点：由于卡瓦列里不愿采用新式代数符号与算法，因而使得他的求积问题很复杂. 这种方法也不能直接用来求曲线弧长.

在牛顿和莱布尼茨之前，对于把分析方法引入微积分的工作做得最多的人是英国数学家沃利斯（Wallis，1616～1703）. 在他 1655 年的著作《无穷小算术》中，他运用分析法和不可分元法求出了许多面积，并得到广泛而有用的结果. 他的《圆锥曲线论》第一次摆脱了过去视锥线为锥面截线的看法，定义锥线为二次曲线，并熟练地运用笛卡儿坐标法讨论它. 沃利斯还完成了相当于 $\int_0^x (1-x^2)^n \mathrm{d}x$ 的积分，遗憾的是他没有把 n 推广到分数，以后牛顿研究 $n=\dfrac{1}{2}$ 的情形.

法国数学家费马在 1636 年以前就已知道 $y=x^n$ 在 $0 \leqslant x \leqslant a$ 内的面积. 费马还计算了一些曲线的长度，他采用内接多边形去逼近曲线，先求出各边的和，然后随着每条边长的缩小而使边数成为无穷大.

巴罗（Barrow，1630～1677）在其《几何讲义》中也给出了求曲线的切线问题和面积问题之间的关系. 他还给出了求曲线长度、定积分的变量代换方法等. 巴罗是第一个意识到求位于曲线之下的区域面积和求曲线上点的切线这两个表面上不同的概念实际上是紧密相关的人.

然而, 在 17 世纪的前三分之二的时间内, 微积分的工作沉没在细节里. 许多人在通过几何来获得严密性的努力中, 没有去利用或者探索代数和集合中蕴含的新东西. 格列戈里在他的《几何的通用部分》一书的序言中曾说: "数学的真正划分不是分成几何和算术, 而是分成普通的和特殊的". 牛顿和莱布尼茨为微积分提供了这种普遍性. 他们从纷乱的猜测和说明中清理出前人的有价值的想法, 从众多的在特殊问题中建立起来的东西中认识其普遍性, 建立了微积分.

牛顿和莱布尼茨对微积分学的主要功绩在于: 一是他们使得微积分成为一门独立的学科, 并能用于处理更广泛的问题; 二是他们在代数的概念上建立了微积分, 使微积分代数化了, 成为比几何更有效的工具 (这一点正是 17 世纪初到 18 世纪末微积分的主要变化之处), 使得许多不同的几何或物理问题都能用同样的方法来处理; 三是把面积、体积及其他以前作为求和来处理的问题都归于积分问题. 他们把两个貌似不相关的问题联系起来: 一个是切线问题 (微分学的中心问题), 一个是求积问题 (积分学的中心问题), 建立了两者之间的桥梁, 即现今的微积分基本定理, 又称之为牛顿-莱布尼茨公式.

牛顿的积分 (他称之为流动量) 首先是以不定积分出现的 (用莱布尼茨的术语, 称之为原函数). 牛顿的积分法以流动率算法 (即微分法) 与流动量算法相逆关系的应用为出发点. 1666 年他在求出 $\dfrac{x^{n+1}}{n+1}$ 的导数等于 x^n 后, 又得出 x^n 的积分为 $\dfrac{x^{n+1}}{n+1}(n \neq -1)$. 牛顿在他 1711 年出版的著作《运用无穷多项方程的分析学》中指出, 面积可以由求变化率的逆过程而得到.

他用这种方法得到了许多曲线下的面积. 这种思想, 也就是现在的微积分基本定理的思想. 用现代话来说, 牛顿在这本书中还给出了函数之和的不定积分等于各函数不定积分之和的法则, 提出了对无穷级数逐项积分的问题. 牛顿应用他的二项式定理、级数反演和其他方法, 把积分用无穷级数表示出, 从而将许多无理函数与超越函数积分出来, 解决了许多求积问题. 牛顿还应用变量代换和其他方法确定不定积分 $\displaystyle\int x^m \sqrt{ax^2+bx+c}\,\mathrm{d}x$ 及 $\displaystyle\int \dfrac{x^m\,\mathrm{d}x}{\sqrt{ax^2+bx+c}}$.

而莱布尼茨积分的概念首先是以某个量分成无限多个无穷小微分之和的形式而出现. 他的积分概念及其符号的引入是在 1675 年. 莱布尼茨在 1675 年 10 月 26 日的手稿中还沿用卡瓦列里的符号, 用 $omn.\,l$ 表示 l 的总和 (积分), 其中 $omn.$ 是 omnia (意为所有, 全部) 的缩写. 三天之后, 他即在 1675 年 10 月 29 日的手稿上写道: 将 $omn.$ 写成 $\displaystyle\int$ 更有用, $omn.\,l$ 写成 $\displaystyle\int l$, 即 l 的总和 (summa). $\displaystyle\int$ 就是字母 s 的拉长. 莱布尼茨是历史上最伟大的符号学者之一, 他所创设的微积分学符号, 远远优于牛顿的符号. 这对微积分有极大的影响, 其作用犹如阿拉伯数字的采用促进算术、代数的发展一样. 莱布尼茨还曾先后在手稿上引入了积分的变量代换、分项积分法、积分符号下对参变量的微分法等.

18 世纪对积分学进一步发展起主要作用的是约翰·伯努利和欧拉. 特别是欧拉, 他的三卷《积分学》是里程碑式的著作, 也是 18 世纪后半叶最优秀的数学家们的必读书. 积分作为原函数的概念是欧拉创建的基本概念. 在不定积分的研究中属于中心地位的是把积分表示为初等函数类的各种方法的研究，欧拉曾定出这些方法的范围. 今天教科书中所叙述的方法，几乎都可以在欧拉的作品中找到. 欧拉从本质上发展了定积分的理论. 拉普拉斯（Laplace，1749～1827）于 1779 年将其定名为"定积分"，而后 1820 年左右傅里叶将其表示为 $\int_a^b f(x)\mathrm{d}x$. 欧拉还曾算出了大量的广义积分，如 $\int_0^\infty \frac{\sin x}{x}\mathrm{d}x$，并奠定了 Γ 函数与 B 函数的理论基础.

　　积分学和微分学一样，19 世纪初在新的基础上被重新改造. 柯西做出了突出贡献. 柯西在 1823 年著的《无穷小分析教程》一书中，对定积分做了最系统的开创性工作，他指出在使用定积分、原函数之前，必须先确定积分的存在性. 他对连续函数 $f(x)$ 给出了定积分作为求和的极限的确切定义，他建议采用傅里叶的符号 $\int_{x_0}^x f(x)\mathrm{d}x$ 表示定积分. 而后，他定义 $F(x)=\int_{x_0}^x f(x)\mathrm{d}x$，且证明了 $F(x)$ 在 $[x_0, x]$ 上连续. 设 $\frac{F(x+h)-F(x)}{h}=\frac{1}{h}\int_{x_0}^{x+h} f(x)\mathrm{d}x$，并利用积分中值定理得出 $F'(x)=f(x)$，即给出了微积分基本定理的第一个证明. 他还证明 $f(x)$ 的全体原函数彼此只差一个常数，定义了不定积分为原函数的全体，即 $\int f(x)\mathrm{d}x=\int_{x_0}^x f(x)\mathrm{d}x+c$. 他指出，如果 $f'(x)$ 连续，则有

$$\int_a^b f'(x)\mathrm{d}x=f(b)-f(a)$$

柯西指出了任何连续函数必定可积，还定义了广义积分的概念.

　　积分的概念在 20 世纪被推广到无界函数，还推广到各种广义积分. 就初等微积分而言，到 1875 年，积分概念已建立在充分广阔而严密的基础之上了.

第6章

定积分

一元函数积分学包含两个基本问题，不定积分是第一个基本问题，本章介绍的定积分是第二个问题．定积分有非常广泛的实际背景，在几何学、物理学、经济学等领域有着大量的应用．

6.1 定积分的概念

6.1.1 引例

6.1.1.1 曲边梯形的面积

设 $y=f(x)$ 在区间 $[a,b]$ 上非负、连续．由直线 $x=a$、$x=b$、$y=0$ 及曲线 $y=f(x)$ 所围成的图形（如图 6.1）称为曲边梯形，其中曲线弧称为曲边．

曲边梯形与矩形不同之处是曲边梯形的高是变化的，若用平行于 y 轴的一组直线细分曲边梯形，就会得到许多小曲边梯形．每一个小曲边梯形的曲边用直线去代替，称为"以直代曲"，这样就可以通过计算小矩形的面积和，得到曲边梯形面积的近似值，取其极限就可以得到面积 A（如图 6.2）．具体作法如下．

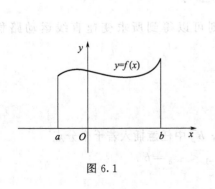

图 6.1

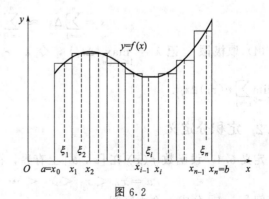

图 6.2

（1）分割   在区间$[a,b]$中任意插入若干个分点 $a=x_0<x_1<x_2<\cdots<x_{n-1}<x_n=b$. 把$[a,b]$分成 n 个小区间$[x_0,x_1],[x_1,x_2],\cdots,[x_{n-1},x_n]$. 它们的长度依次为

$$\Delta x_1=x_1-x_0,\Delta x_2=x_2-x_1,\cdots,\Delta x_n=x_n-x_{n-1}.$$

经过每一个分点作平行于 y 轴的直线段，把曲边梯形分成 n 个窄曲边梯形，分别记它们的面积为 ΔA_i（$i=1,2,\cdots,n$）.

（2）取近似（以直代曲）   在每个小区间$[x_{i-1},x_i]$上任取一点 ξ_i，以$[x_{i-1},x_i]$为底、$f(\xi_i)$为高的窄矩形近似代替第 i 个曲边梯形（$i=1,2,\cdots,n$），则有 $\Delta A_i\approx f(\xi_i)\Delta x_i$（$i=1,2,\cdots,n$）.

（3）求和   将 n 个窄矩形面积求和，得到曲边梯形面积的近似值，即

$$A=\sum_{i=1}^{n}\Delta A_i\approx\sum_{i=1}^{n}f(\xi_i)\Delta x_i.$$

（4）取极限   当区间 $[a,b]$ 分割得充分细时，和式 $\sum_{i=1}^{n}f(\xi_i)\Delta x_i$ 的值就可以无限地接近曲边梯形的面积 A. 记 $\lambda=\max\limits_{1\leqslant i\leqslant n}\{\Delta x_i\}$，令 $\lambda\rightarrow0$，则有 $A=\lim\limits_{\lambda\rightarrow0}\sum_{i=1}^{n}f(\xi_i)\Delta x_i$.

6. 1. 1. 2　变速直线运动的路程

设物体作直线运动，已知速度 $v=v(t)$ 是时间间隔 $[T_1,T_2]$ 上 t 的连续函数，且 $v(t)\geqslant0$，计算在这段时间内物体所经过的路程 s.

我们知道，当物体作匀速直线运动时，其运动的路程等于速度乘以时间. 但是，在现在讨论的问题中，速度不是常量，而是随时间变化的变量，因此，我们用如下方法来求这段时间内物体所经过的路程 s.

（1）分割   在时间间隔$[T_1,T_2]$内任意插入若干个分点 $T_1=t_0<t_1<t_2<\cdots<t_{n-1}<t_n=T_2$. 把 $[T_1,T_2]$ 分成 n 个小时段$[t_0,t_1],[t_1,t_2],\cdots,[t_{n-1},t_n]$. 各小时段时间的长依次为 $\Delta t_1=t_1-t_0,\Delta t_2=t_2-t_1,\cdots,\Delta t_n=t_n-t_{n-1}$.

（2）取近似   在每个时间间隔$[t_{i-1},t_i]$上任取一点 τ_i，以 τ_i 时的速度 $v(\tau_i)$ 来代替$[t_{i-1},t_i]$上各个时刻的速度，得到各小时段经过路程 Δs_i 的近似值，即 $\Delta s_i\approx v(\tau_i)\Delta t_i$（$i=1,2,\cdots,n$）.

（3）求和   将这 n 段部分路程的近似值求和，得到所求变速直线运动路程 s 的近似值，即

$$s=\sum_{i=1}^{n}\Delta s_i\approx\sum_{i=1}^{n}v(\tau_i)\Delta t_i.$$

（4）取极限   记 $\lambda=\max\limits_{1\leqslant i\leqslant n}\{\Delta t_i\}$，令 $\lambda\rightarrow0$，则可以得到所求变速直线运动路程 $s=\lim\limits_{\lambda\rightarrow0}\sum_{i=1}^{n}v(\tau_i)\Delta t_i$.

6. 1. 2　定积分定义

定义 6.1   设函数 $f(x)$ 在 $[a,b]$ 上有界，在 $[a,b]$ 中任意插入若干个分点

$$a=x_0<x_1<x_2<\cdots<x_{n-1}<x_n=b.$$

把区间 $[a,b]$ 分成 n 个小区间

$$[x_0, x_1], [x_1, x_2], \cdots, [x_{n-1}, x_n].$$

各个小区间的长度依次为

$$\Delta x_1 = x_1 - x_0, \Delta x_2 = x_2 - x_1, \cdots, \Delta x_n = x_n - x_{n-1}.$$

在每个小区间 $[x_{i-1}, x_i]$ 上任取一点 ξ_i（$x_{i-1} \leqslant \xi_i \leqslant x_i$），作函数值 $f(\xi_i)$ 与小区间长度 Δx_i 的乘积 $f(\xi_i)\Delta x_i$（$i = 1, 2, \cdots, n$），并作出和

$$S = \sum_{i=1}^{n} f(\xi_i)\Delta x_i.$$

记 $\lambda = \max_{1 \leqslant i \leqslant n} \{\Delta x_i\}$，如果不论对 $[a, b]$ 怎样划分，也不论在小区间 $[x_{i-1}, x_i]$ 上点 ξ_i 怎样选取，只要当 $\lambda \to 0$ 时，和 S 总趋于确定的极限 I，那么称这个极限 I 为函数 $f(x)$ 在区间 $[a, b]$ 上的定积分（简称积分），记作 $\int_a^b f(x)\mathrm{d}x$，即

$$\int_a^b f(x)\mathrm{d}x = I = \lim_{\lambda \to 0} \sum_{i=1}^{n} f(\xi_i)\Delta x_i.$$

其中 $f(x)$ 叫做被积函数，$f(x)\mathrm{d}x$ 叫做被积表达式，x 叫做积分变量，a 叫做积分下限，b 叫做积分上限，$[a, b]$ 叫做积分区间，和式 $\sum_{i=1}^{n} f(\xi_i)\Delta x_i$ 通常称为 $f(x)$ 的积分和．如果 $f(x)$ 在 $[a, b]$ 上的定积分存在，那么就说 $f(x)$ 在 $[a, b]$ 上可积．

注意：（1）定积分是一个乘积和式的极限，它是一个数，这与不定积分不同．

（2）定积分仅与被积函数 $f(x)$、积分区间 $[a, b]$ 有关，与积分变量用什么字母无关，即

$$\int_a^b f(x)\mathrm{d}x = \int_a^b f(t)\mathrm{d}t = \int_a^b f(u)\mathrm{d}u.$$

（3）在定积分定义中，我们总假定 $a < b$，为了今后使用方便，我们规定：

① 当 $a > b$ 时，$\int_a^b f(x)\mathrm{d}x = -\int_b^a f(x)\mathrm{d}x$；

② 当 $a = b$ 时，$\int_a^b f(x)\mathrm{d}x = 0$.

（4）关于函数的可积性，我们需要知道下面几个重要结论（证明略）：

① 有限区间上的连续函数定积分存在；

② 有限区间上只有有限个间断点的有界函数定积分存在．

6.1.3 定积分的几何意义

若在 $[a, b]$ 上，连续函数 $f(x) \geqslant 0$，则定积分 $\int_a^b f(x)\mathrm{d}x$ 在几何上表示由曲线 $y = f(x)$、直线 $x = a$、$x = b$ 与 x 轴所围成的曲边梯形的面积．

【例 6.1】 求由抛物线 $y = x^2$，直线 $x = 0$、$x = 1$ 及 x 轴所围成的平面图形的面积 A.

解 $A = \int_0^1 x^2 \mathrm{d}x$

因为被积函数 $f(x) = x^2$ 在积分区间 $[0, 1]$ 上连续，而连续函数是可积的，所以积分与区间 $[0, 1]$ 的分法及点 ξ_i 的取法无关．因此，为了便于计算，不妨把区间 $[0, 1]$ 分成 n 等份，分点为 $x_i = \dfrac{i}{n}$，$i = 1, 2, \cdots, n-1$；这样，每个小区间 $[x_{i-1}, x_i]$ 的长度 $\Delta x_i = \dfrac{1}{n}$，

$i=1,2,\cdots,n$；取 $\xi_i=x_i$，$i=1,2,\cdots,n$．于是，得和式

$$\sum_{i=1}^{n}f(\xi_i)\Delta x_i=\sum_{i=1}^{n}\xi_i{}^2\Delta x_i=\sum_{i=1}^{n}x_i{}^2\Delta x_i=\sum_{i=1}^{n}\left(\frac{i}{n}\right)^2\frac{1}{n}=\frac{1}{n^3}\sum_{i=1}^{n}(i)^2$$

$$=\frac{1}{n^3}\cdot\frac{1}{6}n(n+1)(2n+1)=\frac{1}{6}\left(1+\frac{1}{n}\right)\left(2+\frac{1}{n}\right).$$

所以 $\qquad A=\displaystyle\int_0^1 x^2\,\mathrm{d}x=\lim_{\lambda\to 0}\sum_{i=1}^{n}f(\xi_i)\Delta x_i=\lim_{n\to\infty}\frac{1}{6}\left(1+\frac{1}{n}\right)\left(2+\frac{1}{n}\right)=\frac{1}{3}.$

6.1.4 定积分的性质

性质 1 $\displaystyle\int_a^b[f(x)\pm g(x)]\mathrm{d}x=\int_a^b f(x)\mathrm{d}x\pm\int_a^b g(x)\mathrm{d}x.$

证 $\displaystyle\int_a^b[f(x)\pm g(x)]\mathrm{d}x=\lim_{\lambda\to 0}\sum_{i=1}^{n}[f(\xi_i)\pm g(\xi_i)]\Delta x_i$

$$=\lim_{\lambda\to 0}\sum_{i=1}^{n}f(\xi_i)\Delta x_i\pm\lim_{\lambda\to 0}\sum_{i=1}^{n}g(\xi_i)\Delta x_i$$

$$=\int_a^b f(x)\mathrm{d}x\pm\int_a^b g(x)\mathrm{d}x.$$

性质 1 对于任意有限个函数都是成立的．类似地，可以证明：

性质 2 $\displaystyle\int_a^b kf(x)\mathrm{d}x=k\int_a^b f(x)\mathrm{d}x$（$k$ 是常数）．

性质 3 设 $a<c<b$，则 $\displaystyle\int_a^b f(x)\mathrm{d}x=\int_a^c f(x)\mathrm{d}x+\int_c^b f(x)\mathrm{d}x.$

证 因为函数 $f(x)$ 在区间 $[a,b]$ 上可积，所以不论把 $[a,b]$ 怎样分，积分和的极限总是不变的．因此，在分区间时，可以使 c 永远是个分点．那么，$[a,b]$ 上的积分和等于 $[a,c]$ 上的积分和加 $[c,b]$ 上的积分和，记为

$$\sum_{[a,b]}f(\xi_i)\Delta x_i=\sum_{[a,c]}f(\xi_i)\Delta x_i+\sum_{[c,b]}f(\xi_i)\Delta x_i.$$

令 $\lambda\to 0$，上式两端同时取极限，即得

$$\int_a^b f(x)\mathrm{d}x=\int_a^c f(x)\mathrm{d}x+\int_c^b f(x)\mathrm{d}x.$$

这个性质表明定积分对于积分区间具有可加性．

对于这个性质，不论 a,b,c 的相对位置如何，总有等式

$$\int_a^b f(x)\mathrm{d}x=\int_a^c f(x)\mathrm{d}x+\int_c^b f(x)\mathrm{d}x$$

成立．例如，当 $a<b<c$ 时，由于

$$\int_a^c f(x)\mathrm{d}x=\int_a^b f(x)\mathrm{d}x+\int_b^c f(x)\mathrm{d}x,$$

于是得

$$\int_a^b f(x)\mathrm{d}x=\int_a^c f(x)\mathrm{d}x-\int_b^c f(x)\mathrm{d}x=\int_a^c f(x)\mathrm{d}x+\int_c^b f(x)\mathrm{d}x.$$

性质 4 如果在区间 $[a,b]$ 上 $f(x) \equiv 1$，则

$$\int_a^b 1 \mathrm{d}x = \int_a^b \mathrm{d}x = b - a.$$

这个性质的证明请读者自己完成.

性质 5 如果在区间 $[a,b]$ 上 $f(x) \geqslant 0$，则 $\int_a^b f(x)\mathrm{d}x \geqslant 0$（$a < b$）.

证 因为 $f(x) \geqslant 0$，所以 $f(\xi_i) \geqslant 0$（$i = 1, 2, \cdots, n$）.

又由于 $\Delta x_i \geqslant 0$（$i = 1, 2, \cdots, n$），因此 $\sum\limits_{i=1}^{n} f(\xi_i)\Delta x_i \geqslant 0.$

令 $\lambda = \max\limits_{1 \leqslant i \leqslant n}\{\Delta x_i\} \to 0$，便得所要证的不等式.

推论 1 如果在区间 $[a,b]$ 上，$f(x) \leqslant g(x)$，则 $\int_a^b f(x)\mathrm{d}x \leqslant \int_a^b g(x)\mathrm{d}x$（$a < b$）.

证 因为 $g(x) - f(x) \geqslant 0$，由性质 5 得 $\int_a^b [g(x) - f(x)]\mathrm{d}x \geqslant 0.$

再利用性质 1，便得所要证的不等式.

推论 2 $\left| \int_a^b f(x)\mathrm{d}x \right| \leqslant \int_a^b |f(x)|\mathrm{d}x$ （$a < b$）.

证 因为 $-|f(x)| \leqslant f(x) \leqslant |f(x)|$，所以由推论 1 及性质 2 可得

$$-\int_a^b |f(x)|\mathrm{d}x \leqslant \int_a^b f(x)\mathrm{d}x \leqslant \int_a^b |f(x)|\mathrm{d}x.$$

即

$$\left| \int_a^b f(x)\mathrm{d}x \right| \leqslant \int_a^b |f(x)|\mathrm{d}x.$$

性质 6 设 M 及 m 分别是函数 $f(x)$ 在区间 $[a,b]$ 上的最大值及最小值，则

$$m(b-a) \leqslant \int_a^b f(x)\mathrm{d}x \leqslant M(b-a)\ (a < b).$$

证 因为 $m \leqslant f(x) \leqslant M$，所以由性质 5 推论 1，得

$$\int_a^b m\mathrm{d}x \leqslant \int_a^b f(x)\mathrm{d}x \leqslant \int_a^b M\mathrm{d}x.$$

再由性质 2 及性质 4，即得所要证的不等式.

这个性质说明，由被积函数在积分区间上的最大值及最小值，可以估计积分值的大致范围.

性质 7 （定积分中值定理）如果函数 $f(x)$ 在积分区间 $[a,b]$ 上连续，则在 $[a,b]$ 上至少存在一个点 ξ，使下式成立：

$$\int_a^b f(x)\mathrm{d}x = f(\xi)(b-a)\ (\xi \in [a,b]).$$

这个公式叫做积分中值公式.

证 因为，由性质 6 可得

$$m \leqslant \frac{1}{b-a}\int_a^b f(x)\mathrm{d}x \leqslant M.$$

此时，数 $\dfrac{1}{b-a}\displaystyle\int_a^b f(x)\,\mathrm{d}x$ 介于函数 $f(x)$ 的最大值 M 与最小值 m 之间，又因为 $f(x)$ 在 $[a,b]$ 上连续，由连续函数的介值定理，至少存在一点 $\xi\in[a,b]$，使得

$$f(\xi)=\frac{1}{b-a}\int_a^b f(x)\,\mathrm{d}x.$$

即

$$\int_a^b f(x)\,\mathrm{d}x=f(\xi)(b-a),\ \xi\in[a,b].$$

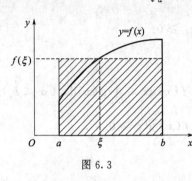

图 6.3

积分中值公式有如下的几何解释：在区间 $[a,b]$ 上至少存在一个点 ξ，使得以区间 $[a,b]$ 为底边、以曲线 $y=f(x)$ 为曲边的曲边梯形的面积等于同一底边而高为 $f(\xi)$ 的一个矩形的面积（如图 6.3）.

由积分中值公式所得 $f(\xi)=\dfrac{1}{b-a}\displaystyle\int_a^b f(x)\,\mathrm{d}x$ 称为函数 $f(x)$ 在区间 $[a,b]$ 上的平均值.

【例 6.2】 比较定积分 $\displaystyle\int_0^1 x^2\,\mathrm{d}x$ 与 $\displaystyle\int_0^1 x^3\,\mathrm{d}x$ 的大小.

解 在区间 $[0,1]$ 上，$x^2\geqslant x^3$，所以 $\displaystyle\int_0^1 x^2\,\mathrm{d}x>\int_0^1 x^3\,\mathrm{d}x$.

【例 6.3】 估计定积分 $\displaystyle\int_1^3(x^2-1)\,\mathrm{d}x$ 的值.

解 在区间 $[1,3]$ 上，$0\leqslant x^2-1\leqslant 8$

所以

$$0\cdot(3-1)<\int_1^3(x^2-1)\,\mathrm{d}x<8\cdot(3-1).$$

即

$$0<\int_1^3(x^2-1)\,\mathrm{d}x<16.$$

习题 6.1

1. 利用定积分定义求下列积分.

(1) $\displaystyle\int_0^1 \mathrm{e}^x\,\mathrm{d}x$；

(2) $\displaystyle\int_0^4(x+2)\,\mathrm{d}x$.

2. 利用定积分的几何意义求下列积分.

(1) $\displaystyle\int_0^1 3x\,\mathrm{d}x$；

(2) $\displaystyle\int_0^1\sqrt{1-x^2}\,\mathrm{d}x$.

3. 估计下列各积分的值.

(1) $\displaystyle\int_0^3(x^2+2x)\,\mathrm{d}x$；

(2) $\displaystyle\int_1^4 \mathrm{e}^{x^2-2x}\,\mathrm{d}x$.

4. 说明下列各对积分哪一个的值较大.

(1) $\displaystyle\int_1^3 x^2\,\mathrm{d}x$ 还是 $\displaystyle\int_1^3 x^3\,\mathrm{d}x$；

(2) $\displaystyle\int_1^2 \ln x\,\mathrm{d}x$ 还是 $\displaystyle\int_1^2(\ln x)^2\,\mathrm{d}x$.

6.2 微积分基本公式

我们知道，原函数概念与作为积分和的极限的定积分概念是从两个完全不同的角度引进

来的，那么，它们之间有什么关系呢？本节将要研究这两者的关系，并通过这个关系得出利用原函数计算定积分的公式.

6.2.1　积分上限函数及其导数

设函数 $f(x)$ 在区间 $[a, b]$ 上连续，x 为区间 $[a, b]$ 上的任意一点. 由于 $f(x)$ 在 $[a, b]$ 上连续，因而在 $[a, x]$ 上也连续，因此，定积分 $\int_a^x f(t)\mathrm{d}t$ 存在. 这个变上限的定积分，对每一个 $x \in [a, b]$ 都有一个确定的值与之对应，因此，它是定义在 $[a, b]$ 上的函数，记为 $\Phi(x)$，即 $\Phi(x) = \int_a^x f(t)\mathrm{d}t$　$x \in [a, b]$.

定理 6.1　如果函数 $f(x)$ 在区间 $[a, b]$ 上连续，则积分上限的函数 $\Phi(x) = \int_a^x f(t)\mathrm{d}t$ 在 $[a, b]$ 上可导，并且它的导数 $\Phi'(x) = \dfrac{\mathrm{d}}{\mathrm{d}x}\int_a^x f(t)\mathrm{d}t = f(x)$　$x \in [a, b]$.

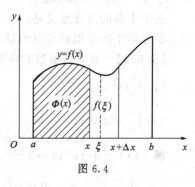

图 6.4

证　若 $x \in (a, b)$，设 x 获得增量 Δx，其绝对值足够小，使得 $x + \Delta x \in (a, b)$，则 $\Phi(x)$（如图 6.4，图中 $\Delta x > 0$）在 $x + \Delta x$ 处的函数值为

$$\Phi(x + \Delta x) = \int_a^{x+\Delta x} f(t)\mathrm{d}t.$$

由此得函数的增量

$$\Delta \Phi = \Phi(x + \Delta x) - \Phi(x) = \int_a^{x+\Delta x} f(t)\mathrm{d}t - \int_a^x f(t)\mathrm{d}t$$

$$= \int_a^x f(t)\mathrm{d}t + \int_x^{x+\Delta x} f(t)\mathrm{d}t - \int_a^x f(t)\mathrm{d}t = \int_x^{x+\Delta x} f(t)\mathrm{d}t.$$

再应用积分中值定理，即有等式 $\Delta \Phi = f(\xi)\Delta x$.

这里，ξ 在 x 与 $x + \Delta x$ 之间. 把上式两端各除以 Δx，得函数增量与自变量增量的比值

$$\frac{\Delta \Phi}{\Delta x} = f(\xi).$$

由于假设 $f(x)$ 在 $[a, b]$ 上连续，而 $\Delta x \to 0$ 时，$\xi \to x$，因此 $\lim\limits_{\Delta x \to 0} f(\xi) = f(x)$. 于是，令 $\Delta x \to 0$ 对上式两端取极限时，左端的极限也应该存在且等于 $f(x)$. 这就是说，函数 $\Phi(x)$ 的导数存在，并且 $\Phi'(x) = f(x)$.

若 $x = a$，取 $\Delta x > 0$，则同理可证 $\Phi'_+(a) = f(a)$；若 $x = b$，取 $\Delta x < 0$，则同理可证 $\Phi'_-(b) = f(b)$.

定理 6.2　如果函数 $f(x)$ 在区间 $[a, b]$ 上连续，$u(x)$ 可导，且 $a \leqslant u(x) \leqslant b$，则

$$\frac{\mathrm{d}}{\mathrm{d}x}\int_a^{u(x)} f(t)\mathrm{d}t = f[u(x)]u'(x).$$

证　设 $\Phi(x) = \int_a^x f(t)\mathrm{d}t$，则 $\int_a^{u(x)} f(t)\mathrm{d}t = \Phi[u(x)]$.

由复合函数求导法则及公式，可得

$$\frac{\mathrm{d}}{\mathrm{d}x}\int_a^{u(x)} f(t)\mathrm{d}t = \Phi'[u(x)] \cdot u'(x) = f[u(x)]u'(x).$$

推论　如果函数 $f(x)$ 在区间 $[a, b]$ 上连续，$u(x)$、$v(x)$ 可导，且 $a \leqslant u(x) \leqslant b$，

$a \leqslant v(x) \leqslant b$，则

$$\frac{\mathrm{d}}{\mathrm{d}x}\int_{v(x)}^{u(x)} f(t)\mathrm{d}t = f[u(x)]u'(x) - f[v(x)]v'(x).$$

证　设 $\varPhi(x) = \displaystyle\int_a^x f(t)\mathrm{d}t$，则

$$\int_{v(x)}^{u(x)} f(t)\mathrm{d}t = \int_a^{u(x)} f(t)\mathrm{d}t - \int_a^{v(x)} f(t)\mathrm{d}t = \varPhi[u(x)] - \varPhi[v(x)].$$

再由定理 6.2 及复合函数求导法则可得结论成立.

定理 6.3　如果函数 $f(x)$ 在区间 $[a,b]$ 上连续，则函数 $\varPhi(x) = \displaystyle\int_a^x f(t)\mathrm{d}t$ 就是 $f(x)$ 在 $[a,b]$ 上的一个原函数.

这个定理的重要意义是：一方面肯定了连续函数的原函数是存在的，另一方面初步地揭示了积分学中的定积分与原函数之间的联系.

【例 6.4】　求下列函数的导数.

(1) $\displaystyle\int_0^x t\,\mathrm{e}^{2t}\,\mathrm{d}t$ ；

(2) $\displaystyle\int_x^0 \cos^2 t\,\mathrm{d}t$ ；

(3) $\displaystyle\int_x^{x^2} \sin t\,\mathrm{d}t$ ；

(4) $\displaystyle\int_1^x x^2 f(t)\,\mathrm{d}t$.

解　(1) $\dfrac{\mathrm{d}}{\mathrm{d}x}\displaystyle\int_0^x t\,\mathrm{e}^{2t}\,\mathrm{d}t = x\,\mathrm{e}^{2x}$.

(2) $\dfrac{\mathrm{d}}{\mathrm{d}x}\displaystyle\int_x^0 \cos^2 t\,\mathrm{d}t = \dfrac{\mathrm{d}}{\mathrm{d}x}\left[-\int_0^x \cos^2 t\,\mathrm{d}t\right] = -\cos^2 x$.

(3) $\dfrac{\mathrm{d}}{\mathrm{d}x}\displaystyle\int_x^{x^2} \sin t\,\mathrm{d}t = \dfrac{\mathrm{d}}{\mathrm{d}x}\left[\int_0^{x^2} \sin t\,\mathrm{d}t - \int_0^x \sin t\,\mathrm{d}t\right]$.

$$= \sin x^2 \cdot (x^2)' - \sin x = 2x\sin x^2 - \sin x.$$

(4) $\dfrac{\mathrm{d}}{\mathrm{d}x}\displaystyle\int_1^x x^2 f(t)\,\mathrm{d}t = \dfrac{\mathrm{d}}{\mathrm{d}x}\left[x^2\int_1^x f(t)\,\mathrm{d}t\right] = (x^2)'\int_1^x f(t)\,\mathrm{d}t + x^2\left[\int_1^x f(t)\,\mathrm{d}t\right]'$

$$= 2x\int_1^x f(t)\,\mathrm{d}t + x^2 f(x).$$

【例 6.5】　求下列极限.

(1) $\displaystyle\lim_{x\to 0} \frac{\displaystyle\int_0^x \cos t^2\,\mathrm{d}t}{x}$ ；

(2) $\displaystyle\lim_{x\to 1} \frac{\displaystyle\int_1^x \frac{\ln t}{t+1}\mathrm{d}t}{(x-1)^2}$.

解　(1) 因为 $\displaystyle\lim_{x\to 0}\int_0^x \cos t^2\,\mathrm{d}t = 0$，$\displaystyle\lim_{x\to 0}x = 0$，所以，由洛必达法则

$$\text{原式} = \lim_{x\to 0}\frac{\left(\displaystyle\int_0^x \cos t^2\,\mathrm{d}t\right)'}{(x)'} = \lim_{x\to 0}\frac{\cos x^2}{1} = \cos 0 = 1.$$

(2) 因为 $\displaystyle\lim_{x\to 1}\int_1^x \frac{\ln t}{t+1}\mathrm{d}t = 0$，$\displaystyle\lim_{x\to 1}(x-1)^2 = 0$，所以由洛必达法则

$$\text{原式} = \lim_{x\to 1}\frac{\left(\displaystyle\int_1^x \frac{\ln t}{t+1}\mathrm{d}t\right)'}{[(x-1)^2]'} = \lim_{x\to 1}\frac{\dfrac{\ln x}{x+1}}{2(x-1)} = \lim_{x\to 1}\frac{\ln x}{2(x^2-1)}$$

$$= \lim_{x\to 1}\frac{(\ln x)'}{2(x^2-1)'} = \lim_{x\to 1}\frac{\dfrac{1}{x}}{2\cdot 2x} = \lim_{x\to 1}\frac{1}{4x^2} = \frac{1}{4}.$$

6.2.2　牛顿-莱布尼茨公式

现在我们根据定理 6.3 来证明一个重要的定理，它给出了用原函数计算定积分的公式.

定理 6.4　如果函数 $F(x)$ 是连续函数 $f(x)$ 在区间 $[a,b]$ 上的一个原函数，则

$$\int_a^b f(x)\mathrm{d}x = F(b) - F(a).$$

证　因为函数 $F(x)$ 是连续函数 $f(x)$ 的一个原函数，又根据定理 6.3 知道，积分上限函数 $\Phi(x) = \int_a^x f(t)\mathrm{d}t$ 也是 $f(x)$ 的一个原函数. 所以这两个原函数之差 $F(x) - \Phi(x)$ 在 $[a,b]$ 上必定是某一个常数 C，即

$$F(x) - \Phi(x) = C \qquad (a \leqslant x \leqslant b)$$

令 $x = a$，得 $F(a) - \Phi(a) = C$，又 $\Phi(a) = 0$，所以，$C = F(a)$.

令 $x = b$，得 $F(b) - \Phi(b) = C = F(a)$，即 $\Phi(b) = F(b) - F(a)$，即

$$\int_a^b f(x)\mathrm{d}x = F(b) - F(a).$$

可以简记为

$$\int_a^b f(x)\mathrm{d}x = [F(x)]_a^b = F(b) - F(a).$$

这个公式叫做牛顿（Newton）-莱布尼茨（Leibniz）公式，也叫做微积分基本公式.

【例 6.6】　求下列积分.

(1) $\displaystyle\int_1^3 \left(x^2 + \frac{1}{x^2}\right)\mathrm{d}x$；

(2) $\displaystyle\int_2^4 |x-3|\,\mathrm{d}x$；

(3) $\displaystyle\int_{-2}^{-1} \frac{1}{x}\mathrm{d}x$；

(4) $\displaystyle\int_0^2 \min\{1, x^2\}\mathrm{d}x$.

解　(1) 原式 $= \left[\dfrac{1}{3}x^3 - \dfrac{1}{x}\right]_1^3 = \left(\dfrac{1}{3}\times 3^3 - \dfrac{1}{3}\right) - \left(\dfrac{1}{3}\times 1^3 - \dfrac{1}{1}\right) = \dfrac{28}{3}$.

(2) 原式 $= \displaystyle\int_2^3 (3-x)\mathrm{d}x + \int_3^4 (x-3)\mathrm{d}x = -\dfrac{1}{2}[(3-x)^2]_2^3 + \dfrac{1}{2}[(x-3)^2]_3^4 = 1$.

(3) 原式 $= [\ln|x|]_{-2}^{-1} = -\ln 2$.

(4) 原式 $= \displaystyle\int_0^1 x^2\mathrm{d}x + \int_1^2 1\mathrm{d}x = \left[\dfrac{1}{3}x^3\right]_0^1 + [x]_1^2 = \dfrac{4}{3}$.

【例 6.7】　设 $f(x) = \begin{cases} x+1, & x \leqslant 1 \\ \dfrac{1}{2}x^2, & x > 1 \end{cases}$，求 $\displaystyle\int_0^2 f(x)\mathrm{d}x$.

解　原式 $= \displaystyle\int_0^1 (x+1)\mathrm{d}x + \int_1^2 \dfrac{1}{2}x^2\mathrm{d}x = \left[\dfrac{1}{2}(x+1)^2\right]_0^1 + \left[\dfrac{1}{6}x^3\right]_1^2 = \dfrac{8}{3}$.

【例 6.8】　设 $f(x)$ 在 $[0,1]$ 上连续，且满足 $f(x) = x\displaystyle\int_0^1 f(t)\mathrm{d}t - 1$，求 $\displaystyle\int_0^1 f(x)\mathrm{d}x$ 及 $f(x)$.

解　设 $a = \displaystyle\int_0^1 f(x)\mathrm{d}x$，则 $f(x) = ax - 1$，因此

$$a = \int_0^1 (ax-1)\mathrm{d}x = \left[\frac{a}{2}x^2 - x\right]_0^1 = \frac{a}{2} - 1.$$

所以 $a = -2$，即 $\displaystyle\int_0^1 f(x)\mathrm{d}x = -2$，$f(x) = -2x - 1$.

习题 6.2

1. 求下列各导数.

(1) $\dfrac{\mathrm{d}}{\mathrm{d}x}\displaystyle\int_0^{x^2}\sqrt{1+t^2}\,\mathrm{d}t$;

(2) $\dfrac{\mathrm{d}}{\mathrm{d}x}\displaystyle\int_x^1 t^2\mathrm{e}^t\,\mathrm{d}t$;

(3) $\dfrac{\mathrm{d}}{\mathrm{d}x}\displaystyle\int_{x^2}^{x^3}\cos\pi t\,\mathrm{d}t$;

(4) $\dfrac{\mathrm{d}}{\mathrm{d}x}\displaystyle\int_0^{x^2}f(t)(x^2-t)\,\mathrm{d}t$.

2. 求下列极限.

(1) $\displaystyle\lim_{x\to 0}\dfrac{\displaystyle\int_0^x\arctan t\,\mathrm{d}t}{x^2}$;

(2) $\displaystyle\lim_{x\to 0}\dfrac{\displaystyle\int_0^x(1+\sin 2t)^{\frac{1}{t}}\,\mathrm{d}t}{x}$;

(3) $\displaystyle\lim_{x\to 0}\dfrac{x-\displaystyle\int_0^x\mathrm{e}^{-t^2}\,\mathrm{d}t}{x\cdot\arcsin x\cdot\tan x}$;

(4) $\displaystyle\lim_{x\to 0}\dfrac{\displaystyle\int_0^x(1+2t)^{\frac{1}{t}}\,\mathrm{d}t}{\displaystyle\int_0^x\mathrm{e}^{t^2}\,\mathrm{d}t}$;

(5) $\displaystyle\lim_{x\to +\infty}\dfrac{\displaystyle\int_0^x(\arctan t)^2\,\mathrm{d}t}{x}$;

(6) $\displaystyle\lim_{x\to +\infty}\dfrac{\displaystyle\int_0^x(t+t^2)\mathrm{e}^{t^2-x^2}\,\mathrm{d}t}{x}$.

3. 求下列积分.

(1) $\displaystyle\int_0^2(3x^2-2x+1)\,\mathrm{d}x$;

(2) $\displaystyle\int_1^4\sqrt{x}\,(1+\sqrt{x})\,\mathrm{d}x$;

(3) $\displaystyle\int_{\frac{1}{\sqrt{3}}}^{\sqrt{3}}\dfrac{1}{1+x^2}\,\mathrm{d}x$;

(4) $\displaystyle\int_0^2\dfrac{x}{1+x^2}\,\mathrm{d}x$;

(5) $\displaystyle\int_{-\frac{\sqrt{3}}{2}}^{\frac{\sqrt{3}}{2}}\dfrac{1}{\sqrt{1-x^2}}\,\mathrm{d}x$;

(6) $\displaystyle\int_{-1}^0\dfrac{3x^4+3x^2+2}{x^2+1}\,\mathrm{d}x$;

(7) $\displaystyle\int_0^\pi|\cos x|\,\mathrm{d}x$;

(8) $\displaystyle\int_1^\pi f(x)\,\mathrm{d}x$ ，其中 $f(x)=\begin{cases}\sin x,\ x>\dfrac{\pi}{2}\\[2mm] x^2,\ x\leqslant\dfrac{\pi}{2}\end{cases}$.

4. 设 $F(x)=\displaystyle\int_0^x\dfrac{\sin t}{t}\,\mathrm{d}t$ ，求 $F'(0)$.

5. 设 $f(x)$ 在 $[a,b]$ 上连续，且 $f(x)>0$ ，令 $F(x)=\displaystyle\int_a^x f(t)\,\mathrm{d}t+\int_b^x\dfrac{1}{f(t)}\,\mathrm{d}t$.
求证：(1) $F'(x)\geqslant 2$ ；(2) $F(x)$ 在 (a,b) 内有且仅有一个零点.

6. 设 $f(x)=\displaystyle\int_0^x t(1-t)\mathrm{e}^{-2t}\,\mathrm{d}t$ ，问当 x 为何值时，$f(x)$ 取得极值.

6.3 定积分的换元积分法

定理 6.5 设函数 $f(x)$ 在区间 $[a,b]$ 上连续，函数 $x=\varphi(t)$ 满足条件：
(1) $\varphi(t)$ 在区间 $[\alpha,\beta]$（或 $[\beta,\alpha]$）上有连续导数 $\varphi'(t)$ ；
(2) 当 t 从 α 变到 β 时，$\varphi(t)$ 从 $\varphi(\alpha)=a$ 单调地变到 $\varphi(\beta)=b$ ，则有

$$\int_a^b f(x)\,\mathrm{d}x=\int_\alpha^\beta f[\varphi(t)]\varphi'(t)\,\mathrm{d}t$$

证　因为 $f(x)$ 连续，所以存在原函数 $F(x)$，即

$$\int f(x)\mathrm{d}x = F(x) + C.$$

又由不定积分换元公式

$$\int f[\varphi(t)]\varphi'(t)\mathrm{d}t = F[\varphi(t)] + C.$$

根据牛顿-莱布尼茨公式

$$\int_a^b f(x)\mathrm{d}x = F(b) - F(a) = F[\varphi(\beta)] - F[\varphi(\alpha)] = \int_\alpha^\beta f[\varphi(t)]\varphi'(t)\mathrm{d}t.$$

应用换元公式时要注意：①用 $x = \varphi(t)$ 把原来变量 x 代换成新变量 t 时，积分限也要换成相应于新变量 t 的积分限；②求出 $f[\varphi(t)]\varphi'(t)$ 的一个原函数后，不必像计算不定积分那样要再把 t 变换成原来变量 x 的函数.

【例 6.9】　求下列积分.

(1) $\displaystyle\int_{\frac{\pi}{4}}^{\pi} \cos\left(x + \frac{\pi}{4}\right)\mathrm{d}x$；　　　　　　　(2) $\displaystyle\int_0^{\frac{\pi}{2}} \cos^5 x \sin x\,\mathrm{d}x$；

(3) $\displaystyle\int_0^4 \frac{x+2}{\sqrt{2x+1}}\mathrm{d}x$；　　　　　　　(4) $\displaystyle\int_0^a \sqrt{a^2 - x^2}\,\mathrm{d}x$　$(a > 0)$.

解　(1) 原式 $= \displaystyle\int_{\frac{\pi}{4}}^{\pi} \cos\left(x + \frac{\pi}{4}\right)\mathrm{d}\left(x + \frac{\pi}{4}\right) = \left[\sin\left(x + \frac{\pi}{4}\right)\right]_{\frac{\pi}{4}}^{\pi} = -\frac{\sqrt{2}}{2} - 1.$

(2) 原式 $= -\displaystyle\int_0^{\frac{\pi}{2}} \cos^5 x\,\mathrm{d}\cos x = -\left[\frac{1}{6}\cos^6 x\right]_0^{\frac{\pi}{2}} = \frac{1}{6}.$

(3) 设 $t = \sqrt{2x+1}$，则 $x = \frac{1}{2}(t^2 - 1)$，$\mathrm{d}x = t\,\mathrm{d}t$.

$$\text{原式} = \int_1^3 \frac{\frac{1}{2}(t^2-1)+2}{t} \cdot t\,\mathrm{d}t = \frac{1}{2}\int_1^3 (t^2 + 3)\mathrm{d}t = \frac{1}{2}\left[\frac{1}{3}t^3 + 3t\right]_1^3 = \frac{22}{3}.$$

(4) 设 $x = a\sin t$，则 $\mathrm{d}x = a\cos t\,\mathrm{d}t$.

$$\text{原式} = \int_0^{\frac{\pi}{2}} \sqrt{a^2 - a^2\sin^2 t} \cdot a\cos t\,\mathrm{d}t = \int_0^{\frac{\pi}{2}} a^2\cos^2 t\,\mathrm{d}t$$

$$= \frac{a^2}{2}\int_0^{\frac{\pi}{2}} (1 + \cos 2t)\mathrm{d}t = \frac{a^2}{2}\left[t + \frac{1}{2}\sin 2t\right]_0^{\frac{\pi}{2}} = \frac{\pi a^2}{4}.$$

【例 6.10】　证明：

(1) 若 $f(x)$ 在 $[-a, a]$ 上连续且为偶函数，则 $\displaystyle\int_{-a}^a f(x)\mathrm{d}x = 2\int_0^a f(x)\mathrm{d}x$.

(2) 若 $f(x)$ 在 $[-a, a]$ 上连续且为奇函数，则 $\displaystyle\int_{-a}^a f(x)\mathrm{d}x = 0$.

证　因为 $\displaystyle\int_{-a}^a f(x)\mathrm{d}x = \int_{-a}^0 f(x)\mathrm{d}x + \int_0^a f(x)\mathrm{d}x$，对积分 $\displaystyle\int_{-a}^0 f(x)\mathrm{d}x$ 作代换 $x = -t$，则得

$$\int_{-a}^0 f(x)\mathrm{d}x = -\int_a^0 f(-t)\mathrm{d}t = \int_0^a f(-t)\mathrm{d}t = \int_0^a f(-x)\mathrm{d}x.$$

于是　　$\displaystyle\int_{-a}^a f(x)\mathrm{d}x = \int_0^a f(-x)\mathrm{d}x + \int_0^a f(x)\mathrm{d}x = \int_0^a [f(x) + f(-x)]\mathrm{d}x.$

(1) 若 $f(x)$ 为偶函数，则 $f(x) + f(-x) = 2f(x)$，

从而
$$\int_{-a}^{a}f(x)\mathrm{d}x=2\int_{0}^{a}f(x)\mathrm{d}x.$$

（2）若 $f(x)$ 为奇函数，则 $f(x)+f(-x)=0$，

从而
$$\int_{-a}^{a}f(x)\mathrm{d}x=0.$$

【例 6.11】 求下列积分.

（1）$\int_{-1}^{1}(3x^2+2x+1)\mathrm{d}x$；   （2）$\int_{-\frac{1}{2}}^{\frac{1}{2}}\dfrac{x^2\arcsin x+1}{\sqrt{1-x^2}}\mathrm{d}x$.

解 （1）在 $[-1,1]$ 上，$f(x)=3x^2+1$ 为偶函数，$g(x)=2x$ 为奇函数，则
$$原式=2\int_{0}^{1}(3x^2+1)\mathrm{d}x=2[x^3+x]_0^1=4.$$

（2）在 $\left[-\dfrac{1}{2},\dfrac{1}{2}\right]$ 上，$f(x)=\dfrac{x^2\arcsin x}{\sqrt{1-x^2}}$ 为奇函数，$g(x)=\dfrac{1}{\sqrt{1-x^2}}$ 为偶函数，则
$$原式=2\int_{0}^{\frac{1}{2}}\dfrac{1}{\sqrt{1-x^2}}\mathrm{d}x=2[\arcsin x]_0^{\frac{1}{2}}=\dfrac{\pi}{3}.$$

【例 6.12】 若 $f(x)$ 在 $[0,1]$ 上连续，证明

（1）$\int_{0}^{\frac{\pi}{2}}f(\sin x)\mathrm{d}x=\int_{0}^{\frac{\pi}{2}}f(\cos x)\mathrm{d}x$；

（2）$\int_{0}^{\pi}xf(\sin x)\mathrm{d}x=\dfrac{\pi}{2}\int_{0}^{\pi}f(\sin x)\mathrm{d}x$，由此计算 $\int_{0}^{\pi}\dfrac{x\sin x}{1+\cos^2x}\mathrm{d}x$.

证 （1）设 $x=\dfrac{\pi}{2}-t$，则 $\mathrm{d}x=-\mathrm{d}t$，于是
$$\int_{0}^{\frac{\pi}{2}}f(\sin x)\mathrm{d}x=-\int_{\frac{\pi}{2}}^{0}f\left[\sin\left(\dfrac{\pi}{2}-t\right)\right]\mathrm{d}t=\int_{0}^{\frac{\pi}{2}}f(\cos t)\mathrm{d}t=\int_{0}^{\frac{\pi}{2}}f(\cos x)\mathrm{d}x.$$

（2）设 $x=\pi-t$，则 $\mathrm{d}x=-\mathrm{d}t$，于是
$$\int_{0}^{\pi}xf(\sin x)\mathrm{d}x=-\int_{\pi}^{0}(\pi-t)f[\sin(\pi-t)]\mathrm{d}t=\int_{0}^{\pi}(\pi-t)f(\sin t)\mathrm{d}t$$
$$=\pi\int_{0}^{\pi}f(\sin t)\mathrm{d}t-\int_{0}^{\pi}tf(\sin t)\mathrm{d}t=\pi\int_{0}^{\pi}f(\sin x)\mathrm{d}x-\int_{0}^{\pi}xf(\sin x)\mathrm{d}x.$$

所以
$$\int_{0}^{\pi}xf(\sin x)\mathrm{d}x=\dfrac{\pi}{2}\int_{0}^{\pi}f(\sin x)\mathrm{d}x.$$

利用上述结论，即得
$$\int_{0}^{\pi}\dfrac{x\sin x}{1+\cos^2x}\mathrm{d}x=\dfrac{\pi}{2}\int_{0}^{\pi}\dfrac{\sin x}{1+\cos^2x}\mathrm{d}x=-\dfrac{\pi}{2}\int_{0}^{\pi}\dfrac{\mathrm{d}(\cos x)}{1+\cos^2x}$$
$$=-\dfrac{\pi}{2}[\arctan(\cos x)]_0^{\pi}=\dfrac{\pi^2}{4}.$$

【例 6.13】 设 $f(x)$ 是连续的周期函数，周期为 T，证明：

（1）$\int_{a}^{a+T}f(x)\mathrm{d}x=\int_{0}^{T}f(x)\mathrm{d}x$；

（2）$\int_{a}^{a+nT}f(x)\mathrm{d}x=n\int_{0}^{T}f(x)\mathrm{d}x$（$n\in N$），由此计算 $\int_{0}^{n\pi}\sqrt{1+\sin 2x}\mathrm{d}x$.

证 （1）设 $\Phi(a)=\int_{a}^{a+T}f(x)\mathrm{d}x$，则 $\Phi'(a)=f(a+T)-f(a)=0$，知 $\Phi(a)$ 与 a 无

关，因此 $\Phi(a) = \Phi(0)$，即 $\int_a^{a+T} f(x)\mathrm{d}x = \int_0^T f(x)\mathrm{d}x$.

(2) $\int_a^{a+nT} f(x)\mathrm{d}x = \sum_{k=0}^{n-1} \int_{a+kT}^{a+kT+T} f(x)\mathrm{d}x$.

由（1）知 $\int_{a+kT}^{a+kT+T} f(x)\mathrm{d}x = \int_0^T f(x)\mathrm{d}x$，因此 $\int_a^{a+nT} f(x)\mathrm{d}x = n\int_0^T f(x)\mathrm{d}x$.

由于 $\sqrt{1+\sin 2x}$ 是以 π 为周期的周期函数，利用上述结论，有

$$\int_0^{n\pi} \sqrt{1+\sin 2x}\,\mathrm{d}x = n\int_0^{\pi} \sqrt{1+\sin 2x}\,\mathrm{d}x = n\int_0^{\pi} |\sin x + \cos x|\,\mathrm{d}x$$

$$= \sqrt{2}\,n\int_0^{\pi} \left|\sin\left(x+\frac{\pi}{4}\right)\right|\,\mathrm{d}x = \sqrt{2}\,n\int_{\frac{\pi}{4}}^{\frac{5\pi}{4}} |\sin t|\,\mathrm{d}t$$

$$= \sqrt{2}\,n\int_0^{\pi} |\sin t|\,\mathrm{d}t = \sqrt{2}\,n\int_0^{\pi} \sin t\,\mathrm{d}t = 2\sqrt{2}\,n.$$

【例 6.14】 设函数 $f(x) = \begin{cases} x\mathrm{e}^{-x^2}, & x \geqslant 0 \\ \dfrac{1}{1+\cos x}, & -\pi < x < 0 \end{cases}$，求 $\int_1^4 f(x-2)\mathrm{d}x$.

解 设 $t = x - 2$，则 $\mathrm{d}x = \mathrm{d}t$，于是

$$\int_1^4 f(x-2)\mathrm{d}x = \int_{-1}^2 f(t)\mathrm{d}t = \int_{-1}^0 \frac{1}{1+\cos t}\mathrm{d}t + \int_0^2 t\mathrm{e}^{-t^2}\mathrm{d}t$$

$$= \left[\tan\frac{t}{2}\right]_{-1}^0 - \left[\frac{1}{2}\mathrm{e}^{-t^2}\right]_0^2 = \tan\frac{1}{2} - \frac{1}{2}\mathrm{e}^{-4} + \frac{1}{2}.$$

习题 6.3

1. 求下列积分.

(1) $\int_0^{\frac{\pi}{4}} \cos x\cos 3x\,\mathrm{d}x$ ；

(2) $\int_1^2 \frac{1}{(3x+1)^2}\mathrm{d}x$ ；

(3) $\int_{\mathrm{e}-1}^{\mathrm{e}^2-1} \frac{1+\ln(1+x)}{1+x}\mathrm{d}x$ ；

(4) $\int_1^{\mathrm{e}^2} \frac{1}{x\sqrt{2+\ln x}}\mathrm{d}x$ ；

(5) $\int_4^9 \frac{\sqrt{x}}{\sqrt{x}-1}\mathrm{d}x$ ；

(6) $\int_5^8 \frac{x+2}{x\sqrt{x-4}}\mathrm{d}x$ ；

(7) $\int_0^{\frac{2}{3}} \sqrt{4-9x^2}\,\mathrm{d}x$ ；

(8) $\int_{\frac{\sqrt{3}}{3}}^1 \frac{1}{x\sqrt{1+x^2}}\mathrm{d}x$ ；

(9) $\int_{\frac{\sqrt{3}}{3}}^{\sqrt{3}} \frac{1}{x\sqrt{1+x^2}}\left(x+\frac{1}{x}\right)\mathrm{d}x$ ；

(10) $\int_1^2 \frac{\sqrt{x^2-1}}{x}\mathrm{d}x$.

2. 设函数 $f(x) = \begin{cases} \dfrac{1}{1+x}, & x \geqslant 0 \\ \dfrac{1}{1+\mathrm{e}^x}, & x < 0 \end{cases}$，求 $\int_0^2 f(x-1)\mathrm{d}x$.

3. 设 $f(x)$ 在 $[a, b]$ 上连续，证明：$\int_a^b f(x)\mathrm{d}x = \int_a^b f(a+b-x)\mathrm{d}x$.

4. 设函数 $f(x) = \int_1^x \frac{\ln t}{1+t^2}\mathrm{d}t$，求证：$f(x) = f\left(\frac{1}{x}\right)$ （$x > 0$）.

6.4   定积分的分部积分法

定理 6.6   设函数 $u = u(x)$，$v = v(x)$ 在区间 $[a, b]$ 上的导函数连续，则

$$\int_a^b u(x)v'(x)\mathrm{d}x = [u(x) \cdot v(x)]_a^b - \int_a^b u'(x)v(x)\mathrm{d}x ,$$

简记为

$$\int_a^b u\,\mathrm{d}v = [uv]_a^b - \int_a^b v\,\mathrm{d}u .$$

这就是定积分的分部积分公式.

【**例 6.15**】   求下列积分.

$(1) \displaystyle\int_1^2 \ln x\,\mathrm{d}x$ ； $(2) \displaystyle\int_0^{\frac{1}{2}} \arcsin x\,\mathrm{d}x$ ；

$(3) \displaystyle\int_0^1 x^2 \mathrm{e}^x\,\mathrm{d}x$ ； $(4) \displaystyle\int_0^1 \mathrm{e}^{\sqrt{x}}\,\mathrm{d}x$.

解   (1) 原式 $= [x\ln x]_1^2 - \displaystyle\int_1^2 x\,\mathrm{d}\ln x = 2\ln 2 - \int_1^2 x \cdot \dfrac{1}{x}\mathrm{d}x = 2\ln 2 - [x]_1^2 = 2\ln 2 - 1.$

(2) 原式 $= [x\arcsin x]_0^{\frac{1}{2}} - \displaystyle\int_0^{\frac{1}{2}} x\,\mathrm{d}\arcsin x = \dfrac{\pi}{12} - \int_0^{\frac{1}{2}} \dfrac{x}{\sqrt{1-x^2}}\mathrm{d}x$

$$= \dfrac{\pi}{12} + \left[\sqrt{1-x^2}\right]_0^{\frac{1}{2}} = \dfrac{\pi}{12} + \dfrac{\sqrt{3}}{2} - 1.$$

(3) 原式 $= \displaystyle\int_0^1 x^2\,\mathrm{d}\mathrm{e}^x = [x^2\mathrm{e}^x]_0^1 - \int_0^1 \mathrm{e}^x\,\mathrm{d}x^2 = \mathrm{e} - 2\int_0^1 x\mathrm{e}^x\,\mathrm{d}x$

$$= \mathrm{e} - 2\int_0^1 x\,\mathrm{d}\mathrm{e}^x = \mathrm{e} - 2[x\mathrm{e}^x]_0^1 + 2\int_0^1 \mathrm{e}^x\,\mathrm{d}x$$

$$= \mathrm{e} - 2\mathrm{e} + 2[\mathrm{e}^x]_0^1 = \mathrm{e} - 2\mathrm{e} + 2(\mathrm{e}-1) = \mathrm{e} - 2.$$

(4) 设 $t = \sqrt{x}$ ，则 $x = t^2$ ，$\mathrm{d}x = 2t\,\mathrm{d}t$ ，于是

$$原式 = \int_0^1 \mathrm{e}^t \cdot 2t\,\mathrm{d}t = 2\int_0^1 t\,\mathrm{d}\mathrm{e}^t = 2[t\mathrm{e}^t]_0^1 - 2\int_0^1 \mathrm{e}^t\,\mathrm{d}t = 2\mathrm{e} - 2[\mathrm{e}^t]_0^1 = 2 .$$

【**例 6.16**】   已知 $f(\pi) = 1$，$f(x)$ 二阶连续可微，且 $\displaystyle\int_0^\pi [f(x) + f''(x)]\sin x\,\mathrm{d}x = 3$，求 $f(0)$.

解 $\displaystyle\int_0^\pi [f(x) + f''(x)]\sin x\,\mathrm{d}x = \int_0^\pi f(x)\sin x\,\mathrm{d}x + \int_0^\pi f''(x)\sin x\,\mathrm{d}x ,$

又 $\displaystyle\int_0^\pi f''(x)\sin x\,\mathrm{d}x = \int_0^\pi \sin x\,\mathrm{d}f'(x) = [f'(x)\sin x]_0^\pi - \int_0^\pi f'(x)\cos x\,\mathrm{d}x$

$$= -\int_0^\pi \cos x\,\mathrm{d}f(x) = -[f(x)\cos x]_0^\pi + \int_0^\pi f(x)\,\mathrm{d}\cos x$$

$$= f(\pi) + f(0) - \int_0^\pi f(x)\sin x\,\mathrm{d}x .$$

所以 $\displaystyle\int_0^\pi [f(x) + f''(x)]\sin x\,\mathrm{d}x = f(\pi) + f(0) = f(0) + 1 ,$

即 $f(0)+1=3$，故 $f(0)=2$.

【例 6.17】 证明 $I_n=\int_0^{\frac{\pi}{2}}\sin^n x\,\mathrm{d}x\ (=\int_0^{\frac{\pi}{2}}\cos^n x\,\mathrm{d}x)$

$$=\begin{cases}\dfrac{n-1}{n}\cdot\dfrac{n-3}{n-2}\cdot\cdots\cdot\dfrac{3}{4}\cdot\dfrac{1}{2}\cdot\dfrac{\pi}{2},&n\text{ 为正偶数},\\[2mm]\dfrac{n-1}{n}\cdot\dfrac{n-3}{n-2}\cdot\cdots\cdot\dfrac{4}{5}\cdot\dfrac{2}{3}\cdot1,&n\text{ 为大于 1 的正奇数}.\end{cases}$$

证 $I_n=-\int_0^{\frac{\pi}{2}}\sin^{n-1}x\,\mathrm{d}(\cos x)=[-\cos x\sin^{n-1}x]_0^{\frac{\pi}{2}}+(n-1)\int_0^{\frac{\pi}{2}}\sin^{n-2}x\cos^2 x\,\mathrm{d}x$.

右端第一项等于零；将第二项里的 $\cos^2 x$ 写成 $1-\sin^2 x$，并把积分分成两个，得

$$I_n=(n-1)\int_0^{\frac{\pi}{2}}\sin^{n-2}x\,\mathrm{d}x-(n-1)\int_0^{\frac{\pi}{2}}\sin^n x\,\mathrm{d}x=(n-1)I_{n-2}-(n-1)I_n.$$

由此得 $I_n=\dfrac{n-1}{n}I_{n-2}$.

这个等式为积分 I_n 关于下标的递推公式. 于是，

$$I_{2m}=\frac{2m-1}{2m}\cdot\frac{2m-3}{2m-2}\cdot\cdots\cdot\frac{3}{4}\cdot\frac{1}{2}\cdot I_0,$$

$$I_{2m+1}=\frac{2m}{2m+1}\cdot\frac{2m-2}{2m-1}\cdot\cdots\cdot\frac{6}{7}\cdot\frac{4}{5}\cdot\frac{2}{3}\cdot I_1\ (m=1,2,\cdots).$$

而 $I_0=\int_0^{\frac{\pi}{2}}\mathrm{d}x=\dfrac{\pi}{2}$，$I_1=\int_0^{\frac{\pi}{2}}\sin x\,\mathrm{d}x=1$，

因此 $$I_{2m}=\frac{2m-1}{2m}\cdot\frac{2m-3}{2m-2}\cdot\cdots\cdot\frac{3}{4}\cdot\frac{1}{2}\cdot\frac{\pi}{2},$$

$$I_{2m+1}=\frac{2m}{2m+1}\cdot\frac{2m-2}{2m-1}\cdot\cdots\cdot\frac{6}{7}\cdot\frac{4}{5}\cdot\frac{2}{3}\ (m=1,2,\cdots).$$

定积分 $\int_0^{\frac{\pi}{2}}\cos^n x\,\mathrm{d}x$ 与 $\int_0^{\frac{\pi}{2}}\sin^n x\,\mathrm{d}x$ 相等，由 6.3 中的例 6.12（1）即可知道.

习题 6.4

1. 求下列积分.

(1) $\int_0^{\frac{\pi}{2}}\mathrm{e}^{-x}\sin x\,\mathrm{d}x$；

(2) $\int_0^1 x\arctan x\,\mathrm{d}x$；

(3) $\int_e^{e^2}\dfrac{\ln x}{(x-1)^2}\mathrm{d}x$；

(4) $\int_1^e\sin(\ln x)\,\mathrm{d}x$；

(5) $\int_{\frac{\pi}{4}}^{\frac{\pi}{3}}\dfrac{x}{\sin^2 x}\mathrm{d}x$；

(6) $\int_0^{\sqrt{\ln2}}x^3\mathrm{e}^{-x^2}\mathrm{d}x$.

2. 设 $f(x)$ 在 $[0,1]$ 上具有二阶连续导数，且 $f(0)=1$，$f(1)=3$，$f'(1)=5$，求 $\int_0^1 xf''(x)\mathrm{d}x$.

3. 已知 $f(x)=\begin{cases}\sin x,&0\leqslant x\leqslant 1\\x\ln x,&1<x\leqslant 2\\1,&2<x\end{cases}$，求 $\int_0^x f(t)\mathrm{d}t$.

6.5 定积分的应用

6.5.1 定积分的微元法

设函数 $f(x)$ 在区间 $[a,b]$ 上连续且 $f(x) \geqslant 0$. 求以曲线 $y=f(x)$ 为曲边、底为 $[a,b]$ 的曲边梯形的面积 A（如图 6.5）.

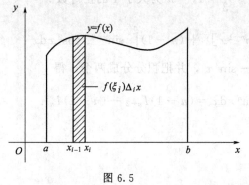

图 6.5

由定积分定义求曲边梯形面积的步骤如下.

（1）分割　用任意一组分点把 $[a,b]$ 分成长度为 Δx_i（$i=1,2,\cdots,n$）的 n 个小区间，相应地把曲边梯形分成 n 个窄曲边梯形，第 i 个窄曲边梯形的面积设为 ΔA_i，于是有 $A = \sum\limits_{i=1}^{n} \Delta A_i$.

（2）取近似 $\Delta A_i \approx f(\xi_i) \Delta x_i$　（$x_{i-1} \leqslant \xi_i \leqslant x_i$）.

（3）求和 $A \approx \sum\limits_{i=1}^{n} f(\xi_i) \Delta x_i$.

（4）取极限 $$A = \lim_{\lambda \to 0} \sum_{i=1}^{n} f(\xi_i) \Delta x_i = \int_a^b f(x) \mathrm{d}x.$$

式中，$\lambda = \max\limits_{1 \leqslant i \leqslant n} \{\Delta x_i\}$.

比较 $\lim\limits_{\lambda \to 0} \sum\limits_{i=1}^{n} f(\xi_i) \Delta x_i$ 与 $\int_a^b f(x) \mathrm{d}x$ 知道，积分区间由实际问题容易确定，想要得到定积分表达式 $\int_a^b f(x) \mathrm{d}x$，关键是确定被积表达式 $\mathrm{d}A = f(x) \mathrm{d}x$，其也称为面积元素（或面积微元）.

一般在区间 $[a,b]$ 上取小区间 $[x, x+\Delta x]$，令 $\xi = x$，得 $f(x) \Delta x$. 因为 $\Delta x = \mathrm{d}x$，所以面积微元 $\mathrm{d}A = f(x) \mathrm{d}x$，则 $A = \int_a^b f(x) \mathrm{d}x$，此方法称为微元法.

6.5.2 定积分的几何应用

6.5.2.1 平面图形的面积

在 6.1 中我们已经知道，如果在 $[a,b]$ 上 $f(x) \geqslant 0$，则以曲线 $y=f(x)$ 为曲边、底为 $[a,b]$ 的曲边梯形的面积为 $A = \int_a^b f(x) \mathrm{d}x$.

应用定积分，不但可以计算曲边梯形的面积，还可以计算一些比较复杂的平面图形的面积.

（1）由直线 $x=a$，$x=b$，x 轴及曲线 $y=f(x)$（其中 $f(x)$ 在 $[a,b]$ 上连续）所围成的平面图形面积 $A = \int_a^b |f(x)| \mathrm{d}x$.

考虑到 $f(x)$ 在 $[a,b]$ 上可能有正有负，而面积总是非负的，这时 $\int_a^b f(x) \mathrm{d}x$ 就未必

是所求的面积，但是由 $x=a$，$x=b$，x 轴及曲线 $y=|f(x)|$ 所围成的平面图形的面积与所求的面积是相等的（如图 6.6）．因此所求的面积为

$$A = \int_a^b |f(x)| \, \mathrm{d}x.$$

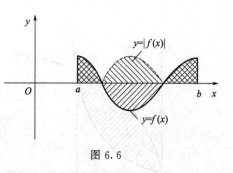

图 6.6

（2）由直线 $x=a$，$x=b$，曲线 $y=f(x)$ 及曲线 $y=g(x)$（其中 $f(x)$，$g(x)$ 在 $[a,b]$ 上连续，且 $f(x) \geqslant g(x)$）所围成的平面图形面积 $A = \int_a^b [f(x)-g(x)]\mathrm{d}x$（如图 6.7）．

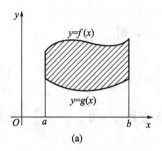
(a)

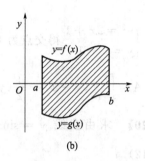
(b)

图 6.7

（3）由直线 $y=c$，$y=d$，y 轴及曲线 $x=\varphi(y) \geqslant 0$（其中 $\varphi(y)$ 在 $[c,d]$ 上连续）所围成的平面图形面积 $A = \int_c^d \varphi(y)\mathrm{d}y$（如图 6.8）．

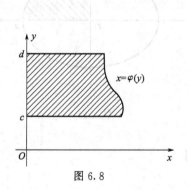

图 6.8

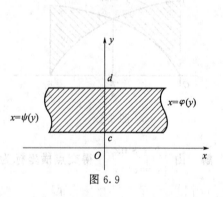

图 6.9

（4）由直线 $y=c$，$y=d$，曲线 $x=\varphi(y)$ 及曲线 $x=\psi(y)$（其中 $\varphi(y)$，$\psi(y)$ 在 $[c,d]$ 上连续，且 $\varphi(y) \geqslant \psi(y)$）所围成的平面图形面积 $A = \int_c^d [\varphi(y)-\psi(y)]\mathrm{d}y$（如图 6.9）．

【例 6.18】 求由曲线 $y=\sqrt{x}$，$y=x^2$ 围成的图形的面积（如图 6.10）．

解 由 $\begin{cases} y=\sqrt{x} \\ y=x^2 \end{cases}$ 得交点为 $(0,0)$，$(1,1)$，则

$$A = \int_0^1 (\sqrt{x} - x^2)\mathrm{d}x = \left[\frac{2}{3}x^{\frac{3}{2}} - \frac{1}{3}x^3\right]_0^1 = \frac{1}{3}.$$

【例 6.19】 求由曲线 $y^2=2x+1$ 与直线 $y=x-1$ 围成的图形的面积（如图 6.11）．

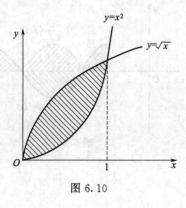

图 6.10

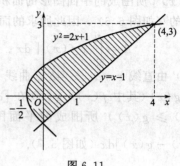

图 6.11

解 由 $\begin{cases} y^2 = 2x+1 \\ y = x-1 \end{cases}$ 得交点为 $(0,-1)$，$(4,3)$，则

$$A = \int_{-1}^{3} \left[(y+1) - \frac{1}{2}(y^2-1)\right]\mathrm{d}y = \left[\frac{1}{2}y^2 - \frac{1}{6}y^3 + \frac{3}{2}y\right]_{-1}^{3} = \frac{16}{3}.$$

【例 6.20】 求由曲线 $y = \sin x$、$y = \cos x$ 及直线 $x = 0$、$x = \dfrac{\pi}{2}$ 围成的图形的面积（如图 6.12）.

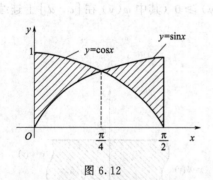

图 6.12

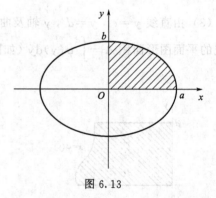

图 6.13

解 由 $\begin{cases} y = \sin x \\ y = \cos x \end{cases}$ 得交点横坐标为 $x = \dfrac{\pi}{4}$，则

$$A = \int_{0}^{\frac{\pi}{4}} (\cos x - \sin x)\mathrm{d}x + \int_{\frac{\pi}{4}}^{\frac{\pi}{2}} (\sin x - \cos x)\mathrm{d}x$$

$$= \left[\sin x + \cos x\right]_{0}^{\frac{\pi}{4}} + \left[-\cos x - \sin x\right]_{\frac{\pi}{4}}^{\frac{\pi}{2}} = 2(\sqrt{2}-1).$$

【例 6.21】 求椭圆 $\dfrac{x^2}{a^2} + \dfrac{y^2}{b^2} = 1$ （$a > 0, b > 0$）所围成的图形的面积（如图 6.13）.

解 所求的面积相当于由曲线

$$y = b\sqrt{1 - \frac{x^2}{a^2}}，\quad y = -b\sqrt{1 - \frac{x^2}{a^2}}$$

所围成的封闭图形的面积，两曲线的交点坐标为 $(-a, 0)$ 和 $(a, 0)$. 由图形的对称性，

所求的面积为

$$A = 4\int_0^a b\sqrt{1-\frac{x^2}{a^2}}\,\mathrm{d}x.$$

令 $x = a\sin t$，则 $\mathrm{d}x = a\cos t\,\mathrm{d}t$，因此

$$A = 4ab\int_0^{\frac{\pi}{2}}\cos^2 t\,\mathrm{d}t = 4ab\,\frac{\pi}{4} = \pi ab.$$

当 $a = b$ 时，就得到大家所熟悉的圆面积的公式 $A = \pi a^2$.

【例 6.22】 假设曲线 $L_1: y = 1-x^2$（$0\leqslant x\leqslant 1$），x 轴和 y 轴所围区域被曲线 $L_2: y = ax^2$ 分为面积相等的两部分，其中 a 为大于零的常数，试确定 a 的值.

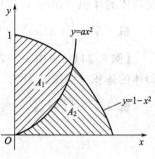

图 6.14

解 由 $\begin{cases} y = 1-x^2 \\ y = ax^2 \end{cases}$ 得交点为 $\left(\dfrac{1}{\sqrt{1+a}}, \dfrac{a}{1+a}\right)$（如图 6.14），则

$$A_1 = \int_0^{\frac{1}{\sqrt{1+a}}}\left[(1-x^2)-ax^2\right]\mathrm{d}x = \left[x-\frac{1}{3}x^3-\frac{1}{3}ax^3\right]_0^{\frac{1}{\sqrt{1+a}}} = \frac{2}{3\sqrt{1+a}}.$$

又

$$A_1 = \frac{1}{2}\int_0^1(1-x^2)\mathrm{d}x = \frac{1}{2}\left[x-\frac{1}{3}x^3\right]_0^1 = \frac{1}{3},$$

从而有 $A_1 = \dfrac{2}{3\sqrt{1+a}} = \dfrac{1}{3}$. 于是 $a = 3$.

6.5.2.2　旋转体的体积

旋转体就是由一个平面图形绕这平面内一条直线旋转一周而成的立体.

设一立体是由连续曲线 $y = f(x)$、直线 $x = a$、$x = b$ 及 x 轴所围成的曲边梯形绕 x 轴旋转一周而成. 现在我们考虑用定积分来计算这种旋转体的体积.

取横坐标 x 为积分变量，它的变化区间为 $[a, b]$. 相应于 $[a, b]$ 上的任一小区间 $[x, x+\mathrm{d}x]$ 的窄曲边梯形绕 x 轴旋转而成的薄片的体积近似于以 $f(x)$ 为底半径、$\mathrm{d}x$ 为高的扁圆柱体的体积（如图 6.15），即体积微元 $\mathrm{d}V = \pi[f(x)]^2\mathrm{d}x$.

于是，得到所求旋转体体积为 $V = \int_a^b\pi[f(x)]^2\mathrm{d}x$.

用类似的方法可以得到下面结论.

由直线 $y = c$，$y = d$，y 轴及曲线 $x = \varphi(y)$ 所围成的曲边梯形绕 y 轴旋转一周而成的旋转体（如图 6.16）的体积为 $V = \int_c^d\pi[\varphi(y)]^2\mathrm{d}y$.

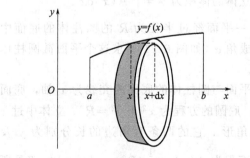

图 6.15

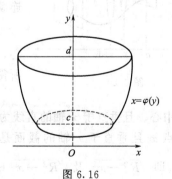

图 6.16

【例 6.23】 求由 $y=a$、$y=0$、$x=2a$、$x=0$ 所围成的平面图形绕 x 轴旋转一周得到的旋转体的体积（如图 6.17）.

解 $V=\displaystyle\int_0^{2a}\pi(a)^2\,\mathrm{d}x=2\pi a^3$.

【例 6.24】 求由 $x+2y=2a$、$y=0$、$x=0$ 所围成的平面图形绕 y 轴旋转一周得到的旋转体的体积（如图 6.18）.

解 $V=\displaystyle\int_0^a\pi(2a-2y)^2\,\mathrm{d}y=\dfrac{4\pi}{3}a^3$.

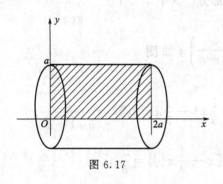

图 6.17

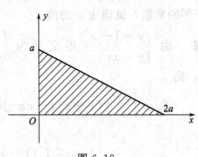

图 6.18

【例 6.25】 求由椭圆 $\dfrac{x^2}{a^2}+\dfrac{y^2}{b^2}=1$ 分别绕 x 轴和 y 轴旋转成旋转体的体积（如图 6.19）.

解
$$V_x=\pi\int_{-a}^a y^2\,\mathrm{d}x=2\pi\int_0^a y^2\,\mathrm{d}x=2\pi\int_0^a\frac{b^2}{a^2}(a^2-x^2)\,\mathrm{d}x$$
$$=2\pi\Big[\frac{b^2}{a^2}\Big(a^2x-\frac{x^3}{3}\Big)\Big]_0^a=\frac{4}{3}\pi ab^2.$$
$$V_y=\pi\int_{-b}^b x^2\,\mathrm{d}y=2\pi\int_0^b x^2\,\mathrm{d}y$$
$$=2\pi\int_0^b\frac{a^2}{b^2}(b^2-y^2)\,\mathrm{d}y=\frac{4}{3}\pi a^2b.$$

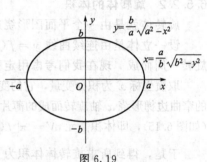

图 6.19

6.5.2.3　平行截面面积为已知的立体的体积

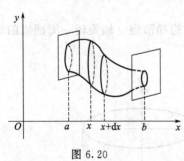

图 6.20

设空间某立体由一曲面和垂直于 x 轴的两平面 $x=a$，$x=b$ 围成（如图 6.20），如果过任意点 x（$a\leqslant x\leqslant b$）且垂直于 x 轴的平面截立体所得的截面面积 $A(x)$ 是已知的连续函数，则此立体的体积为 $V=\displaystyle\int_a^b A(x)\,\mathrm{d}x$.

【例 6.26】 一平面经过半径为 R 的圆柱体的底面中心，并与底面交成角 α（如图 6.21）. 求这个平面截圆柱体所得立体的体积.

解 取这个平面与圆柱体的底面的交线为 x 轴，底面上过圆心、且垂直于 x 轴的直线为 y 轴. 那么，底圆的方程为 $x^2+y^2=R^2$. 立体中过 x 轴上的点 x 且垂直于 x 轴的截面是一个直角三角形. 它的两条直角边的长分别为 y 及 $y\tan\alpha$，即 $\sqrt{R^2-x^2}$ 及 $\sqrt{R^2-x^2}\tan\alpha$. 因而截面积为 $A(x)=\dfrac{1}{2}(R^2-x^2)\tan\alpha$，于是所

求立体体积为

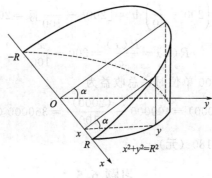

图 6.21

$$V = \int_{-R}^{R} \frac{1}{2}(R^2 - x^2)\tan\alpha \, dx = \frac{1}{2}\tan\alpha\left[R^2 x - \frac{1}{3}x^3\right]_{-R}^{R} = \frac{2}{3}R^3\tan\alpha.$$

6.5.3　定积分的经济应用

已知一总函数（例如：总产量、总成本、总利润等），利用微分运算可以求出边际函数；作为微分的逆运算，求积分则可以由已知的边际函数确定总函数.

【例 6.27】　设某产品在时刻 t 总产量的变化率为 $f(t) = 100 + 12t - 0.6t^2$（单位/小时），求从 $t = 2$ 到 $t = 4$ 这两个小时的总产量.

解　因为总产量是它的变化率的原函数，所以从 $t = 2$ 到 $t = 4$ 这两个小时的总产量为

$$\int_{2}^{4} f(t)dt = \int_{2}^{4}(100 + 12t - 0.6t^2)dt = \left[100t + 6t^2 - 0.2t^3\right]_{2}^{4} = 260.8（单位）.$$

【例 6.28】　设某种商品每天生产 x 单位时固定成本为 20 元，边际成本函数为 $C'(x) = 0.4x + 2$（元/单位），求

(1) 总成本函数 $C(x)$；

(2) 如果这种商品规定的销售单价为 18 元，且产品可以全部售出，求总利润函数 $L(x)$，并问每天生产多少单位时才能获得最大利润.

解　(1) 因为固定成本为 20 元，故 $C(0) = 20$，则

$$C(x) = \int_{0}^{x}(0.4t + 2)dt + C(0) = \left[0.2t^2 + 2t\right]_{0}^{x} + 20 = 0.2x^2 + 2x + 20.$$

(2) 设销售 x 单位商品得到的总收益为 $R(x)$，根据题意有 $R(x) = 18x$，

所以　　　　　　　$L(x) = R(x) - C(x) = 18x - (0.2x^2 + 2x + 20)$
$$= -0.2x^2 + 16x - 20.$$

由 $L'(x) = -0.4x + 16 = 0$，得 $x = 40$，而 $L''(40) = -0.4 < 0$，所以每天生产 40 单位时才能获最大利润. 最大利润为

$$L(40) = -0.2 \times 40^2 + 16 \times 40 - 20 = 300（元）.$$

【例 6.29】　已知生产某种商品 x 单位时，边际收益函数为 $R'(x) = 200 - \dfrac{x}{50}$（元/单位），试求：

(1) 生产 x 单位时总收益 $R(x)$ 以及平均单位收益 $\overline{R}(x)$；

(2) 生产这种产品 2000 单位时的总收益和平均单位收益.

解　（1）生产 x 单位时总收益为

$$R(x)=\int_0^x\left(200-\frac{t}{50}\right)\mathrm{d}t=\left[200t-\frac{t^2}{100}\right]_0^x=200x-\frac{x^2}{100}.$$

则平均单位收益为

$$\overline{R}(x)=\frac{R(x)}{x}=200-\frac{x}{100}.$$

（2）当生产这种产品 2000 单位时，总收益为

$$R(2000)=400000-\frac{(2000)^2}{100}=360000\text{（元）}.$$

平均单位收益为 $\overline{R}(2000)=180$ （元）.

习题 6.5

1. 求由下列曲线所围成的平面图形的面积.

（1）$y=\dfrac{1}{x}$，$y=x$，$x=2$；　　　　（2）$y=\mathrm{e}^x$，$y=\mathrm{e}^{-x}$，$x=1$；

（3）$y=x^2$，$y=x$，$y=2x$；　　　（4）$y=\sqrt{x}$，$y=x$，$y=2x$；

（5）$y=x(x-a)$，$y=x$，$(a>0)$；（6）$y=x^2$，$y=-2x^2+3$.

2. 求由抛物线 $y=-x^2+4x-3$ 及其在点 $(0,-3)$ 和点 $(3,0)$ 处两条切线所围成图形的面积.

3. 在 -1 和 2 之间求值 c，使 $y=-x$，$y=2x$，$y=1+cx$ 所围成图形的面积最小.

4. 求由下列已知曲线围成的平面图形绕指定的轴旋转而成的旋转体体积.

（1）$xy=3$，$x+y=4$ 绕 x 轴；　　　（2）$y=\cos x$，$x=0$，$x=\dfrac{\pi}{2}$，$y=0$ 绕 y 轴；

（3）$y^2=2x$，$y=x-4$ 绕 y 轴；　　　（4）$y=\ln x$，$y=0$，$x=\mathrm{e}$ 绕 x 轴和 y 轴；

（5）$y=x^2$，$x=y^2$ 绕 x 轴和 y 轴；　　　（6）$x^2+(y-2)^2=1$ 绕 x 轴.

5. 设直线 $y=ax+b$ 与直线 $x=0$，$x=1$ 及 $y=0$ 所围成梯形面积等于 A，试求 a,b，使这块面积绕 x 轴旋转所得体积最小 （$a\geqslant0$，$b\geqslant0$）.

6. 已知某产品的边际收益函数为 $R'(q)=10(10-q)\mathrm{e}^{-\frac{q}{10}}$. 其中 q 为销售量，$R=R(q)$ 为总收益，求该产品的总收益函数 $R(q)$.

7. 已知某产品的边际成本和边际收益函数分别为 $C'(q)=q^2-4q+6$，$R'(q)=105-2q$. 固定成本为 100，其中 q 为销售量，$C(q)$ 为总成本，$R(q)$ 为总收益，求最大利润.

*6.6　反常积分初步

我们前面讨论的定积分，都是有界函数在有限区间上的积分，但在实际应用和理论研究中，常常会遇到积分区间是无限的，或者积分区间有限但被积函数无界的情形，这时需对定积分概念加以推广. 在无限区间上的积分称为无穷积分，对无界函数的积分称为瑕积分，统称为反常积分.

6.6.1　无穷积分

定义 6.2　设函数 $f(x)$ 在区间 $[a,+\infty)$ 上连续，如果极限 $\displaystyle\lim_{b\to+\infty}\int_a^b f(x)\mathrm{d}x$ （$a<b$）

存在，则称此极限值为 $f(x)$ 在 $[a, +\infty)$ 上的无穷积分. 记作 $\displaystyle\int_a^{+\infty} f(x)\mathrm{d}x = \lim_{b \to +\infty}\int_a^b f(x)\mathrm{d}x$.

这时我们说无穷积分 $\displaystyle\int_a^{+\infty} f(x)\mathrm{d}x$ 存在或收敛. 如果 $\displaystyle\lim_{b \to +\infty}\int_a^b f(x)\mathrm{d}x$ 不存在，就说 $\displaystyle\int_a^{+\infty} f(x)\mathrm{d}x$ 不存在或发散，这时它只是一个符号，不再表示数值了.

类似地，可以定义 $f(x)$ 在 $(-\infty, b]$ 及 $(-\infty, +\infty)$ 上的无穷积分

$$\int_{-\infty}^b f(x)\mathrm{d}x = \lim_{a \to -\infty}\int_a^b f(x)\mathrm{d}x,$$

$$\int_{-\infty}^{+\infty} f(x)\mathrm{d}x = \int_{-\infty}^c f(x)\mathrm{d}x + \int_c^{+\infty} f(x)\mathrm{d}x \quad c \in (-\infty, +\infty).$$

对于无穷积分 $\displaystyle\int_{-\infty}^{+\infty} f(x)\mathrm{d}x$，其收敛的充要条件是 $\displaystyle\int_{-\infty}^c f(x)\mathrm{d}x$ 与 $\displaystyle\int_c^{+\infty} f(x)\mathrm{d}x$ 都收敛. 否则，右侧只要有一个发散，则称反常积分 $\displaystyle\int_{-\infty}^{+\infty} f(x)\mathrm{d}x$ 发散.

在计算反常积分时，为书写方便，通常记

$$F(+\infty) = \lim_{x \to +\infty} F(x),\ [F(x)]_a^{+\infty} = F(+\infty) - F(a),$$

则反常积分可以用下面的方法进行计算.

设 $F(x)$ 是 $f(x)$ 在区间 $[a, +\infty)$ 上的一个原函数，且 $\displaystyle\lim_{x \to +\infty} F(x)$ 存在，则

$$\int_a^{+\infty} f(x)\mathrm{d}x = [F(x)]_a^{+\infty} = F(+\infty) - F(a).$$

对于另外两种形式的无穷积分也有类似的结论.

【例 6.30】 求下列积分.

(1) $\displaystyle\int_0^{+\infty} \frac{1}{1+x^2}\mathrm{d}x$；

(2) $\displaystyle\int_0^{+\infty} \frac{\mathrm{e}^x}{1+\mathrm{e}^{2x}}\mathrm{d}x$；

(3) $\displaystyle\int_0^{+\infty} \mathrm{e}^{-ax}\mathrm{d}x\ (a > 0)$；

(4) $\displaystyle\int_1^{+\infty} \frac{1}{x+x^2}\mathrm{d}x$.

解 （1）原式 $= [\arctan x]_0^{+\infty} = \lim_{x \to +\infty}\arctan x - 0 = \dfrac{\pi}{2}$.

这个反常积分值的几何意义是：位于曲线 $y = \dfrac{1}{1+x^2}$ 的下方，x 轴的上方的第 I 象限部分的图形面积（如图 6.22）.

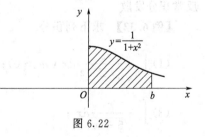

图 6.22

（2）原式 $= \displaystyle\int_0^{+\infty} \frac{1}{1+\mathrm{e}^{2x}}\mathrm{d}\mathrm{e}^x = [\arctan \mathrm{e}^x]_0^{+\infty}$

$\qquad = \lim_{x \to +\infty}\arctan \mathrm{e}^x - \arctan 1 = \dfrac{\pi}{4}$.

（3）原式 $= -\dfrac{1}{a}[\mathrm{e}^{-ax}]_0^{+\infty} = -\dfrac{1}{a}\lim_{x \to +\infty}\mathrm{e}^{-ax} + \dfrac{1}{a} = \dfrac{1}{a}$.

（4）原式 $= \displaystyle\int_1^{+\infty} \frac{1}{x(1+x)}\mathrm{d}x = \int_1^{+\infty}\left(\frac{1}{x} - \frac{1}{x+1}\right)\mathrm{d}x$

$$= \left[\ln \frac{x}{x+1}\right]_1^{+\infty} = \lim_{x \to +\infty} \ln \frac{x}{x+1} - \ln \frac{1}{2} = \ln 2.$$

【例 6.31】 证明：积分 $\displaystyle\int_1^{+\infty} \frac{1}{x^a} \mathrm{d}x$ 当 $a > 1$ 时收敛，当 $a \leqslant 1$ 时发散.

证 当 $a \neq 1$ 时

$$\int_1^b \frac{1}{x^a} \mathrm{d}x = \frac{1}{1-a}\left[x^{1-a}\right]_1^b = \frac{1}{1-a}\left[b^{1-a} - 1\right],$$

所以

$$\int_1^b \frac{1}{x^a} \mathrm{d}x = \lim_{b \to +\infty} \frac{1}{1-a}\left[b^{1-a} - 1\right] = \begin{cases} \dfrac{1}{a-1}, & a > 1 \\ +\infty, & a < 1 \end{cases}.$$

当 $a = 1$ 时 $\displaystyle\int_1^{+\infty} \frac{\mathrm{d}x}{x} = \lim_{b \to +\infty} \int_1^b \frac{\mathrm{d}x}{x} = \lim_{b \to +\infty} \ln b = +\infty$.

所以，积分 $\displaystyle\int_1^{+\infty} \frac{1}{x^a} \mathrm{d}x$ 当 $a > 1$ 时收敛，当 $a \leqslant 1$ 时发散.

6.6.2 瑕积分

如果函数 $f(x)$ 在点 a 的任一邻域内都无界，那么点 a 称为函数 $f(x)$ 的瑕点.

定义 6.3 设函数 $f(x)$ 在区间 $(a, b]$ 上连续，点 a 为 $f(x)$ 的瑕点. 如果 $\displaystyle\lim_{\varepsilon \to 0^+} \int_{a+\varepsilon}^b f(x)\mathrm{d}x$ 存在，就称此极限值为 $f(x)$ 在 $(a, b]$ 上的瑕积分，记作

$$\int_a^b f(x)\mathrm{d}x, \quad 即 \int_a^b f(x)\mathrm{d}x = \lim_{\varepsilon \to 0^+} \int_{a+\varepsilon}^b f(x)\mathrm{d}x.$$

这时，我们说瑕积分存在或收敛. 如果 $\displaystyle\lim_{\varepsilon \to 0^+} \int_{a+\varepsilon}^b f(x)\mathrm{d}x$ 不存在，就说 $\displaystyle\int_a^b f(x)\mathrm{d}x$ 不存在或发散.

类似地，可以定义 $f(x)$ 在区间 $[a, b)$ 上连续，点 b 为 $f(x)$ 的瑕点，及 $f(x)$ 在区间 $[a, b]$ 上除 c 点外连续，点 c 为瑕点的瑕积分

$$\int_a^b f(x)\mathrm{d}x = \lim_{\varepsilon \to 0^+} \int_a^{b-\varepsilon} f(x)\mathrm{d}x,$$

$$\int_a^b f(x)\mathrm{d}x = \int_a^c f(x)\mathrm{d}x + \int_c^b f(x)\mathrm{d}x = \lim_{\varepsilon_1 \to 0^+} \int_a^{c-\varepsilon_1} f(x)\mathrm{d}x + \lim_{\varepsilon_2 \to 0^+} \int_{c+\varepsilon_2}^b f(x)\mathrm{d}x.$$

上式若右侧两个反常积分都收敛，则称反常积分收敛；否则，右侧只要有一个发散，则称反常积分发散.

【例 6.32】 求下列积分.

(1) $\displaystyle\int_0^a \frac{1}{\sqrt{a^2 - x^2}} \mathrm{d}x \ (a > 0)$;

(2) $\displaystyle\int_0^1 \ln x \, \mathrm{d}x$;

(3) $\displaystyle\int_1^5 \frac{x}{\sqrt{5-x}} \mathrm{d}x$;

(4) $\displaystyle\int_{-1}^1 \frac{1}{x^2} \mathrm{d}x$.

解 (1) 因为 $\displaystyle\lim_{x \to a^-} \frac{1}{\sqrt{a^2 - x^2}} = +\infty$,

所以点 a 是瑕点，于是

$$\int_0^a \frac{1}{\sqrt{a^2-x^2}} dx = \left[\arcsin\frac{x}{a}\right]_0^a = \lim_{x\to a^-}\arcsin\frac{x}{a} - 0 = \frac{\pi}{2}.$$

这个反常积分值的几何意义是：位于曲线 $y = \dfrac{1}{\sqrt{a^2-x^2}}$ 之

下，x 轴之上，直线 $x=0$ 与 $x=a$ 之间的图形面积（如图 6.23）.

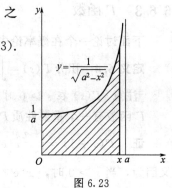

图 6.23

(2) 因为 $\lim\limits_{x\to 0^+}\ln x = -\infty$，所以点 $x=0$ 是瑕点，于是

$$\int_0^1 \ln x \, dx = [x\ln x]_0^1 - \int_0^1 x \, d(\ln x)$$
$$= (0 - \lim_{x\to 0^+} x\ln x) - \int_0^1 x \cdot \frac{1}{x} dx$$
$$= 0 - [x]_0^1 = -1$$

(3) 因为 $\lim\limits_{x\to 5^-}\dfrac{x}{\sqrt{5-x}} = +\infty$，所以点 $x=5$ 是瑕点，于是

$$\int_1^5 \frac{x}{\sqrt{5-x}} dx = \int_1^5 \left(\frac{5}{\sqrt{5-x}} - \sqrt{5-x}\right) dx = -10[\sqrt{5-x}]_1^5 + \frac{2}{3}[(5-x)^{\frac{3}{2}}]_1^5$$
$$= -10[\lim_{x\to 5^-}\sqrt{5-x} - 2] + \frac{2}{3}[0-8] = \frac{44}{3}.$$

(4) 因为 $\lim\limits_{x\to 0}\dfrac{1}{x^2} = +\infty$，所以点 $x=0$ 是瑕点，于是

$$\int_{-1}^1 \frac{1}{x^2} dx = \int_{-1}^0 \frac{1}{x^2} dx + \int_0^1 \frac{1}{x^2} dx.$$

由于
$$\int_{-1}^0 \frac{1}{x^2} dx = \left[-\frac{1}{x}\right]_{-1}^0 = -\left[\lim_{x\to 0^-}\frac{1}{x} - (-1)\right] = +\infty,$$

所以 $\int_{-1}^0 \dfrac{1}{x^2} dx$ 发散，故 $\int_{-1}^1 \dfrac{1}{x^2} dx$ 发散.

注意：瑕积分与通常的定积分记法相同，是否为瑕积分，需要检验积分区间上是否有瑕点，如果忽略了，按照通常的定积分计算，就会出现错误. 例如

$$\int_{-1}^1 \frac{1}{x^2} dx = \left[-\frac{1}{x}\right]_{-1}^1 = -2$$

这个计算就是因为忽略了瑕点 $x=0$ 而出现了错误.

【例 6.33】 证明积分 $\int_0^1 \dfrac{1}{x^a} dx$ 当 $0<a<1$ 时收敛，当 $a \geqslant 1$ 时发散.

证　因为 $\lim\limits_{x\to 0}\dfrac{1}{x^a} = +\infty$，所以点 $x=0$ 是瑕点，于是

当 $a \neq 1$ 时　　$\displaystyle\int_\varepsilon^1 \frac{1}{x^a} dx = \frac{1}{1-a}[x^{1-a}]_\varepsilon^1 = \frac{1}{1-a}[1-\varepsilon^{1-a}]$，

所以　　$\displaystyle\int_0^1 \frac{1}{x^a} dx = \lim_{\varepsilon\to 0^+}\frac{1}{1-a}[1-\varepsilon^{1-a}] = \begin{cases} \dfrac{1}{1-a}, & \text{当 } a<1 \text{ 时} \\ +\infty, & \text{当 } a>1 \text{ 时} \end{cases}.$

当 $a=1$ 时　　$\displaystyle\int_0^1 \frac{1}{x} dx = [\ln x]_0^1 = \lim_{\varepsilon\to 0^+}[0-\ln\varepsilon] = +\infty.$

所以，积分 $\int_0^1 \dfrac{1}{x^a}\mathrm{d}x$ 当 $0 < a < 1$ 时收敛，当 $a \geqslant 1$ 时发散.

6.6.3　Γ 函数

下面讨论一个在概率论中要用到的积分区间无限且含有参变量的积分.

定义 6.4　积分 $\Gamma(s) = \displaystyle\int_0^{+\infty} x^{s-1}\mathrm{e}^{-x}\mathrm{d}x$（$s > 0$）是参变量 s 的函数，称为 Γ 函数.

注意：$\Gamma(s)$ 在 $s > 0$ 时是收敛的，其他情形是发散的，证明略.

Γ 函数有一个重要性质 $\Gamma(s+1) = s\Gamma(s)$　　（$s > 0$）.

证　$\Gamma(s+1) = \displaystyle\int_0^{+\infty} x^s \mathrm{e}^{-x}\mathrm{d}x = -\int_0^{+\infty} x^s \mathrm{d}\mathrm{e}^{-x} = -[x^s \mathrm{e}^{-x}]_0^{+\infty} + s\int_0^{+\infty} x^{s-1}\mathrm{e}^{-x}\mathrm{d}x$.

又因为，当 $s > 0$ 时，$[x^s \mathrm{e}^{-x}]_0^{+\infty} = 0$，所以

$$\Gamma(s+1) = s\int_0^{+\infty} x^{s-1}\mathrm{e}^{-x}\mathrm{d}x = s\Gamma(s).$$

这是一个递推公式，利用这个公式，可得

$$\Gamma(1) = \int_0^{+\infty} \mathrm{e}^{-x}\mathrm{d}x = 1$$

$$\Gamma(2) = 1 \cdot \Gamma(1) = 1$$

$$\Gamma(3) = 2 \cdot \Gamma(2) = 2!$$

$$\Gamma(4) = 3 \cdot \Gamma(3) = 3!$$

$$\cdots$$

一般的，对任何正整数 n，有

$$\Gamma(n+1) = n!.$$

【**例 6.34**】　求下列各值.

(1) $\dfrac{\Gamma(6)}{2\Gamma(3)}$；

(2) $\dfrac{\Gamma\left(\dfrac{5}{2}\right)}{\Gamma\left(\dfrac{1}{2}\right)}$.

解　(1) $\dfrac{\Gamma(6)}{2\Gamma(3)} = \dfrac{5!}{2 \cdot 2!} = \dfrac{5 \cdot 4 \cdot 3 \cdot 2}{2 \cdot 2} = 30$.

(2) $\dfrac{\Gamma\left(\dfrac{5}{2}\right)}{\Gamma\left(\dfrac{1}{2}\right)} = \dfrac{\dfrac{3}{2}\Gamma\left(\dfrac{3}{2}\right)}{\Gamma\left(\dfrac{1}{2}\right)} = \dfrac{\dfrac{3}{2} \cdot \dfrac{1}{2}\Gamma\left(\dfrac{1}{2}\right)}{\Gamma\left(\dfrac{1}{2}\right)} = \dfrac{3}{4}$.

Γ 函数还可以写成另外一种形式，例如，设 Γ 函数中 $x = y^2$，则有

$$\Gamma(s) = 2\int_0^{+\infty} y^{2s-1}\mathrm{e}^{-y^2}\mathrm{d}y.$$

特别地，当 $s = \dfrac{1}{2}$ 时，$\Gamma\left(\dfrac{1}{2}\right) = 2\displaystyle\int_0^{+\infty} \mathrm{e}^{-y^2}\mathrm{d}y = \sqrt{\pi}$.

习题 6.6

1. 求下列积分.

(1) $\int_{1}^{+\infty} \dfrac{1}{x^4}\mathrm{d}x$;

(2) $\int_{1}^{+\infty} \dfrac{1}{\sqrt{x}}\mathrm{d}x$;

(3) $\int_{-\infty}^{+\infty} \dfrac{1}{x^2+2x+2}\mathrm{d}x$;

(4) $\int_{1}^{+\infty} \dfrac{\arctan x}{1+x^2}\mathrm{d}x$.

2. 求 $y=\mathrm{e}^{-x}$ 与直线 $y=0$ 之间位于第一象限内的平面图形绕 x 轴旋转得到的旋转体的体积.

3. 求 c 的值，使 $\lim\limits_{x\to+\infty}\left(\dfrac{x+c}{x-c}\right)^x=\int_{-\infty}^{c} t\,\mathrm{e}^{2t}\,\mathrm{d}t$

4. 求下列积分.

(1) $\int_{0}^{1} \dfrac{x}{\sqrt{1-x^2}}\mathrm{d}x$;

(2) $\int_{0}^{2} \dfrac{\mathrm{d}x}{(1-x)^2}$;

(3) $\int_{1}^{2} \dfrac{x}{\sqrt{x-1}}\mathrm{d}x$;

(4) $\int_{-1}^{2} \dfrac{2x}{x^2-4}\mathrm{d}x$.

5. 求下列各值.

(1) $\dfrac{\Gamma(5)\cdot\Gamma(4)}{4}$;

(2) $\dfrac{\Gamma\left(\dfrac{7}{2}\right)}{\Gamma\left(\dfrac{3}{2}\right)}$;

(3) $\dfrac{\Gamma(7)}{2\Gamma(3)\cdot\Gamma(2)}$.

总习题 6

1. 填空题.

(1) （数学三） $\dfrac{\mathrm{d}}{\mathrm{d}x}\int_{a}^{b} f(x)\mathrm{d}x=$ _____.

(2) （数学三） $\int_{-2}^{2} \dfrac{x+|x|}{2+x^2}\mathrm{d}x=$ _____.

(3) （数学三）若 $f(x)=\dfrac{1}{1+x^2}+\sqrt{1-x^2}\int_{0}^{1} f(x)\mathrm{d}x$ ，则 $\int_{0}^{1} f(x)\mathrm{d}x=$ _____.

(4) （数学三）设 $f(x)$ 有一个原函数 $\dfrac{\sin x}{x}$ ，则 $\int_{\frac{\pi}{2}}^{\pi} xf'(x)\mathrm{d}x=$ _____.

2. 选择题.

(1) （数学三）下列反常积分中发散的是（ ）.

(A) $\int_{-1}^{1} \dfrac{\mathrm{d}x}{\sin x}$

(B) $\int_{-1}^{1} \dfrac{\mathrm{d}x}{\sqrt{1-x^2}}$

(C) $\int_{0}^{+\infty} \mathrm{e}^{-x^2}\mathrm{d}x$

(D) $\int_{2}^{+\infty} \dfrac{\mathrm{d}x}{x\ln^2 x}$

(2) （数学三）设 $f(x)$ 为连续函数，且 $F(x)=\int_{\frac{1}{x}}^{\ln x} f(t)\mathrm{d}t$ ，则 $F'(x)$ 等于（ ）.

(A) $\dfrac{1}{x}f(\ln x)+\dfrac{1}{x^2}f\left(\dfrac{1}{x}\right)$

(B) $\dfrac{1}{x}f(\ln x)+f\left(\dfrac{1}{x}\right)$

(C) $\dfrac{1}{x}f(\ln x)-\dfrac{1}{x^2}f\left(\dfrac{1}{x}\right)$

(D) $f(\ln x)-f\left(\dfrac{1}{x}\right)$

(3) 下列不等式成立的是（ ）.

(A) $\displaystyle\int_0^1 e^{x^2}\,dx < \int_0^1 e^x\,dx$ 　　　　　(B) $\displaystyle\int_0^1 e^{-x^2}\,dx < \int_0^1 e^{-x}\,dx$

(C) $\displaystyle\int_0^1 \sin x\,dx < \int_0^1 \sin x^2\,dx$ 　　　　(D) $\displaystyle\int_0^{\frac{\pi}{2}} x\,dx < \int_0^{\frac{\pi}{2}} \sin x\,dx$

(4)（数学三）设 $f(x)=\displaystyle\int_0^{1-\cos x}\sin t^2\,dt$ ，$g(x)=\dfrac{x^5}{5}+\dfrac{x^6}{6}$ ，则当 $x\to0$ 时，$f(x)$ 是 $g(x)$ 的（　　）.

(A) 低阶无穷小 　　　　　　　(B) 高阶无穷小

(C) 等价无穷小 　　　　　　　(D) 同阶但不等价无穷小

3. 求下列极限.

(1)（数学三）$\displaystyle\lim_{x\to0}\dfrac{\displaystyle\int_0^x\left[\int_0^{u^2}\arctan(1+t)\,dt\right]du}{x(1-\cos x)}$.

(2)（数学三）$\displaystyle\lim_{x\to0}\dfrac{\displaystyle\int_0^x(x-t)f(t)\,dt}{x\displaystyle\int_0^x f(x-t)\,dt}$ ，其中函数 $f(x)$ 连续，且 $f(0)\neq0$.

4.（数学三）设 $f(x)=\begin{cases}\dfrac{2}{x^2}(1-\cos x), & x<0 \\[2mm] 1, & x=0 \\[2mm] \dfrac{1}{x}\displaystyle\int_0^x\cos t^2\,dt, & x>0\end{cases}$ ，试讨论 $f(x)$ 在 $x=0$ 处的连续性和

可导性.

5.（数学三）求函数 $I(x)=\displaystyle\int_e^x\dfrac{\ln t}{t^2-2t+1}\,dt$ 在区间 $[e,e^2]$ 上的最大值.

6. 求下列积分.

(1) $\displaystyle\int_0^a\dfrac{1}{x+\sqrt{a^2-x^2}}\,dx\ (a>1)$ ； 　　(2) $\displaystyle\int_0^\pi x^2\,|\cos x|\,dx$ ；

(3) $\displaystyle\int_1^{+\infty}\dfrac{1}{e^x+e^{2-x}}\,dx$ ； 　　　　(4) $\displaystyle\int_{\frac{1}{2}}^{\frac{3}{2}}\dfrac{1}{x^2-x}\,dx$.

7.（数学三）设 $f(x)=\begin{cases}x\,e^{x^2}, & -\dfrac{1}{2}\leqslant x<\dfrac{1}{2} \\[2mm] -1, & x\geqslant\dfrac{1}{2}\end{cases}$ ，求 $\displaystyle\int_{\frac{1}{2}}^2 f(x-1)\,dx$.

8.（数学三）(1) 把曲线 $y=e^{-x}$ 、x 轴、y 轴和直线 $x=\xi$（$\xi>0$）所围成的平面图形绕 x 轴旋转一周，得一旋转体，求此旋转体体积 $V(\xi)$，并求满足 $V(a)=\dfrac{1}{2}\displaystyle\lim_{\xi\to+\infty}V(\xi)$ 的 a.

(2) 在此曲线上找一点，使过该点的切线与两个坐标轴所夹平面图形的面积最大，并求出该面积.

知识窗 6　博学多才的数学大师——莱布尼茨

戈特弗里德·威廉·莱布尼茨（Gottfried Wilhelm Leibniz，1646～1716），德国最重要的数学家、物理学家、历史学家和哲学家，和牛顿同为微积分的创建人. 他的博学多才在科

学史上罕有可比，其研究成果遍及数学、力学、机械、地质、逻辑、动植物学、航海、外交、法学、哲学、神学和语言学等．"世界上没有两片完全相同的树叶"就是出自他之口，他还是最早研究中国文化和中国哲学的德国人，对丰富人类的科学知识宝库做出了不可磨灭的贡献．由于他创建了微积分，并精心设计了非常巧妙简洁的微积分符号，从而使他以伟大数学家的称号闻名于世．

莱布尼茨出生于德国东部莱比锡的一个书香之家，父亲是莱比锡大学的道德哲学教授，母亲出身于教授家庭．莱布尼茨的父母亲自做孩子的启蒙教师，耳濡目染使莱布尼茨从小就十分好学，并有很高的天赋，幼年时就对诗歌和历史有着浓厚的兴趣．不幸的是，父亲在他6岁时去世．父亲给他留下了丰富的藏书，知书达理的母亲担负起了儿子的幼年教育．莱布尼茨因此得以广泛接触古希腊、古罗马文化，阅读了许多著名学者的著作，由此而获得了坚实的文化功底和明确的学术目标．

8岁时，莱布尼茨进入尼古拉学校，学习拉丁文、希腊文、修辞学、算术、逻辑、音乐以及《圣经》、路德教义等．15岁时莱布尼茨进入莱比锡大学学习法律，一进校便跟上了大学二年级标准的人文学科的课程，他还抓紧时间学习了哲学和自然科学．1663年5月，他以《论个体原则方面的形而上学争论》一文获学士学位．这期间莱布尼茨还广泛阅读了培根、开普勒、伽利略等人的著作，并对他们的著述进行深入的思考和评价．在听了教授讲授的欧几里得的《几何原本》的课程后，莱布尼茨对数学产生了浓厚的兴趣．1664年1月，莱布尼茨完成了论文《论法学之艰难》，获哲学硕士学位．是年2月12日，他母亲不幸去世，18岁的莱布尼茨从此只身一人生活．他一生在思想、性格等方面受母亲影响颇深．

1665年，莱布尼茨向莱比锡大学提交了博士论文《论身份》．1666年，审查委员会以他太年轻（年仅20岁）而拒绝授予他法学博士学位．黑格尔认为，这可能是由于莱布尼茨哲学见解太多，审查论文的教授们看到他大力研究哲学，心里很不乐意．莱布尼茨对此很气愤，于是毅然离开莱比锡，前往纽伦堡附近的阿尔特多夫大学，并立即向学校提交了早已准备好的那篇博士论文．1667年2月，阿尔特多夫大学授予他法学博士学位，还聘请他为法学教授．1666年，莱布尼茨获得法学博士学位后，在纽伦堡加入了一个炼金术士团体．1667年，他通过该团体结识了政界人物博因堡男爵约翰·克里斯蒂文，并经男爵推荐给选帝侯迈因茨，从此莱布尼茨登上了政治舞台．他投身外交界，在大主教舍恩博恩的手下工作．1671～1672年冬季，他受迈因茨选帝侯之托，着手准备制止法国进攻德国的计划．1672年，莱布尼茨作为一名外交官出使巴黎，试图游说法国国王路易十四放弃进攻，却始终未能与法王见上一面，更谈不上完成选帝侯交给他的任务了．这次外交活动以失败而告终，然而在这期间，他深受惠更斯的启发，决心钻研微积分，并研究了笛卡儿、费马、帕斯卡等人的著作，开始创造性的工作．

始创微积分

17世纪下半叶，欧洲科学技术迅猛发展，由于生产力的提高和社会各方面的迫切需要，经各国科学家的努力与历史的积累，建立在函数与极限概念基础上的微积分理论应运而生了．

微积分思想，最早可以追溯到希腊由阿基米德等人提出的计算面积和体积的方法．1665年牛顿始创了微积分，莱布尼茨在1673～1676年间也发表了微积分思想的论著．

以前，微分和积分作为两种数学运算、两类数学问题，是被分别加以研究的．卡瓦列里、巴罗、沃利斯等人得到了一系列求面积（积分）、求切线斜率（导数）的重要结果，但这些结果都是孤立的，不连贯的．

只有莱布尼茨和牛顿将积分和微分真正沟通起来，明确地找到了两者内在的直接联系：微分和积分是互逆的两种运算．而这是微积分建立的关键所在．只有确立了这一基本关系，才能在此基础上构建系统的微积分学，并从对各种函数的微分和求积公式中总结出共同的算法程序，使微积分方法普遍化，发展成用符号表示的微积分运算法则．因此，微积分"是牛顿和莱布尼茨大体上完成的，但不是由他们发明的"．

然而关于微积分创立的优先权，在数学史上曾掀起了一场激烈的争论．实际上，牛顿在微积分方面的研究虽早于莱布尼茨，但莱布尼茨成果的发表则早于牛顿．

莱布尼茨 1684 年 10 月在《教师学报》上发表的论文《一种求极大极小的奇妙类型的计算》，是最早的微积分文献．这篇仅有六页的论文，内容并不丰富，说理也颇含糊，但却有着划时代的意义．

牛顿在三年后，即 1687 年出版的《自然哲学的数学原理》的第一版和第二版中也写道："十年前在我和最杰出的几何学家莱布尼茨的通信中，我表明我已经知道确定极大值和极小值的方法、作切线的方法以及类似的方法，但我在交换的信件中隐瞒了这方法……这位最卓越的科学家在回信中写道，他也发现了一种同样的方法．他并叙述了他的方法，它与我的方法几乎没有什么不同，除了他的措词和符号而外"（但在第三版及以后再版时，这段话被删掉了）．

因此，后来人们公认牛顿和莱布尼茨是各自独立地创建微积分的．

牛顿从物理学出发，运用集合方法研究微积分，其应用上更多地结合了运动学，造诣高于莱布尼茨．莱布尼茨则从几何问题出发，运用分析学方法引进微积分概念、得出运算法则，其数学的严密性与系统性是牛顿所不及的．

莱布尼茨认识到好的数学符号能节省思维劳动，运用符号的技巧是数学成功的关键之一．因此，他所创设的微积分符号远远优于牛顿的符号，这对微积分的发展有极大影响．1713 年，莱布尼茨发表了《微积分的历史和起源》一文，总结了自己创立微积分学的思路，说明了自己成就的独立性．

多才多艺

莱布尼茨一生中奋斗的主要目标是寻求一种可以获得知识和创造发明的普遍方法，这种努力导致许多的数学发现．莱布尼茨的多才多艺在历史上很少有人能和他相比，他的研究领域及其成果遍及数学、物理学、力学、逻辑学、生物学、化学、地理学、解剖学、动物学、植物学、气体学、航海学、地质学、语言学、法学、哲学、历史和外交等．

1693 年，莱布尼茨发表了一篇关于地球起源的文章，后来扩充为《原始地球》一书，提出了地球中火成岩、沉积岩的形成原因．对于地层中的生物化石，他认为这些化石反映了生物物种的不断发展，这种现象的终极原因是自然界的变化，而非偶然的神迹．他的地球成因学说，尤其是他的宇宙进化和地球演化的思想，启发了拉马克、赖尔等人，在一定程度上促进了 19 世纪地质学理论的进展．

1677 年，他写成《磷发现史》，对磷元素的性质和提取作了论述．他还提出了分离化学制品和使水脱盐的技术．

在生物学方面，莱布尼茨在 1714 年发表的《单子论》等著作中，从哲学角度提出了有机论方面的种种观点．他认为存在着介乎于动物、植物之间的生物，水螅虫的发现证明了他的观点．

在气象学方面，他曾亲自组织人力进行过大气压和天气状况的观察．

在形式逻辑方面，他区分和研究了理性的真理（必然性命题）、事实的真理（偶然性命题），并在逻辑学中引入了"充足理由律"，后来被人们认为是一条基本思维定律．他设想把数学方法应用于逻辑，把逻辑推理变成纯符号的逻辑演算，是逻辑成为一种证明的艺术，并为此进行了开创性的研究工作．尽管他后来中断了这一研究，但却给逻辑的发展指出了新的方向，对后来数理逻辑的创建起到了重要作用，因而被公认为数理逻辑的奠基人．

1696 年，莱布尼茨提出了心理学方面的身心平行论，他强调统觉作用，与笛卡儿的交互作用论、斯宾诺莎的一元论构成了当时心理学三大理论．他还提出了"下意识"理论的初步思想．

1691 年，莱布尼茨致信巴本，提出了蒸汽机的基本思想．

1700 年前后，他提出了无液气压原理，完全省掉了液柱，这在气压机发展史上起了重要作用．

法学是莱布尼茨获得过学位的学科，1667 年曾发表了《法学教学新法》，他在法学方面有一系列深刻的思想．

1677 年，莱布尼茨发表《通向一种普通文字》，以后他长时期致力于普遍文字思想的研究，对逻辑学、语言学做出了一定贡献．今天，人们公认他是世界语的先驱．

作为著名的哲学家，他的哲学主要是"单子论"、"前定和谐论"及自然哲学理论．其学说与其弟子沃尔夫的理论相结合，形成了莱布尼茨-沃尔夫体系，极大地影响了德国哲学的发展，尤其是影响了康德的哲学思想．他开创的德国自然哲学经过沃尔夫、康德、歌德到黑格尔得到了长足的发展．

莱布尼茨在担任布伦瑞克-汉诺威选帝侯史官时，著有《布伦瑞克史》三卷，他关于历史延续性的思想和从大局看小局的方法及其对于史料的搜集整理等对于日后德国哥廷根学派有着很大的影响．

在莱布尼茨从事学术研究的生涯中，他发表了大量的学术论文，还有不少文稿生前未发表．在数学方面，格哈特编辑的七卷本《数学全书》是莱布尼茨数学研究较完整的代表性著作．格哈特还编辑过七卷本的《哲学全书》．莱布尼茨已出版的各种各样的选集、著作集、书信集多达几十种，从中可以看到莱布尼茨的主要学术成就．今天，还有专门的莱布尼茨研究学术刊物"Leibniz"，可见其在科学史、文化史上的重要地位。

第7章

多元函数微积分学

我们前面所学的函数的自变量的个数都是一个，但是在实际问题中，所涉及的函数的自变量的个数往往是两个，或者更多．这种情形反映到数学上，就是多元函数．这一章将在一元函数微积分的基础上研究多元函数的微积分．在研究中我们以二元函数为主，但它的方法和结论很容易推广到三元或更多元函数．

7.1 多元函数的基本概念

在一元函数中，我们曾使用邻域和区间等概念．由于讨论多元函数的需要，下面我们把这些概念进行推广，同时引进一些其他概念．为此先引入平面点集的一些概念，将有关概念从 $\mathbf{R}^1$ 中的情形推广到 $\mathbf{R}^2$ 中．

7.1.1 平面点集

7.1.1.1 平面点集的概念

由平面解析几何知道，当在平面上引入了一个直角坐标系后，平面上的点 P 与有序二元实数组 (x,y) 之间就建立了一一对应．于是，我们常把有序实数组 (x,y) 与平面上的点 P 视作是等同的．这种建立了坐标系的平面称为坐标平面．

坐标平面上具有某种性质 P 的点的集合，称为平面点集，记作 $E=\{(x,y)\,|\,(x,y)$ 具有性质 $P\}$．例如，平面上以原点为中心、r 为半径的圆内所有点的集合是 $C=\{(x,y)\,|\,x^2+y^2<r^2\}$．如果我们以点 P 表示 (x,y)，以 $|OP|$ 表示点 P 到原点 O 的距离，那么集合 C 可表示成 $C=\{P\,|\,|OP|<r\}$．

7.1.1.2 邻域

设 $P_0(x_0,y_0)$ 是 xOy 平面上的一个点，δ 是某一正数，与点 $P_0(x_0,y_0)$ 距离小于 δ 的点 $P(x,y)$ 的全体，称为点 P_0 的 δ 邻域，记为 $U(P_0,\delta)$，即

$$U(P_0,\delta)=\{P\,\|\,PP_0\,|<\delta\} \text{ 或 } U(P_0,\delta)=\{(x,y)\,|\,\sqrt{(x-x_0)^2+(y-y_0)^2}<\delta\}.$$

邻域的几何意义：$U(P_0,\delta)$ 表示 xOy 平面上以点 $P_0(x_0,y_0)$ 为中心、$\delta>0$ 为半径的圆的内部的点 $P(x,y)$ 的全体.

点 P_0 的去心 δ 邻域，记作 $\dot{U}(P_0,\delta)$，即 $\dot{U}(P_0,\delta)=\{P\mid 0<\mid P_0P\mid<\delta\}$.

注意：如果不需要强调邻域的半径 δ，则用 $U(P_0)$ 表示点 P_0 的某个邻域，点 P_0 的去心邻域记作 $\dot{U}(P_0)$.

7.1.1.3　点与点集之间的关系

任意一点 $P\in\mathbf{R}^2$ 与任意一个点集 $E\subset\mathbf{R}^2$ 之间必有以下三种关系中的一种.

（1）**内点**　如果存在点 P 的某一邻域 $U(P)$，使得 $U(P)\subset E$，则称 P 为 E 的内点.

（2）**外点**　如果存在点 P 的某个邻域 $U(P)$，使得 $U(P)\bigcap E=\varnothing$，则称 P 为 E 的外点.

（3）**边界点**　如果点 P 的任一邻域内既有属于 E 的点，也有不属于 E 的点，则称 P 点为 E 的边界点.

E 的边界点的全体，称为 E 的边界，记作 ∂E.

E 的内点必属于 E；E 的外点必定不属于 E；而 E 的边界点可能属于 E，也可能不属于 E.

（4）**聚点**　如果对于任意给定的 $\delta>0$，点 P 的去心邻域 $\dot{U}(P,\delta)$ 内总有 E 中的点，则称 P 是 E 的聚点.

由聚点的定义可知，点集 E 的聚点 P 本身，可能属于 E，也可能不属于 E.

例如，设平面点集 $E=\{(x,y)\mid 1<x^2+y^2\leqslant 2\}$. 满足 $1<x^2+y^2<2$ 的一切点 (x,y) 都是 E 的内点，满足 $x^2+y^2=1$ 的一切点 (x,y) 都是 E 的边界点，它们都不属于 E；满足 $x^2+y^2=2$ 的一切点 (x,y) 也是 E 的边界点，它们都属于 E；点集 E 以及它的边界 ∂E 上的一切点都是 E 的聚点.

7.1.1.4　各种点集

开集：如果点集 E 的点都是内点，则称 E 为开集.

闭集：如果点集的余集 E^c 为开集，则称 E 为闭集.

例如，集合 $E=\{(x,y)\mid 1<x^2+y^2<2\}$ 为开集. 集合 $E=\{(x,y)\mid 1\leqslant x^2+y^2\leqslant 2\}$ 为闭集. 集合 $\{(x,y)\mid 1<x^2+y^2\leqslant 2\}$ 既非开集，也非闭集.

连通集：如果点集 E 内任何两点，都可用折线连接起来，且该折线上的点都属于 E，则称 E 为连通集.

区域（或**开区域**）：连通的开集称为区域或开区域，例如 $E=\{(x,y)\mid 1<x^2+y^2<2\}$.

闭区域：开区域连同它的边界一起所构成的点集称为闭区域，例如 $E=\{(x,y)\mid 1\leqslant x^2+y^2\leqslant 2\}$.

有界集：对于平面点集 E，如果存在某一正数 r，使得 $E\subset U(O,r)$，其中 O 是坐标原点，则称 E 为有界集.

无界集：一个集合如果不是有界集，就称这集合为无界集.

例如，集合 $\{(x,y)\mid 1\leqslant x^2+y^2\leqslant 2\}$ 是有界闭区域；集合 $\{(x,y)\mid x+y>1\}$ 是无界开区域.

7.1.2　多元函数及空间几何简介

7.1.2.1　多元函数概念

客观事物往往是由多种因素确定的，经常会遇到多个变量之间的依赖关系，举例如下：

【例 7.1】 圆柱体的体积 V 和它的底半径 r、高 h 之间具有关系 $V=\pi r^2 h$.

这里，当 r、h 在集合 $\{(r,h)\,|\,r>0,h>0\}$ 内取定一对值 (r,h) 时，V 对应的值就随之确定.

以上例子，涉及三个变量，而其中一个变量按一定规律依赖于另外两个变量，抽出这个性质就可以得到以下二元函数的定义.

定义 7.1 设 D 是 $\mathbf{R}^2$ 的一个非空子集，称映射 f：$D\to\mathbf{R}$ 为定义在 D 上的二元函数，通常记为

$$z=f(x,y),(x,y)\in D\text{（或 }z=f(P),P\in D\text{）}.$$

式中，点集 D 称为该函数的定义域，x，y 称为自变量，z 称为因变量.

上述定义中，与自变量 x、y 的一对值 (x,y) 相对应的因变量 z 的值，也称为 f 在点 (x,y) 处的函数值，记作 $f(x,y)$，即 $z=f(x,y)$.

值域：$f(D)=\{z\,|\,z=f(x,y),(x,y)\in D\}$.

函数的其他符号：$z=z(x,y),z=g(x,y)$ 等.

类似地可定义三元函数 $u=f(x,y,z),(x,y,z)\in D$ 以及三元以上的函数.

关于多元函数定义域的约定：在一般地讨论用算式表达的多元函数 $z=f(P)$ 时，就以使这个算式有意义的所有 P 所组成的点集为这个多元函数的自然定义域. 因而，对这类函数，它的定义域不再特别标出. 例如，函数 $z=\ln(x+y)$ 的定义域为 $\{(x,y)\,|\,x+y>0\}$（如图 7.1）；函数 $z=\arcsin(x^2+y^2)$ 的定义域为 $\{(x,y)\,|\,x^2+y^2\leq1\}$（如图 7.2）.

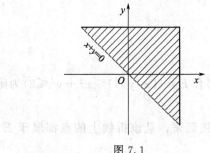

图 7.1

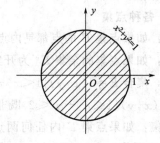

图 7.2

点集 $\{(x,y,z)\,|\,z=f(x,y),(x,y)\in D\}$ 称为二元函数 $z=f(x,y)$ 的图形，二元函数的图形是一张曲面.

例如，$z=ax+by+c$ 是一张平面.

7.1.2.2　空间直角坐标系

在空间取定一点 O 和三个两两垂直的数轴，依次记为 x 轴（横轴）、y 轴（纵轴）、z 轴（竖轴），统称为坐标轴. 它们构成一个空间直角坐标系，称为 $Oxyz$ 坐标系（如图 7.3）.

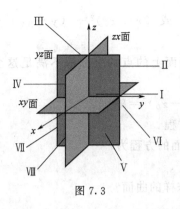

图 7.3

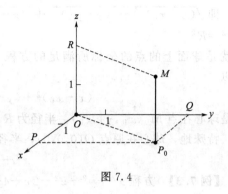

图 7.4

注意：（1）通常三个数轴应具有相同的长度单位；

（2）通常把 x 轴和 y 轴配置在水平面上，而 z 轴则是铅垂线；

（3）数轴的正向通常符合右手规则.

坐标面：在空间直角坐标系中，任意两个坐标轴可以确定一个平面，这种平面称为坐标面. x 轴及 y 轴所确定的坐标面叫做 xOy 面，另两个坐标面是 yOz 面和 zOx 面.

卦限：三个坐标面把空间分成八个部分，每一部分叫做卦限，含有三个正半轴的卦限叫做第一卦限，它位于 xOy 面的上方. 在 xOy 面的上方，按逆时针方向排列着第二卦限、第三卦限和第四卦限. 在 xOy 面的下方，与第一卦限对应的是第五卦限，按逆时针方向还排列着第六卦限、第七卦限和第八卦限. 八个卦限分别用字母 Ⅰ、Ⅱ、Ⅲ、Ⅳ、Ⅴ、Ⅵ、Ⅶ、Ⅷ表示.

坐标面上和坐标轴上的点，其坐标各有一定的特征. 例如，点 M 在 yOz 面上，则 $x=0$；同样，在 zOx 面上的点，$y=0$；在 xOy 面上的点，$z=0$. 如果点 M 在 x 轴上，则 $y=z=0$；同样在 y 轴上，有 $z=x=0$；在 z 轴上的点，有 $x=y=0$. 如果点 M 为原点，则 $x=y=z=0$.

两点间的距离公式（如图 7.4）计算.

设点 $M=(x,z)$，按勾股定理可得
$$|OM|=\sqrt{|OP|^2+|OQ|^2+|OR|^2},$$
设有点 $A(x_1,y_1,z_1)$，$B(x_2,y_2,z_2)$ 则点 A 与点 B 间的距离为
$$|AB|=\sqrt{(x_2-x_1)^2+(y_2-y_1)^2+(z_2-z_1)^2}.$$

7.1.2.3　曲面方程的概念

在空间解析几何中，任何曲面都可以看作点的几何轨迹. 在这样的意义下，如果曲面 S 与三元方程
$$F(x,y,z)=0$$
有下述关系83389C35

（1）曲面 S 上任一点的坐标都满足方程 $F(x,y,z)=0$；

（2）不在曲面 S 上的点的坐标都不满足方程 $F(x,y,z)=0$，

那么，方程 $F(x,y,z)=0$ 就叫做曲面 S 的方程，而曲面 S 就叫做方程 $F(x,y,z)=0$ 的图形.

【例 7.2】建立球心在点 $M_0(x_0,y_0,z_0)$，半径为 R 的球面的方程.

解　设 $M(x,y,z)$ 是球面上的任一点，那么 $|M_0M|=R$.

即 $\sqrt{(x-x_0)^2+(y-y_0)^2+(z-z_0)^2}=R$，或 $(x-x_0)^2+(y-y_0)^2+(z-z_0)^2=R^2$.

这就是球面上的点的坐标所满足的方程．而不在球面上的点的坐标都不满足这个方程．所以

$$(x-x_0)^2+(y-y_0)^2+(z-z_0)^2=R^2.$$

就是球心在点 $M_0(x_0,y_0,z_0)$，半径为 R 的球面的方程．

特殊地，球心在原点 $O(0,0,0)$，半径为 R 的球面的方程为

$$x^2+y^2+z^2=R^2.$$

【例 7.3】 方程 $x^2+y^2+z^2-2x+4y=0$ 表示怎样的曲面？

解 通过配方，原方程可以改写成

$$(x-1)^2+(y+2)^2+z^2=5.$$

这是一个球面方程，球心在点 $M_0(1,-2,0)$，半径为 $R=\sqrt{5}$.

一般地，设有三元二次方程

$$Ax^2+Ay^2+Az^2+Dx+Ey+Fz+G=0,$$

这个方程的特点是缺 xy，yz，zx 各项，而且平方项系数相同，只要将方程经过配方就可以化成方程

$$(x-x_0)^2+(y-y_0)^2+(z-z_0)^2=R^2.$$

的形式，它的图形就是一个球面．

7.1.2.4　柱面

考虑方程 $x^2+y^2=R^2$ 表示怎样的曲面？

方程 $x^2+y^2=R^2$ 在 xOy 面上表示圆心在原点 O，半径为 R 的圆．在空间直角坐标系中，方程不含竖坐标 z，即不论空间点的竖坐标 z 怎样，只要它的横坐标 x 和纵坐标 y 能满足这个方程，那么这些点就在这个曲面上．也就是说，过 xOy 面上的圆 $x^2+y^2=R^2$，且平行于 z 轴的直线一定在 $x^2+y^2=R^2$ 表示的曲面上．所以这个曲面可以看成是由平行于 z 轴的直线 l 沿 xOy 面上的圆 $x^2+y^2=R^2$ 移动而形成的，这曲面叫做圆柱面（参照图 7.9）．xOy 面上的圆 $x^2+y^2=R^2$ 叫做它的准线，平行于 z 轴的直线 l 叫做它的母线．

柱面：平行于定直线并沿定曲线 C 移动的直线 L 形成的轨迹叫做柱面，定曲线 C 叫做柱面的准线，动直线 L 叫做柱面的母线．

上面我们看到，不含 z 的方程 $x^2+y^2=R^2$ 在空间直角坐标系中表示圆柱面，它的母线平行于 z 轴，它的准线是 xOy 面上的圆 $x^2+y^2=R^2$.

一般地，只含 x、y 而缺 z 的方程 $F(x,y)=0$，在空间直角坐标系中表示母线平行于 z 轴的柱面，其准线是 xOy 面上的曲线 C：$F(x,y)=0$.

例如，方程 $y^2=2x$ 表示母线平行于 z 轴的柱面，它的准线是 xOy 面上的抛物线 $y^2=2x$，该柱面叫做抛物柱面．

又如，方程 $x-y=0$ 表示母线平行于 z 轴的柱面，其准线是 xOy 面的直线 $x-y=0$，所以它是过 z 轴的平面．

类似地，只含 x、z 而缺 y 的方程 $G(x,z)=0$ 和只含 y、z 而缺 x 的方程 $H(y,z)=0$ 分别表示母线平行于 y 轴和 x 轴的柱面．

例如，方程 $x-z=0$ 表示母线平行于 y 轴的柱面，其准线是 zOx 面上的直线 $x-z=0$．所以它是过 y 轴的平面．

7.1.2.5　二次曲面

与平面解析几何中规定的二次曲线相类似，我们把三元二次方程所表示的曲面叫做二次曲面．把平面叫做一次曲面．

（1）椭圆锥面　由方程 $\dfrac{x^2}{a^2}+\dfrac{y^2}{b^2}=z^2$ 所表示的曲面称为椭圆锥面（如图 7.5）．

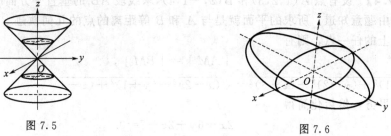

图 7.5　　　　　　　　　　　　　　　　图 7.6

（2）椭球面　由方程 $\dfrac{x^2}{a^2}+\dfrac{y^2}{b^2}+\dfrac{z^2}{c^2}=1$ 所表示的曲面称为椭球面（如图 7.6）．

（3）椭圆抛物面　由方程 $\dfrac{x^2}{a^2}+\dfrac{y^2}{b^2}=z$ 所表示的曲面称为椭圆抛物面（如图 7.7）．

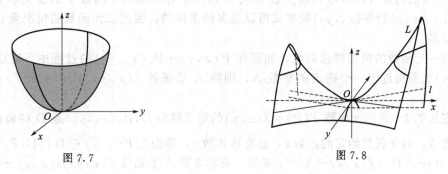

图 7.7　　　　　　　　　　　　　　　　图 7.8

（4）双曲抛物面（如图 7.8）　由方程 $\dfrac{x^2}{a^2}-\dfrac{y^2}{b^2}=z$ 所表示的曲面称为双曲抛物面．双曲抛物面又称马鞍面．

还有三种二次曲面是以三种二次曲线为准线的柱面：

$$\frac{x^2}{a^2}+\frac{y^2}{b^2}=1,\quad \frac{y^2}{a^2}-\frac{x^2}{b^2}=1,\quad x^2=ay,$$

依次称为椭圆柱面、双曲柱面、抛物柱面（如图 7.9～图 7.11）．

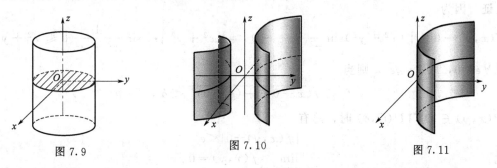

图 7.9　　　　　　　　　图 7.10　　　　　　　　　图 7.11

7.1.2.6　平面的一般方程

任一平面都可以用三元一次方程来表示，反过来，设有三元一次方程

$$Ax+By+Cz+D=0.$$

我们任取满足该方程的一组数 x_0，y_0，z_0，即 $Ax_0+By_0+Cz_0+D=0$．
把上述两等式相减，得 $A(x-x_0)+B(y-y_0)+C(z-z_0)=0$，
由于方程 $Ax+By+Cz+D=0$．与方程 $A(x-x_0)+B(y-y_0)+C(z-z_0)=0$
同解，所以任一三元一次方程 $Ax+By+Cz+D=0$ 的图形总是一个平面．

【例 7.4】 设有点 $A(1,2,3)$ 和 $B(2,-1,4)$，求线段 AB 的垂直平分面的方程．

解 由题意知道，所求的平面就是与 A 和 B 等距离的点的几何轨迹．设 $M(x,y,z)$ 为所求平面上的任一点，则有

$$|AM|=|BM|,$$

即 $\sqrt{(x-1)^2+(y-2)^2+(z-3)^2}=\sqrt{(x-2)^2+(y+1)^2+(z-4)^2}$．
等式两边平方，然后化简得

$$2x-6y+2z-7=0.$$

7.1.3 多元函数的极限

在一元函数中，我们曾学习过当自变量趋向于有限值时函数的极限．对于二元函数 $f(x,y)$ 我们同样可以学习当自变量 x 与 y 趋向于有限值时，函数 z 的变化状态．在平面 xOy 上，(x,y) 趋向 (x_0,y_0) 的方式可以是多种多样的，因此二元函数的情况要比一元函数复杂得多．

与一元函数的极限概念类似，如果在 $P(x,y)\rightarrow P_0(x_0,y_0)$ 的过程中，对应的函数值 $f(x,y)$ 无限接近于一个确定的常数 A，则称 A 是函数 $f(x,y)$ 当 $(x,y)\rightarrow(x_0,y_0)$ 时的极限．

定义 7.2 设二元函数 $f(P)=f(x,y)$ 的定义域为 D，$P_0(x_0,y_0)$ 是 D 的聚点．如果存在常数 A，对于任意给定的正数 ε，总存在正数 δ，使得当 $P(x,y)\in D\bigcap \mathring{U}(P_0,\delta)$ 时，都有 $|f(P)-A|=|f(x,y)-A|<\varepsilon$ 成立，则称常数 A 为函数 $f(x,y)$ 当 $(x,y)\rightarrow(x_0,y_0)$ 时的极限，记为

$$\lim_{(x,y)\rightarrow(x_0,y_0)}f(x,y)=A,\ \text{或}\ f(x,y)\rightarrow A((x,y)\rightarrow(x_0,y_0)),$$

也记作

$$\lim_{P\rightarrow P_0}f(P)=A\ \text{或}\ f(P)\rightarrow A(P\rightarrow P_0).$$

上述定义的极限也称为二重极限

【例 7.5】 设 $f(x,y)=(x^2+y^2)\sin\dfrac{1}{x^2+y^2}$，求证 $\lim\limits_{(x,y)\rightarrow(0,0)}f(x,y)=0$．

证 因为

$$|f(x,y)-0|=|(x^2+y^2)\sin\frac{1}{x^2+y^2}-0|=|x^2+y^2|\cdot|\sin\frac{1}{x^2+y^2}|\leqslant x^2+y^2,$$

可见 $\forall \varepsilon>0$，取 $\delta=\sqrt{\varepsilon}$，则当

$$0<\sqrt{(x-0)^2+(y-0)^2}<\delta,$$

即 $P(x,y)\in D\bigcap\mathring{U}(O,\delta)$ 时，总有

$$|f(x,y)-0|<\varepsilon$$

因此

$$\lim_{(x,y)\rightarrow(0,0)}f(x,y)=0.$$

注意：① 二重极限存在，是指 P 以任何方式趋于 P_0 时，函数都无限接近于 A．
② 如果当 P 以两种不同方式趋于 P_0 时，函数趋于不同的值，则函数的极限不存在．

例如，讨论函数 $f(x,y)=\begin{cases}\dfrac{xy}{x^2+y^2}, & x^2+y^2\neq 0 \\ 0, & x^2+y^2=0\end{cases}$ 在点 $(0,0)$ 有无极限.

当点 $P(x,y)$ 沿 x 轴趋于点 $(0,0)$ 时，

$$\lim_{(x,y)\to(0,0)}f(x,y)=\lim_{x\to 0}f(x,0)=\lim_{x\to 0}0=0;$$

当点 $P(x,y)$ 沿 y 轴趋于点 $(0,0)$ 时，

$$\lim_{(x,y)\to(0,0)}f(x,y)=\lim_{y\to 0}f(0,y)=\lim_{y\to 0}0=0.$$

当点 $P(x,y)$ 沿直线 $y=kx$ 有

$$\lim_{\substack{(x,y)\to(0,0)\\y=kx}}\frac{xy}{x^2+y^2}=\lim_{x\to 0}\frac{kx^2}{x^2+k^2x^2}=\frac{k}{1+k^2}.$$

显然它是随着 k 值的不同而改变的. 因此，函数 $f(x,y)$ 在 $(0,0)$ 处无极限.

多元函数的极限运算法则与一元函数的情况类似.

【例 7.6】 求 $\displaystyle\lim_{(x,y)\to(0,2)}\frac{\sin(xy)}{x}$.

解 $\displaystyle\lim_{(x,y)\to(0,2)}\frac{\sin(xy)}{x}=\lim_{(x,y)\to(0,2)}\frac{\sin(xy)}{xy}\cdot y=\lim_{(x,y)\to(0,2)}\frac{\sin(xy)}{xy}\cdot\lim_{(x,y)\to(0,2)}y$

$$=1\times 2=2$$

7.1.4　多元函数的连续性

像一元函数一样，可以利用二重极限来给出二元函数连续的定义.

定义 7.3　设二元函数 $f(P)=f(x,y)$ 的定义域为 D，$P_0(x_0,y_0)$ 为 D 的聚点，且 $P_0\in D$. 如果 $\displaystyle\lim_{(x,y)\to(x_0,y_0)}f(x,y)=f(x_0,y_0)$. 则称函数 $f(x,y)$ 在点 $P_0(x_0,y_0)$ 连续.

如果函数 $f(x,y)$ 在 D 的每一点都连续，那么就称函数 $f(x,y)$ 在 D 上连续，或者称 $f(x,y)$ 是 D 上的连续函数.

二元函数的连续性概念可相应地推广到 n 元函数 $f(P)$ 上去.

定义 7.4　设函数 $f(x,y)$ 的定义域为 D，$P_0(x_0,y_0)$ 是 D 的聚点. 如果函数 $f(x,y)$ 在点 $P_0(x_0,y_0)$ 不连续，则称 $P_0(x_0,y_0)$ 为函数 $f(x,y)$ 的间断点.

例如函数

$$f(x,y)=\begin{cases}\dfrac{xy}{x^2+y^2}, & x^2+y^2\neq 0 \\ 0, & x^2+y^2=0\end{cases},$$

其定义域 $D=\mathbf{R}^2$，$O(0,0)$ 是 D 的聚点. $f(x,y)$ 当 $(x,y)\to(0,0)$ 时的极限不存在，所以点 $O(0,0)$ 是该函数的一个间断点.

又如，函数 $z=\sin\dfrac{1}{x^2+y^2-1}$，其定义域为 $D=\{(x,y)\,|\,x^2+y^2\neq 1\}$，圆周 $C=\{(x,y)\,|\,x^2+y^2=1\}$ 上的点都是 D 的聚点，而 $f(x,y)$ 在 C 上没有定义，当然 $f(x,y)$ 在 C 上各点都不连续，所以圆周 C 上各点都是该函数的间断点.

注意：间断点可能是孤立点也可能是曲线上的点.

可以证明，多元连续函数的和、差、积仍为连续函数；连续函数的商在分母不为零处仍连续；多元连续函数的复合函数也是连续函数.

多元初等函数与一元初等函数类似，多元初等函数是指可用一个式子所表示的多元函数，这个式子是由常数及具有不同自变量的一元基本初等函数经过有限次的四则运算和复合运算而得到的.

例如，$\dfrac{x+x^2-y^2}{1+y^2}$，$\sin(x,y)$，$e^{x^2+y^2+z^2}$ 都是多元初等函数.

一切多元初等函数在其定义区域内是连续的. 所谓定义区域是指包含在定义域内的区域或闭区域.

由多元连续函数的连续性，如果要求多元连续函数 $f(P)$ 在点 P_0 处的极限，而该点又在此函数的定义区域内，则 $\lim\limits_{P\to P_0} f(P)=f(P_0)$.

【例 7.7】 求 $\lim\limits_{(x,y)\to(1,2)} \dfrac{x+y}{xy}$.

解 函数 $f(x,y)=\dfrac{x+y}{xy}$ 是初等函数，它的定义域为 $D=\{(x,y)\,|\,x\neq0,y\neq0\}$.

因为 $P_0(1,2)$ 为 D 的内点，故存在 P_0 的某一邻域 $U(P_0)\subset D$，而任何邻域都是区域，所以 $U(P_0)$ 是 $f(x,y)$ 的一个定义区域，因此 $\lim\limits_{(x,y)\to(1,2)} f(x,y)=f(1,2)=\dfrac{3}{2}$.

一般地，求 $\lim\limits_{P\to P_0} f(P)$ 时，如果 $f(P)$ 是初等函数，且 P_0 是 $f(P)$ 的定义域的内点，则 $f(P)$ 在点 P_0 处连续，于是 $\lim\limits_{P\to P_0} f(P)=f(P_0)$.

【例 7.8】 求 $\lim\limits_{(x,y)\to(0,0)} \dfrac{\sqrt{xy+1}-1}{xy}$.

解
$$\lim_{(x,y)\to(0,0)} \frac{\sqrt{xy+1}-1}{xy} = \lim_{(x,y)\to(0,0)} \frac{(\sqrt{xy+1}-1)(\sqrt{xy+1}+1)}{xy(\sqrt{xy+1}+1)}$$
$$= \lim_{(x,y)\to(0,0)} \frac{1}{\sqrt{xy+1}+1} = \frac{1}{2}.$$

最后列举有界闭区域上多元连续函数的几个性质，这些性质分别与有界闭区间上连续函数的性质相对应.

性质 1（有界性与最大值最小值定理） 在有界闭区域 D 上的多元连续函数，必定在 D 上有界，且能取得它的最大值和最小值.

性质 1 表明，若 $f(P)$ 在有界闭区域 D 上连续，则必定存在常数 $M>0$，使得对一切 $P\in D$，有 $|f(P)|\leqslant M$；且存在 $P_1,P_2\in D$，使得 $f(P_1)=\max\{f(P)\,|\,P\in D\}$，$f(P_2)=\min\{f(P)\,|\,P\in D\}$.

性质 2（介值定理） 在有界闭区域 D 上的多元连续函数必取得介于最大值和最小值之间的任何值.

习题 7.1

1. 填空题.

(1) 设 $f(x,y)=x^2+y^2$，$g(x,y)=x^2-y^2$，则 $f[g(x,y),y^2]=$ _____.

(2) 设 $z=x+y+f(x-y)$，且当 $y=0$ 时，$z=x^2$，则 $z=$ _____.

2. 求下列函数的定义域.

(1) $z=\dfrac{1}{\sqrt{x+y}}+\dfrac{1}{\sqrt{x-y}}$；
(2) $z=\ln(y-x)+\dfrac{\sqrt{x}}{\sqrt{1-x^2-y^2}}$；

(3) $u = \arccos \dfrac{z}{\sqrt{x^2 + y^2}}$;　　　　　　　(4) $z = \dfrac{\arcsin(x^2 + y^2)}{\sqrt{y - \sqrt{x}}}$.

3. 求下列各极限.

(1) $\lim\limits_{(x,y)\to(0,1)} \dfrac{1 - xy}{x^2 + y^2}$;　　　　　　　(2) $\lim\limits_{(x,y)\to(0,0)} \dfrac{2 - \sqrt{xy + 4}}{xy}$;

(3) $\lim\limits_{(x,y)\to(2,0)} \dfrac{\sin(xy)}{y}$.

4. 证明下列极限不存在.

(1) $\lim\limits_{(x,y)\to(0,0)} \dfrac{x^2 y^2}{x^2 y^2 + (x - y)^2}$;　　　　　　　(2) $\lim\limits_{(x,y)\to(0,0)} \dfrac{xy^2}{x^2 + y^4}$.

5. 函数 $z = \dfrac{y^2 + 2x}{y^2 - 2x}$ 在何处间断?

7.2 偏导数

7.2.1 偏导数的定义及其计算法

在一元函数中,我们已经知道导数就是函数的变化率.对于二元函数我们同样要研究它的"变化率".然而,由于自变量多了一个,情况就要复杂得多.在 xOy 平面内,当变量由 (x, y) 沿不同方向变化时,函数 $f(x, y)$ 的变化快慢一般说来是不同的,因此就需要研究 $f(x, y)$ 在 (x_0, y_0) 点处沿不同方向的变化率.在这里我们只学习 (x, y) 沿着平行于 x 轴和平行于 y 轴两个特殊方向变动时 $f(x, y)$ 的变化率.

对于二元函数 $z = f(x, y)$,如果只有自变量 x 变化,而自变量 y 固定,这时它就是 x 的一元函数,这函数对 x 的导数,就称为二元函数 $z = f(x, y)$ 对于 x 的偏导数.

定义 7.5 设函数 $z = f(x, y)$ 在点 (x_0, y_0) 的某一邻域内有定义,当 y 固定在 y_0 而 x 在 x_0 处有增量 Δx 时,相应地函数有增量 $f(x_0 + \Delta x, y_0) - f(x_0, y_0)$.如果极限

$$\lim_{\Delta x \to 0} \frac{f(x_0 + \Delta x, y_0) - f(x_0, y_0)}{\Delta x}$$

存在,则称此极限为函数 $z = f(x, y)$ 在点 (x_0, y_0) 处对 x 的偏导数,记作

$$\frac{\partial z}{\partial x}\bigg|_{\substack{x=x_0 \\ y=y_0}} , \quad \frac{\partial f}{\partial x}\bigg|_{\substack{x=x_0 \\ y=y_0}} , \quad z_x\bigg|_{\substack{x=x_0 \\ y=y_0}} , \quad \text{或} \; f_x(x_0, y_0) .$$

例如　　　　　$f_x(x_0, y_0) = \lim\limits_{\Delta x \to 0} \dfrac{f(x_0 + \Delta x, y_0) - f(x_0, y_0)}{\Delta x}$.

类似地,函数 $z = f(x, y)$ 在点 (x_0, y_0) 处对 y 的偏导数定义为

$$\lim_{\Delta y \to 0} \frac{f(x_0, y_0 + \Delta y) - f(x_0, y_0)}{\Delta y} ,$$

记作　　　　　$\dfrac{\partial z}{\partial y}\bigg|_{\substack{x=x_0 \\ y=y_0}} , \quad \dfrac{\partial f}{\partial y}\bigg|_{\substack{x=x_0 \\ y=y_0}} , \quad z_y\bigg|_{\substack{x=x_0 \\ y=y_0}} , \quad \text{或} \; f_y(x_0, y_0) .$

如果函数 $z = f(x, y)$ 在区域 D 内每一点 (x, y) 处对 x 的偏导数都存在,那么这个偏导

数就是 x、y 的函数，它就称为函数 $z = f(x,y)$ 对自变量 x 的偏导函数，记作 $\dfrac{\partial z}{\partial x}$，$\dfrac{\partial f}{\partial x}$，$z_x$，或 $f_x(x,y)$。偏导函数的定义式为

$$f_x(x,y) = \lim_{\Delta x \to 0} \frac{f(x+\Delta x, y) - f(x,y)}{\Delta x}$$

类似地，可定义函数 $z = f(x,y)$ 对 y 的偏导函数，记作 $\dfrac{\partial z}{\partial y}$，$\dfrac{\partial f}{\partial y}$，$z_y$，或 $f_y(x,y)$。偏导函数的定义式为

$$f_y(x,y) = \lim_{\Delta y \to 0} \frac{f(x, y+\Delta y) - f(x,y)}{\Delta y}.$$

偏导函数也叫偏导数。

求 $\dfrac{\partial f}{\partial x}$ 时，只要把 y 暂时看作常量而对 x 求导数，求 $\dfrac{\partial f}{\partial y}$ 时，只要把 x 暂时看作常量而对 y 求导数。

偏导数的概念还可推广到二元以上的函数。例如三元函数 $u = f(x,y,z)$ 在点 (x,y,z) 处对 x 的偏导数定义为 $f_x(x,y,z) = \lim\limits_{\Delta x \to 0} \dfrac{f(x+\Delta x, y, z) - f(x, y, z)}{\Delta x}$，其中 (x,y,z) 是函数 $u = f(x,y,z)$ 的定义域的内点，它们的求法也仍旧是一元函数的微分法问题。

【例 7.9】 求 $z = x^2 + 3xy + y^2$ 在点 $(1,2)$ 处的偏导数。

解 $\dfrac{\partial z}{\partial x} = 2x + 3y$，$\dfrac{\partial z}{\partial y} = 3x + 2y$。$\dfrac{\partial z}{\partial x}\Big|_{\substack{x=1\\y=2}} = 2 \cdot 1 + 3 \cdot 2 = 8$，$\dfrac{\partial z}{\partial y}\Big|_{\substack{x=1\\y=2}} = 3 \cdot 1 + 2 \cdot 2 = 7$。

【例 7.10】 求 $z = x^2 \sin 2y$ 的偏导数。

解 $\dfrac{\partial z}{\partial x} = 2x \sin 2y$，$\dfrac{\partial z}{\partial y} = 2x^2 \cos 2y$。

【例 7.11】 设 $z = x^y (x > 0, x \neq 1)$，求证：$\dfrac{x}{y}\dfrac{\partial z}{\partial x} + \dfrac{1}{\ln x}\dfrac{\partial z}{\partial y} = 2z$。

证 $\dfrac{\partial z}{\partial x} = yx^{y-1}$，$\dfrac{\partial z}{\partial y} = x^y \ln x$。

$$\frac{x}{y}\frac{\partial z}{\partial x} + \frac{1}{\ln x}\frac{\partial z}{\partial y} = \frac{x}{y}yx^{y-1} + \frac{1}{\ln x}x^y \ln x = x^y + x^y = 2z.$$

【例 7.12】 求 $r = \sqrt{x^2 + y^2 + z^2}$ 的偏导数。

解 $\dfrac{\partial r}{\partial x} = \dfrac{x}{\sqrt{x^2 + y^2 + z^2}} = \dfrac{x}{r}$，$\dfrac{\partial r}{\partial y} = \dfrac{y}{\sqrt{x^2 + y^2 + z^2}} = \dfrac{y}{r}$，$\dfrac{\partial r}{\partial z} = \dfrac{z}{\sqrt{x^2 + y^2 + z^2}} = \dfrac{z}{y}$。

7.2.2 偏导数的几何意义及偏导数存在与连续性的关系

设二元函数 $z = f(x,y)$ 在点 (x_0, y_0) 有偏导数，如图 7.12 所示。设 $M_0(x_0, y_0, f(x_0, y_0))$ 为曲面 $z = f(x,y)$ 上一点，过点 M_0 作平面 $y = y_0$，此平面与曲面相交得一曲线，曲线方程为 $\begin{cases} z = f(x,y) \\ y = y_0 \end{cases}$，由于偏导数 $f_x(x_0, y_0)$ 等于一元函数 $f(x, y_0)$ 的导数 $f'(x, y_0)$ $|_{x=x_0}$，故由函数的几何意义可知

$f_x(x_0, y_0) = f'(x, y_0)|_{x=x_0}$ 是截线 $z = f(x, y_0)$ 在点 M_0 处切线 T_x 对 x 轴的斜率。

$f_y(x_0,y_0) = f'(x_0,y)\big|_{y=y_0}$ 是截线 $z=f(x_0,y)$ 在点 M_0 处切线 T_y 对 y 轴的斜率.

我们知道，一元函数如果在某一点可导，那么函数在该点一定连续，但对于多元函数来说，即使各偏导数在某点都存在，也不能保证函数在该点连续. 这是因为各偏导数在某点都存在只能保证点 P 以两种不同方式趋于 P_0 时，函数值都无限接近于 $f(P_0)$，如果当 P 以任何方式趋于 P_0 时，函数趋于不同的值，则函数的极限不存在. 例如

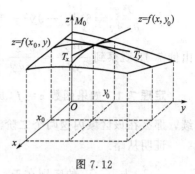

图 7.12

$$f(x,y) = \begin{cases} \dfrac{xy}{x^2+y^2}, & x^2+y^2 \neq 0 \\ 0, & x^2+y^2 = 0 \end{cases}$$

在点 $(0,0)$ 有，$f_x(0,0)=0$，$f_y(0,0)=0$，但函数在点 $(0,0)$ 并不连续.

实际上，
$$f_x(0,0) = \lim_{\Delta x \to 0} \frac{f(0+\Delta x,0)-f(0,0)}{\Delta x} = 0$$

$$f_y(0,0) = \lim_{\Delta y \to 0} \frac{f(0,0+\Delta y)-f(0,0)}{\Delta y} = 0$$

当点 $P(x,y)$ 沿 x 轴趋于点 $(0,0)$ 时，有 $\lim\limits_{(x,y)\to(0,0)} f(x,y) = \lim\limits_{x\to 0} f(x,0) = \lim\limits_{x\to 0} 0 = 0$；

当点 $P(x,y)$ 沿直线 $y=kx$ 趋于点 $(0,0)$ 时，有
$$\lim_{\substack{(x,y)\to(0,0)\\y=kx}} \frac{xy}{x^2+y^2} = \lim_{x\to 0} \frac{kx^2}{x^2+k^2x^2} = \frac{k}{1+k^2}.$$

因此，$\lim\limits_{(x,y)\to(0,0)} f(x,y)$ 不存在，故函数 $f(x,y)$ 在 $(0,0)$ 处不连续.

7.2.3　高阶偏导数

设函数 $z=f(x,y)$ 在区域 D 内具有偏导数 $\dfrac{\partial z}{\partial x}=f_x(x,y)$，$\dfrac{\partial z}{\partial y}=f_y(x,y)$，那么在 D 内 $f_x(x,y)$、$f_y(x,y)$ 都是 x,y 的函数，如果这两个函数的偏导数也存在，则称它们是函数 $z=f(x,y)$ 的二阶偏导数. 按照对变量求导次序的不同有下列四个二阶偏导数.

$$\frac{\partial}{\partial x}\left(\frac{\partial z}{\partial x}\right) = \frac{\partial^2 z}{\partial x^2} = f_{xx}(x,y)，\quad \frac{\partial}{\partial y}\left(\frac{\partial z}{\partial x}\right) = \frac{\partial^2 z}{\partial x \partial y} = f_{xy}(x,y)，$$

$$\frac{\partial}{\partial x}\left(\frac{\partial z}{\partial y}\right) = \frac{\partial^2 z}{\partial y \partial x} = f_{yx}(x,y)，\quad \frac{\partial}{\partial y}\left(\frac{\partial z}{\partial y}\right) = \frac{\partial^2 z}{\partial y^2} = f_{yy}(x,y).$$

其中 $\dfrac{\partial}{\partial y}\left(\dfrac{\partial z}{\partial x}\right) = \dfrac{\partial^2 z}{\partial x \partial y} = f_{xy}(x,y)$，$\dfrac{\partial}{\partial x}\left(\dfrac{\partial z}{\partial y}\right) = \dfrac{\partial^2 z}{\partial y \partial x} = f_{yx}(x,y)$ 称为混合偏导数.

同样可得三阶、四阶以及 n 阶偏导数. 二阶及二阶以上的偏导数统称为高阶偏导数.

【例 7.13】 设 $z=x^3y^2-3xy^3-xy+1$，求 $\dfrac{\partial^2 z}{\partial x^2}$、$\dfrac{\partial^3 z}{\partial x^3}$、$\dfrac{\partial^2 z}{\partial y \partial x}$ 和 $\dfrac{\partial^2 z}{\partial x \partial y}$.

解　$\dfrac{\partial z}{\partial x} = 3x^2y^2-3y^3-y$，$\dfrac{\partial z}{\partial y} = 2x^3y-9xy^2-x$；

$\dfrac{\partial^2 z}{\partial x^2} = 6xy^2$，$\dfrac{\partial^3 z}{\partial x^3} = 6y^2$；

$$\frac{\partial^2 z}{\partial x \partial y} = 6x^2 y - 9y^2 - 1, \quad \frac{\partial^2 z}{\partial y \partial x} = 6x^2 y - 9y^2 - 1.$$

由例 7.13 观察到 $\dfrac{\partial^2 z}{\partial y \partial x} = \dfrac{\partial^2 z}{\partial x \partial y}$．这不是偶然的，下面的定理说明了原因．

定理 7.1　如果函数 $z = f(x, y)$ 的两个二阶混合偏导数 $\dfrac{\partial^2 z}{\partial y \partial x}$ 及 $\dfrac{\partial^2 z}{\partial x \partial y}$ 在区域 D 内连续，那么在该区域内这两个二阶混合偏导数必相等．

证明从略．

$\dfrac{\partial^2 z}{\partial x \partial y}$ 与 $\dfrac{\partial^2 z}{\partial y \partial x}$ 的区别在于：前者是先对 x 求偏导，然后将所得的偏导函数再对 y 求偏导；后者是先对 y 求偏导再对 x 求偏导．当 $\dfrac{\partial^2 z}{\partial x \partial y}$ 与 $\dfrac{\partial^2 z}{\partial y \partial x}$ 都连续时，求导的结果与求导的先后次序无关．

【例 7.14】　验证函数 $z = \ln \sqrt{x^2 + y^2}$ 满足方程 $\dfrac{\partial^2 z}{\partial x^2} + \dfrac{\partial^2 z}{\partial y^2} = 0$．

证　因为 $z = \ln \sqrt{x^2 + y^2} = \dfrac{1}{2} \ln(x^2 + y^2)$，所以

$$\frac{\partial z}{\partial x} = \frac{x}{x^2 + y^2}, \quad \frac{\partial z}{\partial y} = \frac{y}{x^2 + y^2},$$

$$\frac{\partial^2 z}{\partial x^2} = \frac{(x^2 + y^2) - x \cdot 2x}{(x^2 + y^2)^2} = \frac{y^2 - x^2}{(x^2 + y^2)^2},$$

$$\frac{\partial^2 z}{\partial y^2} = \frac{(x^2 + y^2) - y \cdot 2y}{(x^2 + y^2)^2} = \frac{x^2 - y^2}{(x^2 + y^2)^2}.$$

因此

$$\frac{\partial^2 z}{\partial x^2} + \frac{\partial^2 z}{\partial y^2} = \frac{x^2 - y^2}{(x^2 + y^2)^2} + \frac{y^2 - x^2}{(x^2 + y^2)^2} = 0.$$

【例 7.15】　证明函数 $u = \dfrac{1}{r}$ 满足方程 $\dfrac{\partial^2 u}{\partial x^2} + \dfrac{\partial^2 u}{\partial y^2} + \dfrac{\partial^2 u}{\partial z^2} = 0$，其中 $r = \sqrt{x^2 + y^2 + z^2}$．

证

$$\frac{\partial u}{\partial x} = -\frac{1}{r^2} \cdot \frac{\partial r}{\partial x} = -\frac{1}{r^2} \cdot \frac{x}{r} = -\frac{x}{r^3},$$

$$\frac{\partial^2 u}{\partial x^2} = \frac{\partial}{\partial x}\left(-\frac{x}{r^3}\right) = -\frac{r^3 - x \cdot \dfrac{\partial}{\partial x}(r^3)}{r^6} = -\frac{r^3 - x \cdot 3r^2 \dfrac{\partial r}{\partial x}}{r^6}$$

$$\frac{\partial^2 u}{\partial x^2} = -\frac{1}{r^3} + \frac{3x}{r^4} \cdot \frac{\partial r}{\partial x} = -\frac{1}{r^3} + \frac{3x^2}{r^5}.$$

同理

$$\frac{\partial^2 u}{\partial y^2} = -\frac{1}{r^3} + \frac{3y^2}{r^5}, \quad \frac{\partial^2 u}{\partial z^2} = -\frac{1}{r^3} + \frac{3z^2}{r^5}.$$

因此

$$\frac{\partial^2 u}{\partial x^2} + \frac{\partial^2 u}{\partial y^2} + \frac{\partial^2 u}{\partial z^2} = \left(-\frac{1}{r^3} + \frac{3x^2}{r^5}\right) + \left(-\frac{1}{r^3} + \frac{3y^2}{r^5}\right) + \left(-\frac{1}{r^3} + \frac{3z^2}{r^5}\right)$$

$$= -\frac{3}{r^3} + \frac{3(x^2 + y^2 + z^2)}{r^5} = -\frac{3}{r^3} + \frac{3r^2}{r^5} = 0.$$

7.2.4　偏导数在经济分析中的应用——交叉弹性

在一元函数微分学中，我们引出了边际和弹性的概念，来分别表示经济函数在一点的变

化率和相对变化率，这些概念也可以推广到多元函数微分学中去，并被赋予了丰富的经济含义.

定义 7.6 设函数 $z = f(x, y)$ 在 (x, y) 处偏导数存在，函数对 x 的相对改变量 $\dfrac{\Delta_x z}{z} = \dfrac{f(x + \Delta x, y) - f(x, y)}{f(x, y)}$ 与自变量 x 的相对改变量 $\dfrac{\Delta x}{x}$ 之比 $\dfrac{\Delta_x z}{z} \Big/ \dfrac{\Delta x}{x}$ 称为函数 $f(x, y)$ 对 x 从 x 到 $x + \Delta x$ 两点间的弹性.

当 $\Delta x \to 0$ 时，$\dfrac{\Delta_x z}{z} \Big/ \dfrac{\Delta x}{x}$ 的极限称为 $f(x, y)$ 在 (x, y) 处对 x 的弹性，记作 η_x 或 $\dfrac{E_z}{E_x}$，即

$$\eta_x = \frac{E_z}{E_x} = \lim_{\Delta x \to 0} \frac{\Delta_x z}{z} \Big/ \frac{\Delta x}{x} = \frac{\partial z}{\partial x} \cdot \frac{x}{z}.$$

类似地可定义 $f(x, y)$ 在 (x, y) 处对 y 的弹性 $\eta_y = \dfrac{E_z}{E_y} = \lim\limits_{\Delta y \to 0} \dfrac{\Delta_y z}{z} \Big/ \dfrac{\Delta y}{y} = \dfrac{\partial z}{\partial y} \cdot \dfrac{y}{z}$.

特别地，如果 $z = f(x, y)$ 中 z 表示需求量，x 表示价格，y 表示消费者收入，则 η_x 表示需求对价格的弹性，η_y 表示需求对收入的弹性.

例如，某种品牌的电视机营销人员在开拓市场时，除关心本品牌电视机的价格取向外，更关心其他品牌同类型电视机的价格情况，以决定自己的营销策略. 即该品牌电视机的销量 Q_A 是它的价格 P_A 和其他品牌电视机价格 P_B 的函数 $Q_A = f(P_A, P_B)$. 通过分析其边际 $\dfrac{\partial Q_A}{\partial P_A}$ 及 $\dfrac{\partial Q_B}{\partial P_B}$ 可知道，Q_A 随着 P_A 及 P_B 变化的规律.

进一步分析其弹性，可知这种变化的灵敏度. $\dfrac{\dfrac{\partial Q_A}{\partial P_A}}{\dfrac{Q_A}{P_A}}$ 为 Q_A 对 P_A 的弹性，$\dfrac{\dfrac{\partial Q_A}{\partial P_B}}{\dfrac{Q_A}{P_B}}$ 为 Q_A 对 P_B 的弹性，亦称为 Q_A 对 P_B 的交叉弹性，记作 E_{AB}.

【例 7.16】 某商品的需求函数为 $Q_Y = 120 - 2P_Y + 15 P_X$，求当 $P_X = 10$，$P_Y = 15$ 时商品的交叉弹性.

解 $\dfrac{\partial Q_Y}{\partial P_X} = 15$，$Q_Y = 120 - 2 \times 15 + 15 \times 10 = 240$，

则
$$E_{YX} = \frac{\partial Q_Y}{\partial P_X} \times \frac{P_X}{Q_Y} = 15 \times \frac{10}{240} = 0.625.$$

【例 7.17】 随着我国养鸡工厂化的迅速发展，肉鸡价格会不断下降. 现估计明年肉鸡价格将下降 5%，已知肉鸡价格与猪肉需求量的交叉弹性为 0.85. 问明年猪肉的需求量将如何变化？

解 $E_{XY} = \dfrac{猪肉需求量的变化率}{鸡肉价格的变化率}$

所以，猪肉需求量的变化率 $= E_{XY} \times$ 鸡肉价格的变化率 $= 0.85 \times 5\% = 4.25\%$.

不同交叉弹性的值，反映了两种商品之间的相关性，具有明确的经济意义.

交叉弹性大于零，称 X 与 Y 为替代品；交叉弹性小于零，称 X 与 Y 为互补品；交叉弹性等于零，称 X 与 Y 为相互独立的商品.

习题 7.2

1. 求下列函数的偏导数.

(1) $s = \dfrac{u^2 + v^2}{uv}$;　　　　　　　　(2) $z = \sin(xy) + \cos^2(xy)$;

(3) $z = \ln\tan\dfrac{x}{y}$;　　　　　　　　(4) $u = x^{\frac{y}{z}}$.

2. 曲线 $\begin{cases} z = \dfrac{x^2 + y^2}{4} \\ y = 4 \end{cases}$ 在点 $(2,4,5)$ 处的切线对于 x 轴的倾角是多少?

3. 设 $f(x,y) = x + (y-1)\arcsin\sqrt{\dfrac{x}{y}}$ ，求 $f_x(x,1)$.

4. 求下列函数的 $\dfrac{\partial^2 z}{\partial x^2}, \dfrac{\partial^2 z}{\partial y^2}, \dfrac{\partial^2 z}{\partial x \partial y}$.

(1) $z = \arctan\dfrac{y}{x}$;　　　　　　　　(2) $z = y^x$.

5. 设 $f(x,y) = \begin{cases} \dfrac{x^2 y}{x^2 + y^2}, & x^2 + y^2 \neq 0 \\ 0, & x^2 + y^2 = 0 \end{cases}$ ，求 $f_x(x,y)$ 及 $f_y(x,y)$.

7.3　全微分及其应用

7.3.1　全微分的定义

我们已经学习了一元函数的微分概念，现在我们用类似的思想方法来学习多元函数的全增量，从而把微分的概念推广到多元函数. 这里我们以二元函数为例. 根据一元函数微分学中增量与微分的关系，有 $f(x+\Delta x, y) - f(x,y) \approx f_x(x,y)\Delta x$，$f(x+\Delta x, y) - f(x,y)$ 为函数对 x 的偏增量，$f_x(x,y)\Delta x$ 为函数对 x 的偏微分；$f(x, y+\Delta y) - f(x,y) \approx f_y(x,y)\Delta y$，$f(x, y+\Delta y) - f(x,y)$ 为函数对 y 的偏增量，$f_y(x,y)\Delta y$ 为函数对 y 的偏微分.

在许多实际问题中，我们还需要研究 $f(x,y)$ 的全增量. 定义 $\Delta z = f(x+\Delta x, y+\Delta y) - f(x,y)$ 为函数的全增量.

计算全增量比较复杂，我们希望用 Δx、Δy 的线性函数来近似代替之. 我们有了以下定义.

定义 7.7　如果函数 $z = f(x,y)$ 在点 (x,y) 的全增量 $\Delta z = f(x+\Delta x, y+\Delta y) - f(x,y)$ 可表示为

$$\Delta z = A\Delta x + B\Delta y + o(\rho) \quad (\rho = \sqrt{(\Delta x)^2 + (\Delta y)^2}),$$

式中，A,B 不依赖于 Δx、Δy 而仅与 x、y 有关，则称函数 $z = f(x,y)$ 在点 (x,y) 可微分，而称 $A\Delta x + B\Delta y$ 为函数 $z = f(x,y)$ 在点 (x,y) 的全微分，记作 $\mathrm{d}z$，即 $\mathrm{d}z = A\Delta x + B\Delta y$.

如果函数在区域 D 内各点处都可微分，那么称这函数在 D 内可微分.

我们知道，偏导数存在不一定连续. 但由上述定义可知，可微必连续. 这是因为，如果 $z = f(x,y)$ 在点 (x,y) 可微，则 $\Delta z = f(x+\Delta x, y+\Delta y) - f(x,y) = A\Delta x + B\Delta y + o(\rho)$，于是，$\lim\limits_{\rho \to 0}\Delta z = 0$，从而

$$\lim_{(\Delta x, \Delta y) \to (0,0)} f(x+\Delta x, y+\Delta y) = \lim_{\rho \to 0}[f(x,y) + \Delta z] = f(x,y).$$

因此函数 $z=f(x,y)$ 在点 (x,y) 处连续.

下面讨论函数 $z=f(x,y)$ 在点 (x,y) 处可微分的条件.

定理 7.2 （必要条件） 如果函数 $z=f(x,y)$ 在点 (x,y) 可微分，则函数在该点的偏导数 $\dfrac{\partial z}{\partial x}$、$\dfrac{\partial z}{\partial y}$ 必定存在，且函数 $z=f(x,y)$ 在点 (x,y) 的全微分为 $\mathrm{d}z=\dfrac{\partial z}{\partial x}\Delta x+\dfrac{\partial z}{\partial y}\Delta y$.

证 设函数 $z=f(x,y)$ 在点 $P(x,y)$ 可微分. 于是，对于点 P 的某个邻域内的任意一点 $P'(x+\Delta x,y+\Delta y)$，有 $\Delta z=A\Delta x+B\Delta y+o(\rho)$. 特别当 $\Delta y=0$ 时有
$$f(x+\Delta x,y)-f(x,y)=A\Delta x+o(|\Delta x|).$$

上式两边各除以 Δx，再令 $\Delta x\to0$ 而取极限，就得 $\lim\limits_{\Delta x\to0}\dfrac{f(x+\Delta x,y)-f(x,y)}{\Delta x}=A$，

从而偏导数 $\dfrac{\partial z}{\partial x}$ 存在，且 $\dfrac{\partial z}{\partial x}=A$. 同理可证偏导数 $\dfrac{\partial z}{\partial y}$ 存在，且 $\dfrac{\partial z}{\partial y}=B$. 所以

$$\mathrm{d}z=\frac{\partial z}{\partial x}\Delta x+\frac{\partial z}{\partial y}\Delta y.$$

我们知道，一元函数如果在某一点可导，那么函数在该点一定可微，但对于多元函数来说，即使各偏导数在某点都存在，也不能保证函数在该点可微. 因为各偏导数在某点都存在时，虽然能写出 $\dfrac{\partial z}{\partial x}\Delta x+\dfrac{\partial z}{\partial y}\Delta y$，但它与 Δz 之差并不一定是 ρ 的高阶无穷小，偏导数 $\dfrac{\partial z}{\partial x}$、$\dfrac{\partial z}{\partial y}$ 存在是可微分的必要条件，但不是充分条件.

例如，函数 $f(x,y)=\begin{cases}\dfrac{xy}{\sqrt{x^2+y^2}}, & x^2+y^2\neq0 \\ 0, & x^2+y^2=0\end{cases}$ 在点 $(0,0)$ 处虽然有 $f_x(0,0)=0$ 及 $f_y(0,0)=0$，

但函数在 $(0,0)$ 不可微分，即 $\Delta z-[f_x(0,0)\Delta x+f_y(0,0)\Delta y]$ 不是 ρ 的高阶无穷小.

这是因为当 $(\Delta x,\Delta y)$ 沿直线 $y=x$ 趋于 $(0,0)$ 时，

$$\lim_{\rho\to0}\frac{\Delta z-[f_x(0,0)\cdot\Delta x+f_y(0,0)\cdot\Delta y]}{\rho}=\lim_{\rho\to0}\frac{\Delta x\cdot\Delta y}{(\Delta x)^2+(\Delta y)^2}$$
$$=\lim_{\Delta y=\Delta x\to0}\frac{\Delta x\cdot\Delta x}{(\Delta x)^2+(\Delta x)^2}=\frac{1}{2}\neq0.$$

由定理 7.2 可知偏导数 $\dfrac{\partial z}{\partial x}$、$\dfrac{\partial z}{\partial y}$ 存在是可微分的必要条件，但不是充分条件. 但是，如果再假定各个偏导数连续，则可证明函数是可微的. 即有下面的定理.

定理 7.3 （充分条件） 如果函数 $z=f(x,y)$ 的偏导数 $\dfrac{\partial z}{\partial x}$、$\dfrac{\partial z}{\partial y}$ 在点 (x,y) 连续，则函数在该点可微分.

证明略.

定理 7.2 和定理 7.3 的结论可推广到三元及三元以上函数.

按着习惯 Δx、Δy 分别记作 $\mathrm{d}x$、$\mathrm{d}y$，并分别称为自变量的微分，则函数 $z=f(x,y)$ 的全微分可写作

$$\mathrm{d}z=\frac{\partial z}{\partial x}\mathrm{d}x+\frac{\partial z}{\partial y}\mathrm{d}y.$$

二元函数的全微分等于它的两个偏微分之和称为二元函数的微分符合叠加原理. 叠加原

理也适用于二元以上的函数，例如函数 $u=f(x,y,z)$ 的全微分为

$$du=\frac{\partial u}{\partial x}dx+\frac{\partial u}{\partial y}dy+\frac{\partial u}{\partial z}dz.$$

【例 7.18】 计算函数 $z=x^2y+y^2$ 的全微分.

解 因为 $\frac{\partial z}{\partial x}=2xy$，$\frac{\partial z}{\partial y}=x^2+2y$，所以 $dz=2xydx+(x^2+2y)dy$.

【例 7.19】 计算函数 $z=e^{xy}$ 在点 $(2,1)$ 处的全微分.

解 因为 $\frac{\partial z}{\partial x}=ye^{xy}$，$\frac{\partial z}{\partial y}=xe^{xy}$，$\frac{\partial z}{\partial x}\Big|_{\substack{x=2\\y=1}}=e^2$，$\frac{\partial z}{\partial y}\Big|_{\substack{x=2\\y=1}}=2e^2$，

所以 $$dz=e^2dx+2e^2dy.$$

【例 7.20】 计算函数 $u=x+\sin\frac{y}{2}+e^{yz}$ 的全微分.

解 因为 $\frac{\partial u}{\partial x}=1$，$\frac{\partial u}{\partial y}=\frac{1}{2}\cos\frac{y}{2}+ze^{yz}$，$\frac{\partial u}{\partial z}=ye^{yz}$，

所以 $$du=dx+\left(\frac{1}{2}\cos\frac{y}{2}+ze^{yz}\right)dy+ye^{yz}dz.$$

*7.3.2 全微分在近似计算中的应用

当二元函数 $z=f(x,y)$ 在点 $P(x,y)$ 的两个偏导数 $f_x(x,y)$，$f_y(x,y)$ 连续，并且 $|\Delta x|$，$|\Delta y|$ 都较小时，有近似等式

$$\Delta z\approx dz=f_x(x,y)\Delta x+f_y(x,y)\Delta y,$$

即 $$f(x+\Delta x,y+\Delta y)\approx f(x,y)+f_x(x,y)\Delta x+f_y(x,y)\Delta y.$$

我们可以利用上述近似等式对二元函数作近似计算.

【例 7.21】 计算 $(1.04)^{2.02}$ 的近似值.

解 设函数 $f(x,y)=x^y$. 显然，要计算的值就是函数在 $x=1.04,y=2.02$ 时的函数值 $f(1.04,2.02)$. 取 $x=1,y=2,\Delta x=0.04,\Delta y=0.02$. 由于

$$f(x+\Delta x,y+\Delta y)\approx f(x,y)+f_x(x,y)\Delta x+f_y(x,y)\Delta y=x^y+yx^{y-1}\Delta x+x^y\ln x\Delta y,$$

所以 $$(1.04)^{2.02}\approx 1^2+2\times 1^{2-1}\times 0.04+1^2\times\ln 1\times 0.02=1.08.$$

习题 7.3

1. 求下列函数的全微分.

(1) $z=\dfrac{y}{\sqrt{x^2+y^2}}$ ；   (2) $u=x^{yz}$.

2. 求函数 $z=\dfrac{xy}{\sqrt{x^2+y^2}}$ 当 $x=2$，$y=1$，$\Delta x=0.01$，$\Delta y=0.03$ 时的全增量和全微分.

*3. 计算 $\sqrt{(1.02)^3+(1.93)^3}$ 的近似值.

*4. 已知边长为 $x=6$cm 与 $y=8$cm 的矩形，如果 x 边增加 5cm 而 y 边减少 4cm，问这个矩形的对角线的近似变化怎样？

5. 有一圆柱体，受压后发生形变，它的半径由 20cm 增大到 20.05cm，高度由 100cm 减少到 99cm. 求此圆柱体体积变化的近似值.

7.4　多元复合函数的求导法则

在一元函数中，我们已经知道，复合函数的求导公式在求导法中所起的重要作用，对于多元函数来说也是如此. 下面我们来学习多元函数的复合函数的求导公式.

7.4.1　复合函数的中间变量均为一元函数的情形

定理 7.4　如果函数 $u=\varphi(t)$ 及 $v=\psi(t)$ 都在点 t 可导，函数 $z=f(u,v)$ 在对应点 (u,v) 具有连续偏导数，则复合函数 $z=f[\varphi(t),\psi(t)]$ 在点 t 可导，且有

$$\frac{\mathrm{d}z}{\mathrm{d}t}=\frac{\partial z}{\partial u}\cdot\frac{\mathrm{d}u}{\mathrm{d}t}+\frac{\partial z}{\partial v}\cdot\frac{\mathrm{d}v}{\mathrm{d}t}.$$

证　当 t 取得增量 Δt 时，u、v 及 z 相应地也取得增量 Δu、Δv 及 Δz. 由 $z=f(u,v)$、$u=\varphi(t)$ 及 $v=\psi(t)$ 的可微性，有

$$\Delta z=\frac{\partial z}{\partial u}\Delta u+\frac{\partial z}{\partial v}\Delta v+o(\rho)=\frac{\partial z}{\partial u}\left[\frac{\mathrm{d}u}{\mathrm{d}t}\Delta t+o(\Delta t)\right]+\frac{\partial z}{\partial v}\left[\frac{\mathrm{d}v}{\mathrm{d}t}\Delta t+o(\Delta t)\right]+o(\rho)$$

$$=\left(\frac{\partial z}{\partial u}\cdot\frac{\mathrm{d}u}{\mathrm{d}t}+\frac{\partial z}{\partial v}\cdot\frac{\mathrm{d}v}{\mathrm{d}t}\right)\Delta t+\left(\frac{\partial z}{\partial u}+\frac{\partial z}{\partial v}\right)o(\Delta t)+o(\rho),$$

$$\frac{\Delta z}{\Delta t}=\frac{\partial z}{\partial u}\cdot\frac{\mathrm{d}u}{\mathrm{d}t}+\frac{\partial z}{\partial v}\cdot\frac{\mathrm{d}v}{\mathrm{d}t}+\left(\frac{\partial z}{\partial u}+\frac{\partial z}{\partial v}\right)\frac{o(\Delta t)}{\Delta t}+\frac{o(\rho)}{\Delta t},$$

令 $\Delta t\to 0$，上式两边取极限，即得

$$\frac{\mathrm{d}z}{\mathrm{d}t}=\frac{\partial z}{\partial u}\cdot\frac{\mathrm{d}u}{\mathrm{d}t}+\frac{\partial z}{\partial v}\cdot\frac{\mathrm{d}v}{\mathrm{d}t}.$$

注意：$\displaystyle\lim_{\Delta t\to 0}\frac{o(\rho)}{\Delta t}=\lim_{\Delta t\to 0}\frac{o(\rho)}{\rho}\cdot\frac{\sqrt{(\Delta u)^2+(\Delta v)^2}}{\Delta t}=0\cdot\sqrt{\left(\frac{\mathrm{d}u}{\mathrm{d}t}\right)^2+\left(\frac{\mathrm{d}v}{\mathrm{d}t}\right)^2}=0.$

类似可做推广：设 $z=f(u,v,w)$，$u=\varphi(t)$，$v=\psi(t)$，$w=\omega(t)$，则 $z=f[\varphi(t),\psi(t),\omega(t)]$ 对 t 的导数为

$$\frac{\mathrm{d}z}{\mathrm{d}t}=\frac{\partial z}{\partial u}\frac{\mathrm{d}u}{\mathrm{d}t}+\frac{\partial z}{\partial v}\frac{\mathrm{d}v}{\mathrm{d}t}+\frac{\partial z}{\partial w}\frac{\mathrm{d}w}{\mathrm{d}t}.$$

上述 $\dfrac{\mathrm{d}z}{\mathrm{d}t}$ 称为全导数.

7.4.2　复合函数的中间变量均为多元函数的情形

定理 7.5　如果函数 $u=\varphi(x,y)$，$v=\psi(x,y)$ 都在点 (x,y) 具有对 x 及 y 的偏导数，函数 $z=f(u,v)$ 在对应点 (u,v) 具有连续偏导数，则复合函数 $z=f[\varphi(x,y),\psi(x,y)]$ 在点 (x,y) 的两个偏导数存在，且有

$$\frac{\partial z}{\partial x}=\frac{\partial z}{\partial u}\cdot\frac{\partial u}{\partial x}+\frac{\partial z}{\partial v}\cdot\frac{\partial v}{\partial x},\quad\frac{\partial z}{\partial y}=\frac{\partial z}{\partial u}\cdot\frac{\partial u}{\partial y}+\frac{\partial z}{\partial v}\cdot\frac{\partial v}{\partial y}.$$

事实上，这里求 $\dfrac{\partial z}{\partial x}$ 时将 y 看成常量，因此中间变量 u 及 v 仍可看成一元函数而应用定理 7.4，但由于复合函数 $z=f[\varphi(x,y),\psi(x,y)]$ 以及 $u=\varphi(x,y)$ 和 $v=\psi(x,y)$ 都是二元函数，所以应把定理 7.4 公式中的 d 改为 ∂，再把 t 换成 x，这样便得到定理 7.5 的结论. 类似地，还可做如下推广.

设 $z=f(u,v,w),u=\varphi(x,y),v=\psi(x,y),w=\omega(x,y)$，则

$$\frac{\partial z}{\partial x}=\frac{\partial z}{\partial u}\cdot\frac{\partial u}{\partial x}+\frac{\partial z}{\partial v}\cdot\frac{\partial v}{\partial x}+\frac{\partial z}{\partial w}\cdot\frac{\partial w}{\partial x},\frac{\partial z}{\partial y}=\frac{\partial z}{\partial u}\cdot\frac{\partial u}{\partial y}+\frac{\partial z}{\partial v}\cdot\frac{\partial v}{\partial y}+\frac{\partial z}{\partial w}\cdot\frac{\partial w}{\partial y}.$$

7.4.3 复合函数的中间变量既有一元函数又有多元函数的情形

定理 7.6 如果函数 $u=\varphi(x,y)$ 在点 (x,y) 具有对 x 及对 y 的偏导数，函数 $v=\psi(y)$ 在点 y 可导，函数 $z=f(u,v)$ 在对应点 (u,v) 具有连续偏导数，则复合函数 $z=f[\varphi(x,y),\psi(y)]$ 在点 (x,y) 的两个偏导数存在，且有

$$\frac{\partial z}{\partial x}=\frac{\partial z}{\partial u}\cdot\frac{\partial u}{\partial x},\frac{\partial z}{\partial y}=\frac{\partial z}{\partial u}\cdot\frac{\partial u}{\partial y}+\frac{\partial z}{\partial v}\cdot\frac{\mathrm{d}v}{\mathrm{d}y}.$$

上述情形实际上是定理 7.5 的一种特例，在定理 7.5 中，如果变量 v 与 x 无关，从而 $\frac{\partial v}{\partial x}=0$；在 v 对 y 求导时，由于 v 是 y 的一元函数，故 $\frac{\partial v}{\partial y}$ 换成 $\frac{\mathrm{d}v}{\mathrm{d}y}$，这就得到上述结果.

在上述情形中还会遇到如下问题.

(1) 设 $z=f(u,v),u=\varphi(y),v=\psi(x,y)$，则 $\frac{\partial z}{\partial x}=\frac{\partial z}{\partial v}\cdot\frac{\partial v}{\partial x},\frac{\partial z}{\partial y}=\frac{\partial z}{\partial u}\frac{\mathrm{d}u}{\mathrm{d}y}+\frac{\partial z}{\partial v}\cdot\frac{\partial v}{\partial y}.$

(2) 设 $z=f(u,x,y)$，且 $u=\varphi(x,y)$，则 $\frac{\partial z}{\partial x}=\frac{\partial f}{\partial u}\frac{\partial u}{\partial x}+\frac{\partial f}{\partial x},\frac{\partial z}{\partial y}=\frac{\partial f}{\partial u}\frac{\partial u}{\partial y}+\frac{\partial f}{\partial y}.$

这里 $\frac{\partial z}{\partial x}$ 与 $\frac{\partial f}{\partial x}$ 是不同的，$\frac{\partial z}{\partial x}$ 是把复合函数 $z=f[\varphi(x,y),x,y]$ 中的 y 看作不变而对 x 的偏导数，$\frac{\partial f}{\partial x}$ 是把 $f(u,x,y)$ 中的 u 及 y 看作不变而对 x 的偏导数，$\frac{\partial z}{\partial y}$ 与 $\frac{\partial f}{\partial y}$ 也有类似的区别.

【例 7.22】 设 $z=\mathrm{e}^u\sin v,u=xy,v=x+y$，求 $\frac{\partial z}{\partial x}$ 和 $\frac{\partial z}{\partial y}$.

解 $\frac{\partial z}{\partial x}=\frac{\partial z}{\partial u}\cdot\frac{\partial u}{\partial x}+\frac{\partial z}{\partial v}\cdot\frac{\partial v}{\partial x}=\mathrm{e}^u\sin v\cdot y+\mathrm{e}^u\cos v\cdot 1=\mathrm{e}^{xy}[y\sin(x+y)+\cos(x+y)],$

$\frac{\partial z}{\partial y}=\frac{\partial z}{\partial u}\cdot\frac{\partial u}{\partial y}+\frac{\partial z}{\partial v}\cdot\frac{\partial v}{\partial y}=\mathrm{e}^u\sin v\cdot x+\mathrm{e}^u\cos v\cdot 1=\mathrm{e}^{xy}[x\sin(x+y)+\cos(x+y)].$

【例 7.23】 设 $u=f(x,y,z)=\mathrm{e}^{x^2+y^2+z^2}$，而 $z=x^2\sin y$，求 $\frac{\partial u}{\partial x}$ 和 $\frac{\partial u}{\partial y}$.

解 $\frac{\partial u}{\partial x}=\frac{\partial f}{\partial x}+\frac{\partial f}{\partial z}\cdot\frac{\partial z}{\partial x}=2x\mathrm{e}^{x^2+y^2+z^2}+2z\mathrm{e}^{x^2+y^2+z^2}\cdot 2x\sin y$

$=2x(1+2x^2\sin^2 y)\mathrm{e}^{x^2+y^2+x^4\sin^2 y}.$

$\frac{\partial u}{\partial y}=\frac{\partial f}{\partial y}+\frac{\partial f}{\partial z}\cdot\frac{\partial z}{\partial y}=2y\mathrm{e}^{x^2+y^2+z^2}+2z\mathrm{e}^{x^2+y^2+z^2}\cdot x^2\cos y$

$=2(y+x^4\sin y\cos y)\mathrm{e}^{x^2+y^2+x^4\sin^2 y}.$

【例 7.24】 设 $z=uv+\sin t$，而 $u=\mathrm{e}^t,v=\cos t$，求全导数 $\frac{\mathrm{d}z}{\mathrm{d}t}$.

解 $\frac{\mathrm{d}z}{\mathrm{d}t}=\frac{\partial z}{\partial u}\cdot\frac{\mathrm{d}u}{\mathrm{d}t}+\frac{\partial z}{\partial v}\cdot\frac{\mathrm{d}v}{\mathrm{d}t}+\frac{\partial z}{\partial t}=v\cdot\mathrm{e}^t+u\cdot(-\sin t)+\cos t$

$=\mathrm{e}^t\cos t-\mathrm{e}^t\sin t+\cos t=\mathrm{e}^t(\cos t-\sin t)+\cos t.$

*【例 7.25】 设 $w = f(x+y+z, xyz)$，f 具有二阶连续偏导数，求 $\dfrac{\partial w}{\partial x}$ 及 $\dfrac{\partial^2 w}{\partial x \partial z}$.

解 令 $u = x+y+z, v = xyz$，则 $w = f(u, v)$

引入记号：$f'_1 = \dfrac{\partial f(u,v)}{\partial u}$，$f''_{12} = \dfrac{\partial f(u,v)}{\partial u \partial v}$，同理有 f'_2, f''_{11}, f''_{22} 等.

$$\frac{\partial w}{\partial x} = \frac{\partial f}{\partial u} \cdot \frac{\partial u}{\partial x} + \frac{\partial f}{\partial v} \cdot \frac{\partial v}{\partial x} = f'_1 + yzf'_2, \quad \frac{\partial f'_1}{\partial z} = \frac{\partial f'_1}{\partial u} \cdot \frac{\partial u}{\partial z} + \frac{\partial f'_1}{\partial v} \cdot \frac{\partial v}{\partial z} = f''_{11} + xyf''_{12}$$

$$\frac{\partial f'_2}{\partial z} = \frac{\partial f'_2}{\partial u} \cdot \frac{\partial u}{\partial z} + \frac{\partial f'_2}{\partial v} \cdot \frac{\partial v}{\partial z} = f''_{21} + xyf''_{22}$$

$$\frac{\partial^2 w}{\partial x \partial z} = \frac{\partial}{\partial z}(f'_1 + yzf'_2) = \frac{\partial f'_1}{\partial z} + yf'_2 + yz\frac{\partial f'_2}{\partial z}$$

$$= f''_{11} + xyf''_{12} + yf'_2 + yzf''_{21} + xy^2zf''_{22}$$

$$= f''_{11} + y(x+z)f''_{12} + yf'_2 + xy^2zf''_{22}.$$

全微分形式不变性 设 $z = f(u, v)$ 具有连续偏导数，则有全微分 $\mathrm{d}z = \dfrac{\partial z}{\partial u}\mathrm{d}u + \dfrac{\partial z}{\partial v}\mathrm{d}v$.

如果 $z = f(u, v)$ 具有连续偏导数，而 $u = \varphi(x, y), v = \psi(x, y)$ 也具有连续偏导数，则 $z = f(\varphi(x, y), \psi(x, y))$ 的全微分为

$$\mathrm{d}z = \frac{\partial z}{\partial x}\mathrm{d}x + \frac{\partial z}{\partial y}\mathrm{d}y = \left(\frac{\partial z}{\partial u}\frac{\partial u}{\partial x} + \frac{\partial z}{\partial v}\frac{\partial v}{\partial x}\right)\mathrm{d}x + \left(\frac{\partial z}{\partial u}\frac{\partial u}{\partial y} + \frac{\partial z}{\partial v}\frac{\partial v}{\partial y}\right)\mathrm{d}y$$

$$= \frac{\partial z}{\partial u}\left(\frac{\partial u}{\partial x}\mathrm{d}x + \frac{\partial u}{\partial y}\mathrm{d}y\right) + \frac{\partial z}{\partial v}\left(\frac{\partial v}{\partial x}\mathrm{d}x + \frac{\partial v}{\partial y}\mathrm{d}y\right) = \frac{\partial z}{\partial u}\mathrm{d}u + \frac{\partial z}{\partial v}\mathrm{d}v.$$

由此可见，无论 z 是自变量 u、v 的函数或中间变量 u、v 的函数，它的全微分形式是一样的. 这个性质叫做全微分形式不变性.

【例 7.26】 设 $z = \mathrm{e}^u \sin v, u = xy, v = x+y$，利用全微分形式不变性求全微分.

解 $\mathrm{d}z = \dfrac{\partial z}{\partial u}\mathrm{d}u + \dfrac{\partial z}{\partial v}\mathrm{d}v = \mathrm{e}^u \sin v\,\mathrm{d}u + \mathrm{e}^u \cos v\,\mathrm{d}v = \mathrm{e}^u \sin v(y\mathrm{d}x + x\mathrm{d}y) + \mathrm{e}^u \cos v(\mathrm{d}x + \mathrm{d}y)$

$$= (y\mathrm{e}^u \sin v + \mathrm{e}^u \cos v)\mathrm{d}x + (x\mathrm{e}^u \sin v + \mathrm{e}^u \cos v)\mathrm{d}y$$

$$= \mathrm{e}^{xy}[y\sin(x+y) + \cos(x+y)]\mathrm{d}x + \mathrm{e}^{xy}[x\sin(x+y) + \cos(x+y)]\mathrm{d}y$$

习题 7.4

1. 设 $z = u^2 \ln v$，而 $u = \dfrac{x}{y}$，$v = 3x - 2y$，求 $\dfrac{\partial z}{\partial x}$，$\dfrac{\partial z}{\partial y}$.

2. 设 $z = \arcsin(x - y)$，而 $x = 3t$，$y = 4t^3$，求 $\dfrac{\mathrm{d}z}{\mathrm{d}t}$.

3. 设 $u = \dfrac{\mathrm{e}^{ax}(y - z)}{a^2 + 1}$，而 $y = a\sin x$，$z = \cos x$，求 $\dfrac{\mathrm{d}u}{\mathrm{d}x}$.

*4. 求下列函数的一阶偏导数（其中 f 具有一阶连续偏导数）

(1) $u = f(x^2 - y^2, \mathrm{e}^{xy})$；   (2) $u = f(x, xy, xyz)$.

*5. 设 $z = \dfrac{1}{x}f(3x - y, \cos y)$，求 $\dfrac{\partial z}{\partial x}$，$\dfrac{\partial z}{\partial y}$.

6. 设 $z = \arctan \dfrac{x}{y}$，而 $x = u + v$，$y = u - v$，验证 $\dfrac{\partial z}{\partial u} + \dfrac{\partial z}{\partial v} = \dfrac{u - v}{u^2 + v^2}$.

7.5 隐函数的求导法则

在一元函数微分学中，我们已经提出了隐函数的概念，并且指出了不经过显化直接由方程 $F(x,y) = 0$ 求它所确定的隐函数的导数方法. 现在我们给出隐函数存在定理，并根据多元复合函数的求导法则来导出隐函数的求导公式.

7.5.1 一个方程的情形

定理 7.7 （隐函数存在定理）设函数 $F(x,y)$ 在点 $P(x_0, y_0)$ 的某一邻域内具有连续偏导数，$F(x_0, y_0) = 0$，$F_y(x_0, y_0) \neq 0$，则方程 $F(x,y) = 0$ 在点 (x_0, y_0) 的某一邻域内恒能唯一确定一个连续且具有连续导数的函数 $y = f(x)$，它满足条件 $y_0 = f(x_0)$，并有 $\dfrac{dy}{dx} = -\dfrac{F_x}{F_y}$.

证 将 $y = f(x)$ 代入 $F(x,y) = 0$，得恒等式 $F(x, f(x)) \equiv 0$，等式两边对 x 求导得 $\dfrac{\partial F}{\partial x} + \dfrac{\partial F}{\partial y} \cdot \dfrac{dy}{dx} = 0$，由于 F_y 连续，且 $F_y(x_0, y_0) \neq 0$，所以存在 (x_0, y_0) 的一个邻域，在这个邻域内 $F_y \neq 0$，于是得 $\dfrac{dy}{dx} = -\dfrac{F_x}{F_y}$.

【例 7.27】 验证方程 $x^2 + y^2 - 1 = 0$ 在点 $(0,1)$ 的某一邻域内能唯一确定一个有连续导数，且当 $x = 0$ 时 $y = 1$ 的隐函数 $y = f(x)$，并求这函数的一阶与二阶导数在 $x = 0$ 的值.

解 设 $F(x,y) = x^2 + y^2 - 1$，则 $F_x = 2x$，$F_y = 2y$，$F(0,1) = 0$，$F_y(0,1) = 2 \neq 0$. 因此由定理 7.7 可知，方程 $x^2 + y^2 - 1 = 0$ 在点 $(0,1)$ 的某一邻域内能唯一确定一个有连续导数，且当 $x = 0$ 时 $y = 1$ 的隐函数 $y = f(x)$.

$$\frac{dy}{dx} = -\frac{F_x}{F_y} = -\frac{x}{y}, \quad \frac{dy}{dx}\bigg|_{x=0} = 0;$$

$$\frac{d^2 y}{dx^2} = -\frac{y - xy'}{y^2} = -\frac{y - x\left(-\dfrac{x}{y}\right)}{y^2} = -\frac{y^2 + x^2}{y^3} = -\frac{1}{y^3}, \quad \frac{d^2 y}{dx^2}\bigg|_{x=0} = -1.$$

隐函数存在定理还可以推广到多元函数. 一个二元方程 $F(x,y) = 0$ 可以确定一个一元隐函数，一个三元方程 $F(x,y,z) = 0$ 可以确定一个二元隐函数.

定理 7.8 （隐函数存在定理）设函数 $F(x,y,z)$ 在点 $P(x_0, y_0, z_0)$ 的某一邻域内具有连续的偏导数，且 $F(x_0, y_0, z_0) = 0$，$F_z(x_0, y_0, z_0) \neq 0$，则方程 $F(x,y,z) = 0$ 在点 (x_0, y_0, z_0) 的某一邻域内恒能唯一确定一个连续且具有连续偏导数的函数 $z = f(x,y)$，它满足条件 $z_0 = f(x_0, y_0)$，并有

$$\frac{\partial z}{\partial x} = -\frac{F_x}{F_z} \quad \frac{\partial z}{\partial y} = -\frac{F_y}{F_z}.$$

证 将 $z = f(x,y)$ 代入 $F(x,y,z) = 0$，得 $F(x, y, f(x,y)) \equiv 0$，将上式两端分别对 x 和 y 求导，得

$$F_x + F_z \cdot \frac{\partial z}{\partial x} = 0 , \ F_y + F_z \cdot \frac{\partial z}{\partial y} = 0 .$$

因为 F_z 连续且 $F_z(x_0,y_0,z_0) \neq 0$，所以存在点 (x_0,y_0,z_0) 的一个邻域，使 $F_z \neq 0$，于是得

$$\frac{\partial z}{\partial x} = -\frac{F_x}{F_z} , \ \frac{\partial z}{\partial y} = -\frac{F_y}{F_z} .$$

【例 7.28】 设 $x^2 + y^2 + z^2 - 4z = 0$，求 $\dfrac{\partial^2 z}{\partial x^2}$.

解 设 $F(x,y,z) = x^2 + y^2 + z^2 - 4z$，则 $F_x = 2x, F_y = 2z - 4$，$\dfrac{\partial z}{\partial x} = -\dfrac{F_x}{F_z} = -\dfrac{2x}{2z-4} = \dfrac{x}{2-z}$,

$$\frac{\partial^2 z}{\partial x^2} = \frac{(2-z) + x\dfrac{\partial z}{\partial x}}{(2-z)^2} = \frac{(2-z) + x\left(\dfrac{x}{2-z}\right)}{(2-z)^2} = \frac{(2-z)^2 + x^2}{(2-z)^3} .$$

*7.5.2 方程组的情形

下面我们将隐函数存在定理作另一方面的推广，不仅增加方程中变量个数，而且增加方程的个数. 在一定条件下，一个方程组 $F(x,y,u,v) = 0, G(x,y,u,v) = 0$ 可以确定一对二元函数 $u = u(x,y), v = v(x,y)$，如何根据原方程组求 u，v 的偏导数，我们有下面的定理.

定理 7.9（隐函数存在定理） 设 $F(x,y,u,v), G(x,y,u,v)$ 在点 $P(x_0,y_0,u_0,v_0)$ 的某一邻域内具有对各个变量的连续偏导数，又 $F(x_0,y_0,u_0,v_0) = 0, G(x_0,y_0,u_0,v_0) = 0$，且偏导数所组成的函数行列式

$$J = \frac{\partial(F,G)}{\partial(u,v)} = \begin{vmatrix} \dfrac{\partial F}{\partial u} & \dfrac{\partial F}{\partial v} \\ \dfrac{\partial G}{\partial u} & \dfrac{\partial G}{\partial v} \end{vmatrix}$$

在点 $P(x_0,y_0,u_0,v_0)$ 不等于零，则方程组 $F(x,y,u,v) = 0, G(x,y,u,v) = 0$ 在点 $P(x_0,y_0,u_0,v_0)$ 的某一邻域内恒能唯一确定一组连续且具有连续偏导数的函数 $u = u(x,y), v = v(x,y)$，它们满足条件 $u_0 = u(x_0,y_0), v_0 = v(x_0,y_0)$，并有

$$\frac{\partial u}{\partial x} = -\frac{1}{J}\frac{\partial(F,G)}{\partial(x,v)} = -\frac{\begin{vmatrix} F_x & F_v \\ G_x & G_v \end{vmatrix}}{\begin{vmatrix} F_u & F_v \\ G_u & G_v \end{vmatrix}} , \ \frac{\partial v}{\partial x} = -\frac{1}{J}\frac{\partial(F,G)}{\partial(u,x)} = -\frac{\begin{vmatrix} F_u & F_x \\ G_u & G_x \end{vmatrix}}{\begin{vmatrix} F_u & F_v \\ G_u & G_v \end{vmatrix}} ,$$

$$\frac{\partial u}{\partial y} = -\frac{1}{J}\frac{\partial(F,G)}{\partial(y,v)} = -\frac{\begin{vmatrix} F_y & F_v \\ G_y & G_v \end{vmatrix}}{\begin{vmatrix} F_u & F_v \\ G_u & G_v \end{vmatrix}} , \ \frac{\partial v}{\partial y} = -\frac{1}{J}\frac{\partial(F,G)}{\partial(u,y)} = -\frac{\begin{vmatrix} F_u & F_y \\ G_u & G_y \end{vmatrix}}{\begin{vmatrix} F_u & F_v \\ G_u & G_v \end{vmatrix}} .$$

设方程组 $F(x,y,u,v)=0$，$G(x,y,u,v)=0$ 确定一对具有连续偏导数的二元函数 $u=u(x,y)$，$v=v(x,y)$，则偏导数 $\dfrac{\partial u}{\partial x}$，$\dfrac{\partial v}{\partial x}$ 可由方程组 $\begin{cases} F_x + F_u \dfrac{\partial u}{\partial x} + F_v \dfrac{\partial v}{\partial x} = 0, \\[2mm] G_x + G_u \dfrac{\partial u}{\partial x} + G_v \dfrac{\partial v}{\partial x} = 0. \end{cases}$ 求出；偏导数 $\dfrac{\partial u}{\partial y}$，$\dfrac{\partial v}{\partial y}$ 可由方程组 $\begin{cases} F_y + F_u \dfrac{\partial u}{\partial y} + F_v \dfrac{\partial v}{\partial y} = 0, \\[2mm] G_y + G_u \dfrac{\partial u}{\partial y} + G_v \dfrac{\partial v}{\partial y} = 0. \end{cases}$ 求出.

【例 7.29】 设 $xu - yv = 0$，$yu + xv = 1$，求 $\dfrac{\partial u}{\partial x}$，$\dfrac{\partial v}{\partial x}$，$\dfrac{\partial u}{\partial y}$ 和 $\dfrac{\partial v}{\partial y}$.

解 两个方程两边分别对 x 求偏导，得关于 $\dfrac{\partial u}{\partial x}$ 和 $\dfrac{\partial v}{\partial x}$ 的方程组

$$\begin{cases} u + x \dfrac{\partial u}{\partial x} - y \dfrac{\partial v}{\partial x} = 0 \\[2mm] y \dfrac{\partial u}{\partial x} + v + x \dfrac{\partial v}{\partial x} = 0 \end{cases},$$

当 $x^2 + y^2 \neq 0$ 时，解之得 $\dfrac{\partial u}{\partial x} = -\dfrac{xu + yv}{x^2 + y^2}$，$\dfrac{\partial v}{\partial x} = \dfrac{yu - xv}{x^2 + y^2}$.

两个方程两边分别对 x 求偏导，得关于 $\dfrac{\partial u}{\partial y}$ 和 $\dfrac{\partial v}{\partial y}$ 的方程组

$$\begin{cases} x \dfrac{\partial u}{\partial y} - v - y \dfrac{\partial v}{\partial y} = 0 \\[2mm] u + y \dfrac{\partial u}{\partial y} + x \dfrac{\partial v}{\partial y} = 0 \end{cases},$$

当 $x^2 + y^2 \neq 0$ 时，解之得 $\dfrac{\partial u}{\partial y} = \dfrac{xv - yu}{x^2 + y^2}$，$\dfrac{\partial v}{\partial y} = -\dfrac{xu + yv}{x^2 + y^2}$.

习题 7.5

1. 求由下列方程所确定的 x 的函数 y 的导数 $\dfrac{\mathrm{d}y}{\mathrm{d}x}$.

(1) $x^2 + 2xy - y^2 = a^2$;   (2) $x^y = y^x$;   (3) $\ln\sqrt{x^2 + y^2} = \arctan\dfrac{y}{x}$.

2. 求由下列方程所确定的 x，y 的函数的偏导数 $\dfrac{\partial z}{\partial x}$，$\dfrac{\partial z}{\partial y}$.

(1) $\dfrac{x^2}{a^2} + \dfrac{y^2}{b^2} + \dfrac{z^2}{c^2} = 1$;   (2) $\mathrm{e}^x - xyz = 0$;

(3) $\cos^2 x + \cos^2 y + \cos^2 z = 1$;   (4) $x^3 + y^3 + z^3 - 3axyz = 0$.

3. 设 $z = z(x,y)$ 由方程 $F(yz, x^2) = 0$ 确定，求 $\mathrm{d}z$.

4. 设 $x = x(y,z)$，$y = y(x,z)$，$z = z(x,y)$ 都是由方程 $F(x,y,z) = 0$ 所确定的具有连续偏导数的函数，求 $\dfrac{\partial x}{\partial y} \cdot \dfrac{\partial y}{\partial z} \cdot \dfrac{\partial z}{\partial x}$.

5. 设 $2\sin(x + 2y - 3z) = x + 2y - 3z$，计算 $\dfrac{\partial z}{\partial x} + \dfrac{\partial z}{\partial y}$.

6. 设 $e^z - xyz = 0$，求 $\dfrac{\partial^2 z}{\partial x^2}$.

*7. 设 $\Phi(u,v)$ 具有连续偏导数，证明由方程 $\Phi(cx-az,cy-bz)=0$ 所确定的函数 $z=f(x,y)$，满足 $a\dfrac{\partial z}{\partial x}+b\dfrac{\partial z}{\partial y}=c$.

*8. 设 $\begin{cases} u=f(ux,v+y) \\ v=g(u-x,v^2y) \end{cases}$，其中 f,g 具有一阶连续偏导数，求 $\dfrac{\partial u}{\partial x}$ 和 $\dfrac{\partial v}{\partial x}$.

*9. 求下列方程组所确定函数的导数或偏导数.

(1) 设 $\begin{cases} x+y+z=0 \\ x^2+y^2+z^2=1 \end{cases}$，求 $\dfrac{\mathrm{d}x}{\mathrm{d}z}$，$\dfrac{\mathrm{d}y}{\mathrm{d}z}$；　(2) 设 $\begin{cases} x=e^u+u\sin v \\ y=e^u-u\cos v \end{cases}$，求 $\dfrac{\partial u}{\partial x}$，$\dfrac{\partial u}{\partial y}$，$\dfrac{\partial v}{\partial x}$，$\dfrac{\partial v}{\partial y}$.

7.6　多元函数的极值及其求法

在一元函数中我们看到，利用函数的导数可以求得函数的极值，从而可以解决一些最大、最小值的应用问题．多元函数也有类似的问题，这里我们只先学习二元函数的极值问题．所得到的结论，大部分可以推广到三元及三元以上的多元函数中．

7.6.1　多元函数的极值及最大值、最小值

定义 7.8　设函数 $z=f(x,y)$ 在点 (x_0,y_0) 的某个邻域内有定义，如果对于该邻域内任何异于 (x_0,y_0) 的点 (x,y)，都有 $f(x,y)<f(x_0,y_0)$（或 $f(x,y)>f(x_0,y_0)$），则称函数在点 (x_0,y_0) 有极大值（或极小值）$f(x_0,y_0)$.

极大值、极小值统称为极值，使函数取得极值的点称为极值点．

【例 7.30】　函数 $z=3x^2+4y^2$ 在点 $(0,0)$ 处有极小值．

当 $(x,y)=(0,0)$ 时，$z=0$，而当 $(x,y)\neq(0,0)$ 时，$z>0$，因此 $z=0$ 是函数的极小值．

【例 7.31】　函数 $z=-\sqrt{x^2+y^2}$ 在点 $(0,0)$ 处有极大值．

当 $(x,y)=(0,0)$ 时，$z=0$，而当 $(x,y)\neq(0,0)$ 时，$z<0$，因此 $z=0$ 是函数的极大值．

【例 7.32】　函数 $z=xy$ 在点 $(0,0)$ 处既不取得极大值也不取得极小值．

因为在点 $(0,0)$ 处的函数值为零，而在点 $(0,0)$ 的任一邻域内，总有使函数值为正的点，也有使函数值为负的点．

以上关于二元函数的极值概念，可推广到 n 元函数．设 n 元函数 $u=f(P)$ 在点 P_0 的某一邻域内有定义，如果对于该邻域内任何异于 P_0 的点 P，都有 $f(P)<f(P_0)$（或 $f(P)>f(P_0)$），则称函数 $f(P)$ 在点 P_0 有极大值（或极小值）$f(P_0)$.

我们知道，对于可导的一元函数 $y=f(x)$，在点 x_0 处有极值的必要条件是 $f'(x_0)=0$. 对于多元函数我们也有类似的结论．

定理 7.10　（必要条件）设函数 $z=f(x,y)$ 在点 (x_0,y_0) 具有偏导数，且在点 (x_0,y_0) 处有极值，则有

$$f_x(x_0,y_0)=0,\quad f_y(x_0,y_0)=0.$$

证　不妨设 $z=f(x,y)$ 在点 (x_0,y_0) 处有极大值，依极大值的定义，对于点 (x_0,y_0) 的某邻域内异于 (x_0,y_0) 的点 (x,y)，都有不等式 $f(x,y)<f(x_0,y_0)$. 特殊地，在该邻域内取 $y=y_0$ 而 $x\neq x_0$ 的点，也应有不等式 $f(x,y_0)<f(x_0,y_0)$. 这表明一元函数 $f(x,y_0)$ 在 $x=x_0$ 处取得极大值，因而必有 $f_x(x_0,y_0)=0$.

同理可证 $f_y(x_0, y_0) = 0$.

类似地可推得，如果三元函数 $u = f(x, y, z)$ 在点 (x_0, y_0, z_0) 具有偏导数，则它在点 (x_0, y_0, z_0) 具有极值的必要条件为

$$f_x(x_0, y_0, z_0) = 0, f_y(x_0, y_0, z_0) = 0, f_z(x_0, y_0, z_0) = 0.$$

仿照一元函数，凡是能使 $f_x(x, y) = 0$，$f_y(x, y) = 0$ 同时成立的点 (x_0, y_0) 称为函数 $z = f(x, y)$ 的驻点.

由定理 7.10 可知，具有偏导数的函数的极值点必定是驻点. 但函数的驻点不一定是极值点. 例如，函数 $z = xy$ 在点 $(0, 0)$ 处的两个偏导数都是零，函数在 $(0, 0)$ 既不取得极大值也不取得极小值.

怎样判定一个驻点是否是极值点呢？下面的定理回答了这个问题.

定理 7.11 （充分条件）设函数 $z = f(x, y)$ 在点 (x_0, y_0) 的某邻域内连续且有一阶及二阶连续偏导数，又 $f_x(x_0, y_0) = 0$，$f_y(x_0, y_0) = 0$，令 $f_{xx}(x_0, y_0) = A$，$f_{xy}(x_0, y_0) = B$，$f_{yy}(x_0, y_0) = C$，则 $f(x, y)$ 在 (x_0, y_0) 处是否取得极值的条件如下.

(1) $AC - B^2 > 0$ 时具有极值，且当 $A < 0$ 时有极大值，当 $A > 0$ 时有极小值；

(2) $AC - B^2 < 0$ 时没有极值；

(3) $AC - B^2 = 0$ 时可能有极值，也可能没有极值.

证明从略.

利用上面两个定理，对于具有二阶连续偏导数的函数 $f(x, y)$，求极值的步骤如下：

第一步，解方程组 $f_x(x, y) = 0$，$f_y(x, y) = 0$，求得一切实数解，即可得一切驻点.

第二步，对于每一个驻点 (x_0, y_0)，求出二阶偏导数的值 A、B 和 C.

第三步，定出 $AC - B^2$ 的符号，按定理 7.11 的结论判定 $f(x_0, y_0)$ 是否是极值，是极大值还是极小值.

【例 7.33】 求函数 $f(x, y) = x^3 - y^3 + 3x^2 + 3y^2 - 9x$ 的极值.

解 解方程组 $\begin{cases} f_x(x, y) = 3x^2 + 6x - 9 = 0 \\ f_y(x, y) = -3y^2 + 6y = 0 \end{cases}$，求得驻点为 $(1, 0)$、$(1, 2)$、$(-3, 0)$、$(-3, 2)$.

再求出二阶偏导数 $f_{xx}(x, y) = 6x + 6$，$f_{xy}(x, y) = 0$，$f_{yy}(x, y) = -6y + 6$.

在点 $(1, 0)$ 处，$AC - B^2 = 12 \cdot 6 > 0$，又 $A > 0$，所以函数在 $(1, 0)$ 处有极小值 $f(1, 0) = -5$；

在点 $(1, 2)$ 处，$AC - B^2 = 12 \cdot (-6) < 0$，所以 $f(1, 2)$ 不是极值；

在点 $(-3, 0)$ 处，$AC - B^2 = -12 \cdot 6 < 0$，所以 $f(-3, 0)$ 不是极值；

在点 $(-3, 2)$ 处，$AC - B^2 = -12 \cdot (-6) > 0$，又 $A < 0$，所以函数的 $(-3, 2)$ 处有极大值 $f(-3, 2) = 31$.

讨论极值问题时应注意一个问题，如果函数在个别处的偏导数不存在，这些点当然不是驻点，但也可能是极值点.

例如 函数 $z = \sqrt{x^2 + y^2}$ 在点 $(0, 0)$ 处有极小值，但 $(0, 0)$ 不是函数的驻点. 因此，在考虑函数的极值问题时，除了考虑函数的驻点外，如果有偏导数不存在的点，那么对这些点也应当考虑.

如果 $f(x, y)$ 在有界闭区域 D 上连续，则 $f(x, y)$ 在 D 上必定能取得最大值和最小值. 这种使函数取得最大值或最小值的点既可能在 D 的内部，也可能在 D 的边界上. 我们假定，函数在 D 上连续、在 D 内可微分且只有有限个驻点，这时如果函数在 D 的内部取得最大值（最小值），那么这个最大值（最小值）也是函数的极大值（极小值）. 因此，求最大值和最

小值的一般方法是：将函数 $f(x,y)$ 在 D 内的所有驻点处的函数值及在 D 的边界上的最大值和最小值相互比较，其中最大的就是最大值，最小的就是最小值.

在通常遇到的实际问题中，如果根据问题的性质，知道函数 $f(x,y)$ 的最大值（最小值）一定在 D 的内部取得，而函数在 D 内只有一个驻点，那么可以肯定该驻点处的函数值就是函数 $f(x,y)$ 在 D 上的最大值（最小值）.

【例 7.34】 某厂要用铁板做成一个体积为 $8m^3$ 的有盖长方体水箱. 问当长、宽、高各取多少时，才能使用料最省.

解　设水箱的长为 $x\,m$，宽为 $y\,m$，则其高应为 $\dfrac{8}{xy}$ m. 此水箱所用材料的面积为

$$A = 2\left(xy + y \cdot \frac{8}{xy} + x \cdot \frac{8}{xy}\right) = 2\left(xy + \frac{8}{x} + \frac{8}{y}\right) \quad (x > 0, y > 0).$$

令 $A_x = 2\left(y - \dfrac{8}{x^2}\right) = 0 \quad A_y = 2\left(x - \dfrac{8}{y^2}\right) = 0$，得 $x = 2$，$y = 2$.

根据题意可知，水箱所用材料面积的最小值一定存在，并在开区域 $D = \{(x,y) \mid x > 0, y > 0\}$ 内取得. 因为函数 A 在 D 内只有一个驻点，所以，此驻点一定是 A 的最小值点.

从这个例子还可看出，在体积一定的长方体中，以立方体的表面积为最小.

7.6.2　条件极值　拉格朗日乘数法

在讨论二元函数极值时我们对自变量并没有加什么限制条件，这样求的极值称为无条件极值. 对自变量有附加条件的极值称为条件极值. 例如，求表面积为 a^2 而体积为最大的长方体的体积问题. 设长方体的三棱的长为 x,y,z，则体积 $V = xyz$. 又因假定表面积为 a^2，所以自变量 x,y,z 还必须满足附加条件 $2(xy + yz + xz) = a^2$.

这个问题就是求函数 $V = xyz$ 在条件 $2(xy + yz + xz) = a^2$ 下的最大值问题，这是一个条件极值问题.

对于有些实际问题，可以把条件极值问题化为无条件极值问题.

例如上述问题，由条件 $2(xy + yz + xz) = a^2$，解得 $z = \dfrac{a^2 - 2xy}{2(x + y)}$，于是得

$V = \dfrac{xy}{2}\left(\dfrac{a^2 - 2xy}{(x + y)}\right)$. 只需求 V 的无条件极值问题.

在很多情形下，将条件极值化为无条件极值并不容易. 需要另一种求条件极值的方法，这就是拉格朗日乘数法.

现在我们来寻求函数 $z = f(x,y)$ 在条件 $\varphi(x,y) = 0$ 下取得极值的必要条件.

如果函数 $z = f(x,y)$ 在 (x_0, y_0) 取得所求的极值，那么有 $\varphi(x_0, y_0) = 0$.

假定在 (x_0, y_0) 的某一邻域内 $f(x,y)$ 与 $\varphi(x,y)$ 均有连续的一阶偏导数，而 $\varphi_y(x_0, y_0) \neq 0$. 由隐函数存在定理，由方程 $\varphi(x,y) = 0$ 确定一个连续且具有连续导数的函数 $y = \psi(x)$，将其代入目标函数 $z = f(x,y)$，得一元函数 $z = f[x, \psi(x)]$. 于是 $x = x_0$ 是一元函数 $z = f[x, \psi(x)]$ 的极值点，由取得极值的必要条件，有 $\dfrac{dz}{dx}\Big|_{x=x_0} = f_x(x_0, y_0) + f_y(x_0, y_0)\dfrac{dy}{dx}\Big|_{x=x_0} = 0$，

即 $f_x(x_0, y_0) - f_y(x_0, y_0)\dfrac{\varphi_x(x_0, y_0)}{\varphi_y(x_0, y_0)} = 0$.

从而函数 $z=f(x,y)$ 在条件 $\varphi(x,y)=0$ 下在 (x_0,y_0) 取得极值的必要条件是 $f_x(x_0,y_0)-f_y(x_0,y_0)\dfrac{\varphi_x(x_0,y_0)}{\varphi_y(x_0,y_0)}=0$ 与 $\varphi(x_0,y_0)=0$ 同时成立.

设 $\dfrac{f_y(x_0,y_0)}{\varphi_y(x_0,y_0)}=-\lambda$，上述必要条件变为 $\begin{cases} f_x(x_0,y_0)+\lambda\varphi_x(x_0,y_0)=0 \\ f_y(x_0,y_0)+\lambda\varphi_y(x_0,y_0)=0 \\ \varphi(x_0,y_0)=0 \end{cases}$

拉格朗日乘数法：要找函数 $z=f(x,y)$ 在条件 $\varphi(x,y)=0$ 下的可能极值点，可以先构成辅助函数 $F(x,y)=f(x,y)+\lambda\varphi(x,y)$，

其中 λ 为某一常数. 然后解方程组 $\begin{cases} F_x(x,y)=f_x(x,y)+\lambda\varphi_x(x,y)=0 \\ F_y(x,y)=f_y(x,y)+\lambda\varphi_y(x,y)=0 \\ \varphi(x,y)=0 \end{cases}$.

由这方程组解出 x,y 及 λ，则其中 (x,y) 就是所要求的可能的极值点.

这种方法可以推广到自变量多于两个而条件多于一个的情形.

至于如何确定所求的点是否是极值点，在实际问题中往往可根据问题本身的性质来判定.

【例 7.35】 求表面积为 a^2 而体积为最大的长方体的体积.

解 设长方体的三棱的长为 x,y,z，则问题就是在条件 $2(xy+yz+xz)=a^2$ 下求函数 $V=xyz$ 的最大值.

构成辅助函数 $F(x,y,z)=xyz+\lambda(2xy+2yz+2xz-a^2)$，

解方程组 $\begin{cases} F_x(x,y,z)=yz+2\lambda(y+z)=0 \\ F_y(x,y,z)=xz+2\lambda(x+z)=0 \\ F_z(x,y,z)=xy+2\lambda(y+x)=0 \\ 2xy+2yz+2xz=a^2 \end{cases}$，得 $x=y=z=\dfrac{\sqrt{6}}{6}a$，这是唯一可能的极值点. 因为由问题本身可知最大值一定存在，所以最大值就在这个可能的极值点处取得. 此时 $V=\dfrac{\sqrt{6}}{36}a^3$.

习题 7.6

1. 求下列函数的极大值与极小值.

(1) $f(x,y)=4(x-y)-x^2-y^2$；　　(2) $f(x,y)=xy+x^3+y^3$；

(3) $f(x,y)=e^{2x}(x+y^2+2y)$；　　(4) $f(x,y)=xy(a-x-y)$.

2. 求下列函数的条件极值.

(1) $z=xy$，附加条件 $x+y=1$；　　(2) $z=x^2+y^2$，附加条件 $\dfrac{x}{a}+\dfrac{y}{b}=1$.

3. 要制造一个无盖的圆柱形容器，已规定容积为 V，希望表面积 A 最小（即消耗材料最省），问该容器的高度 H 和底半径 R 应是多少？

4. 要制造一个无盖的长方体容器，已规定表面积为 A，希望容积 V 最大，问长、宽、高应是多少？

7.7　二重积分简介

二重积分和定积分一样，都是用累加和的极限定义的．但是，由于定积分的积分域通常只是区间，而二重积分的积分域则是平面区域，所以积分区域的恰当表示和积分顺序的合理选择是保证二重积分计算过程简洁正确的关键．

7.7.1　二重积分的概念

设有一个立体，有如下特征：底为 xOy 面上的闭区域 D，顶为连续曲面 $z=f(x,y)\geqslant 0$，侧面为以 D 的边界为准线，母线平行于 z 轴的柱面，这种立体称为曲顶柱体．

我们提出一个问题：如何求曲顶柱体的体积．

关于曲顶柱体，当点 (x,y) 在区域变动时，高度 $f(x,y)$ 是个变量，因此它的体积不能直接用公式来计算．但如果能回忆起曲边梯形面积问题时，就不难想到，那里所采用的解决办法可以用来解决目前的问题．步骤如下（如图 7.13）.

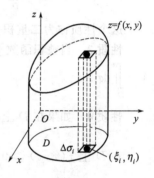

图 7.13

（1）分割　用任意曲线网分 D 为 n 个区域 $\Delta\sigma_1,\Delta\sigma_2,\cdots,\Delta\sigma_n$，以它们为底把曲顶柱体分为 n 个小曲顶柱体．

（2）近似代替　在每个 $\Delta\sigma_i$ 中任取一点 (ξ_i,η_i)，$\Delta V_i\approx f(\xi_i,\eta_i)\Delta\sigma_i$（$i=1,2,\cdots,n$).

（3）求和　$V=\sum_{i=1}^{n}\Delta V_i\approx\sum_{i=1}^{n}f(\xi_i,\eta_i)\Delta\sigma_i$.

（4）取极限　$d(\Delta\sigma_i)$ 是指一个闭区域上任意两点间距离的最大者．

$$V=\sum_{i=1}^{n}\Delta V_i=\lim_{\lambda\to 0}\sum_{i=1}^{n}f(\xi_i,\eta_i)\Delta\sigma_i,\ \lambda=\max\{d(\Delta\sigma_i)\}.$$

由这类实际问题，引入二重积分的定义．

定义 7.9　设 $f(x,y)$ 是有界闭区域 D 上的有界函数，将 D 任意分成若干个小区域，用 $\Delta\sigma_k$（$k=1,2,\cdots,n$）代表 k 个小区域，也代表它的面积，在每个 $\Delta\sigma_k$ 上任取点 (ξ_k,η_k) 作乘积 $f(\xi_k,\eta_k)\Delta\sigma_k$，并求和 $\sum_{k=1}^{n}f(\xi_k,\eta_k)\Delta\sigma_k$，此和式称为积分和．记 λ_k 表示 $\Delta\sigma_k$ 的直径，且 $\lambda=\max\{\lambda_1,\lambda_2,\cdots,\lambda_n\}$．如果极限 $\lim_{\lambda\to 0}\sum_{k=1}^{n}f(\xi_k,\eta_k)\Delta\sigma_k$ 存在，称 $f(x,y)$ 在平面区域 D 上可积，并称此极限为 $f(x,y)$ 在 D 上的二重积分，记作 $\iint\limits_{D}f(x,y)\mathrm{d}\sigma$.

其中 $f(x,y)$ 称为被积函数，$\mathrm{d}\sigma$ 称为面积元素，D 称为积分区域．

二重积分的几何意义是：当 $f(x,y)\geqslant 0$ 时，$\iint\limits_{D}f(x,y)\mathrm{d}\sigma$ 的值等于以曲面 $z=f(x,y)$ 为顶，以 D 为底，侧面的母线平行于 z 轴的曲顶柱体的体积．但 $f(x,y)<0$，曲面 $z=f(x,y)$ 在 xOy 面的下方，此时积分为负，故相应的曲顶柱体的体积为 $V=-\iint\limits_{D}f(x,y)\mathrm{d}\sigma$.

7.7.2　二重积分的性质

由二重积分的定义可知，二重积分是定积分概念向二维空间的推广，因此二重积分也有与定积分类似的性质．其证明方法可以完全仿照第 6 章定积分性质的证明．

性质 1　设 α，β 为常数，则

$$\iint\limits_{D}[\alpha f(x,y)+\beta g(x,y)]\mathrm{d}\sigma=\alpha\iint\limits_{D}f(x,y)\mathrm{d}\sigma+\beta\iint\limits_{D}g(x,y)\mathrm{d}\sigma.$$

性质 2　如果积分区域 D 可以分解成 D_1 和 D_2 两个部分，则

$$\iint\limits_{D}f(x,y)\mathrm{d}\sigma=\iint\limits_{D_1}f(x,y)\mathrm{d}\sigma+\iint\limits_{D_2}f(x,y)\mathrm{d}\sigma.$$

这个性质称为二重积分对区域的可加性，可以把它推广至多个部分．

性质 3　当被积函数 $f(x,y)=1$ 时，二重积分的值等于区域的面积，即区域 D 的面积 $A=\iint\limits_{D}\mathrm{d}\sigma$ ．

性质 4　如果在 D 上 $f(x,y)\leqslant\varphi(x,y)$ ，则有 $\iint\limits_{D}f(x,y)\mathrm{d}\sigma\leqslant\iint\limits_{D}\varphi(x,y)\mathrm{d}\sigma$ ．

在 D 上 $f(x,y)\geqslant0$ 或 $f(x,y)\leqslant0$ 时，有 $\iint\limits_{D}f(x,y)\mathrm{d}\sigma\geqslant0$ 或 $\iint\limits_{D}f(x,y)\mathrm{d}\sigma\leqslant0$.

因为 $-|f(x,y)|\leqslant f(x,y)\leqslant|f(x,y)|$ ，故有

推论 1　$-\iint\limits_{D}|f(x,y)|\mathrm{d}\sigma\leqslant\iint\limits_{D}f(x,y)\mathrm{d}\sigma\leqslant\iint\limits_{D}|f(x,y)|\mathrm{d}\sigma$ ．

推论 2　$\left|\iint\limits_{D}f(x,y)\mathrm{d}\sigma\right|\leqslant\iint\limits_{D}|f(x,y)|\mathrm{d}\sigma$ ．

性质 5　如果 $f(x,y)$ 在 D 上的最大值和最小值分别为 M 和 m ，区域 D 的面积为 A ，则

$$mA\leqslant\iint\limits_{D}f(x,y)\mathrm{d}\sigma\leqslant MA.$$

性质 6（积分中值定理）　设 $f(x,y)$ 在 D 上连续，则在 D 上至少存在一点 (ξ,η) ，使

$$\iint\limits_{D}f(x,y)\mathrm{d}\sigma=f(\xi,\eta)\cdot A.$$

证　由性质 5 可得 $m\leqslant\dfrac{1}{A}\iint\limits_{D}f(x,y)\mathrm{d}\sigma\leqslant M$ ，由于 $\dfrac{1}{A}\iint\limits_{D}f(x,y)\mathrm{d}\sigma$ 是介于 m 和 M 之间的数值．由闭区间上连续函数的介值定理可知，在 D 上至少存在一点 (ξ,η) 使 $f(\xi,\eta)=\dfrac{1}{A}\iint\limits_{D}f(x,y)\mathrm{d}\sigma$ ，这个值也是 $f(x,y)$ 在 D 上的平均值．

【例 7.36】　求 $f(x,y)=\sqrt{R^2-x^2-y^2}$ 在区域 D：$x^2+y^2\leqslant R^2$ 上的平均值．

解　由二重积分的几何意义可知，$\iint\limits_{D}f(x,y)\mathrm{d}\sigma$ 是半个球体的体积，其值为 $\dfrac{2}{3}\pi R^3$ ．D

的面积 $A = \pi R^2$. 故在 D 上，$f(x,y)$ 的平均值为 $f(\xi,\eta) = \dfrac{1}{A} \iint\limits_{D} f(x,y)\mathrm{d}\sigma = \dfrac{2}{3}R$.

7.7.3　二重积分的计算

二重积分是用和式的极限定义的，和定积分一样只有少数被积函数和积分区域都特别简单的二重积分才能用定义直接计算，而对于一般的函数和区域，用这种方法很难求出结果，本节我们将介绍二重积分化为两次积分的计算方法.

7.7.3.1　在直角坐标系下的计算

在平面直角坐标系中，用若干垂直于 x 轴和垂直于 y 轴的直线，把 D 分成很多矩形小区域，设第 i 个小区域为 $\Delta\sigma_i$，它的面积 $\Delta\sigma_i = \Delta x_i \cdot \Delta y_i$，因此在直角坐标系下，面积元素的具体表达式为 $\mathrm{d}\sigma = \mathrm{d}x\mathrm{d}y$. 在直角坐标系中的二重积分的表达式为 $\iint\limits_{D} f(x,y)\mathrm{d}x\mathrm{d}y$.

按照积分的顺序不同，二重积分计算的类型有两种：X 型和 Y 型.

（1）X 型　如果积分区域 D 为 $\varphi_1(x) \leqslant y \leqslant \varphi_2(x)$，$a \leqslant x \leqslant b$. 其中 $\varphi_1(x)$，$\varphi_2(x)$ 是 $[a,b]$ 上的连续函数，分别是 D 的下边界及上边界的方程（如图 7.14、图 7.15）.

设曲顶柱体积分区域 D 为 X 型区域（如图 7.16）.

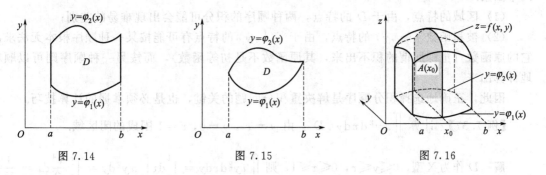

图 7.14　　　　　　　　图 7.15　　　　　　　　图 7.16

$$D = \{(x,y) \mid \varphi_1(x) \leqslant y \leqslant \varphi_2(x), a \leqslant x \leqslant b\}$$

任取 $x_0 \in [a,b]$，平面 $x = x_0$ 截柱体的截面积为

$$A(x_0) = \int_{\varphi_1(x_0)}^{\varphi_2(x_0)} f(x_0,y)\mathrm{d}y$$

故曲顶柱体体积为

$$V = \iint\limits_{D} f(x,y)\mathrm{d}\sigma = \int_a^b \Big[\int_{\varphi_1(x)}^{\varphi_2(x)} f(x,y)\mathrm{d}y\Big]\mathrm{d}x$$

所以有

$$\iint\limits_{D} f(x,y)\mathrm{d}x\mathrm{d}y = \int_a^b \Big[\int_{\varphi_1(x)}^{\varphi_2(x)} f(x,y)\mathrm{d}y\Big]\mathrm{d}x.$$

这样就把二重积分化为了二次积分，第一次的积分 $\int_{\varphi_1(x)}^{\varphi_2(x)} f(x,y)\mathrm{d}y$ 过程中，因为 x 保持不变，所以把 x 当作常数，而对 y 积分，求出原函数后上、下限分别代入上边界、下边界的函数 $y = \varphi_2(x)$，$y = \varphi_1(x)$. 这样积分的结果就是 x 的函数，再在区间 $[a,b]$ 上对 x 积分，就得到一个确定的数值，就是重积分的值. 以上的二次积分，习惯写作 $\int_a^b \mathrm{d}x \int_{\varphi_1(x)}^{\varphi_2(x)} f(x,y)\mathrm{d}y$.

（2）Y 型　类似地，如果 D 可以表示为 $\psi_1(y) \leqslant x \leqslant \psi_2(y)$，$c \leqslant y \leqslant d$. 其中，$x = \psi_1(y)$，

$x = \psi_2(y)$ 是连续函数，分别是 D 的左边界和右边界的方程（如图 7.17、图 7.18）.

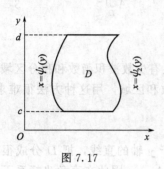

图 7.17

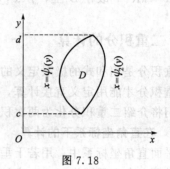

图 7.18

则

$$\iint\limits_D f(x,y)\mathrm{d}x\mathrm{d}y = \int_c^d \mathrm{d}y \int_{\psi_1(y)}^{\psi_2(y)} f(x,y)\mathrm{d}x.$$

同样，第一次积分 $\int_{\psi_1(y)}^{\psi_2(y)} f(x,y)\mathrm{d}x$ ，在对 x 积分时，把 y 当作常数，其结果是一个 y 的函数，第二次积分是将该函数从 c 到 d 积分，得到一个确定的值.

对一个具体的二重积分，原则上是既可以当作 X 型，也可以当作 Y 型，但要考虑如下两个因素.

(1) 区域的特点，由于 D 的特点，两种顺序的积分可能会出现难易的差别；

(2) 被积函数 $f(x,y)$ 的特点，由于 $f(x,y)$ 的特点有可能按某一种顺序根本无法求出它的原函数（也即所谓的积不出来，其原函数不是初等函数），而按另一种顺序则可以顺利地计算出来.

因此，正确地选择积分顺序是解决重积分问题的关键，也是必须掌握的计算技巧.

【例 7.37】 计算 $\iint\limits_D xy^2\mathrm{d}x\mathrm{d}y$. D ：由 $y = x$ ，$y = 0$ ，$x = 1$ 围成的闭区域.

解 D 作为 X 型，$0 \leqslant y \leqslant x$ ，$0 \leqslant x \leqslant 1$ ，则 $\iint\limits_D xy^2\mathrm{d}x\mathrm{d}y = \int_0^1 \mathrm{d}x \int_0^x xy^2\mathrm{d}y = \int_0^1 \dfrac{x^4}{3}\mathrm{d}x = \dfrac{1}{15}$.

如果 D 作为 Y 型，则 $\iint\limits_D xy^2\mathrm{d}x\mathrm{d}y = \int_0^1 \mathrm{d}y \int_y^1 xy^2\mathrm{d}x = \int_0^1 \dfrac{y^2}{2}(1-y^2)\mathrm{d}y = \dfrac{1}{15}$.

【例 7.38】 计算 $\iint\limits_D (x^2+y^2)\mathrm{d}x\mathrm{d}y$ 　　D ：$\{(x,y)\,|\,0 \leqslant x \leqslant 1, x \leqslant y \leqslant 2x\}$.

解 D 作为 X 型 $\iint\limits_D (x^2+y^2)\mathrm{d}x\mathrm{d}y = \int_0^1 \mathrm{d}x \int_x^{2x}(x^2+y^2)\mathrm{d}y = \int_0^1 \dfrac{10}{3}x^3\mathrm{d}x = \dfrac{5}{6}$.

注意：如果 D 作为 Y 型，化为的二次积分为

$$原式 = \int_0^1 \mathrm{d}y \int_{\frac{y}{2}}^y (x^2+y^2)\mathrm{d}x + \int_1^2 \mathrm{d}y \int_{\frac{y}{2}}^1 (x^2+y^2)\mathrm{d}x.$$

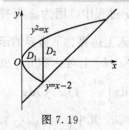

图 7.19

【例 7.39】 计算 $\iint\limits_D xy\mathrm{d}\sigma$ ，其中 D 是抛物线 $y^2 = x$ 及直线 $y = x-2$ 所围成的闭区域.

解 为计算简便，先对 x 后对 y 积分（如图 7.19）

$$D: \begin{cases} y^2 \leqslant x \leqslant y+2 \\ -1 \leqslant y \leqslant 2 \end{cases},$$

$$\iint\limits_{D} xy\,d\sigma = \int_{-1}^{2}dy\int_{y^2}^{y+2}xy\,dx = \int_{-1}^{2}\left[\frac{1}{2}x^2y\right]_{y^2}^{y+2}dy$$

$$= \frac{1}{2}\int_{-1}^{2}\left[y(y+2)^2 - y^5\right]dy = \frac{1}{2}\left[\frac{y^4}{4} + \frac{4}{3}y^3 + 2y^2 - \frac{1}{6}y^6\right]_{-1}^{2}$$

$$= \frac{45}{8}.$$

另一解法：先对 y 后对 x 积分，$D_1:0\leqslant x\leqslant 1,-\sqrt{x}\leqslant y\leqslant\sqrt{x}$，$D_2:1\leqslant x\leqslant 4,x-2\leqslant y\leqslant\sqrt{x}$，所以 $\iint\limits_{D} xy\,d\sigma = \iint\limits_{D_1} xy\,d\sigma + \iint\limits_{D_2} xy\,d\sigma = \int_{0}^{1}dx\int_{-\sqrt{x}}^{\sqrt{x}}xy\,dy + \int_{1}^{4}dx\int_{x-2}^{\sqrt{x}}xy\,dy$.

【例 7.40】　计算 $\iint\limits_{D}(2x+y)\,dx\,dy$，$D$ 是由 $y=\sqrt{x}$，$y=0$，$x+y=2$ 围成的区域.

解　D 作为 Y 型，$0\leqslant y\leqslant 1,y^2\leqslant x\leqslant 2-y$，

$$\iint\limits_{D}(2x+y)\,dx\,dy = \int_{0}^{1}dy\int_{y^2}^{2-y}(2x+y)\,dx = \int_{0}^{1}(4-2y-y^3-y^4)\,dy = \frac{51}{20}.$$

注意：如果 D 作为 X 型，则

$$\iint\limits_{D}(2x+y)\,dx\,dy = \int_{0}^{1}dx\int_{0}^{\sqrt{x}}(2x+y)\,dx + \int_{1}^{2}dx\int_{0}^{2-x}(2+y)\,dy.$$

由例 7.37、例 7.40 可以看出，由于积分区域的特点，选择不同的积分顺序，将使计算过程出现难易程度上的差异. 对某些问题，由于函数的特点，某种积分顺序可能积不出来，换成另一种积分顺序就迎刃而解.

【例 7.41】　求 $\iint\limits_{D}\dfrac{\sin y}{y}\,dx\,dy$，$D$ 是由 $y=\sqrt{x}$ 和 $y=x$ 所围成的闭区域.

解　由于 $\int\dfrac{\sin y}{y}\,dy$ "积不出来"，D 只能作为 Y 型.

$$原式 = \int_{0}^{1}dy\int_{y^2}^{y}\frac{\sin y}{y}\,dx = \int_{0}^{1}(\sin y - y\sin y)\,dy = 1-\sin 1.$$

【例 7.42】　将 $\iint\limits_{D}f(x,y)\,d\sigma$，转化为二次积分（两种顺序都要）.

(1) D 由 $y=x^2$ 和 $y=x$ 围成.

解　$原式 = \int_{0}^{1}dx\int_{x^2}^{x}f(x,y)\,dy = \int_{0}^{1}dy\int_{y}^{\sqrt{y}}f(x,y)\,dx$.

(2) D 由 $x+y=2,x-y=0,y=0$ 围成.

解　$原式 = \int_{0}^{1}dx\int_{0}^{x}f(x,y)\,dy + \int_{1}^{2}dx\int_{0}^{2-x}f(x,y)\,dy = \int_{0}^{1}dy\int_{y}^{2-y}f(x,y)\,dx$.

(3) D 为圆 $x^2+y^2\leqslant R^2$ 的上半部分.

解　$原式 = \int_{-R}^{R}dx\int_{0}^{\sqrt{R^2-x^2}}f(x,y)\,dy = \int_{0}^{R}dy\int_{-\sqrt{R^2-y^2}}^{\sqrt{R^2-y^2}}f(x,y)\,dx$.

(4) $D = \{(x,y)\,|\,0\leqslant y\leqslant 2;y\leqslant x\leqslant\sqrt{8-y^2}\}$.

解　$原式 = \int_{0}^{2}dx\int_{0}^{x}f(x,y)\,dy + \int_{2}^{2\sqrt{2}}dx\int_{0}^{\sqrt{8-x^2}}f(x,y)\,dy = \int_{0}^{2}dy\int_{y}^{\sqrt{8-y^2}}f(x,y)\,dx$.

一种特殊情况，当 D 的边界是与坐标轴平行的矩形：$a\leqslant x\leqslant b,c\leqslant y\leqslant d$ 时

$$\iint\limits_{D} f(x,y)\mathrm{d}x\mathrm{d}y = \int_{a}^{b}\mathrm{d}x\int_{c}^{d}f(x,y)\mathrm{d}y = \int_{c}^{d}\mathrm{d}y\int_{a}^{b}f(x,y)\mathrm{d}x .$$

更为特殊地，如果积分区域是上述的矩形而被积函数可以分离成两个一元函数的乘积 $f(x,y)=\varphi(x)\cdot\psi(y)$ 时，

$$\iint\limits_{D} f(x,y)\mathrm{d}x\mathrm{d}y = \Big[\int_{a}^{b}\varphi(x)\mathrm{d}x\Big]\cdot\Big[\int_{c}^{d}\psi(y)\mathrm{d}y\Big].$$

【例 7.43】 计算 $\iint\limits_{D}\mathrm{e}^{-(x+y)}\mathrm{d}x\mathrm{d}y$ ，$D:\{(x,y)\,|\,0\leqslant x\leqslant 1,0\leqslant y\leqslant 1\}$.

解 原式 $=\Big[\int_{0}^{1}\mathrm{e}^{-x}\mathrm{d}x\Big]\cdot\Big[\int_{0}^{1}\mathrm{e}^{-y}\mathrm{d}y\Big]=(1-\mathrm{e}^{-1})^{2}$.

7.7.3.2　在极坐标系下的计算

有些二重积分，积分区域的边界曲线用极坐标方程来表示比较方便，且被积函数用极坐标变量表示比较方便，这时我们考虑用极坐标来计算二重积分.

在极坐标系下曲线的方程为 $\rho=\rho(\theta)$.

假设从极点出发穿过闭区域 D 内部的射线与 D 的边界曲线相交不多于两点，我们用以极点为中心的一系列同心圆 $\rho=c$（常数）和射线 $\theta=\theta_0$（常数）分割 D 成为 n 个小闭区域（如图 7.20），除了包含边界点的小闭区域外，每一个小面积元 $\Delta\sigma=\dfrac{1}{2}(\rho+\Delta\rho)^{2}\Delta\theta-\dfrac{1}{2}\rho^{2}\Delta\theta=\rho\Delta\rho\Delta\theta+\dfrac{1}{2}\Delta\rho^{2}\Delta\theta$ 去掉高阶无穷小得到面积元的微分 $\mathrm{d}\sigma=\rho\mathrm{d}\rho\mathrm{d}\theta$ ，所以

$$\iint\limits_{D} f(x,y)\mathrm{d}x\mathrm{d}y = \iint\limits_{D} f(\rho\cos\theta,\rho\sin\theta)\rho\mathrm{d}\rho\mathrm{d}\theta .$$

我们考虑用极坐标来计算二重积分，也要化为二次积分. 我们分三种情况讨论.

(1) 极点在区域 D 内（如图 7.21），区域的边界为 $\rho=\rho(\theta)$ ，显然 θ 的取值范围为 $[0,2\pi]$ ，ρ 的取值为 $0\leqslant\rho\leqslant\rho(\theta)$ ，故 $\iint\limits_{D} f(x,y)\mathrm{d}\sigma = \int_{0}^{2\pi}\mathrm{d}\theta\int_{0}^{\rho(\theta)} f(\rho\cos\theta,\rho\sin\theta)\rho\mathrm{d}\rho$.

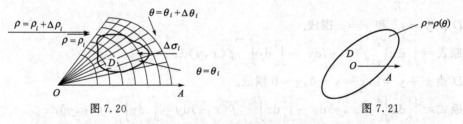

图 7.20　　　　　　　　　　　　　　图 7.21

(2) 极点在区域外（如图 7.22），如果从极点作两条射线 $\theta=\alpha,\theta=\beta\,(\alpha<\beta)$ ，把区域的边界分成两个单值部分 $\rho=\rho_1(\theta)$ 和 $\rho=\rho_2(\theta)$ $(\rho_1(\theta)\leqslant\rho_2(\theta))$. 显然在区域内的点 $\alpha\leqslant\theta\leqslant\beta,\rho_1(\theta)\leqslant\rho\leqslant\rho_2(\theta)$ ，故 $\iint\limits_{D} f(x,y)\mathrm{d}\sigma = \int_{\alpha}^{\beta}\mathrm{d}\theta\int_{\rho_1(\theta)}^{\rho_2(\theta)} f(\rho\cos\theta,\rho\sin\theta)\rho\mathrm{d}\rho$.

(3) 极点在区域的边界上（如图 7.23），从极点作两条射线与区域相切，切线为 $\theta=\alpha$ 和 $\theta=\beta$ $(\alpha<\beta)$ ，显然曲线上的点，$\alpha\leqslant\theta\leqslant\beta,0\leqslant\rho\leqslant\rho(\theta)$ ，故

$$\iint\limits_{D} f(x,y)\mathrm{d}\sigma = \int_{\alpha}^{\beta}\mathrm{d}\theta \int_{0}^{\rho(\theta)} f(\rho\cos\theta, \rho\sin\theta)\rho\mathrm{d}\rho .$$

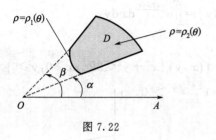

图 7.22

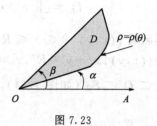

图 7.23

【例 7.44】 求 $\iint\limits_{D}(x^4 + y^4)\mathrm{d}x\mathrm{d}y$ ，$D = \{x,y \mid x^2 + y^2 \leqslant a^2, a > 0\}$ ．

解 由于区域是圆域，显然用极坐标较好，极点在区域内，边界的曲线方程为 $\rho = a$

故 $\iint\limits_{D}(x^4 + y^4)\mathrm{d}\sigma = \int_{0}^{2\pi}\mathrm{d}\theta\int_{0}^{a}(\rho^4\cos^4\theta + \rho^4\sin^4\theta)\rho\mathrm{d}\rho = \dfrac{a^6}{6}\int_{0}^{2\pi}\left(\dfrac{3}{4} + \dfrac{1}{4}\cos4\theta\right)\mathrm{d}\theta = \dfrac{\pi}{4}a^6$

【例 7.45】 求 $\iint\limits_{D}\mathrm{e}^{x^2+y^2}\mathrm{d}x\mathrm{d}y$ ，$D = \{(x,y)\mid x^2 + y^2 \leqslant 1, x \geqslant 0. y \geqslant 0\}$ ．

解 极点在区域的边界上，显然 D 内的点 $0 \leqslant \theta \leqslant \dfrac{\pi}{2}, 0 \leqslant \rho \leqslant 1$.

故 $\iint\limits_{D}\mathrm{e}^{x^2+y^2}\mathrm{d}x\mathrm{d}y = \int_{0}^{\frac{\pi}{2}}\mathrm{d}\theta\int_{0}^{1}\mathrm{e}^{\rho^2}\rho\mathrm{d}\rho = \dfrac{1}{2}(\mathrm{e}-1)\cdot\int_{0}^{\frac{\pi}{2}}\mathrm{d}\theta = \dfrac{\pi}{4}(\mathrm{e}-1)$

【例 7.46】 求 $\iint\limits_{D}xy\mathrm{d}x\mathrm{d}y$ ，$D = \{(x,y)\mid 1 \leqslant x^2 + y^2 \leqslant 4; 0 \leqslant y \leqslant x\}$ ．

解 极点在区域外，区域上的点 $0 \leqslant \theta \leqslant \dfrac{\pi}{4}$ ，$1 \leqslant \rho \leqslant 2$ ，

故 $\iint\limits_{D}xy\mathrm{d}x\mathrm{d}y = \int_{0}^{\frac{\pi}{4}}\mathrm{d}\theta\int_{1}^{2}\rho^3\cos\theta\sin\theta\mathrm{d}\rho = \dfrac{15}{4}\int_{0}^{\frac{\pi}{4}}\cos\theta\sin\theta\mathrm{d}\theta = \dfrac{15}{16}$ ．

【例 7.47】 将下列二重积分在极坐标系中化为二次积分

(1) $\iint\limits_{D}f(x,y)\mathrm{d}\sigma$ ，D：半圆 $0 \leqslant y \leqslant \sqrt{2ax - x^2}$ ；

(2) $\iint\limits_{D}f(x,y)\mathrm{d}\sigma$ ，D：由 $y = x, y = 2x$ 和 $y = 2$ 所围.

解 (1) 从极点作 D 的两条切线 $\theta = 0$ 和 $\theta = \dfrac{\pi}{2}$ ，半圆的极点坐标方程为 $\rho = 2a\cos\theta$ ，

故 $\iint\limits_{D}f(x,y)\mathrm{d}\sigma = \int_{0}^{\frac{\pi}{2}}\mathrm{d}\theta\int_{0}^{2a\cos\theta}f(\rho\cos\theta, \rho\sin\theta)\rho\mathrm{d}\rho$ ．

(2) $y = 2$ 的极坐标方程是 $\rho = 2\csc\theta$ ，D 内的点，$\dfrac{\pi}{4} \leqslant \theta \leqslant \arctan2, 0 \leqslant \rho \leqslant 2\csc\theta$ ，

故 $\iint\limits_{D}f(x,y)\mathrm{d}\sigma = \int_{\frac{\pi}{4}}^{\arctan2}\mathrm{d}\theta\int_{0}^{2\csc\theta}f(\rho\cos\theta, \rho\sin\theta)\rho\mathrm{d}\rho$ ．

【例 7.48】 求泊松积分（概率积分）：$\int_{0}^{+\infty}\mathrm{e}^{-\frac{x^2}{2}}\mathrm{d}x$ ．

解　设 $I_R = \int_0^R e^{-\frac{x^2}{2}} dx$，显然 $\int_0^{+\infty} e^{-\frac{x^2}{2}} dx = \lim_{R \to +\infty} I_R$

$$I_R^2 = \left[\int_0^R e^{-\frac{x^2}{2}} dx\right] \cdot \left[\int_0^R e^{-\frac{y^2}{2}} dy\right] = \iint_D e^{-\frac{x^2+y^2}{2}} dx\,dy,$$

D 为矩形区域 $\{(x,y) \mid 0 \leqslant x \leqslant R, 0 \leqslant y \leqslant R\}$.

设：$S_1 = \{(x,y) \mid x^2+y^2 \leqslant R^2; x \geqslant 0, y \geqslant 0\}$，$S_2 = \{(x,y) \mid x^2+y^2 \leqslant 2R^2; x \geqslant 0, y \geqslant 0\}$

显然，$S_1 \subset D \subset S_2$（如图 7.24），又 $f(x,y) = e^{-\frac{x^2+y^2}{2}} > 0$，故有

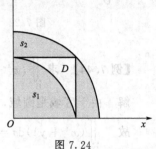

$$\iint_{S_1} e^{-\frac{x^2+y^2}{2}} dx\,dy < I_R^2 < \iint_{S_2} e^{-\frac{x^2+y^2}{2}} dx\,dy.$$

转化成极坐标系中的二次积分有

$$\iint_{S_1} e^{-\frac{x^2+y^2}{2}} dx\,dy = \int_0^{\frac{\pi}{2}} d\theta \int_0^R e^{-\frac{R^2}{2}} \rho\,d\rho = \frac{\pi}{2}\left[1 - e^{-\frac{R^2}{2}}\right];$$

$$\iint_{S_2} e^{-\frac{x^2+y^2}{2}} dx\,dy = \int_0^{\frac{\pi}{2}} d\theta \int_0^{\sqrt{2}R} e^{-\frac{\rho^2}{2}} \rho\,d\rho = \frac{\pi}{2}\left[1 - e^{-R^2}\right].$$

图 7.24

令 $R \to +\infty$，以上两个积分都有相同的极限 $\dfrac{\pi}{2}$.

由极限存在的准则 I，可知

$$\lim_{R \to +\infty} I_R^2 = \frac{\pi}{2}，即 \int_0^{+\infty} e^{-\frac{x^2}{2}} dx = \sqrt{\frac{\pi}{2}} 或 \int_{-\infty}^{+\infty} e^{-\frac{x^2}{2}} dx = \sqrt{2\pi}.$$

这个积分在概率论中占有很重要的地位，应掌握这个结论.

习题 7.7

1. 填空题.

(1) 交换下列二次积分的积分次序.

① $\int_0^1 dy \int_{\sqrt{y}}^{\sqrt{2-y}} f(x,y) dx = $ _____.

② $\int_0^2 dy \int_{y^2}^{2y} f(x,y) dx = $ _____.

③ $\int_0^1 dy \int_0^y f(x,y) dx = $ _____.

④ $\int_0^1 dy \int_{-\sqrt{1-y^2}}^{\sqrt{1-y^2}} f(x,y) dx = $ _____.

(2) 积分 $\int_0^2 dx \int_x^2 e^{-y^2} dy$ 的值等于 _____.

(3) 设 $D = \{(x,y) \mid 0 \leqslant x \leqslant 1, 0 \leqslant y \leqslant 1\}$，试利用二重积分的性质估计 $I = \iint_D xy(x+y) d\sigma$ 的值，则_____.

(4) 设区域 D 是由 x 轴、y 轴与直线 $x+y=1$ 所围成，根据二重积分的性质，试比较积分 $I = \iint_D (x+y)^2 d\sigma$ 与 $I = \iint_D (x+y)^3 d\sigma$ 的大小_____.

(5) 设 $D = \left\{(x,y) \,\middle|\, 0 \leqslant x \leqslant \dfrac{\pi}{2}, 0 \leqslant y \leqslant \dfrac{\pi}{2}\right\}$，则积分 $I = \iint_D \sqrt{1 - \sin^2(x+y)}\,dx\,dy$

的大小_____.

2. 把下列积分化为极坐标形式，并计算积分值.

（1）$\int_0^{2a} \mathrm{d}x \int_0^{\sqrt{2ax-x^2}} (x^2+y^2)\mathrm{d}y$ ；　　（2）$\int_0^a \mathrm{d}x \int_0^x \sqrt{x^2+y^2}\, \mathrm{d}y$.

3. 利用极坐标计算下列各题.

（1）$\iint\limits_{D} e^{x^2+y^2}\mathrm{d}\sigma$ ，其中 D 是由圆周 $x^2+y^2=1$ 及坐标轴所围成的在第一象限内的闭区域；

（2）$\iint\limits_{D} \ln(1+x^2+y^2)\mathrm{d}\sigma$ ，其中 D 是由圆周 $x^2+y^2=1$ 及坐标轴所围成的在第一象限的闭区域；

（3）$\iint\limits_{D} \arctan \dfrac{y}{x}\mathrm{d}\sigma$ ，其中 D 是由圆周 $x^2+y^2=4$，$x^2+y^2=1$ 及直线 $y=0$，$y=x$ 所围成的在第一象限的闭区域.

4. 选用适当的坐标计算下列各题.

（1）$\iint\limits_{D} \dfrac{x^2}{y^2}\mathrm{d}\sigma$ ，其中 D 是直线 $x=2$，$y=x$ 及曲线 $xy=1$ 所围成的闭区域；

（2）$\iint\limits_{D} (1+x)\sin y\mathrm{d}\sigma$ ，其中 D 是顶点分别为 $(0,0)$，$(1,0)$，$(1,2)$ 和 $(0,1)$ 的梯形闭区域；

（3）$\iint\limits_{D} \sqrt{R^2-x^2-y^2}\,\mathrm{d}\sigma$ ，其中 D 是圆周 $x^2+y^2=Rx$ 所围成的闭区域；

（4）$\iint\limits_{D} \sqrt{x^2+y^2}\,\mathrm{d}\sigma$ ，其中 D 是圆环形闭区域 $\{(x,y)\,|\,a^2 \leqslant x^2+y^2 \leqslant b^2\}$.

5. 求由平面 $x=0$，$y=0$，$x+y=1$ 所围成的柱体被平面 $z=0$ 及抛物面 $x^2+y^2=6-z$ 截得的立体的体积.

6. 计算以 xOy 面上的圆周 $x^2+y^2=ax$ 围成的闭区域为底，而以曲面 $z=x^2+y^2$ 为顶的曲顶柱体的体积.

总习题 7

1. 填空题

（1）设 $z=\dfrac{\arccos(x^2+y^2)}{\sqrt{y-\sqrt{x}}}$ ，其定义域为_____.

（2）设 $f(x,y)=\begin{cases} \dfrac{\sin(x^2 y)}{xy}, & xy \neq 0 \\ 0, & xy=0 \end{cases}$ ，则 $f_x(0,1)=$ _____.

（3）已知函数 $z=f(x+y,x-y)=x^2-y^2$ ，则 $\dfrac{\partial z}{\partial x}+\dfrac{\partial z}{\partial y}=$ _____.

（4）函数 $f(x,y,z)=\left(\dfrac{x}{y}\right)^{\frac{1}{z}}$ ，则 $\mathrm{d}f_{(1,1,1)}=$ _____.

（5）$f(x,y)$ 在点 (x,y) 处可微分是 $f(x,y)$ 在该点连续的_____的条件，$f(x,y)$ 在点 (x,y) 处连续是 $f(x,y)$ 在该点可微分的_____的条件.

(6) $z=f(x,y)$ 在点 (x,y) 的偏导数 $\dfrac{\partial z}{\partial x}$ 及 $\dfrac{\partial z}{\partial y}$ 存在是 $f(x,y)$ 在该点可微分的 _____条件.

(7) 由方程 $xyz+\sqrt{x^2+y^2+z^2}=\sqrt{2}$ 所确定的函数 $z=z(x,y)$ 在点 $(1,0,-1)$ 处的全微分为_____.

*(8) 设 $u=\mathrm{e}^{-x}\sin\dfrac{x}{y}$，则 $\dfrac{\partial^2 u}{\partial x\partial y}$ 在点 $\left(2,\dfrac{1}{\pi}\right)$ 处的值为_____.

*(9) 设 $z=\dfrac{1}{x}f(xy)+y\varphi(ax+y)$，$f$，$\varphi$ 具有二阶连续导数，则 $\dfrac{\partial^2 z}{\partial x\partial y}=$_____.

2. 求函数 $f(x,y)=\dfrac{\sqrt{4x-y^2}}{\ln(1-x^2-y^2)}$ 的定义域，并求 $\lim\limits_{(x,y)\to\left(\frac{1}{2},0\right)}f(x,y)$.

3. 证明 $\lim\limits_{(x,y)\to(0,0)}\dfrac{xy}{\sqrt{x^2+y^2}}=0$.

4. 求下列函数的偏导数.

(1) $z=(1+xy)^y$；

(2) $z=\mathrm{e}^{-kn^2 t}\cos nx$；

(3) $z=(x^2+y^2)\mathrm{e}^{\frac{x^2+y^2}{xy}}$.

5. 设 $f(x,y)=\begin{cases}\dfrac{x^2 y}{x^2+y^2}, & x^2+y^2\neq 0 \\ 0, & x^2+y^2=0\end{cases}$，求 $f_x(x,y)$ 及 $f_y(x,y)$.

6. 设 $z=\arctan\dfrac{x}{y}$，而 $x=u+v$，$y=u-v$，验证 $\dfrac{\partial z}{\partial u}+\dfrac{\partial z}{\partial v}=\dfrac{u-v}{u^2+v^2}$.

7. 设 $z=xy+xF(u)$，而 $u=\dfrac{y}{x}$，$F(u)$ 为可导函数，证明 $x\dfrac{\partial z}{\partial x}+y\dfrac{\partial z}{\partial y}=z+xy$.

8. 设 $z=\dfrac{y}{f(x^2-y^2)}$，其中 $f(u)$ 为可导函数，验证 $\dfrac{1}{x}\dfrac{\partial z}{\partial x}+\dfrac{1}{y}\dfrac{\partial z}{\partial y}=\dfrac{z}{y^2}$.

9. （数学三）设 $z=(x+\mathrm{e}^y)^x$，则 $\dfrac{\partial z}{\partial x}\bigg|_{(1,0)}=$_____.

10. 设 f，g 为连续可微函数，$u=f(x,xy)$，$v=g(x+xy)$，求 $\dfrac{\partial u}{\partial x}\cdot\dfrac{\partial v}{\partial x}$.

11. 设 $z=f(2x+y)+g(x,xy)$，其中函数 $f(t)$ 二阶可导，$g(u,v)$ 具有连续二阶偏导数，求 $\dfrac{\partial^2 z}{\partial x\partial y}$.

12. 设 $\begin{cases}u=f(ux,v+y) \\ v=g(u-x,v^2 y)\end{cases}$，其中 f，g 具有一阶连续偏导数，求 $\dfrac{\partial u}{\partial x}$ 和 $\dfrac{\partial v}{\partial x}$.

13. 欲选一个无盖的长方形水池，已知底部造价为每平方米 a 元，侧面造价为每平方米 b 元，现用 A 元造一个容积最大的水池，求它的尺寸.

14. 要造一个容积等于定数 k 的长方体无盖水池，应如何选择水池的尺寸，方可使它的表面积最小.

15. 在平面 xOy 上求一点，使它到 $x=0$，$y=0$ 及 $x+2y-16=0$ 三直线的距离平方之和为最小.

16. 根据二重积分的性质，比较下列积分的大小.

(1) $\displaystyle\iint\limits_{D}(x+y)^2\mathrm{d}\sigma$ 与 $\displaystyle\iint\limits_{D}(x+y)^3\mathrm{d}\sigma$，其中积分区域 D 是由圆周 $(x-2)^2+(y-1)^2=2$ 所围成；

(2) $\displaystyle\iint\limits_{D}\ln(x+y)\mathrm{d}\sigma$ 与 $\displaystyle\iint\limits_{D}[\ln(x+y)]^2\mathrm{d}\sigma$，其中 D 是三角形闭区域，三顶点分别为 $(1,0)$，$(1,1)$，$(2,0)$.

17. 计算下列二重积分.

(1) $\displaystyle\iint\limits_{D}\mathrm{e}^{x+y}\mathrm{d}\sigma$，其中 $D=\{(x,y)\mid|x|+|y|\leqslant1\}$；

(2) $\displaystyle\iint\limits_{D}(x^2+y^2-x)\mathrm{d}\sigma$，其中 D 是由直线 $y=2$，$y=x$ 及 $y=2x$ 所围成的闭区域；

(3) $\displaystyle\iint\limits_{D}(y^2+3x-6y+9)\mathrm{d}\sigma$，其中 $D=\{(x,y)\mid x^2+y^2\leqslant R^2\}$.

18. 化二重积分 $I=\displaystyle\iint\limits_{D}f(x,y)\mathrm{d}\sigma$ 为二次积分（分别列出对两个变量先后次序不同的两个二次积分），其中积分区域 D 是：

(1) 由 x 轴及半圆周 $x^2+y^2=r^2$ $(y\geqslant0)$ 所围成的闭区域；

(2) 环形闭区域 $\{(x,y)\mid1\leqslant x^2+y^2\leqslant4\}$.

19. 求由曲面 $z=x^2+2y^2$ 及 $z=6-2x^2-y^2$ 所围成的立体的体积.

20. 利用二重积分的性质，估计积分 $I=\displaystyle\iint\limits_{D}(x+y+10)\mathrm{d}\sigma$，其中 D 是由圆周 $x^2+y^2=4$ 所围成.

21. 用二重积分计算立体 Ω 的体积 V，其中 Ω 由平面 $z=0$，$y=x$，$y=x+a$，$y=2a$ 和 $z=3x+2y$ 所围成 $(a>0)$.

22. 计算二重积分 $\displaystyle\iint\limits_{D}y\mathrm{d}x\mathrm{d}y$，其中 D 是由直线 $x=-1$，$y=0$ 以及曲线 $x=-\sqrt{2y-y^2}$ 所围成的平面区域.

知识窗 7（1）　　多元函数及其微分法的发展简况

多元函数及其微分法是单元函数及其微分法的推广.

多元函数的概念出现于 18 世纪初. 欧拉在他 1748 年的《无穷小分析引论》一书中，曾定义了多元函数. 拉格朗日在 1797 年的著作《解析函数论》中将多元函数定义为运算的组合. 他们的定义共同反映了 18 世纪的函数特点：将函数定义为解析表达式. 其后的发展阶段可与单元函数相同.

偏导数的出现更早些. 牛顿曾从 x 与 y 的多项式方程（即 $f(x,y)=0$）导出我们今天由 f 对 x 或 y 取偏微商而得到的表达式. 但是，这个工作未曾发表. 雅各布·伯努利在他关于等周问题的著作中也引用了偏导数. 约翰·伯努利的儿子尼古拉斯·伯努利（Nicolaus Bernoulli，1687～1759）在 1720 年的《教师学报》一篇关于正交轨线的文章中也用了偏导数.

然而，偏导数真正的创立归于封田（Alexis Fontaine des Bertins，1705～1771）、欧拉、克雷罗（Alexis Claude Clairaut，1713～1765）与达朗贝尔.

开始出现偏导数时，人们并没能明确地认识到偏导数与通常导数之间的区别，对两者都用同样的记号 d 来表示. 从物理意义来说，偏导数是在多个自变量的函数中，考虑只有某一个自变量变化的导数.

多元函数偏导数研究的主要动力来自早期偏微分方程方面的工作. 偏导数的演算是由欧拉研究流体力学问题的一系列文章提供的. 他在 1734 年的文章中提出二阶偏导数，并提出了关于微分后的结果与微分次序无关的理论，即 $\dfrac{\partial^2 z}{\partial x \partial y} = \dfrac{\partial^2 z}{\partial y \partial x}$，但他未给予证明，直到一百多年后，才由德国数学家施瓦兹（Schwartz，1843～1921）给出了严格的证明，其前提条件是 $\dfrac{\partial^2 z}{\partial x \partial y} = \dfrac{\partial^2 z}{\partial y \partial x}$ 连续. 欧拉还给出了全微分的可积条件. 达朗贝尔在他 1744 年与 1745 年的动力学著作中推广了偏导数的演算.

欧拉于 1755 年，拉格朗日 1759 年曾先后研究了二元函数的极值. 拉格朗日于 1797 年阐明了条件极值的理论.

知识窗 7(2)　科学的巨人——牛顿

艾萨克·牛顿（Isaac Newton FRS，1642～1727）爵士，英国皇家学会会员，是一位英国物理学家、数学家、天文学家、自然哲学家和炼金术士. 他在 1687 年发表的论文《自然哲学的数学原理》里，对万有引力和三大运动定律进行了描述. 这些描述奠定了此后三个世纪里物理世界的科学观点，并成为了现代工程学的基础. 他通过论证开普勒行星运动定律与他的引力理论间的一致性，展示了地面物体与天体的运动都遵循着相同的自然定律，从而消除了对太阳中心说的最后一丝疑虑，并推动了科学革命. 在力学上，牛顿阐明了动量和角动量守恒的原理. 在光学上，他发明了反射式望远镜，并基于对三棱镜将白光发散成可见光谱的观察，发展出了颜色理论.

牛顿出生于英格兰林肯郡乡下的一个小村落埃尔斯索普村的埃尔斯索普庄园. 牛顿出生前三个月，他的父亲就去世了. 由于早产的缘故，新生的牛顿十分瘦小；据传闻，牛顿刚出生时小得可以把他装进一夸脱的马克杯中. 当牛顿 3 岁时，他的母亲改嫁并住进了新丈夫巴纳巴斯·史密斯（Barnabus Smith）牧师的家，而把牛顿托付给了他的外祖母.

大约从五岁开始，牛顿被送到公立学校读书. 少年时的牛顿并不是神童，他资质平常、成绩一般，但他喜欢读书，喜欢看一些介绍各种简单机械模型制作方法的读物，并从中受到启发，自己动手制作些奇奇怪怪的小玩意，如风车、木钟、折叠式提灯等.

传说小牛顿把风车的机械原理摸透后，自己制造了一架磨坊的模型，他将老鼠绑在一架有轮子的踏车上，然后在轮子的前面放上一粒玉米，刚好那地方是老鼠可望不可即的位置. 老鼠想吃玉米，就不断的跑动，于是轮子不停地转动；又有一次他放风筝时，在绳子上悬挂着小灯，夜间村人看去惊疑是彗星出现；此外，他还制造了一个小水钟，每天早晨，小水钟会自动滴水到他的脸上，催他起床. 他还喜欢绘画、雕刻，尤其喜欢刻日晷，家里墙角、窗台上到处安放着他刻画的日晷，用以验看日影的移动.

牛顿 12 岁时进了离家不远的格兰瑟姆中学. 牛顿的母亲原希望他成为一个农民，但牛顿本人却无意于此. 随着年岁的增大，牛顿越发爱好读书，喜欢沉思，做科学小实验. 他在格兰瑟姆中学读书时，曾经寄宿在一位药剂师家里，使他受到了化学试验的熏陶.

牛顿在中学时代学习成绩并不出众，只是爱好读书，对自然现象有好奇心，例如颜色、日影四季的移动，尤其是几何学、哥白尼的日心说等. 他还分门别类地记读书笔记，又喜欢别出心裁地做些小工具、小技巧、小发明、小试验. 从这些平凡的环境和活动中，还看不出幼年的牛顿是个才能出众异于常人的儿童.

从 12 岁左右到 17 岁，牛顿都在中学学习，在学校图书馆的窗台上还可以看见他当年的签名. 他曾从学校退学，并在 1659 年 10 月回到埃尔斯索普村，因为他再度守寡的母亲想让牛顿当一名农夫. 牛顿虽然顺从了母亲的意思，但据牛顿的同事后来的叙述，耕作工作让牛顿相当不快乐. 所幸中学的校长亨利·斯托克斯（Henry Stokes）说服了牛顿的母亲，牛顿又被送回了学校以完成他的学业. 他在 18 岁时完成了中学的学业，并得到了一份完美的毕业报告.

1661 年 6 月，他进入了剑桥大学的三一学院. 在那时，该学院的教学基于亚里士多德的学说，但牛顿更喜欢阅读一些笛卡儿等现代哲学家以及伽利略、哥白尼和开普勒等天文学家更先进的思想. 1665 年，他发现了广义二项式定理，并开始发展一套新的数学理论，也就是后来为世人所熟知的微积分学. 在 1665 年，牛顿获得了学位，而大学为了预防伦敦大瘟疫而关闭了. 在此后两年里，牛顿在家中继续研究微积分学、光学和万有引力定律.

在数学上，牛顿与莱布尼茨分享了创立微积分的荣誉. 大多数现代历史学家都相信，牛顿与莱布尼茨独立发展出了微积分学，并为之创造了各自独特的符号. 根据牛顿周围的人所述，牛顿要比莱布尼茨早几年得出他的方法，但在 1693 年以前他几乎没有发表任何内容，并直至 1704 年他才给出了其完整的叙述. 其间，莱布尼茨已在 1684 年发表了他的方法的完整叙述. 此外，莱布尼茨的符号和"微分法"被欧洲大陆全面地采用，在大约 1820 年以后，英国也采用了该方法. 莱布尼茨的笔记本记录了他的思想从初期到成熟的发展过程，而在牛顿已知的记录中只发现了他最终的结果. 牛顿声称他一直不愿公布他的微积分学，是因为他怕被人们嘲笑. 牛顿与瑞士数学家尼古拉·法蒂奥·丢勒（Nicolas Fatio de Duillier）的联系十分密切，后者一开始便被牛顿的引力定律所吸引. 1691 年，丢勒打算编写一个新版本的牛顿《自然哲学的数学原理》，但并未完成它. 在 1694 年，这两个人之间的关系冷却了下来. 在那个时候，丢勒还与莱布尼茨交换了几封信件.

在 1699 年初，皇家学会（牛顿也是其中的一员）的其他成员们指控莱布尼茨剽窃了牛顿的成果. 争论在 1711 年全面爆发了，牛顿所在的英国皇家学会宣布，一项调查表明了牛顿才是真正的发现者，而莱布尼茨被斥为骗子. 但在后来，发现该调查评论莱布尼茨的结语是由牛顿本人书写的，因此该调查遭到了质疑. 这导致了激烈的牛顿与莱布尼茨的微积分学论战，并破坏了牛顿与莱布尼茨的生活，直到后者在 1716 年逝世. 这场争论在英国和欧洲大陆的数学家间划出了一道鸿沟，并可能阻碍了英国数学至少一个世纪的发展.

牛顿的一项被广泛认可的成就是广义二项式定理，它适用于任何幂. 他发现了牛顿恒等式、牛顿法，分类了立方面曲线（两变量的三次多项式），为有限差理论作出了重大贡献，并首次使用了分式指数和坐标几何学得到丢番图方程的解. 他用对数趋近了调和级数的部分和（这是欧拉求和公式的一个先驱），并首次有把握地使用幂级数和反转（revert）幂级数.

他在 1669 年被授予卢卡斯数学教授席位. 在那一天以前，剑桥或牛津的所有成员都是经过任命的圣公会牧师. 不过，卢卡斯教授之职的条件要求其持有者不得活跃于教堂（大概是如此可让持有者把更多时间用于科学研究上）. 牛顿认为应免除他担任神职工作的条件，这需要查理二世的许可，后者接受了牛顿的意见．这样避免了牛顿的宗教观点与圣公会信仰之间的冲突．

在 2005 年，皇家学会进行了一场"谁是科学史上最有影响力的人"的民意调查中，牛顿被认为比阿尔伯特·爱因斯坦更具影响力．

第8章

无穷级数

级数是数与函数的一种重要表达式，也是微积分理论研究与实际应用中极其有力的工具．级数在表达函数、研究函数的性质、计算函数值以及求解微分方程等方面都有着重要的应用．研究级数及其和，可以说是研究数列及其极限的另一种形式，但无论在研究极限的存在性还是在计算这种极限的时候，级数形式都显示出很大的优越性．本章着重讨论常数项级数，介绍无穷级数的基本知识，最后讨论幂级数及其应用．

8.1 常数项级数的概念和性质

8.1.1 引例

大家知道，我国古代有这样一个经典问题：一尺之棰，日取其半，万世不竭．

第 1 天截下来的棰头 $u_1 = \dfrac{1}{2}$

第 2 天截下来的棰头 $u_2 = \dfrac{1}{4}$

$\cdots$ $\cdots$

第 n 天截下来的棰头 $u_n = \dfrac{1}{2^n}$

这样就得到数列 $u_1, u_2, \cdots, u_n, \cdots$．现在，我们考虑每天截得的总量之和．

记第 1 天截下来的总量 $s_1 = \dfrac{1}{2}$

至第 2 天截下来的总量 $s_2 = \dfrac{1}{2} + \dfrac{1}{2^2}$

$\cdots$ $\cdots$

至第 n 天截下来的总量 $s_n = \dfrac{1}{2} + \dfrac{1}{2^2} + \cdots + \dfrac{1}{2^n}$

记 $s_1, s_2, \cdots, s_n, \cdots$，即得到另一数列 $\{s_n\}$．

对于数列 $u_1, u_2, \cdots, u_n, \cdots$，其一般项为 $u_n = \dfrac{1}{2^n}$，且 $\lim\limits_{n \to \infty} u_n = \lim\limits_{n \to \infty} \dfrac{1}{2^n}$. 而 $\{s_n\}$ 的一般项正好是数列 $\{u_n\}$ 的前 n 项和，即

$$s_n = \frac{1}{2} + \frac{1}{2^2} + \cdots + \frac{1}{2^n} = 1 - \frac{1}{2^n},$$

且 $\lim\limits_{n \to \infty} s_n = \lim\limits_{n \to \infty} \left(1 - \dfrac{1}{2^n} \right) = 1$.

8.1.2 常数项级数的概念

一般地，如果给定一个数列 $u_1, u_2, \cdots, u_n, \cdots$，由这个数列构成的表达式 $u_1 + u_2 + u_3 + \cdots + u_n + \cdots$ 叫做（常数项）无穷级数，简称（常数项）级数，记为 $\sum\limits_{n=1}^{\infty} u_n$，即

$$\sum_{n=1}^{\infty} u_n = u_1 + u_2 + \cdots + u_n + \cdots$$

式中，第 n 项 u_n 叫做级数的一般项.

定义 8.1 如果级数 $\sum\limits_{n=1}^{\infty} u_n$ 的部分和数列 $\{s_n\}$ 有极限 s，即 $\lim\limits_{n \to \infty} s_n = s$，则称无穷级数 $\sum\limits_{n=1}^{\infty} u_n$ 收敛，其极限 s 叫做这级数的和，并写成 $s = u_1 + u_2 + \cdots + u_n + \cdots$；如果 $\{s_n\}$ 没有极限，则称无穷级数 $\sum\limits_{n=1}^{\infty} u_n$ 发散.

上述定义说明了级数与部分和数列极限之间的关系，且在部分和数列收敛时，有

$$\sum_{n=1}^{\infty} u_n = \lim_{n \to \infty} s_n = s.$$

如引例中 $\sum\limits_{n=1}^{\infty} \dfrac{1}{2^n}$ 收敛，且 $\sum\limits_{n=1}^{\infty} \dfrac{1}{2^n} = 1$.

当级数 $\sum\limits_{n=1}^{\infty} u_n$ 收敛时，其部分和 s_n 是级数和 s 的近似值，而 s 与 s_n 的差 $r_n = s - s_n = u_{n+1} + u_{n+2} + \cdots$ 称为级数的余项. 显然，用 s_n 作为近似值代替 s 所产生的误差就是 $|r_n|$.

【例 8.1】 求级数 $\sum\limits_{n=1}^{\infty} \dfrac{3}{10^n} = \dfrac{3}{10} + \dfrac{3}{10^2} + \cdots + \dfrac{3}{10^n} + \cdots$ 的和.

解 级数的部分和数列的极限为

$$\lim_{n \to \infty} s_n = \lim_{n \to \infty} \frac{\dfrac{3}{10} \left[1 - \left(\dfrac{1}{10} \right)^n \right]}{1 - \dfrac{1}{10}} = \frac{1}{3},$$

因此

$$\frac{1}{3} = \frac{3}{10} + \frac{3}{10^2} + \cdots + \frac{3}{10^n} + \cdots$$

【例 8.2】 无穷级数 $\sum\limits_{n=0}^{\infty} aq^n = a + aq + aq^2 + \cdots + aq^n + \cdots$ 叫做等比级数（又称为几何级数），其中 $a \neq 0$，q 叫做级数的公比，试讨论该级数的收敛性.

解 如果 $q \neq 1$，则级数的部分和

$$s_n = a + aq + \cdots + aq^{n-1} = \frac{a - aq^n}{1 - q} = \frac{a(1 - q^n)}{1 - q}.$$

若 $|q| < 1$，则 $\lim\limits_{n \to \infty} q^n = 0$，从而 $\lim\limits_{n \to \infty} s_n = \dfrac{a}{1 - q}$，级数 $\sum\limits_{n=0}^{\infty} aq^n$ 收敛，且和为 $\dfrac{a}{1 - q}$；

若 $|q| > 1$，则 $\lim\limits_{n \to \infty} q^n = \infty$，从而 $\lim\limits_{n \to \infty} s_n = \infty$，级数 $\sum\limits_{n=0}^{\infty} aq^n$ 发散；

若 $q = 1$，则 $s_n = na$，从而 $\lim\limits_{n \to \infty} s_n = \infty$，级数 $\sum\limits_{n=0}^{\infty} aq^n$ 发散；

若 $q = -1$，则 $s_n = \begin{cases} a, & \text{当 } n \text{ 为奇数时} \\ 0, & \text{当 } n \text{ 为偶数时} \end{cases}$，从而 $\{s_n\}$ 的极限不存在，级数 $\sum\limits_{n=0}^{\infty} aq^n$ 发散.

综上所述，如果等比级数 $\sum\limits_{n=0}^{\infty} aq^n$ 公比的绝对值 $|q| < 1$，则该级数收敛；如果 $|q| \geqslant 1$，则该级数发散.

【例 8.3】 判别级数 $\sum\limits_{n=1}^{\infty} \dfrac{1}{n(n+1)}$ 的收敛性.

解　由于 $u_n = \dfrac{1}{n(n+1)} = \dfrac{1}{n} - \dfrac{1}{n+1}$，

所以
$$s_n = \frac{1}{1 \times 2} + \frac{1}{2 \times 3} + \cdots + \frac{1}{n \times (n+1)}$$
$$= \left(1 - \frac{1}{2}\right) + \left(\frac{1}{2} - \frac{1}{3}\right) + \cdots + \left(\frac{1}{n} - \frac{1}{n+1}\right) = 1 - \frac{1}{n+1}.$$

从而
$$\lim_{n \to \infty} s_n = \lim_{n \to \infty} \left(1 - \frac{1}{n+1}\right) = 1.$$

所以该级数收敛，且和为 1.

【例 8.4】 判别调和级数 $\sum\limits_{n=1}^{\infty} \dfrac{1}{n}$ 的收敛性.

解　调和级数部分和 $s_n = \sum\limits_{k=1}^{n} \dfrac{1}{k}$，如图 8.1 所示，

作 $y = \dfrac{1}{x}$ 图像，并将区间 $[1, n+1]$ n 等分，则每个小

区间对应一个小矩形（图中阴影部分）. 每个小矩形

的底为 1，高为小区间左端点的数值 $\dfrac{1}{k}$ $(k = 1, 2, \cdots,$

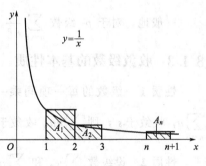

图 8.1

$n)$. 若将这些小矩形的面积分别记为 $A_1, A_2, \cdots, A_n$，

则阴影部分面积和为
$$A_1 + A_2 + \cdots + A_n = 1 + \frac{1}{2} + \cdots + \frac{1}{n} = \sum_{k=1}^{n} \frac{1}{k} = s_n.$$

而由曲线 $y = \dfrac{1}{x}, x = 1, x = n+1$ 及 $y = 0$ 所围成的曲边梯形面积
$$s = \int_1^{n+1} \frac{1}{x} \mathrm{d}x = [\ln x]_1^{n+1} = \ln(n+1).$$

显然有
$$s_n = \sum_{k=1}^{n} \frac{1}{k} > \int_1^{n+1} \frac{1}{x} \mathrm{d}x = \ln(n+1).$$

而当 $n \to \infty$ 时，$\ln(n+1) \to \infty$，所以 $\lim\limits_{n \to \infty} s_n = +\infty$.

因此调和级数 $\sum\limits_{n=1}^{\infty} \dfrac{1}{n}$ 发散.

【**例 8.5**】 判别级数 $\sum\limits_{n=1}^{\infty} \dfrac{1}{n^2}$ 的收敛性.

解 如图 8.2 所示，与例 8.4 类似，作 $y = \dfrac{1}{x^2}$ 图像并将区间 $[1, n]$ 等分成 $n-1$ 份，则每个小区间对应一个小矩形（图中阴影部分）. 每个小矩形的底为 1，高为小区间右端点的数值. 若将这些小矩形的面积分别记为 A_k，$A_k = \dfrac{1}{k^2}$（$k = 2, 3, \cdots, n$），则阴影部分面积和为 $A_2 + A_3 + \cdots + A_n$，而由曲线 $y = \dfrac{1}{x^2}, x = 1, x = n$ 及 $y = 0$ 所围成的曲边梯形的面积为

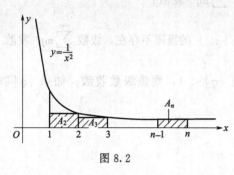

图 8.2

$$s = \int_1^n \frac{1}{x^2} \mathrm{d}x = \left[-\frac{1}{x}\right]_1^n = 1 - \frac{1}{n},$$

显然

$$s_n = \sum_{k=1}^{n} \frac{1}{k^2} = 1 + \sum_{k=2}^{n} \frac{1}{k^2} < 1 + \int_1^n \frac{1}{x^2} \mathrm{d}x = 2 - \frac{1}{n}.$$

当 $n \to \infty$，$2 - \dfrac{1}{n} \to 2$，而 $s_n = 1 + \sum\limits_{k=2}^{n} \dfrac{1}{k^2} \geqslant 1$，所以 $1 \leqslant s_n \leqslant 2$，又因为数列 $\{s_n\}$ 是单调递增的，根据单调有界数列必有极限可知，$\{s_n\}$ 有极限，所以 $\sum\limits_{n=1}^{\infty} \dfrac{1}{n^2}$ 收敛.

一般地，对于 p- 级数 $\sum\limits_{n=1}^{\infty} \dfrac{1}{n^p}$，当 $p > 1$ 时，级数收敛；$p \leqslant 1$ 时，级数发散.

8.1.3 收敛级数的基本性质

性质 1 级数的每一项同乘一个不为零的常数 k，它的收敛性不会改变，且若级数 $\sum\limits_{n=1}^{\infty} u_n$ 收敛于 s，则 $\sum\limits_{n=1}^{\infty} k u_n$ 收敛于 ks（其中 k 为常数）.

性质 2 设级数 $\sum\limits_{n=1}^{\infty} u_n$ 和 $\sum\limits_{n=1}^{\infty} v_n$ 分别收敛于 s 和 δ，则级数 $\sum\limits_{n=1}^{\infty} (u_n \pm v_n)$ 也收敛，且

$$\sum_{n=1}^{\infty} (u_n \pm v_n) = s \pm \delta.$$

此性质说明两个收敛级数逐项相加与逐项相减，不改变其收敛性.

性质 3 在级数中去掉、添加或改变有限项，不会改变级数的收敛性.

性质 4 如果级数 $\sum\limits_{n=1}^{\infty} u_n$ 收敛，则对该级数的项任意加括号后所成的级数仍收敛，且其和不变.

性质 5 （级数收敛的必要条件）若级数 $\sum\limits_{n=1}^{\infty} u_n$ 收敛，则它的一般项 u_n 趋于零，即 $\lim\limits_{n \to \infty} u_n = 0$.

此性质说明若 $\lim\limits_{n \to \infty} u_n \neq 0$，则级数 $\sum\limits_{n=1}^{\infty} u_n$ 必定发散．但若级数的一般项趋于零，不能得

出级数一定收敛的结论．例如，调和级数 $\sum\limits_{n=1}^{\infty} \dfrac{1}{n}$，虽然 $\lim\limits_{n \to \infty} u_n = \lim\limits_{n \to \infty} \dfrac{1}{n} = 0$，但该级数发散．

【例 8.6】 判别级数 $\sum\limits_{n=1}^{\infty} \dfrac{2n+1}{n}$ 的收敛性．

解 因为 $\lim\limits_{n \to \infty} \dfrac{2n+1}{n} = 2 \neq 0$，所以级数 $\sum\limits_{n=1}^{\infty} \dfrac{2n+1}{n}$ 发散．

习题 8.1

1. 写出下列级数的一般项．

(1) $\dfrac{1}{1 \times 4} + \dfrac{1}{2 \times 5} + \dfrac{1}{3 \times 6} + \cdots$；　　(2) $\dfrac{a^2}{3} - \dfrac{a^2}{5} + \dfrac{a^2}{7} - \dfrac{a^2}{9} + \cdots$；

(3) $1 + \dfrac{1}{2} + 3 + \dfrac{1}{4} + 5 + \dfrac{1}{6} + \cdots$．

2. 求级数 $\sum\limits_{n=1}^{\infty} \dfrac{2}{3^n} = \dfrac{2}{3} + \dfrac{2}{3^2} + \cdots + \dfrac{2}{3^n} + \cdots$ 的和．

3. 写出下列级数的部分和，并由定义判别级数的收敛性．

(1) $\sum\limits_{n=1}^{\infty} \dfrac{1}{(5n-4)(5n+1)}$；　　(2) $\sum\limits_{n=1}^{\infty} (\sqrt{n+2} - 2\sqrt{n+1} + \sqrt{n})$．

4. 判别下列级数的收敛性．

(1) $\sum\limits_{n=1}^{\infty} \dfrac{1}{\sqrt{n}}$；　　(2) $\sum\limits_{n=1}^{\infty} \dfrac{1}{\sqrt[3]{n}}$；

(3) $\sum\limits_{n=1}^{\infty} \dfrac{1}{n^{\frac{3}{2}}}$；　　(4) $\sum\limits_{n=1}^{\infty} \dfrac{1}{n^{\frac{4}{3}}}$；

(5) $\sum\limits_{n=1}^{\infty} \dfrac{1}{5^n}$；　　(6) $\dfrac{1}{2} + \dfrac{1}{10} + \dfrac{1}{4} + \dfrac{1}{20} + \cdots + \dfrac{1}{2^n} + \dfrac{1}{10n} + \cdots$；

(7) $\sum\limits_{n=1}^{\infty} \dfrac{1}{n^3}$；　　(8) $\sum\limits_{n=1}^{\infty} (-1)^n \dfrac{8^n}{9^n}$；

(9) $\sum\limits_{n=1}^{\infty} 2^n$；　　(10) $\sum\limits_{n=1}^{\infty} \dfrac{1}{\left(1 + \dfrac{1}{n}\right)^n}$．

8.2 正项级数的审敛法

级数求和常常是困难的，通常首先讨论其收敛性，如果收敛，则取足够多的项近似求和，因此判别级数收敛性是级数中的重要课题之一．正项级数的收敛性具有十分重要的地位．

所谓正项级数，是指每项均为非负的级数，即 $\sum\limits_{n=1}^{\infty} u_n$（$u_n \geqslant 0$），如 $\sum\limits_{n=1}^{\infty} \dfrac{1}{n}$．

正项级数 $\sum\limits_{n=1}^{\infty} u_n$ 有一个重要的特点，即它的前 n 项和 s_n 是单调递增的，因而判别正项级数是否收敛，只要看 $\{s_n\}$ 是否有界即可.

定理 8.1 正项级数 $\sum\limits_{n=1}^{\infty} u_n$ 收敛的充分必要条件是它的部分和数列 $\{s_n\}$ 有界.

【**例 8.7**】 证明正项级数 $\sum\limits_{n=1}^{\infty} \dfrac{1}{n!} = \dfrac{1}{1!} + \dfrac{1}{2!} + \cdots + \dfrac{1}{n!} + \cdots$ 是收敛的.

证 显然该级数是正项级数，且

$$\frac{1}{n!} = \frac{1}{1 \times 2 \times 3 \times \cdots \times n} \leqslant \frac{1}{1 \times 2 \times 2 \times \cdots \times 2} = \frac{1}{2^{n-1}} \; (n = 2, 3, 4, \cdots),$$

所以
$$s_n = \frac{1}{1!} + \frac{1}{2!} + \cdots + \frac{1}{(n-1)!} + \frac{1}{n!} < 1 + \frac{1}{2} + \frac{1}{2^2} + \cdots + \frac{1}{2^{n-1}}$$

$$= \frac{1 - \dfrac{1}{2^n}}{1 - \dfrac{1}{2}} = 2 - \frac{1}{2^{n-1}} < 2.$$

即该正项级数部分和数列有界，故级数 $\sum\limits_{n=1}^{\infty} \dfrac{1}{n!}$ 收敛.

根据定理 8.1，可以证得正项级数的审敛法.

8.2.1 比较审敛法

定理 8.2（比较审敛法） 设 $\sum\limits_{n=1}^{\infty} u_n$ 和 $\sum\limits_{n=1}^{\infty} v_n$ 都是正项级数，且 $u_n \leqslant v_n (n = 1, 2, \cdots)$，若级数 $\sum\limits_{n=1}^{\infty} v_n$ 收敛，则级数 $\sum\limits_{n=1}^{\infty} u_n$ 收敛；若级数 $\sum\limits_{n=1}^{\infty} u_n$ 发散，则级数 $\sum\limits_{n=1}^{\infty} v_n$ 发散.

注意：运用此方法判断正项级数的收敛性需要和一些已知级数进行比较，比较常用的有几何级数 $\sum\limits_{n=1}^{\infty} aq^n$ 和 p 级数 $\sum\limits_{n=1}^{\infty} \dfrac{1}{n^p}$ （包括调和级数）等.

【**例 8.8**】 判别级数 $\sum\limits_{n=1}^{\infty} \dfrac{1}{n(n+1)}$ 的收敛性.

解 因为 $n(n+1) > n^2$，所以 $\dfrac{1}{n(n+1)} < \dfrac{1}{n^2}$，而级数 $\sum\limits_{n=1}^{\infty} \dfrac{1}{n^2}$ 是收敛的，根据比较审敛法可知，级数 $\sum\limits_{n=1}^{\infty} \dfrac{1}{n(n+1)}$ 收敛.

由于级数的前有限项不影响级数的收敛性，所以，若从某项开始 $u_n \leqslant v_n$，则由 $\sum\limits_{n=1}^{\infty} v_n$ 收敛可推得 $\sum\limits_{n=1}^{\infty} u_n$ 收敛；由 $\sum\limits_{n=1}^{\infty} u_n$ 发散可推得 $\sum\limits_{n=1}^{\infty} v_n$ 发散.

【例 8.9】 判别级数 $1+\dfrac{1}{2}+\sum\limits_{n=3}^{\infty}\dfrac{1}{\ln n}$ 的收敛性.

解 因为当 $n>3$ 时，$\dfrac{1}{\ln n}>\dfrac{1}{n}$，而级数 $\sum\limits_{n=3}^{\infty}\dfrac{1}{n}$ 是发散的，根据比较审敛法可知，级数 $\sum\limits_{n=3}^{\infty}\dfrac{1}{\ln n}$ 发散，从而 $1+\dfrac{1}{2}+\sum\limits_{n=3}^{\infty}\dfrac{1}{\ln n}$ 发散.

实际应用中，常使用如下比较审敛法的极限形式.

定理 8.3（比较审敛法的极限形式） 设 $\sum\limits_{n=1}^{\infty}u_n$ 和 $\sum\limits_{n=1}^{\infty}v_n$ 都是正项级数.

(1) 如果 $\lim\limits_{n\to\infty}\dfrac{u_n}{v_n}=l\,(0<l<+\infty)$，则级数 $\sum\limits_{n=1}^{\infty}u_n$ 与级数 $\sum\limits_{n=1}^{\infty}v_n$ 同时收敛或同时发散；

(2) 如果 $\lim\limits_{n\to\infty}\dfrac{u_n}{v_n}=+\infty$，且级数 $\sum\limits_{n=1}^{\infty}v_n$ 发散，则级数 $\sum\limits_{n=1}^{\infty}u_n$ 发散；

(3) 如果 $\lim\limits_{n\to\infty}\dfrac{u_n}{v_n}=0$，且级数 $\sum\limits_{n=1}^{\infty}v_n$ 收敛，则级数 $\sum\limits_{n=1}^{\infty}u_n$ 收敛.

【例 8.10】 判别级数 $\sum\limits_{n=1}^{\infty}\sin\dfrac{1}{n}$ 的收敛性.

解 因为 $\lim\limits_{n\to\infty}\dfrac{\sin\dfrac{1}{n}}{\dfrac{1}{n}}=1$，而级数 $\sum\limits_{n=1}^{\infty}\dfrac{1}{n}$ 发散，根据定理 8.3 可知级数 $\sum\limits_{n=1}^{\infty}\sin\dfrac{1}{n}$ 发散.

【例 8.11】 判别级数 $\sum\limits_{n=2}^{\infty}\tan\dfrac{2}{n^2}$ 的收敛性.

解 因为 $\lim\limits_{n\to\infty}\dfrac{\tan\dfrac{2}{n^2}}{\dfrac{1}{n^2}}=2>0$，而级数 $\sum\limits_{n=1}^{\infty}\dfrac{1}{n^2}$ 收敛，根据定理 8.3 知级数 $\sum\limits_{n=2}^{\infty}\tan\dfrac{2}{n^2}$ 收敛.

从例 8.10、例 8.11 可以看出，使用比较审敛法的极限形式比较方便，因为它不需要建立定理 8.2 所要求的不等式. 但使用比较审敛法的极限形式时，需要找到与欲判别级数收敛性相同的已知收敛性的级数，而这种级数的特点是其一般项与原级数的一般项是同阶无穷小（当一般项不是无穷小时，利用级数收敛的必要条件可以判断其发散）. 因此，在用此方法进行级数收敛性判别时，可将该级数的通项或其部分因子用等价无穷小代换. 代换后得到的新级数与原级数收敛性相同. 例如，$x\to 0$ 时，$\ln(x+1)\sim x$，$\sin x\sim x$，$\tan x\sim x$.

【例 8.12】 用比较审敛法或其极限形式判别下列级数的收敛性.

(1) $\sum\limits_{n=1}^{\infty}\sin\dfrac{x}{n}\,(0<x<\pi)$；　　(2) $\sum\limits_{n=1}^{\infty}\left(1-\cos\dfrac{\alpha}{n}\right)(\alpha\neq 0)$；　　(3) $\sum\limits_{n=1}^{\infty}\ln\left(1+\dfrac{1}{n}\right)$.

解 (1) 因为当 $n\to\infty$ 时，$\sin\dfrac{x}{n}\sim\dfrac{x}{n}$，所以选 $v_n=\dfrac{x}{n}$，而 $\lim\limits_{n\to\infty}\dfrac{\sin\dfrac{x}{n}}{\dfrac{x}{n}}=1>0$，

由于 $\sum\limits_{n=1}^{\infty}\dfrac{x}{n}$ 发散，所以级数 $\sum\limits_{n=1}^{\infty}\sin\dfrac{x}{n}\,(0<x<\pi)$ 发散.

（2）因为当 $n \to \infty$ 时，$1 - \cos \dfrac{\alpha}{n} \sim \dfrac{\alpha^2}{2n^2}$，所以选 $v_n = \dfrac{\alpha^2}{2n^2}$，而

$$\lim_{n \to \infty} \frac{1 - \cos \dfrac{\alpha}{n}}{\dfrac{\alpha^2}{2n^2}} = 1 > 0 ,$$

由于级数 $\displaystyle\sum_{n=1}^{\infty} \dfrac{\alpha^2}{2} \dfrac{1}{n^2}$ 收敛，所以级数 $\displaystyle\sum_{n=1}^{\infty} \left(1 - \cos \dfrac{\alpha}{n}\right) (\alpha \neq 0)$ 收敛.

（3）因为当 $n \to \infty$ 时，$\ln\left(1 + \dfrac{1}{n}\right) \sim \dfrac{1}{n}$，所以选 $v_n = \dfrac{1}{n}$，而

$$\lim_{n \to \infty} \frac{\ln\left(1 + \dfrac{1}{n}\right)}{\dfrac{1}{n}} = 1 ,$$

由于级数 $\displaystyle\sum_{n=1}^{\infty} \dfrac{1}{n}$ 发散，所以级数 $\displaystyle\sum_{n=1}^{\infty} \ln\left(1 + \dfrac{1}{n}\right)$ 发散.

【例 8.13】　判别级数 $\displaystyle\sum_{n=1}^{\infty} \dfrac{n}{n^2 + n + 1}$ 的收敛性.

解

因为　　　　　　　　　　$$\lim_{n \to \infty} \frac{\dfrac{n}{n^2 + n + 1}}{\dfrac{1}{n}} = 1 > 0 ,$$

而级数 $\displaystyle\sum_{n=1}^{\infty} \dfrac{1}{n}$ 发散，所以级数 $\displaystyle\sum_{n=1}^{\infty} \dfrac{n}{n^2 + n + 1}$ 发散.

【例 8.14】　判别下列级数的收敛性.

（1）$\displaystyle\sum_{n=2}^{\infty} \dfrac{1}{\ln n}$；　　　　　（2）$\displaystyle\sum_{n=1}^{\infty} \dfrac{\ln n}{n^{\frac{3}{2}}}$.

解　（1）设 $u_n = \dfrac{1}{\ln n}$，取 $v_n = \dfrac{1}{n}$，

$$\lim_{n \to \infty} \frac{u_n}{v_n} = \lim_{n \to \infty} \frac{\dfrac{1}{\ln n}}{\dfrac{1}{n}} = \lim_{n \to \infty} \frac{n}{\ln n} = +\infty .$$

且 $\displaystyle\sum_{n=1}^{\infty} \dfrac{1}{n}$ 发散，由比较审敛法的极限形式可知，级数 $\displaystyle\sum_{n=2}^{\infty} \dfrac{1}{\ln n}$ 发散.

（2）设 $u_n = \dfrac{\ln n}{n^{\frac{3}{2}}}$，取 $v_n = \dfrac{1}{n^{\frac{5}{4}}}$，

$$\lim_{n \to \infty} \frac{u_n}{v_n} = \lim_{n \to \infty} \frac{\dfrac{\ln n}{n^{\frac{3}{2}}}}{\dfrac{1}{n^{\frac{5}{4}}}} = \lim_{n \to \infty} \frac{\ln n}{n^{\frac{1}{4}}} = 0 ,$$

且 $\sum\limits_{n=1}^{\infty}\dfrac{1}{n^{\frac{5}{4}}}$ 收敛，由比较审敛法的极限形式可知，级数 $\sum\limits_{n=1}^{\infty}\dfrac{\ln n}{n^{\frac{3}{2}}}$ 收敛.

通过以上例子可以看出，使用比较审敛法时需要寻找一个适当的已知收敛性的级数．能否利用级数本身的项判别级数收敛性呢？

8.2.2　比值审敛法

定理 8.4（比值审敛法，达朗贝尔判别法）　设 $\sum\limits_{n=1}^{\infty}u_n$ 为正项级数，如果 $\lim\limits_{n\to\infty}\dfrac{u_{n+1}}{u_n}=\rho$，则当 $\rho<1$ 时级数收敛；$\rho>1$（或 $\lim\limits_{n\to\infty}\dfrac{u_{n+1}}{u_n}=\infty$ ）时级数发散；$\rho=1$ 时级数可能收敛也可能发散.

【例 8.15】 判别级数 $\sum\limits_{n=1}^{\infty}\dfrac{1}{n!}$ 的收敛性.

解

因为
$$\rho=\lim_{n\to\infty}\frac{u_{n+1}}{u_n}=\lim_{n\to\infty}\frac{\dfrac{1}{(n+1)!}}{\dfrac{1}{n!}}=\lim_{n\to\infty}\frac{1}{n+1}=0<1\ ,$$

所以根据比值审敛法可知级数 $\sum\limits_{n=1}^{\infty}\dfrac{1}{n!}$ 收敛．该题在例 8.7 中进行过证明，显然这种方法要比那种方法简便多了.

【例 8.16】 判别级数 $\sum\limits_{n=1}^{\infty}\dfrac{n!}{2^n}$ 的收敛性.

解

因为
$$\rho=\lim_{n\to\infty}\frac{u_{n+1}}{u_n}=\lim_{n\to\infty}\frac{\dfrac{(n+1)!}{2^{n+1}}}{\dfrac{n!}{2^n}}=\lim_{n\to\infty}\frac{n+1}{2}=\infty\ ,$$

所以根据比值审敛法可知级数 $\sum\limits_{n=1}^{\infty}\dfrac{n!}{2^n}$ 发散.

【例 8.17】 判别级数 $\sum\limits_{n=1}^{\infty}\dfrac{1}{n(n-1)}$ 的收敛性.

解

因为
$$\rho=\lim_{n\to\infty}\frac{u_{n+1}}{u_n}=\lim_{n\to\infty}\frac{\dfrac{1}{n(n+1)}}{\dfrac{1}{n(n-1)}}=1\ ,$$

故级数不能用比值审敛法，需要选择其他方法.

用比较审敛法的极限形式

$$\lim_{n\to\infty} \frac{\dfrac{1}{n(n-1)}}{\dfrac{1}{n^2}} = \lim_{n\to\infty} \frac{n^2}{n(n-1)} = 1 > 0,$$

由于 $\sum\limits_{n=1}^{\infty} \dfrac{1}{n^2}$ 收敛，所以级数 $\sum\limits_{n=1}^{\infty} \dfrac{1}{n(n-1)}$ 收敛.

比值审敛法多用于一般项中含有阶乘或带有某一数的 n 次幂的级数.

*8.2.3 根值审敛法

定理 8.5（根值审敛法，柯西判别法） 设 $\sum\limits_{n=1}^{\infty} u_n$ 为正项级数. 如果 $\lim\limits_{n\to\infty} \sqrt[n]{u_n} = \rho$，则当 $\rho < 1$ 时级数收敛；$\rho > 1$（或 $\lim\limits_{n\to\infty} \sqrt[n]{u_n} = +\infty$）时级数发散；$\rho = 1$ 时级数可能收敛也可能发散.

【例 8.18】 判别级数 $\sum\limits_{n=1}^{\infty} \dfrac{1}{n^n}$ 的收敛性.

解

因为
$$\rho = \lim_{n\to\infty} \sqrt[n]{u_n} = \lim_{n\to\infty} \sqrt[n]{\dfrac{1}{n^n}} = \lim_{n\to\infty} \dfrac{1}{n} = 0 < 1,$$

故根据根值审敛法可知级数 $\sum\limits_{n=1}^{\infty} \dfrac{1}{n^n}$ 收敛.

【例 8.19】 判别级数 $\sum\limits_{n=1}^{\infty} \dfrac{2+(-1)^n}{2^n}$ 的收敛性.

解

因为
$$\rho = \lim_{n\to\infty} \sqrt[n]{u_n} = \lim_{n\to\infty} \dfrac{1}{2} \sqrt[n]{2+(-1)^n} = \dfrac{1}{2} < 1,$$

故根据根值审敛法可知，级数 $\sum\limits_{n=1}^{\infty} \dfrac{2+(-1)^n}{2^n}$ 收敛.

根值审敛法一般多用于一般项中含有 n 次方的级数.

习题 8.2

1. 用比较审敛法或比较审敛法的极限形式判别下列级数的收敛性.

(1) $\sum\limits_{n=1}^{\infty} \dfrac{1}{n+1}$；　　　(2) $\sum\limits_{n=1}^{\infty} \dfrac{4+(-1)^n}{2^n}$；　　　(3) $\sum\limits_{n=1}^{\infty} \dfrac{1}{(n+1)^n}$；

(4) $\sum\limits_{n=1}^{\infty} \sin\dfrac{1}{n^2}$；　　　(5) $\sum\limits_{n=1}^{\infty} \sin\dfrac{\pi}{2^n}$；　　　(6) $\sum\limits_{n=1}^{\infty} 2^n \sin\dfrac{\pi}{3^n}$；

(7) $\sum\limits_{n=1}^{\infty} \ln\left(1+\dfrac{2}{n^3}\right)$；　　(8) $\sum\limits_{n=1}^{\infty} \tan\dfrac{3}{n}$.

2. 用比值审敛法判别下列级数的收敛性.

(1) $\displaystyle\sum_{n=1}^{\infty}\frac{5^n}{n4^n}$；　　(2) $\displaystyle\sum_{n=1}^{\infty}\frac{1}{3^n-n}$；　　(3) $\displaystyle\sum_{n=1}^{\infty}\frac{n!}{3^n}$；　　(4) $\displaystyle\sum_{n=1}^{\infty}\frac{n}{10^n}$.

*3. 用根值审敛法判别下列级数的收敛性.

(1) $\displaystyle\sum_{n=1}^{\infty}\left(\frac{n}{3n-1}\right)^{2n-1}$；　(2) $\displaystyle\sum_{n=1}^{\infty}\left(1-\frac{1}{n}\right)^{n^2}$；　　(3) $\displaystyle\sum_{n=1}^{\infty}\left(\frac{n}{2n+1}\right)^{n}$.

4. 判别下列级数的收敛性.

(1) $\displaystyle\sum_{n=1}^{\infty}\frac{2n+1}{n^3+n}$；　　(2) $\sqrt{2}+\sqrt{\dfrac{3}{2}}+\cdots+\sqrt{\dfrac{n+1}{n}}+\cdots$；　　(3) $\displaystyle\sum_{n=1}^{\infty}\frac{n^n}{4^nn!}$.

8.3　绝对收敛与条件收敛

8.3.1　交错级数及其审敛法

形如 $\displaystyle\sum_{n=1}^{\infty}(-1)^{n-1}u_n$ 或 $\displaystyle\sum_{n=1}^{\infty}(-1)^nu_n$（其中 $u_n>0$）的级数称为交错级数.

关于交错级数的收敛性有下述定理.

定理 8.6（莱布尼茨定理）　如果交错级数 $\displaystyle\sum_{n=1}^{\infty}(-1)^{n-1}u_n$ 满足条件：

(1) $u_n\geqslant u_{n+1}$（$n=1,2,3,\cdots$）；　　　(2) $\displaystyle\lim_{n\to\infty}u_n=0$.

则级数收敛，且其和 $s\leqslant u_1$，其余项 r_n 的绝对值 $|r_n|\leqslant u_{n+1}$.

【例 8.20】　判别级数 $\displaystyle\sum_{n=1}^{\infty}(-1)^{n-1}\frac{1}{n}$ 的收敛性.

解　级数 $\displaystyle\sum_{n=1}^{\infty}(-1)^{n-1}\frac{1}{n}$ 为交错级数，且 $u_n=\dfrac{1}{n}>0$，显然 $\dfrac{1}{n}>\dfrac{1}{n+1}$，即 $u_n>u_{n+1}$，又 $\displaystyle\lim_{n\to\infty}u_n=\lim_{n\to\infty}\frac{1}{n}=0$，由定理 8.6 知级数 $\displaystyle\sum_{n=1}^{\infty}(-1)^{n-1}\frac{1}{n}$ 收敛.

8.3.2　绝对收敛及条件收敛

前面已经讨论了正项级数和交错级数的敛散性，如 $\displaystyle\sum_{n=1}^{\infty}(-1)^{n-1}\frac{1}{n}$ 收敛，而 $\displaystyle\sum_{n=1}^{\infty}\left|(-1)^{n-1}\frac{1}{n}\right|=\sum_{n=1}^{\infty}\frac{1}{n}$ 发散；$\displaystyle\sum_{n=1}^{\infty}\left|(-1)^{n-1}\frac{1}{n^2}\right|=\sum_{n=1}^{\infty}\frac{1}{n^2}$ 收敛. 称级数 $\displaystyle\sum_{n=1}^{\infty}(-1)^{n-1}\frac{1}{n^2}$ 绝对收敛，称级数 $\displaystyle\sum_{n=1}^{\infty}(-1)^{n-1}\frac{1}{n}$ 条件收敛.

定义 8.2　对于级数 $\displaystyle\sum_{n=1}^{\infty}u_n$，若级数 $\displaystyle\sum_{n=1}^{\infty}|u_n|$ 收敛，则称级数 $\displaystyle\sum_{n=1}^{\infty}u_n$ 绝对收敛；若级数 $\displaystyle\sum_{n=1}^{\infty}|u_n|$ 发散，而级数 $\displaystyle\sum_{n=1}^{\infty}u_n$ 收敛，则称级数 $\displaystyle\sum_{n=1}^{\infty}u_n$ 条件收敛.

定理 8.7 绝对收敛的级数必然收敛，即若级数 $\sum\limits_{n=1}^{\infty}|u_n|$ 收敛，则级数 $\sum\limits_{n=1}^{\infty}u_n$ 收敛.

注意： 收敛的级数未必绝对收敛.

【例 8.21】 判断 $\sum\limits_{n=1}^{\infty}(-1)^{n-1}\dfrac{1}{n^{\frac{3}{2}}}$ 的收敛性.

解 由于 $\left|(-1)^{n-1}\dfrac{1}{n^{\frac{3}{2}}}\right|=\dfrac{1}{n^{\frac{3}{2}}}$，而 $\sum\limits_{n=1}^{\infty}\dfrac{1}{n^{\frac{3}{2}}}$ 收敛，故 $\sum\limits_{n=1}^{\infty}(-1)^{n-1}\dfrac{1}{n^{\frac{3}{2}}}$ 绝对收敛，从而

$\sum\limits_{n=1}^{\infty}(-1)^{n-1}\dfrac{1}{n^{\frac{3}{2}}}$ 收敛.

【例 8.22】 判断级数 $\sum\limits_{n=1}^{\infty}\dfrac{\cos na}{n^2}$ 的收敛性.

解 由于 $\left|\dfrac{\cos na}{n^2}\right|\leqslant\dfrac{1}{n^2}$，而级数 $\sum\limits_{n=1}^{\infty}\dfrac{1}{n^2}$ 收敛，所以级数 $\sum\limits_{n=1}^{\infty}\left|\dfrac{\cos na}{n^2}\right|$ 也收敛，由定理

8.7 知，级数 $\sum\limits_{n=1}^{\infty}\dfrac{\cos na}{n^2}$ 收敛.

【例 8.23】 判别级数 $\sum\limits_{n=1}^{\infty}(-1)^{n-1}\dfrac{\sin^2 na}{n!}$ 的收敛性.

解 由于 $\left|(-1)^{n-1}\dfrac{\sin^2 na}{n!}\right|\leqslant\dfrac{1}{n!}$，而级数 $\sum\limits_{n=1}^{\infty}\dfrac{1}{n!}$ 收敛，所以级数 $\sum\limits_{n=1}^{\infty}\left|(-1)^{n-1}\dfrac{\sin^2 na}{n!}\right|$

也收敛，由定理 8.7 知级数 $\sum\limits_{n=1}^{\infty}(-1)^{n-1}\dfrac{\sin^2 na}{n!}$ 收敛.

【例 8.24】 判断级数 $\sum\limits_{n=2}^{\infty}\dfrac{(-1)^{n-1}}{\ln n}$ 是绝对收敛、条件收敛还是发散？

解

由于 $\left|\dfrac{(-1)^{n-1}}{\ln n}\right|=\dfrac{1}{\ln n}$，当 $n\geqslant 2$ 时，$\dfrac{1}{\ln n}>\dfrac{1}{n}$，而级数 $\sum\limits_{n=2}^{\infty}\dfrac{1}{n}$ 是发散的，根据比较审

敛法可知，级数 $\sum\limits_{n=2}^{\infty}\dfrac{1}{\ln n}$ 发散.

又级数 $\sum\limits_{n=2}^{\infty}\dfrac{(-1)^{n-1}}{\ln n}$ 为交错级数，且 $u_n=\dfrac{1}{\ln n}>0$，显然有 $\dfrac{1}{\ln n}>\dfrac{1}{\ln(n+1)}$，即

$u_n>u_{n+1}$，又 $\lim\limits_{n\to\infty}u_n=\lim\limits_{n\to\infty}\dfrac{1}{\ln n}=0$，由定理 8.6 知级数 $\sum\limits_{n=2}^{\infty}\dfrac{(-1)^{n-1}}{\ln n}$ 收敛. 所以级数

$\sum\limits_{n=2}^{\infty}\dfrac{(-1)^{n-1}}{\ln n}$ 为条件收敛.

习题 8.3

判别下列级数是否收敛. 如果是收敛的，是绝对收敛还是条件收敛？

(1) $\sum\limits_{n=1}^{\infty}(-1)^n\dfrac{n}{2^n}$； (2) $\sum\limits_{n=1}^{\infty}(-1)^{n-1}\dfrac{2n}{n+1}$； (3) $\sum\limits_{n=1}^{\infty}(-1)^{n-1}\sin\dfrac{2}{n}$；

$(4)\ \sum\limits_{n=1}^{\infty}\dfrac{\sin na}{n^2}$;　　　　$(5)\ \sum\limits_{n=1}^{\infty}(-1)^{n-1}\dfrac{3^n}{n\,2^n}$.

8.4　幂级数

8.4.1　函数项级数

前面讨论了一些级数的收敛性，如

$$\sum_{n=0}^{\infty}\frac{1}{2^n}=1+\frac{1}{2}+\frac{1}{2^2}+\cdots+\frac{1}{2^n}+\cdots,$$

$$\sum_{n=1}^{\infty}\frac{(-1)^{n-1}}{n}=1-\frac{1}{2}+\frac{1}{3}-\cdots+\frac{(-1)^{n-1}}{n}+\cdots,$$

$$\sum_{n=1}^{\infty}\frac{1}{n}=1+\frac{1}{2}+\frac{1}{3}+\cdots+\frac{1}{n}+\cdots.$$

这些级数的每一项都是常数，现在讨论每一项都是"函数"的级数，如 $1+x+x^2+\cdots+x^n+\cdots$.

定义 8.3　设 $u_1(x),u_2(x),\cdots,u_n(x),\cdots$ 是定义在区间 I 上的函数序列，称

$$\sum_{n=1}^{\infty}u_n(x)=u_1(x)+u_2(x)+\cdots+u_n(x)+\cdots \tag{8.1}$$

为定义在区间 I 上的函数项（无穷）级数.

可见函数项级数就是无穷多个定义在区间 I 上的函数相加，对于式(8.1)，当 x 每取定一个值 $x_0\in I$ 时则有一个与之相对应的常数项级数

$$\sum_{n=1}^{\infty}u_n(x_0)=u_1(x_0)+u_2(x_0)+\cdots+u_n(x_0)+\cdots. \tag{8.2}$$

其中的每一项是函数 $u_1(x),u_2(x),\cdots,u_n(x),\cdots$ 在点 x_0 处的函数值.

若常数项级数 (8.2) 收敛，则称函数项级数 (8.1) 在点 x_0 处收敛，点 x_0 称为函数项级数 (8.1) 的收敛点；若常数项级数 (8.2) 发散，则称函数项级数 (8.1) 在点 x_0 处发散，点 x_0 称为函数项级数 (8.1) 的发散点. 函数项级数 (8.1) 所有收敛点的集合 D 称为它的收敛域；所有发散点的集合称为它的发散域.

对于收敛域 D 内的任一点 x，$\sum\limits_{n=1}^{\infty}u_n(x)$ 为收敛的常数项级数，从而确定一个级数和 S，它是 x 的函数 $S(x)$，称其为级数 (8.1) 的和函数，记为

$$S(x)=u_1(x)+u_2(x)+\cdots+u_n(x)+\cdots=\sum_{n=1}^{\infty}u_n(x)\quad(x\in D).$$

级数 (8.1) 的前 n 项和记为

$$S_n(x)=u_1(x)+u_2(x)+\cdots+u_n(x).$$

显然有

$$\lim_{n\to\infty}S_n(x)=S(x)\,(x\in D).$$

若记 $R_n(x)=S(x)-S_n(x)$，则称 $R_n(x)$ 为函数项级数 (8.1) 的余项. 显然，对于

收敛域 D 内每一点 x ，都有 $\lim\limits_{n\to\infty}R_n(x)=0$.

所以，类似于常数项级数，函数项级数的收敛性问题也可以归结为讨论它的部分和函数序列 $\{S_n(x)\}$ 的收敛性问题．当 $\lim\limits_{n\to\infty}S_n(x)$ 存在时函数项级数 $\sum\limits_{n=1}^{\infty}u_n(x)$ 收敛，当 $\lim\limits_{n\to\infty}S_n(x)$ 不存在时函数项级数 $\sum\limits_{n=1}^{\infty}u_n(x)$ 发散.

【例 8.25】 求函数项级数 $\sum\limits_{n=0}^{\infty}x^n=1+x+x^2+\cdots+x^n+\cdots$ 的收敛域及和函数.

解 $1,x,x^2,\cdots,x^n,\cdots$ 是以 x 为公比的等比数列．部分和函数 $S_n(x)=\dfrac{1-x^n}{1-x}$.

当 $|x|<1$ 时，$S_n(x)=\lim\limits_{n\to\infty}S_n(x)=\dfrac{1}{1-x}$ ，该级数收敛；当 $|x|>1$ 时，$\lim\limits_{n\to\infty}S_n$ 不存在，所以该级数发散；当 $x=1$ 时，$\sum\limits_{n=1}^{\infty}x^n=\sum\limits_{n=1}^{\infty}1$ 发散；当 $x=-1$ 时，$\sum\limits_{n=1}^{\infty}x^n=\sum\limits_{n=1}^{\infty}(-1)^n$ 发散．所以级数 $\sum\limits_{n=1}^{\infty}x^n$ 的收敛域为 $(-1,1)$ ，其和函数为

$$S(x)=\frac{1}{1-x} \quad x\in(-1,1).$$

下面介绍函数项级数中最常见且应用广泛的一种级数.

8.4.2 幂级数及其收敛域

每一项都是幂函数的级数，即形如

$$\sum_{n=0}^{\infty}a_n(x-x_0)^n=a_0+a_1(x-x_0)+\cdots+a_n(x-x_0)^n+\cdots \tag{8.3}$$

的函数项级数叫做幂级数，其中常数 $a_0,a_1,a_2,\cdots$ 称为幂级数的系数．下面重点讨论 $x_0=0$ ，即形如

$$\sum_{n=0}^{\infty}a_nx^n=a_0+a_1x+\cdots+a_nx^n+\cdots \tag{8.4}$$

的幂级数．而把幂级数 (8.4) 中的 x 换成 $x-x_0$ 就可得到一般的幂级数 (8.3).

首先利用正项级数的比值审敛法，判断 $\sum\limits_{n=1}^{\infty}|a_nx^n|$ 的收敛性.

设

$$\lim_{n\to\infty}\left|\frac{a_{n+1}}{a_n}\right|=\rho \quad (\rho>0),$$

则

$$\lim_{n\to\infty}\left|\frac{u_{n+1}}{u_n}\right|=\lim_{n\to\infty}\left|\frac{a_{n+1}x^{n+1}}{a_nx^n}\right|=\lim_{n\to\infty}\left|\frac{a_{n+1}}{a_n}x\right|=\rho|x|.$$

当 $\rho|x|<1$ ，即 $|x|<\dfrac{1}{\rho}$ 时，幂级数 $\sum\limits_{n=1}^{\infty}|a_nx^n|$ 收敛，幂级数 $\sum\limits_{n=1}^{\infty}a_nx^n$ 绝对收敛．当 $\rho|x|>1$ ，即 $|x|>\dfrac{1}{\rho}$ 时，幂级数 $\sum\limits_{n=1}^{\infty}|a_nx^n|$ 发散，此时由于 $|u_{n+1}|>|u_n|$ ，从而有

$$\lim_{n\to\infty}\left|a_nx^n\right|\neq 0 \Rightarrow \lim_{n\to\infty}a_nx^n\neq 0,$$

所以幂级数 $\sum\limits_{n=1}^{\infty}a_nx^n$ 发散. 当 $\rho|x|=1$，即 $|x|=\dfrac{1}{\rho}$ 时，此时得到具体的常数项级数，可根据常数项级数的判别法来判别它的敛散性.

若 $\lim\limits_{n\to\infty}\left|\dfrac{a_{n+1}}{a_n}\right|=\rho=0$，则 $\rho|x|<1$ 恒成立，幂级数 $\sum\limits_{n=1}^{\infty}a_nx^n$ 绝对收敛；

若 $\lim\limits_{n\to\infty}\left|\dfrac{a_{n+1}}{a_n}\right|=\rho=\infty$，则 $\rho|x|>1(x\neq 0)$，此时幂级数只在 $x=0$ 处收敛.

可见当 $0<\rho<+\infty$ 时，幂级数 $\sum\limits_{n=1}^{\infty}a_nx^n$ 在区间 $\left(-\dfrac{1}{\rho},\dfrac{1}{\rho}\right)$ 内一定收敛. 也就是说，如果不考虑端点处的收敛性，那么，幂级数 $\sum\limits_{n=1}^{\infty}a_nx^n$ 的收敛域是一个关于原点对称的区间，若 $\lim\limits_{n\to\infty}\left|\dfrac{a_{n+1}}{a_n}\right|=\rho$，令 $R=\dfrac{1}{\rho}$，**称 R 为幂级数的收敛半径**，$(-R,R)$ 为**收敛区间**. 而幂级数在区间 $(-\infty,R),(R,+\infty)$ 内一定发散，$x=\pm R$ 两点有可能收敛也可能发散. 所以收敛区间加上收敛端点就构成了幂级数 $\sum\limits_{n=1}^{\infty}a_nx^n$ 的收敛域. 收敛域可能是开区间 $(-R,R)$，闭区间 $[-R,R]$ 或半开半闭区间 $[-R,R),(-R,R]$.

定理 8.8　设幂级数 $\sum\limits_{n=0}^{\infty}a_nx^n$，若 $\lim\limits_{n\to\infty}\left|\dfrac{a_{n+1}}{a_n}\right|=\rho$，则幂级数的收敛半径

$$R=\begin{cases} \dfrac{1}{\rho}, & \rho\neq 0 \\ +\infty, & \rho=0 \\ 0, & \rho=+\infty \end{cases}.$$

【例 8.26】　设幂级数 $\sum\limits_{n=0}^{\infty}a_nx^n$ 在 $x=5$ 处收敛，该级数 $\sum\limits_{n=0}^{\infty}a_nx^n$ 在 $x=-4$ 处是否收敛？

解　由幂级数的收敛区间是一个对称区间可知，幂级数 $\sum\limits_{n=0}^{\infty}a_nx^n$ 在 $(-5,5)$ 内一定收敛，又 $-4\in(-5,5)$，所以幂级数在 $x=-4$ 处收敛.

【例 8.27】　求幂级数 $\sum\limits_{n=1}^{\infty}(-1)^n\dfrac{x^n}{\sqrt{n}}$ 的收敛域.

解

因为　　　　$\rho=\lim\limits_{n\to\infty}\left|\dfrac{a_{n+1}}{a_n}\right|=\lim\limits_{n\to\infty}\left|\dfrac{\dfrac{(-1)^{n+1}}{\sqrt{n+1}}}{\dfrac{(-1)^n}{\sqrt{n}}}\right|=\lim\limits_{n\to\infty}\dfrac{\sqrt{n}}{\sqrt{n+1}}=1,$

所以 $R=1$，得收敛区间为 $(-1,1)$.

当 $x=1$ 时，级数为 $\sum\limits_{n=1}^{\infty}(-1)^n\dfrac{1}{\sqrt{n}}$，该级数为交错级数，利用交错级数判别法可知该级

数收敛；当 $x=-1$ 时，级数为 $\sum\limits_{n=1}^{\infty}\dfrac{1}{\sqrt{n}}$，该级数发散，故收敛域是 $(-1,1]$.

【例 8.28】 求幂级数 $\sum\limits_{n=1}^{\infty}\dfrac{x^n}{3^n}$ 的收敛域.

解

因为 $$\rho=\lim_{n\to\infty}\left|\dfrac{a_{n+1}}{a_n}\right|=\lim_{n\to\infty}\left|\dfrac{\frac{1}{3^{n+1}}}{\frac{1}{3^n}}\right|=\lim_{n\to\infty}\left|\dfrac{3^n}{3^{n+1}}\right|=\dfrac{1}{3},$$

所以 $R=\dfrac{1}{\rho}=3$，收敛区间为 $(-3,3)$.

当 $x=3$ 时，级数为 $\sum\limits_{n=1}^{\infty}1$，该级数发散；当 $x=-3$ 时，级数为 $\sum\limits_{n=1}^{\infty}(-1)^n$，该级数发散，故幂级数 $\sum\limits_{n=1}^{\infty}\dfrac{x^n}{3^n}$ 收敛域是 $(-3,3)$.

【例 8.29】 求幂级数 $\sum\limits_{n=1}^{\infty}\dfrac{x^{2n}}{2n}$ 的收敛域.

解 该级数奇数项系数为 0，不能用定理 8.8，直接用比值审敛法.

$$\lim_{n\to\infty}\left|\dfrac{u_{n+1}}{u_n}\right|=\lim_{n\to\infty}\left|\dfrac{\frac{x^{2n+2}}{2n+2}}{\frac{x^{2n}}{2n}}\right|=\lim_{n\to\infty}\left|\dfrac{2n}{2n+2}x^2\right|=|x^2|$$

当 $|x^2|<1$，即 $|x|<1$ 时，级数绝对收敛；当 $|x^2|>1$，即 $|x|>1$ 时，级数发散，所以级数收敛半径为 $R=1$，收敛区间为 $(-1,1)$.

当 $x=\pm 1$ 时，级数均为 $\sum\limits_{n=1}^{\infty}\dfrac{1}{2n}$，该级数发散，故收敛域是 $(-1,1)$.

【例 8.30】 求幂级数 $\sum\limits_{n=1}^{\infty}\dfrac{(x-1)^n}{n^2}$ 的收敛域.

解 令 $t=x-1$，级数变为 $\sum\limits_{n=1}^{\infty}\dfrac{t^n}{n^2}$，又 $\rho=\lim_{n\to\infty}\dfrac{\frac{1}{(n+1)^2}}{\frac{1}{n^2}}=1$，故 $R=1$，级数 $\sum\limits_{n=1}^{\infty}\dfrac{t^n}{n^2}$ 的

收敛区间为 $(-1,1)$.

当 $t=1$ 时，级数 $\sum\limits_{n=1}^{\infty}\dfrac{1}{n^2}$ 收敛；当 $t=-1$ 时，级数 $\sum\limits_{n=1}^{\infty}\dfrac{(-1)^n}{n^2}$ 收敛，所以级数的收敛域为 $-1\leqslant t\leqslant 1$，即 $-1\leqslant x-1\leqslant 1$，从而 $0\leqslant x\leqslant 2$，故原级数的收敛域为 $[0,2]$.

8.4.3 幂级数的运算与性质

8.4.3.1 幂级数的运算

设幂级数 $\sum\limits_{n=0}^{\infty}a_n x^n$ 和 $\sum\limits_{n=0}^{\infty}b_n x^n$ 分别在区间 $(-R_1,R_1)$ 及 $(-R_2,R_2)$ 内收敛，则有：

（1）加（减）法

$$\sum_{n=0}^{\infty} a_n x^n \pm \sum_{n=0}^{\infty} b_n x^n = \sum_{n=0}^{\infty} c_n x^n \qquad x \in (-R, R).$$

其中，$c_n = a_n \pm b_n$，$R = \min\{R_1, R_2\}$．

（2）乘法

$$\left(\sum_{n=0}^{\infty} a_n x^n\right) \cdot \left(\sum_{n=0}^{\infty} b_n x^n\right) = \sum_{n=0}^{\infty} c_n x^n \qquad x \in (-R, R).$$

其中，$c_n = a_0 b_n + a_1 b_{n-1} + \cdots + a_n b_0$，$R = \min\{R_1, R_2\}$．

可见两个幂级数进行加、减、乘运算，得到一个新的幂级数，其中收敛域是两个幂级数收敛域的交集．

【例 8.31】　求幂级数 $\displaystyle\sum_{n=1}^{\infty} \left(\frac{x^n}{3^n} + \frac{x^n}{2n}\right)$ 的收敛域．

解　由例 8.28 可知幂级数 $\displaystyle\sum_{n=1}^{\infty} \frac{x^n}{3^n}$ 的收敛域为 $(-3, 3)$．而经计算幂级数 $\displaystyle\sum_{n=1}^{\infty} \frac{x^n}{2n}$ 的收敛域为 $[-1, 1)$，所以幂级数 $\displaystyle\sum_{n=1}^{\infty} \left(\frac{x^n}{3^n} + \frac{x^n}{2n}\right)$ 的收敛域为 $[-1, 1)$．

8.4.3.2　幂级数和函数的性质

（1）**连续性**　幂级数 $\displaystyle\sum_{n=0}^{\infty} a_n x^n$ 的和函数 $S(x)$ 在其收敛域 I 上连续．

（2）**可导性**　幂级数 $\displaystyle\sum_{n=0}^{\infty} a_n x^n$ 的和函数 $S(x)$ 在其收敛区间 $(-R, R)$ 内可导，并有逐项求导公式，即

$$S'(x) = \left(\sum_{n=0}^{\infty} a_n x^n\right)' = \sum_{n=0}^{\infty} (a_n x^n)' = \sum_{n=1}^{\infty} n a_n x^{n-1} \qquad x \in (-R, R).$$

且逐项求导后所得到的幂级数与原级数有相同的收敛半径．

（3）**可积性**　幂级数 $\displaystyle\sum_{n=0}^{\infty} a_n x^n$ 的和函数 $S(x)$ 在其收敛域 I 上可积，并有逐项积分公式，即

$$\int_0^x S(x) \mathrm{d}x = \int_0^x \left(\sum_{n=0}^{\infty} a_n x^n\right) \mathrm{d}x = \sum_{n=0}^{\infty} \int_0^x a_n x^n \mathrm{d}x = \sum_{n=0}^{\infty} \frac{a_n}{n+1} x^{n+1} \qquad (x \in I).$$

且逐项积分后所得到的幂级数与原级数有相同的收敛半径．

利用幂级数和函数的性质，可间接求幂级数的和函数．

【例 8.32】　求幂级数 $\displaystyle\sum_{n=1}^{\infty} \frac{x^n}{n}$ 的和函数．

解　先求收敛域．由 $\displaystyle\lim_{n \to \infty} \left| \frac{\dfrac{1}{n+1}}{\dfrac{1}{n}} \right| = 1$，得收敛半径 $R = 1$，收敛区间为 $(-1, 1)$．当 $x =$

-1 时，$\sum_{n=1}^{\infty} \frac{(-1)^n}{n}$ 收敛；当 $x=1$ 时，$\sum_{n=1}^{\infty} \frac{1}{n}$ 发散，故收敛域为 $[-1, 1)$.

设和函数 $S(x) = \sum_{n=1}^{\infty} \frac{x^n}{n}$，逐项求导得

$$S'(x) = \left(\sum_{n=1}^{\infty} \frac{x^n}{n} \right)' = \sum_{n=1}^{\infty} \left(\frac{x^n}{n} \right)' = \sum_{n=1}^{\infty} x^{n-1} = 1 + x + \cdots + x^n + \cdots = \frac{1}{1-x}.$$

对上式从 0 到 x 积分有

$$S(x) = \int_0^x \frac{1}{1-x} \mathrm{d}x = -\ln(1-x),$$

故和函数为 $\qquad S(x) = -\ln(1-x) \quad x \in [-1, 1)$.

【例 8.33】 求幂级数 $\sum_{n=0}^{\infty} \frac{x^n}{n+1}$ 的和函数.

解 先求收敛域. 由 $\lim_{n \to \infty} \left| \dfrac{\frac{1}{(n+1)+1}}{\frac{1}{n+1}} \right| = 1$，得收敛半径 $R=1$，收敛区间为 $(-1, 1)$.

当 $x=-1$ 时，$\sum_{n=0}^{\infty} \frac{(-1)^n}{n+1}$ 收敛；当 $x=1$ 时，$\sum_{n=0}^{\infty} \frac{1}{n+1}$ 发散，故幂级数 $\sum_{n=0}^{\infty} \frac{x^n}{n+1}$ 的收敛域为 $[-1, 1)$.

设和函数为 $S(x)$，即 $S(x) = \sum_{n=0}^{\infty} \frac{x^n}{n+1}$，从而 $xS(x) = \sum_{n=0}^{\infty} \frac{x^{n+1}}{n+1} = \sum_{n=1}^{\infty} \frac{x^n}{n}$.

根据性质（2）（可导性），逐项求导得

$$[xS(x)]' = \left[\sum_{n=1}^{\infty} \frac{x^n}{n} \right]' = \sum_{n=1}^{\infty} \left(\frac{x^n}{n} \right)' = \sum_{n=1}^{\infty} x^{n-1} = \frac{1}{1-x}.$$

其中 $-1 < x < 1$，对上式从 0 到 x 积分，有

$$xS(x) = \int_0^x \frac{1}{1-x} \mathrm{d}x = -\ln(1-x) \quad (-1 \leqslant x < 1).$$

因此当 $x \neq 0$ 时，$S(x) = -\frac{1}{x} \ln(1-x)$；而当 $x=0$ 时，$S(0) = \left[\sum_{n=0}^{\infty} \frac{x^n}{n+1} \right]_{x=0} = 1$，

于是有 $\qquad S(x) = \begin{cases} -\dfrac{1}{x} \ln(1-x), & x \in [-1, 0) \cup (0, 1) \\ 1, & x=0 \end{cases}$.

【例 8.34】 计算级数 $\sum_{n=1}^{\infty} \frac{1}{2^n n}$ 的值.

解 所给级数为幂级数 $\sum_{n=1}^{\infty} \frac{x^n}{n}$ 在 $x = \frac{1}{2}$ 处的值. 由例 8.32 知，幂级数 $\sum_{n=1}^{\infty} \frac{x^n}{n}$ 的

和函数为

$$S(x) = -\ln(1-x) \quad x \in [-1, 1).$$

因为 $x = \dfrac{1}{2}$ 为收敛域内的点，故 $S\left(\dfrac{1}{2}\right) = \ln 2$，即 $\displaystyle\sum_{n=1}^{\infty} \dfrac{1}{2^n n} = \ln 2$.

【例 8.35】 求幂级数 $\displaystyle\sum_{n=0}^{\infty}(n+1)x^n$ 的和函数.

解　先求收敛域. 由 $\displaystyle\lim_{n \to \infty}\left|\dfrac{(n+1)+1}{n+1}\right| = 1$，得收敛半径 $R = 1$，收敛区间为 $(-1, 1)$.

当 $x = -1$ 时，$\displaystyle\sum_{n=0}^{\infty}(n+1)(-1)^n$ 发散；当 $x = 1$ 时，$\displaystyle\sum_{n=0}^{\infty}(n+1)$ 发散，故幂级数的收敛域为 $(-1, 1)$.

设和函数为 $S(x)$，即 $S(x) = \displaystyle\sum_{n=0}^{\infty}(n+1)x^n$，从 0 到 x 逐项积分有

$$\int_0^x S(x)\,\mathrm{d}x = \int_0^x \left[\sum_{n=0}^{\infty}(n+1)x^n\right]\mathrm{d}x = \sum_{n=0}^{\infty}\int_0^x (n+1)x^n\,\mathrm{d}x = \sum_{n=0}^{\infty} x^{n+1}$$

$$= x + x^2 + \cdots + x^n + \cdots = \dfrac{x}{1-x}.$$

两边求导有

$$S(x) = \left(\dfrac{x}{1-x}\right)' = \dfrac{1}{(1-x)^2},$$

故和函数

$$S(x) = \dfrac{1}{(1-x)^2} \quad x \in (-1, 1).$$

在求幂级数的和函数时，常会利用如下已知和函数的幂级数：

(1) $\displaystyle\sum_{n=0}^{\infty} x^n = \dfrac{1}{1-x} \quad x \in (-1, 1)$；　　(2) $\displaystyle\sum_{n=0}^{\infty}(-1)^n x^n = \dfrac{1}{1+x} \quad x \in (-1, 1)$；

(3) $\displaystyle\sum_{n=0}^{\infty} \dfrac{x^n}{n!} = \mathrm{e}^x \quad x \in (-\infty, +\infty)$；

(4) $\displaystyle\sum_{n=1}^{\infty}(-1)^{n-1}\dfrac{x^{2n-1}}{(2n-1)!} = \sin x \quad x \in (-\infty, +\infty)$；

(5) $\displaystyle\sum_{n=0}^{\infty}(-1)^n \dfrac{x^{2n}}{(2n)!} = \cos x \quad x \in (-\infty, +\infty)$.

习题 8.4

1. 求下列级数的收敛半径和收敛区间.

(1) $\displaystyle\sum_{n=1}^{\infty}(-1)^n \dfrac{x^n}{n}$；　　(2) $\displaystyle\sum_{n=1}^{\infty} \dfrac{x^n}{5^n}$；　　(3) $\displaystyle\sum_{n=1}^{\infty} \dfrac{x^{2n}}{4^n}$；　　(4) $\displaystyle\sum_{n=1}^{\infty} \dfrac{(x-2)^n}{n^2}$.

2. 设幂级数 $\displaystyle\sum_{n=0}^{\infty} a_n x^n$ 在 $x = 3$ 处收敛，问该级数在 $x = -2$ 处是否收敛?

3. 幂级数 $\displaystyle\sum_{n=0}^{\infty} a_n (x-a)^n$ 的收敛区间关于哪点对称?

4. 求幂级数 $\displaystyle\sum_{n=1}^{\infty}\left(\dfrac{x^n}{5n} + \dfrac{x^{3n}}{3^n}\right)$ 的收敛域.

5. 利用逐项求导或逐项积分，求下列级数的和函数：

(1) $\displaystyle\sum_{n=1}^{\infty} nx^{n-1}$;　　　　(2) $x + \dfrac{x^3}{3} + \dfrac{x^5}{5} + \cdots + \dfrac{x^{2n-1}}{2n-1} + \cdots$;　　　　(3) $\displaystyle\sum_{n=0}^{\infty} \dfrac{(n+1)x^n}{n!}$.

8.5　函数展开成幂级数

8.5.1　泰勒公式与泰勒级数

前面讨论了幂级数在收敛域内的和函数及其性质，反过来，能否把一个给定的函数 $f(x)$ 表示成幂级数呢？

泰勒中值定理　设函数 $f(x)$ 在 x_0 的某个邻域 $U(x_0)$ 内具有 $(n+1)$ 阶导数，那么对任一 $x \in U(x_0)$ ，有

$$f(x) = f(x_0) + \frac{f'(x_0)}{1!}(x-x_0) + \frac{f''(x_0)}{2!}(x-x_0)^2 + \cdots + \frac{f^{(n)}(x_0)}{n!}(x-x_0)^n + R_n(x),$$

其中

$$R_n(x) = \frac{f^{(n+1)}(\xi)}{(n+1)!}(x-x_0)^{n+1},$$

这里 ξ 是 x_0 与 x 之间的某个值．

上面的公式称为 $f(x)$ 在 x_0 处[或按 $(x-x_0)$ 的幂展开]的带有拉格朗日余项的 n 阶泰勒公式，而 $R_n(x)$ 的表达式称为拉格朗日余项。

在泰勒公式中，如果取 $x_0 = 0$ ，那么有带有拉格朗日余项的麦克劳林公式

$$f(x) = f(0) + f'(0)x + \frac{f''(0)}{2!}x^2 + \cdots + \frac{f^{(n)}(0)}{n!}x^n + \frac{f^{(n+1)}(\xi)}{(n+1)!}x^{n+1} \quad (\xi \text{ 在 } 0 \text{ 与 } x \text{ 之间})$$

记 $p_n(x) = f(x_0) + \dfrac{f'(x_0)}{1!}(x-x_0) + \dfrac{f''(x_0)}{2!}(x-x_0)^2 + \cdots + \dfrac{f^{(n)}(x_0)}{n!}(x-x_0)^n$,

$$f(x) = p_n(x) + R_n(x), \text{其中} R_n(x) = \frac{f^{(n+1)}(\xi)}{(n+1)!}(x-x_0)^{n+1}.$$

定义 8.4　如果 $f(x)$ 在点 x_0 的某邻域 $U(x_0)$ 内具有任意阶导数，则称

$$f(x_0) + \frac{f'(x_0)}{1!}(x-x_0) + \frac{f''(x_0)}{2!}(x-x_0)^2 + \cdots + \frac{f^{(n)}(x_0)}{n!}(x-x_0)^n + \cdots$$

为 $f(x)$ 的泰勒级数；若 $f(x)$ 的泰勒级数在 x_0 的某邻域内收敛于 $f(x)$ ，则称函数 $f(x)$ 在 $U(x_0)$ 内可以展成泰勒级数.

定理 8.9　若函数 $f(x)$ 在点 x_0 的邻域 $U(x_0)$ 内具有各阶导数，则函数 $f(x)$ 在该邻域内能展成泰勒级数的充分必要条件是函数 $f(x)$ 的泰勒公式中余项 $R_n(x)$ 当 $n \to \infty$ 时的极限为零，即

$$\lim_{n \to \infty} R_n(x) = 0 \quad x \in U(x_0).$$

特别地，当 $x_0 = 0$ 时，泰勒级数可写成

$$f(0) + \frac{f'(0)}{1!}x + \frac{f''(0)}{2!}x^2 + \cdots + \frac{f^{(n)}(0)}{n!}x^n + \cdots.$$

称上式为函数 $f(x)$ 的麦克劳林级数.

8.5.2 函数展开成幂级数

将函数展开成幂级数的方法有直接展开法和间接展开法两种.

8.5.2.1 直接展开法

把函数 $f(x)$ 展开成 $x - x_0$ 的幂级数可按下列步骤进行:

(1) 求出函数 $f(x)$ 的各阶导数 $f'(x), f''(x), \cdots, f^{(n)}(x), \cdots$; 如果在 $x = x_0$ 处某阶导数不存在, 就停止进行;

(2) 求出 $f(x)$ 及其各阶导数在 x_0 点的值 $f'(x_0), f''(x_0), \cdots, f^{(n)}(x_0), \cdots$;

(3) 写出函数 $f(x)$ 在点 x_0 处的泰勒级数

$$f(x_0) + \frac{f'(x_0)}{1!}(x - x_0) + \frac{f''(x_0)}{2!}(x - x_0)^2 + \cdots + \frac{f^{(n)}(x_0)}{n!}(x - x_0)^n + \cdots$$

并求出收敛半径 R;

(4) 讨论 $x \in (-R, R)$ 时的余项 $R_n(x) = \dfrac{1}{(n+1)!} f^{(n+1)}(\xi)(x - x_0)^{n+1}$ (ξ 介于 x_0 与 x 之间), 当 $n \to \infty$ 时的极限是否为零. 若为零, 则 $f(x)$ 可以在 $(-R, R)$ 内展开成 $x - x_0$ 的幂级数.

【例 8.36】 将 $f(x) = e^x$ 展开成 x 的幂级数.

解 容易算出 $f'(x) = e^x, f''(x) = e^x, \cdots, f^{(n)}(x) = e^x, \cdots$, 从而

$$f'(0) = 1, f''(0) = 1, \cdots, f^{(n)}(0) = 1, \cdots$$

则有级数

$$1 + x + \frac{1}{2!}x^2 + \cdots + \frac{1}{n!}x^n + \cdots.$$

其收敛半径为 $+\infty$.

再讨论泰勒公式中余项 $R_n(x)$ 在 $n \to \infty$ 时的极限是否为零.

$$|R_n(x)| = \left| \frac{e^{\xi}}{(n+1)!} x^{n+1} \right| < e^{|x|} \frac{|x|^{n+1}}{(n+1)!}.$$

因 $e^{|x|}$ 有界, 而 $\dfrac{|x|^{n+1}}{(n+1)!}$ 是收敛级数 $\displaystyle\sum_{n=0}^{\infty} \frac{|x|^{n+1}}{(n+1)!}$ 的一般项, 所以当 $n \to \infty$ 时,

$e^{|x|} \dfrac{|x|^{n+1}}{(n+1)!} \to 0$, 即

$$\lim_{n \to \infty} R_n(x) = 0 \quad x \in (-\infty, +\infty).$$

故 e^x 可展开成 x 的幂级数

$$1 + x + \frac{1}{2!}x^2 + \cdots + \frac{1}{n!}x^n + \cdots \quad x \in (-\infty, +\infty).$$

【例 8.37】 将 $f(x) = \sin x$ 展开成 x 的幂级数.

解 所给函数的各阶导数

$$f^{(n)}(x) = \sin\left(x + \frac{n\pi}{2}\right) \qquad (n = 1, 2, \cdots).$$

令 $x=0$，有 $\qquad f^{(n)}(0)=\sin\left(\dfrac{n\pi}{2}\right) \qquad (n=1,2,\cdots)$，

即 $\qquad f^{(2k)}(0)=0, f^{(2k+1)}(0)=(-1)^k \quad (k=0,1,2,\cdots)$.

于是得级数 $\qquad x-\dfrac{1}{3!}x^3+\dfrac{1}{5!}x^5-\cdots+(-1)^n\dfrac{x^{2n+1}}{(2n+1)!}+\cdots$.

其收敛半径为 $R=+\infty$.

再讨论泰勒公式余项 $R_n(x)$ 在 $n\to\infty$ 时的极限.

$$R_n(x)=\frac{f^{(n+1)}(\xi)}{(n+1)!}x^{n+1}=\frac{1}{(n+1)!}\sin\left(\frac{n+1}{2}\pi+\xi\right)x^{n+1}.$$

$|R_n(x)|\leqslant\dfrac{|x|^{n+1}}{(n+1)!}$，而 $\dfrac{|x|^{n+1}}{(n+1)!}$ 为收敛级数 $\displaystyle\sum_{n=0}^{\infty}\dfrac{|x|^{n+1}}{(n+1)!}$ 的一般项，根据级数收敛

必要条件知，$\displaystyle\lim_{n\to\infty}\dfrac{|x|^{n+1}}{(n+1)!}=0$，从而 $\displaystyle\lim_{n\to\infty}R_n(x)=0$，因此有

$$\sin x=x-\frac{1}{3!}x^3+\frac{1}{5!}x^5-\cdots+(-1)^n\frac{x^{2n+1}}{(2n+1)!}+\cdots \qquad x\in(-\infty,+\infty).$$

用同样的方法可得出

$$\ln(x+1)=\sum_{n=0}^{\infty}\frac{(-1)^n}{n+1}x^{n+1} \qquad x\in(-1,1],$$

$$\frac{1}{1-x}=1+x+x^2+\cdots+x^n+\cdots=\sum_{n=0}^{\infty}x^n \qquad x\in(-1,1).$$

8.5.2.2 间接展开法

直接展开法需要计算函数的各阶导数在 $x=x_0$ 处的值，并需要讨论余项 $R_n(x)$ 在 $n\to\infty$ 时的极限值是否为零. 根据函数展开成幂级数的唯一性可以巧妙利用一些已知函数的幂级数展开式，通过适当的运算将函数间接展成幂级数.

【例 8.38】 将函数 $f(x)=\cos x$ 展成关于 x 的幂级数.

解 由于

$$\sin x=x-\frac{1}{3!}x^3+\frac{1}{5!}x^5-\cdots+(-1)^n\frac{x^{2n+1}}{(2n+1)!}+\cdots \qquad x\in(-\infty,+\infty),$$

两边同时求导得

$$\cos x=1-\frac{1}{2!}x^2+\frac{1}{4!}x^4-\cdots+(-1)^n\frac{x^{2n}}{(2n)!}+\cdots \qquad x\in(-\infty,+\infty).$$

【例 8.39】 将函数 $f(x)=\dfrac{1}{1+x}$ 展成 x 的幂级数.

解 因为

$$\frac{1}{1-x}=1+x+x^2+\cdots+x^n+\cdots=\sum_{n=0}^{\infty}x^n \qquad x\in(-1,1).$$

将 x 换成 $-x$，有

$$\frac{1}{1+x}=1-x+(-x)^2+\cdots+(-x)^n+\cdots=\sum_{n=0}^{\infty}(-x)^n \qquad x\in(-1,1).$$

【例 8.40】 将函数 $f(x)=\arctan x$ 展开成 x 的幂级数.

解 由于

$$\frac{1}{1+x} = 1 - x + (-x)^2 + \cdots + (-x)^n + \cdots \quad x \in (-1, 1).$$

将 x 换成 x^2，得

$$\frac{1}{1+x^2} = 1 - x^2 + x^4 + \cdots + (-1)^n x^{2n} + \cdots \quad x \in (-1, 1).$$

两边积分得

$$\arctan x = \int_0^x \frac{\mathrm{d}x}{1+x^2} = \int_0^x (1 - x^2 + x^4 - x^6 + \cdots) \mathrm{d}x$$

$$= x - \frac{1}{3}x^3 + \frac{1}{5}x^5 - \cdots + (-1)^n \frac{x^{2n+1}}{2n+1} + \cdots \quad x \in [-1, 1].$$

> **注意**：幂级数在进行逐项积分、逐项求导后，收敛半径不变，但收敛域可能变化，因此收敛区间端点处的收敛性要重新判断.

*8.5.3　利用函数幂级数展开式进行近似计算

【例 8.41】 计算 e 的近似值，使其误差不超过 10^{-5}.

解 e^x 的麦克劳林级数为

$$e^x = 1 + x + \frac{1}{2!}x^2 + \cdots + \frac{1}{n!}x^n + \cdots.$$

令 $x = 1$，得

$$e = 1 + 1 + \frac{1}{2!} + \cdots + \frac{1}{n!} + \cdots.$$

若取这级数的前 n 项和作为 e 的近似值，其误差为

$$r_n = \frac{1}{(n+1)!} + \frac{1}{(n+2)!} + \cdots$$

$$= \frac{1}{(n+1)!}\left(1 + \frac{1}{n+2} + \cdots\right) \leqslant \frac{1}{(n+1)!}\left(1 + \frac{1}{n+1} + \frac{1}{(n+1)^2} + \cdots\right) = \frac{1}{n \cdot n!}$$

欲使 $r_n \leqslant 10^{-5}$，只要 $\frac{1}{n \cdot n!} \leqslant 10^{-5}$，即 $n \cdot n! \geqslant 10^5$，而 $8 \times 8! = 322560 > 10^5$，即计算到第 8 项即可，则

$$e \approx 1 + 1 + \frac{1}{2!} + \frac{1}{3!} + \cdots + \frac{1}{8!} \approx 2.7183.$$

【例 8.42】 利用 $\sin x = x - \dfrac{x^3}{3!}$ 计算 $\sin 18°$ 的近似值，并估计误差.

解 $$\sin 18° = \sin \frac{\pi}{10} \approx \frac{\pi}{10} - \frac{1}{3!}\left(\frac{\pi}{10}\right)^3,$$

由于 $$\sin x = x - \frac{x^3}{3!} + \frac{x^5}{5!} - \frac{x^7}{7!} + \cdots,$$

令 $x = \dfrac{\pi}{10}$，得　　$$\sin \frac{\pi}{10} = \frac{\pi}{10} - \frac{1}{3!}\left(\frac{\pi}{10}\right)^3 + \frac{1}{5!}\left(\frac{\pi}{10}\right)^5 - \frac{1}{7!}\left(\frac{\pi}{10}\right)^7 + \cdots.$$

等式右边是一个收敛的交错级数，且各项绝对值单调减少，取其前两项和作为 $\sin \dfrac{\pi}{10}$ 的近似

值，误差为

$$|r_2| \leqslant \frac{1}{5!}\left(\frac{\pi}{10}\right)^5 < \frac{1}{120}(0.4)^5 < \frac{1}{800000}.$$

因此取 $\frac{\pi}{10} \approx 0.3142$，$\left(\frac{\pi}{10}\right)^3 \approx 0.031$，于是得 $\sin 18° \approx 0.309$，这时误差不超过 10^{-5}.

有些函数如 e^{-x^2}，$\frac{x}{\ln x}$，他们的原函数不能用初等函数表示，难以计算其定积分值，但可以利用被积函数的幂级数展开式，求其定积分的近似值.

【例 8.43】 计算 $\int_0^1 \frac{\sin x}{x} \mathrm{d}x$ 的近似值，精确到 10^{-4}.

解 利用 $\sin x = x - \frac{1}{3!}x^3 + \frac{1}{5!}x^5 - \cdots + (-1)^n \frac{x^{2n+1}}{(2n+1)!} + \cdots$，

有 $\frac{\sin x}{x} = 1 - \frac{1}{3!}x^2 + \frac{1}{5!}x^4 - \frac{1}{7!}x^6 \cdots \quad x \in (-\infty, +\infty).$

对此级数逐项积分，得

$$\int_0^1 \frac{\sin x}{x} \mathrm{d}x = \left[x - \frac{x^3}{3 \times 3!} + \frac{x^5}{5 \times 5!} - \frac{x^7}{7 \times 7!} + \cdots \right]_0^1$$

$$= 1 - \frac{1}{3 \times 3!} + \frac{1}{5 \times 5!} - \frac{1}{7 \times 7!} + \cdots.$$

第四项为 $\frac{1}{7 \times 7!} < \frac{1}{30000} < 10^{-4}$，由于交错级数 $|r_n| \leqslant u_{n+1}$，$|r_3| \leqslant u_4 < 10^{-4}$，所以取前三项作为积分的近似值，得

$$\int_0^1 \frac{\sin x}{x} \mathrm{d}x \approx 1 - \frac{1}{3 \times 3!} + \frac{1}{5 \times 5!} \approx 0.9461$$

习题 8.5

1. 将下列函数展开成 x 的幂级数.

(1) a^x；　　　　(2) $(1+x)\ln(1+x)$.

2. 将函数 $f(x) = \frac{1}{x}$ 展开成 $(x-1)$ 的幂级数.

3. 将函数 $f(x) = \ln x$ 展开成 $(x-1)$ 的幂级数.

4. 将函数 $f(x) = \frac{1}{x^2+4x+3}$ 展开成 $(x-1)$ 的幂级数.

5. 将函数 $f(x) = \frac{1}{x+2}$ 展开成 x 的幂级数.

6. 将函数 $f(x) = e^{-2x}$ 展开成 x 的幂级数.

总习题 8

1. 填空题.

(1) 已知 $\lim_{n \to \infty} u_n = a$，则 $\sum_{n=1}^{\infty} (u_n - u_{n+1})$ 收敛于 _____.

(2) 设对任意正整数 n 实数 $a_n > 0$，若级数 $\sum_{n=1}^{\infty} a_n$ 收敛，则级数

$\sum\limits_{n=1}^{\infty} \sqrt{a_n a_{n+1}}$ _____.

2. 选择题.

(1)（数学三），级数 $\sum\limits_{n=1}^{\infty} \left(\dfrac{1}{\sqrt{n}} - \dfrac{1}{\sqrt{n+1}} \right) \sin(n+k)$（$k$ 为常数）为（   ）.

(A) 发散　　　　　　　　　(B) 绝对收敛

(C) 条件收敛　　　　　　　(D) 收敛性与 k 的取值有关

(2)（数学三）下列级数中发散的是（   ）.

(A) $\sum\limits_{n=1}^{\infty} \dfrac{n}{8^n}$ 　　　　　　　(B) $\sum\limits_{n=1}^{\infty} \dfrac{1}{\sqrt{n}} \ln\left(1 + \dfrac{1}{n}\right)$

(C) $\sum\limits_{n=2}^{\infty} \dfrac{(-1)^n + 1}{\ln n}$ 　　　　(D) $\sum\limits_{n=1}^{\infty} \dfrac{n!}{n^n}$

(3)（数学三）设 $p_n = \dfrac{a_n + |a_n|}{2}$，$q_n = \dfrac{a_n - |a_n|}{2}$，$n = 1, 2, \cdots$，则下列命题正确的是（   ）.

(A) 若 $\sum\limits_{n=1}^{\infty} a_n$ 条件收敛，则 $\sum\limits_{n=1}^{\infty} p_n$ 与 $\sum\limits_{n=1}^{\infty} q_n$ 都收敛

(B) 若 $\sum\limits_{n=1}^{\infty} a_n$ 绝对收敛，则 $\sum\limits_{n=1}^{\infty} p_n$ 与 $\sum\limits_{n=1}^{\infty} q_n$ 都收敛

(C) 若 $\sum\limits_{n=1}^{\infty} a_n$ 条件收敛，则 $\sum\limits_{n=1}^{\infty} p_n$ 与 $\sum\limits_{n=1}^{\infty} q_n$ 敛散性都不定

(D) 若 $\sum\limits_{n=1}^{\infty} a_n$ 绝对收敛，则 $\sum\limits_{n=1}^{\infty} p_n$ 与 $\sum\limits_{n=1}^{\infty} q_n$ 敛散性都不定

(4)（数学三）设幂级数 $\sum\limits_{n=1}^{\infty} a_n x^n$ 和 $\sum\limits_{n=1}^{\infty} b_n x^n$ 的收敛半径分别为 $\dfrac{\sqrt{5}}{3}$ 与 $\dfrac{1}{3}$，则幂级数 $\sum\limits_{n=1}^{\infty} \dfrac{a_n^2}{b_n^2} x^n$ 的收敛半径为（   ）.

(A) $\dfrac{1}{5}$ 　　　(B) $\dfrac{\sqrt{5}}{3}$ 　　　(C) $\dfrac{1}{3}$ 　　　(D) 5

3.（数学三）(1) 验证函数

$$y(x) = 1 + \dfrac{x^3}{3!} + \dfrac{x^6}{6!} + \dfrac{x^9}{9!} + \cdots + \dfrac{x^{3n}}{(3n)!} + \cdots \quad (-\infty < x < +\infty)$$ 满足微分方程 $y'' + y' + y$

$= e^x$. (2) 利用（1）的结果求幂级数 $\sum\limits_{n=0}^{\infty} \dfrac{x^{3n}}{(3n)!}$ 的和函数.

4.（数学三）将函数 $y = \ln(1 - x - 2x^2)$ 展成 x 的幂级数，并指出收敛区间.

5.（数学一）求幂级数 $\sum\limits_{n=1}^{\infty} \dfrac{1}{(-2)^n + 3^n} \dfrac{x^n}{n}$ 的收敛区间，并讨论该区间端点处的收敛性.

6.（数学三）将函数 $f(x) = \dfrac{1}{x^2 - 3x - 4}$ 展开成 $x - 1$ 的幂级数，并指出其收敛区间.

7.（数学三）求幂级数 $\sum\limits_{n=1}^{\infty} \dfrac{(-1)^{n-1} x^{2n+1}}{n(2n-1)}$ 的收敛域及和函数 $S(x)$.

8. （数学三）求幂级数 $\sum\limits_{n=0}^{\infty}(n+1)(n+3)x^n$ 的收敛域及和函数．

9. （数学三）求幂级数 $\sum\limits_{n=0}^{\infty}\dfrac{x^{2n+2}}{(n+1)(2n+1)}$ 的收敛域及和函数．

10. （数学三）求级数 $\sum\limits_{n=1}^{\infty}n(\dfrac{1}{2})^{n-1}$ 的和．

11. （数学三）已知 $f_n(x)$ 满足 $f'_n(x)=f_n(x)+x^{n-1}e^x$（$n$ 为正整数），且 $f_n(1)=\dfrac{e}{n}$，求函数项级数 $\sum\limits_{n=1}^{\infty}f_n(x)$ 之和．

12. （数学三）设有两条抛物线 $y=nx^2+\dfrac{1}{n}$ 和 $y=(n+1)x^2+\dfrac{1}{n+1}$，记它们交点的横坐标绝对值为 a_n，求两条抛物线所围图形的面积 S_n，并求 $\sum\limits_{n=1}^{\infty}\dfrac{S_n}{a_n}$．

13. （数学三）设银行存款的年利率为 $r=0.05$，并按年复利计算，某基金会希望通过存款 A 万元实现第一年提取 19 万元，第二年提取 28 万元，…，第 n 年提取 $10+9n$ 万元，并能按此规律一直提取下去，问：A 至少应为多少万元？

14. （数学三）设 $I_n=\displaystyle\int_0^{\frac{\pi}{4}}\sin^n x\cos x\,\mathrm{d}x, n=0,1,2,\cdots$，求 $\sum\limits_{n=0}^{\infty}I_n$．

15. （数学三）求幂级数 $1+\sum\limits_{n=1}^{\infty}(-1)^n\dfrac{x^{2n}}{2n}$，$(\mid x\mid<1)$ 的和函数及其极值．

16. （数学三）设级数 $\dfrac{x^4}{2\cdot4}+\dfrac{x^6}{2\cdot4\cdot6}+\dfrac{x^8}{2\cdot4\cdot6\cdot8}+\cdots$，$x\in R$ 的和函数为 $S(x)$，求：（1）$S(x)$ 所满足的一阶微分方程；（2）$S(x)$ 的表达式．

17. （数学三）求幂级数 $\sum\limits_{n=1}^{\infty}\left(\dfrac{1}{2n+1}-1\right)x^{2n}$，$(\mid x\mid<1)$ 的和函数 $S(x)$．

知识窗 8（1）　级数的发展简况

在自然科学的每一领域中，除了需要阐明该领域中最重要的概念与规律之外，往往还需要研究和建立某些专门工具，以便于人们更好地利用其规律掌握和拓广研究对象．无穷级数的理论，就它同数学分析的基本概念与规律的关系来说，正是居于这样一种专门工具的地位．由于它在数学分析本身以及立足于数学之上的实用科学中的广泛应用，致使这个理论在现代数学方法的"武库"中占据着重要位置．

所谓无穷级数是指形如 $u_1+u_2+\cdots+u_n+\cdots$ 的表达式（或缩写为 $\sum\limits_{n=1}^{\infty}u_n$）．

无穷级数（以下简称级数）是人们借以表达和计算种种不同量的一种重要工具，也是某些函数的唯一表达式和计算某些超越函数的最有效的工具．许多数值方法都是以级数理论为基础的，级数常可用来计算一些特殊的量，如 π、e 及对数函数和三角函数等．级数还是以代数多项式逼近分析函数的有用工具．

级数在数学中早已出现，其最早的形式通常是公比小于 1 的无穷几何级数．公元前 3 世纪希腊哲学家亚里士多德（Aristotle，公元前 384～公元前 322）就已认识到这种级数有和．无穷级数还散见于中世纪后期数学著作中，并被用来计算变速运动物体所走过的路程．

法国数学家奥雷斯姆（Oresme，1320～1382），在他 1360 年的著作《欧几里得几何问题》中曾给出证明：调和级数 $1+\dfrac{1}{2}+\dfrac{1}{3}+\dfrac{1}{4}+\cdots$ (1) 是发散的．他用的方法正是今天教科书中的证明方法，即代之以较小项，注意到 $\dfrac{1}{2}+\dfrac{1}{2}+\left(\dfrac{1}{4}+\dfrac{1}{4}\right)+\left(\dfrac{1}{8}+\dfrac{1}{8}+\dfrac{1}{8}+\dfrac{1}{8}\right)+\cdots$ (2) 是发散的．而级数 (1) 的变形 $1+\dfrac{1}{2}+\left(\dfrac{1}{3}+\dfrac{1}{4}\right)+\left(\dfrac{1}{5}+\dfrac{1}{6}+\dfrac{1}{7}+\dfrac{1}{8}\right)+\cdots$ 中相应项总不小于级数 (2) 中的对应项，因而可以断言级数 (1) 发散．

然而级数理论的确立是 18 世纪的成果．有人称 17 世纪是天才的世纪，称 18 世纪为发明的世纪．18 世纪虽然没有引入像微积分那样新颖、那样基本的概念，但人们施展了高超的技巧，发掘并增进了微积分的威力，产生了一些重要的数学分支，如级数、微分方程等．

自 18 世纪起，直到今天，级数一直被认为是微积分不可缺少的部分．级数理论的发展与无穷小分析的发展有着密切的联系．17 世纪中叶苏格兰数学家格列戈里第一次明确指出无穷级数表示一个数，即它的和．他称这个数为级数的极限．他用几何级数的求和解决了阿基里斯的追龟悖论．

17 世纪人们主要将级数用于微积分，计算一些特殊量，如 π、e 和三角函数、对数函数；以及用级数将隐函数 $f(x,y)=0$ 表示成 y 对 x 的函数．

1665 年牛顿对 $\dfrac{1}{1+x}$ 逐项积分，得到 $\ln(1+x)=x-\dfrac{x^2}{2}+\dfrac{x^3}{3}-\cdots$．

1666 年牛顿还得到许多表达代数函数和超越函数的级数，如 $\arcsin x$，$\arctan x$ 的级数．1669 年在他的《分析学》一书中，他又给出了 $\sin x$，$\cos x$，e^x 的级数．但是他用的方法是粗糙的和归纳性的．同年，他又发现了 $(1+x)^\mu$（μ 为任意实数）可以表示成 x 的幂级数．1670 年格列戈里得到了牛顿的上述结果，于 1671 年在《通信》中发表了他得到的 $\tan x$，$\sec x$ 的级数．1674 年莱布尼茨得到著名结论 $\dfrac{\pi}{4}=1-\dfrac{1}{3}+\dfrac{1}{5}-\dfrac{1}{7}+\cdots$，他还用这个级数得到一个极端重要的化圆为方问题的定理．

英国数学家泰勒（Taylor，1685～1731），继承了牛顿等人的遗业，1712 年提出了"泰勒级数"，并于 1715 年将此级数载入他的名著《增量法及其逆》一书，但在他的证明中没有提到收敛性问题．

约翰·伯努利、雅各布·伯努利和欧拉在级数方面也都做了大量工作．他们主要将级数用于求函数的微分和积分，以及求曲线下的面积和曲线的弧长．欧拉还引入了一些函数的无穷级数和无穷乘积展开式．这些工作不但是对微积分的重大贡献，也反映出 18 世纪数学思想的特征．

然而，在相当长的一段时间内，人们把级数只当作无穷多项式，并按有穷多项式处理．18 世纪，对级数的收敛与发散问题并没有解决．当时人们不加辨别地使用无穷级数．直到 18 世纪末，由于应用无穷级数而得到一些可疑的，或者完全荒谬的结果，才促使人们追究对于无穷级数运算的合理性．

1810 年前后，傅里叶、波尔查诺等人开始确切处理无穷级数．波尔查诺强调必须考虑级数收敛性．

1811 年傅里叶给出了无穷级数的较满意的定义，它近似于现代教科书中的定义．他在其著作《热的分析理论》中指出：当 n 增加时，前 n 项的和愈来愈趋近一个固定的值，且与这个值的差异变得小于任何给定值．他在这篇著作中还指出，级数收敛的必要条件为其通项的极限等于 0. 德国数学家高斯第一个认识到需要把级数的使用限制在他们的收敛域内.

19 世纪 20 年代，柯西在他的《分析教程》一书中给出了至今还沿用的级数收敛、发散的定义：令 $s_n = u_0 + u_1 + u_2 + \cdots + u_{n-1}$ 是（我们所研究的无穷级数）前 n 项之和，如果对于不断增加的 n 的值，和 s_n 无限趋近某一极限 s，则称级数为收敛的，而这个极限值叫做该级数的和. 反之，如果当 n 无限增加时，s_n 不趋于一个固定的极限，该级数就称为发散的，此时级数没有和. 他在该书中给出了正项级数的比值判别法.

柯西还研究了函数项级数 $\sum\limits_{n=1}^{\infty} u_n(x) = u_1(x) + u_2(x) + \cdots + u_n(x) + \cdots$，并给出：若泰勒级数中余项趋于零，则泰勒级数收敛于导出该级数的函数；否则结论不成立.

知识窗 8（2）　近代数学先驱——欧拉

莱昂哈德·欧拉（Leonhard Euler，1707~1783）是一位瑞士数学家和物理学家，近代数学的先驱之一，是有史以来最伟大的数学家之一. 他在数论、几何学、天文数学、微积分等数学的分支领域中都取得了出色的成就. 此外，他还在力学、光学和天文学等学科有突出的贡献. 法国数学家拉普拉斯（Laplace，1749~1827）曾这样评价欧拉对于数学的贡献："读欧拉的著作吧，在任何意义上，他都是我们的大师".

欧拉出生于瑞士巴塞尔的一个牧师家庭，13 岁时就进入了巴塞尔大学，主修哲学和法律，在每周星期六下午他跟当时欧洲最优秀的数学家约翰·伯努利学习数学. 欧拉于 1723 年取得了他的哲学硕士学位，学位论文的内容是笛卡儿哲学和牛顿哲学的比较研究. 欧拉的父亲希望欧拉成为一名牧师，欧拉遵从了他父亲的意愿进入了神学系，学习神学，但最终约翰·伯努利说服欧拉的父亲允许欧拉学习数学，并使他相信欧拉注定能成为一位伟大的数学家. 1726 年，欧拉完成了他的博士学位论文，内容是研究声音的传播.

欧拉于 1727 年 5 月 17 日抵达圣彼得堡，他主要的科学生涯是在俄国圣彼得堡科学院（1727~1741；1766~1783）和德国柏林科学院（1741~1766）度过的. 欧拉在 1748 年出版的《无限小分析引论》以及他随后发表的《微分学》和《积分学》是微积分史上里程碑式的著作. 这三部著作包含了欧拉本人在分析领域的大量创造，同时引进了一批标准符号，如：函数符号 $f(x)$；求和号 Σ；自然对数 e；虚数单位 i 等，对分析表述的规范化起了重要作用.

在欧拉的数学生涯中，他的视力一直在恶化. 在 1735 年一次几乎致命的发热后的三年，他的右眼近乎失明，但他把这归咎于他为圣彼得堡科学院进行的辛苦的地图学工作. 他在德国期间视力也持续恶化，以至于弗雷德里克把他誉为"独眼巨人". 欧拉原本正常的左眼后来又遭受了白内障的困扰. 在他于 1766 年被查出有白内障的几个星期后，他近乎完全失明. 即便如此，病痛似乎并未影响到欧拉的学术生产力，欧拉是历史上最多产的数学家. 欧拉可以从头到尾地背诵维吉尔的史诗《埃涅阿斯纪》，并能指出他所背诵的那个版本的每一页的第一行和最后一行是什么. 在书记员的帮助下，欧拉在多个领域的研究其实变得更加高产了. 在 1775 年，他平均每周就完成一篇数学论文. 这大概归功于他的心算能力和超群的记忆力. 欧拉在他的时代，产量之多，无人能及，他生前发表的著作和论文有 560 余种，死后留下大量手稿. 实际上直到 1862 年，即他去世 80 年后，圣彼得堡科学院院报上还在刊登欧拉的遗作. 1911 年，瑞士自然科学协会开始出版欧拉全集，现已出版 70 多卷，计划出齐 84 卷. 欧拉实际上支配了 18 世纪至现在的数学；对于当时新发明的微积分，他推导出了很多结果. 很多数学的分支，也是由欧拉所创或因他有大大的进展.

　　欧拉对微分方程理论做出了重要贡献. 他还是欧拉近似法的创始人, 这些计算法被用于计算力学中. 此中最有名的被称为欧拉方法. 欧拉将虚数的幂定义为如下公式: $e^{ix} = \cos x + i\sin x$. 这就是欧拉公式, 它成为指数函数的中心. 通过研究发散级数获得的另一个重要常数 "欧拉常数" γ, 是欧拉讨论如何用对数函数来逼近调和级数的和得到的, 它最简单的表示形式为: $\gamma = \lim_{n \to \infty} \left(1 + \dfrac{1}{2} + \dfrac{1}{3} + \cdots + \dfrac{1}{n} - \ln n\right)$. 欧拉曾计算出 γ 的近似值 0.577218, 但迄今我们还不能判定究竟 γ 是有理数还是无理数.

　　1783 年 9 月 18 日, 晚餐后, 欧拉一边喝着茶, 一边和小孙女玩耍, 突然之间, 烟斗从他手中掉了下来. 他说了一声: "我的烟斗", 并弯腰去捡, 结果再也没有站起来. 他抱着头说了一句: "我要死了". 正如巴黎科学院秘书孔多塞形容的那样, 他 "停止了生命和计算".

第9章

微分方程

在自然科学、社会科学和工程技术等诸多领域中，我们所遇到的实际问题的规律，大多可以用函数及其导数或微分的关系式来表达，这种关系式就是微分方程．而建立起微分方程以后，我们还要找出原始的函数关系，也就是要解微分方程．我们这一章主要介绍微分方程的一些基本概念和几种常用的解微分方程的方法．

9.1 微分方程的基本概念

微分方程研究的来源极广，历史久远．牛顿和莱布尼茨在创造微分和积分运算时，指出了它们的互逆性，事实上这是解决了最简单的微分方程 $y' = f(x)$ 的求解问题．当人们用微积分学去研究几何学、经济学、管理学以及物理学等学科所提出的问题时，微分方程就大量地涌现出来．

9.1.1 引例

【例 9.1】 一条曲线通过点 $(1,2)$ ，且在该曲线上任一点 $M(x,y)$ 处的切线的斜率为 $2x$ ，求这条曲线的方程．

解 设曲线方程为 $y = y(x)$ ．由导数的几何意义可知函数 $y = y(x)$ 满足

$$\frac{\mathrm{d}y}{\mathrm{d}x} = 2x . \tag{9.1}$$

同时还满足以下条件 $\qquad\qquad$ 当 $x = 1$ 时，$y = 2$ ． $\tag{9.2}$

把式(9.1)两端积分，得

$$y = \int 2x \, \mathrm{d}x \quad 即 \quad y = x^2 + C . \tag{9.3}$$

式中，C 是任意常数．

把条件式(9.2)代入式(9.3)，得 $C = 1$ ，由此解出 C 并代入式(9.3)，得到所求曲线方程：

$$y = x^2 + 1 . \tag{9.4}$$

【例 9.2】 设某商品的边际成本为 $0.4x - 7$（元/单位），x 为商品的产量，已知固定成本为 20 元，求生产总成本 y 与产量 x 的函数关系.

解 由已知条件可知

$$y' = 0.4x - 7 . \tag{9.5}$$

且满足条件 $y(0) = 20$，显然我们可以找出满足条件的

$$y = 0.2x^2 - 7x + C , \tag{9.6}$$

而又满足条件 $y(0) = C$，即 $C = 20$，所以满足条件的成本函数为

$$y = 0.2x^2 - 7x + 20 . \tag{9.7}$$

上述例子中的关系式(9.1)、式(9.5)都含有未知函数的导数，它们都是微分方程.

9.1.2 微分方程的基本概念

定义 9.1 凡表示未知函数、未知函数的导数与自变量之间关系的方程，称为微分方程.

未知函数是一元函数的微分方程称为**常微分方程**；未知函数为多元函数的微分方程称为**偏微分方程**.

定义 9.2 微分方程中所出现的未知函数的导数（或微分）的最高阶数称为微分方程的阶.

例如，方程(9.1) 是一阶微分方程；方程(9.6) 是二阶微分方程. 又如，方程

$$y^{(4)} - 4y''' + 10y'' - 12y' + 5y = \sin 2x$$

是四阶微分方程.

一般地，n 阶微分方程的一般形式为

$$F(x, y, y', \cdots, y^{(n)}) = 0 . \tag{9.8}$$

注意：(1) F 是 $n+2$ 个变量的函数；

(2) $y^{(n)}$ 必须出现，其他项可以不出现.

定义 9.3 如果存在这样的函数，把它代入微分方程能使这个方程成为恒等式，这样的函数称为微分方程的解.

这也就是说，设函数 $y = \varphi(x)$ 在区间 I 上有 n 阶连续导数，如果在区间 I 上

$$F[x, \varphi(x), \varphi'(x), \cdots, \varphi^{(n)}(x)] \equiv 0,$$

那么函数 $y = \varphi(x)$ 就叫做微分方程(9.8) 在区间 I 上的解. 求一个微分方程的解的过程称为**解微分方程**.

如果常微分方程的解中含有独立的任意常数的个数与微分方程的阶数相同，则这样的解称为微分方程的**通解**；在通解中，给予任意常数以确定的值而得到的解称为微分方程的**特解**.

在通解中要得到符合条件的特解，必须对微分方程附加一定的条件，这种条件通常需要一些函数值和导数值，这些已知的函数值和导数值称为方程的**初值**或**初值条件**，把微分方程和其初值合到一起，称为微分方程的**初值问题**.

设微分方程中的未知函数为 $y = y(x)$，如果微分方程是一阶的，通常用来确定任意常数的条件是挡 $x = x_0$ 时，$y = y_0$，或写成 $y \mid_{x=x_0} = y_0$. 其中 x_0、y_0 都是给定的值；如果微分方程是二阶的，通常用来确定任意常数的条件是

当 $x = x_0$ 时，$y = y_0$，$y' = y'_0$，

或写成 $y\mid_{x=x_0}=y_0$ ，$y'\mid_{x=x_0}=y'_0$.

其中 x_0 、y_0 和 y'_0 都是给定的值．上述条件都可以看作是初始条件．

例如，函数(9.3)和函数(9.4)都是微分方程(9.1)的解；函数(9.6)和函数(9.7)都是微分方程(9.5)的解．

函数(9.3)是方程(9.1)的解，它含有一个任意常数，而方程(9.1)是一阶的，所以函数(9.3)是方程(9.1)的通解．由于通解中含有任意常数，所以它还不能完全确定地反映某一客观事物的规律性，必须确定这些常数的值．为此，要根据问题的实际情况提出确定这些常数的条件．例如，例9.1中的条件(9.2)等便是这样的条件．确定了通解中的任意常数以后，就得到了微分方程的特解．例如式(9.4)是方程(9.1)满足条件(9.2)的特解．

微分方程解的图形是一条曲线，叫做微分方程的**积分曲线**．

习题 9.1

1. 指出下列微分方程的阶数.
(1) $x(y')^2-2yy'+x=0$；
(2) $(y'')^3+5y(y')^4-y^5+x^4=0$；
(3) $xy'''+2y''+x^2y=0$；
(4) $(x^2-y^2)\mathrm{d}x+(x^2+y^2)\mathrm{d}y=0$.

2. 验证下列给定的函数是否为其对应微分方程的解.
(1) $y=(x+c)\mathrm{e}^{-x}$，$y+y'=x$；
(2) $y=C_1\mathrm{e}^x+C_2\mathrm{e}^{-x}$，$xy''+2y-xy=0$；
(3) $x=\cos 2t+C_1\cos 2t+C_2\sin 3t$，$x''+9x=5\cos 2t$；
(4) $\dfrac{x^2}{C_1}+\dfrac{y^2}{C_2}=1$，$xyy''+x(y')^2-yy'=0$；
(5) $y=\cos(c_1-x)+c_2$，$(y'')^2=1-(y')^2$；
(6) $x^2-xy+y^2=C$，$(x-2y)y'=2x-y$.

3. 若已知 $Q=C\mathrm{e}^{kt}$ 满足微分方程 $\dfrac{\mathrm{d}Q}{\mathrm{d}t}=-0.03Q$，那么 C 和 k 的取值情况应如何？

4. 若 $y=\cos\omega t$ 是微分方程 $\dfrac{\mathrm{d}^2y}{\mathrm{d}t^2}+9y=0$ 的解，求 ω 的值.

5. 求曲线簇 $\mathrm{e}^{-ay}=C_1x+C_2$ 所满足的微分方程.

6. 已知曲线的切线在纵轴上的截距等于切点的横坐标，求这曲线所满足的微分方程.

7. 求通解为 $y=C\mathrm{e}^x+x$ 的微分方程，这里 C 为任意常数.

8. 已知曲线通过原点，且曲线上点 (x,y) 处的切线斜率等于 $2x+y$，试建立此曲线满足的微分方程.

9. 质量为 1kg 的质点受到外力 F 作用做直线运动，外力 F 与时间 t 成正比，与质点的运动速度 v 成反比．在 $t=10\mathrm{s}$ 的时候，速度 $v=50\mathrm{m/s}$，$F=4\mathrm{N}$. 试建立质点的运动速度 v 与时间 t 所满足的微分方程.

10. 某商品的销售量 x 是价格 P 的函数，如果要使该商品的销售收入在价格变化的情况下保持不变，则销售量 x 对于价格 P 的函数关系满足什么样的微分方程？在这种情况下，该商品的需求量相对价格 P 的弹性是多少？

9.2 一阶微分方程

一阶微分方程的一般形式为

$$y' = f(x,y).$$

有时为了研究问题的需要还可以写成

$$P(x,y)\mathrm{d}x + Q(x,y)\mathrm{d}y = 0,$$

或 $\dfrac{\mathrm{d}y}{\mathrm{d}x} = f(x,y)$，$F(x,y,y') = 0$ 等.

一阶微分方程是微分方程中最基本的一类方程，它在经济学、管理学中也最为常见. 根据表达式的具体特点，我们可以把一阶微分方程分为下面几种类型：可分离变量的微分方程、齐次微分方程、一阶线性齐次或非齐次微分方程，伯努利方程等等. 下面我们来研究这些一阶微分方程的一些解法.

9.2.1　可分离变量的微分方程

一般的，如果一阶微分方程 $F(x,y,y') = 0$ 通过变形后可写成

$$g(y)\mathrm{d}y = f(x)\mathrm{d}x, \tag{9.9}$$

或写成 $y' = f(x)g(y)$ 的形式，则称方程 $F(x,y,y') = 0$ 为可分离变量的微分方程.

例如：$y' - \dfrac{x}{y} = 0$ 可以写成 $y\mathrm{d}y = x\mathrm{d}x$，则其为可分离变量的微分方程.

将式 (9.9) 两端积分，得

$$\int g(y)\mathrm{d}y = \int f(x)\mathrm{d}x.$$

设 $G(y)$ 及 $F(x)$ 依次为 $g(y)$ 和 $f(x)$ 的原函数，于是得通解

$$G(y) = F(x) + C. \tag{9.10}$$

注意：该通解一般是以隐函数形式给出的.

如果已分离变量的方程 (9.9) 中 $g(y)$ 和 $f(x)$ 是连续的，且 $g(y) \neq 0$，那么式 (9.9) 两端积分后得到的关系式 (9.10)，就用隐式给出了方程 (9.9) 的解，式 (9.10) 就叫做微分方程 (9.9) 的隐式解. 又由于关系式 (9.10) 中含有任意常数，因此式 (9.10) 所确定的隐函数是方程 (9.9) 的通解，所以式 (9.10) 叫做微分方程 (9.9) 的**隐式通解**.

【例 9.3】 求微分方程 $\dfrac{\mathrm{d}y}{\mathrm{d}x} = \dfrac{y}{\sqrt{1-x^2}}$ 的通解.

解 分离变量得

$$\frac{\mathrm{d}y}{y} = \frac{\mathrm{d}x}{\sqrt{1-x^2}},$$

两边积分

$$\int \frac{1}{y}\mathrm{d}y = \int \frac{1}{\sqrt{1-x^2}}\mathrm{d}x,$$

求积分得 $\qquad \ln|y| = \arcsin x + C_1$（其中 C_1 为任意常数），

即 $\qquad\qquad y = \pm \mathrm{e}^{C_1}\mathrm{e}^{\arcsin x} = C\mathrm{e}^{\arcsin x}\ (C = \pm \mathrm{e}^{C_1})$，

从而得通解为 $\qquad\quad y = C\mathrm{e}^{\arcsin x}$（其中 C 为任意常数）.

【例 9.4】 求微分方程 $xy' + y = 0$ 的通解，并求满足 $y(1) = 1$ 的特解.

解 原方程分离变量为

$$\frac{\mathrm{d}y}{y} = -\frac{\mathrm{d}x}{x}.$$

上式两边积分得 $\ln y = -\ln x + C_1$（其中 C_1 为任意常数），整理得通解为 $y = \dfrac{C}{x}$（令 $C =$

e^{C_1})，由 $y(1)=1$ 得 $C=1$，所求特解为 $y=\dfrac{1}{x}$.

【例 9.5】 求微分方程 $(1+y)y'=y\ln x$ 的通解.

解 原方程分离变量为 $\dfrac{(1+y)\mathrm{d}y}{y}=\ln x\,\mathrm{d}x$，两边积分得 $\int\left(\dfrac{1}{y}+1\right)\mathrm{d}y=\int\ln x\,\mathrm{d}x$，求积分得 $\ln|y|+y=x\ln x-x+C$（其中 C 为任意常数）.

【例 9.6】 求微分方程 $\sqrt{1-x^2}(1+y)\mathrm{d}y=x(1+y^2)\mathrm{d}x$ 的通解.

解 分离变量为 $\dfrac{(1+y)\mathrm{d}y}{1+y^2}=\dfrac{x}{\sqrt{1-x^2}}\mathrm{d}x$，两边积分得 $\int\dfrac{(1+y)\mathrm{d}y}{1+y^2}=\int\dfrac{x}{\sqrt{1-x^2}}\mathrm{d}x$，求积分得 $\arctan y+\dfrac{1}{2}\ln(1+y^2)=-\sqrt{1-x^2}+C$（其中 C 为任意常数）.

9.2.2 齐次微分方程

如果一阶微分方程 $y'=f(x,y)$，其中函数 $f(x,y)$ 可写成 $\dfrac{y}{x}$ 的函数，即 $f(x,y)=\varphi\left(\dfrac{y}{x}\right)$，则称该方程为齐次微分方程. 例如

$$(x+y)\mathrm{d}x+(y-x)\mathrm{d}y=0$$

是齐次微分方程，因为它可以化为

$$\frac{\mathrm{d}y}{\mathrm{d}x}=\frac{x+y}{x-y}=\frac{1+\dfrac{y}{x}}{1-\dfrac{y}{x}}=\varphi\left(\frac{y}{x}\right).$$

下面介绍齐次微分方程 $\dfrac{\mathrm{d}y}{\mathrm{d}x}=\varphi\left(\dfrac{y}{x}\right)$ 的解法. 作代换 $u=\dfrac{y}{x}$，则 $y=ux$，于是

$$\frac{\mathrm{d}y}{\mathrm{d}x}=x\,\frac{\mathrm{d}u}{\mathrm{d}x}+u.$$

从而

$$x\,\frac{\mathrm{d}u}{\mathrm{d}x}+u=\varphi(u),$$

$$\frac{\mathrm{d}u}{\mathrm{d}x}=\frac{\varphi(u)-u}{x},$$

分离变量得

$$\frac{\mathrm{d}u}{\varphi(u)-u}=\frac{\mathrm{d}x}{x},$$

两端积分得

$$\int\frac{\mathrm{d}u}{\varphi(u)-u}=\int\frac{\mathrm{d}x}{x}.$$

求出积分后，再用 $\dfrac{y}{x}$ 代替 u，便得所给齐次方程的通解. 如上例 $x\dfrac{\mathrm{d}u}{\mathrm{d}x}+u=\dfrac{1+u}{1-u}$，分离变量，得

$$\frac{(1-u)\mathrm{d}u}{1+u^2}=\frac{\mathrm{d}x}{x}.$$

积分后，将 $u=\dfrac{y}{x}$ 代回即得所求通解.

【例 9.7】 求微分方程 $\dfrac{\mathrm{d}y}{\mathrm{d}x}=\dfrac{xy}{x^2-y^2}$ 的通解.

解 原方程化为 $\dfrac{\mathrm{d}y}{\mathrm{d}x} = \dfrac{\dfrac{y}{x}}{1 - \left(\dfrac{y}{x}\right)^2}$ ，令 $u = \dfrac{y}{x}$ 则 $\dfrac{\mathrm{d}y}{\mathrm{d}x} = u + x\dfrac{\mathrm{d}u}{\mathrm{d}x}$ ，故原方程变为 $u +$

$x\dfrac{\mathrm{d}u}{\mathrm{d}x} = \dfrac{u}{1 - u^2}$ ，分离变量得 $\dfrac{1 - u^2}{u^3}\mathrm{d}u = \dfrac{\mathrm{d}x}{x}$ ，两边积分

$$\int \dfrac{1 - u^2}{u^3}\mathrm{d}u = \int \dfrac{\mathrm{d}x}{x} ,$$

即
$$\int \left(\dfrac{1}{u^3} - \dfrac{1}{u}\right)\mathrm{d}u = \int \dfrac{\mathrm{d}x}{x} , \quad 得 \ -\dfrac{1}{2}u^{-2} - \ln|u| = \ln|x| + \ln C ,$$

$$-\dfrac{1}{2}u^{-2} = \ln|u| + \ln|x| + \ln C ,$$

$$-\dfrac{1}{2}u^{-2} = \ln C|ux| ,$$

$$\mathrm{e}^{-\frac{1}{2}u^{-2}} = C|y|$$

即原方程通解为 $\mathrm{e}^{-\frac{1}{2}\left(\frac{x}{y}\right)^2} = Cy$（其中 C 为任意常数）.

【例 9.8】 求微分方程 $xy' = y(1 + \ln y - \ln x)$ 的通解.

解 原式可化为

$$\dfrac{\mathrm{d}y}{\mathrm{d}x} = \dfrac{y}{x}\left(1 + \ln\dfrac{y}{x}\right) ,$$

令 $u = \dfrac{y}{x}$ ，则 $\dfrac{\mathrm{d}y}{\mathrm{d}x} = x\dfrac{\mathrm{d}u}{\mathrm{d}x} + u$ ，于是

$$x\dfrac{\mathrm{d}u}{\mathrm{d}x} + u = u(1 + \ln u) .$$

再分离变量得
$$\dfrac{\mathrm{d}u}{u\ln u} = \dfrac{\mathrm{d}x}{x} .$$

两端积分得
$$\ln|\ln u| = \ln x + \ln C ,$$
$$|\ln u| = Cx ,$$

即
$$u = \mathrm{e}^{\pm Cx} .$$

故方程通解为 $y = x\mathrm{e}^{C_1 x}$（其中 $C_1 = \pm C$ 为任意常数）.

9.2.3 一阶线性微分方程

定义 9.4 微分方程形如
$$\dfrac{\mathrm{d}y}{\mathrm{d}x} + P(x)y = Q(x) \qquad\qquad (9.11)$$

称为**一阶线性微分方程**. 它是关于未知函数 y 及其导数 y' 的一次方程. 若 $Q(x) \equiv 0$，称方程（9.11）为齐次的；若 $Q(x) \neq 0$，称方程（9.11）为非齐次的. 如 $y' + 2xy = 2x\mathrm{e}^{-x^2}$ 或者 $y' - \dfrac{2y}{x+1} = (x+1)^{\frac{5}{2}}$.

当 $Q(x) \equiv 0$ 时，方程

$$\dfrac{\mathrm{d}y}{\mathrm{d}x} + P(x)y = 0 \qquad\qquad (9.12)$$

为可分离变量的微分方程，分离变量得 $\dfrac{1}{y}\mathrm{d}y = -P(x)\mathrm{d}x$ ，两边积分得

$$\ln y = -\int P(x)\mathrm{d}x + \ln C$$

整理得通解 $y = C\mathrm{e}^{-\int P(x)\mathrm{d}x}$.

为求式（9.11）的解，常利用**常数变易法**，用函数 $u(x)$ 代替常数 C，即 $y = u(x)\mathrm{e}^{-\int P(x)\mathrm{d}x}$，于是

$$\frac{\mathrm{d}y}{\mathrm{d}x} = u'\mathrm{e}^{-\int P(x)\mathrm{d}x} + u\mathrm{e}^{-\int P(x)\mathrm{d}x}[-P(x)].$$

代入式（9.11），得

$$u = \int Q(x)\mathrm{e}^{\int P(x)\mathrm{d}x}\mathrm{d}x + C.$$

故式（9.11）的通解为

$$y = \mathrm{e}^{-\int P(x)\mathrm{d}x}\left(\int Q(x)\mathrm{e}^{\int P(x)\mathrm{d}x}\mathrm{d}x + C\right). \tag{9.13}$$

【例 9.9】 求微分方程 $\dfrac{\mathrm{d}y}{\mathrm{d}x} = -2xy + 4x$ 的通解.

解 **方法 1** 原方程对应的线性齐次方程 $\dfrac{\mathrm{d}y}{\mathrm{d}x} + 2xy = 0$ 的通解为 $y = C\mathrm{e}^{-\int P(x)\mathrm{d}x} = C\mathrm{e}^{-x^2}$

应用常数变易法求线性非齐次微分方程 $\dfrac{\mathrm{d}y}{\mathrm{d}x} = -2xy + 4x$ 的通解. 在上式中把常数 C 变易成待定函数 $C(x)$，即令 $y = C(x)\mathrm{e}^{-x^2}$，代入原方程得

$C'(x)\mathrm{e}^{-x^2} - 2xC(x)\mathrm{e}^{-x^2} = -2xC(x)\mathrm{e}^{-x^2} + 4x$

化简得到 $C'(x) = 4x\mathrm{e}^{x^2}$，上式两边积分得 $C(x) = 2\mathrm{e}^{x^2} + C$.

于是，原方程的通解为 $y = C\mathrm{e}^{-x^2} + 2$.

方法 2 直接代入式（9.13），原方程可为：

$$\frac{\mathrm{d}y}{\mathrm{d}x} + 2xy = 4x，\text{其中 } P(x) = 2x，Q(x) = 4x，$$

则

$$y = \mathrm{e}^{-\int P(x)\mathrm{d}x}\left(\int \mathrm{e}^{\int P(x)\mathrm{d}x}Q(x)\mathrm{d}x + C\right) = \mathrm{e}^{-\int 2x\mathrm{d}x}\left(\int \mathrm{e}^{\int 2x\mathrm{d}x}4x\mathrm{d}x + C\right)$$

$$= \mathrm{e}^{-x^2}\left(\int \mathrm{e}^{x^2}4x\mathrm{d}x + C\right) = \mathrm{e}^{-x^2}\left(2\int \mathrm{e}^{x^2}\mathrm{d}(x^2) + C\right) = \mathrm{e}^{-x^2}(2\mathrm{e}^{x^2} + C).$$

所以原方程的通解为：$y = C\mathrm{e}^{-x^2} + 2$.

由此可见，例 9.9 方法 2 的结果与方法 1 是一样的. 熟练以后可以直接采用方法 2 代入公式（9.13）求解.

【例 9.10】 求微分方程 $\dfrac{\mathrm{d}y}{\mathrm{d}x} = \dfrac{2y}{x+1} + (x+1)^3$ 的通解.

解

$$\frac{\mathrm{d}y}{\mathrm{d}x} - \frac{2y}{x+1} = (x+1)^3.$$

$$P(x) = -\frac{2}{x+1}，Q(x) = (x+1)^3，\mathrm{e}^{-\int P(x)\mathrm{d}x} = \mathrm{e}^{\int \frac{2}{x+1}\mathrm{d}x} = (x+1)^2.$$

方程的通解为 $y = \mathrm{e}^{-\int P(x)\mathrm{d}x}\left(\int \mathrm{e}^{\int P(x)\mathrm{d}x}Q(x)\mathrm{d}x + C\right) = (x+1)^2\left(\int \frac{1}{(x+1)^2} \cdot (x+1)^3\mathrm{d}x + C\right)$

$$= (x+1)^2\left(\int (x+1)\mathrm{d}x + C\right) = (x+1)^2\left(\frac{(x+1)^2}{2} + C\right).$$

即 $2y = C(x+1)^2 + (x+1)^4$ 为原方程的通解.

【例 9.11】 求微分方程 $x^2 y' + (1-2x)y = x^2$，满足初始条件 $y\big|_{x=1} = 0$ 的特解.

解 方程变形为 $y' + \dfrac{1-2x}{x^2}y = 1$，$P(x) = \dfrac{1-2x}{x^2}$，$Q(x) = 1$.

$$y = e^{-\int \frac{1-2x}{x^2}dx}\left(\int e^{\int \frac{1-2x}{x^2}dx}dx + C\right) = x^2 e^{\frac{1}{x}}\left(\int \frac{e^{-\frac{1}{x}}}{x^2}dx + C\right)$$

$$= x^2 e^{\frac{1}{x}}\left(e^{-\frac{1}{x}} + C\right) = x^2 + Cx^2 e^{\frac{1}{x}}.$$

由初始条件得 $0 = 1 + Ce$，即 $C = -\dfrac{1}{e}$，故所求的特解为

$$y = x^2 - x^2 e^{\frac{1}{x}-1} = x^2\left(1 - e^{\frac{1}{x}-1}\right).$$

【例 9.12】 求连续函数 $y = f(x)$，使它满足方程 $y = e^x + \displaystyle\int_0^x y(t)dt$.

解 方程两边同时对 x 求导，得 $\dfrac{dy}{dx} = e^x + y$，即 $\dfrac{dy}{dx} - y = e^x$.

$P(x) = -1, Q(x) = e^x$，由一阶线性方程的求解公式得

$$y = e^{\int 1dx}\left(\int e^x \cdot e^{-\int 1dx}dx + C\right) = e^x\left(\int e^x e^{-x}dx + C\right) = e^x(x+C).$$

由已知方程可得到初始条件 $y(0) = 1$，可求得 $C = 1$，因此所求函数为 $y = e^x(x+1)$.

【例 9.13】 试建立具有如下性质的曲线所满足的微分方程并求解：曲线上任一点的切线在纵轴上的截距是切点横坐标和纵坐标的等差中项.

解 设 $p(x,y)$ 为曲线上的任一点，则过 p 点曲线的切线方程为 $Y - y = y'(X - x)$.

从而此切线与两坐标轴的交点坐标为 $\left(x - \dfrac{y}{y'}, 0\right), (0, y - xy')$.

即横截距为 $x - \dfrac{y}{y'}$，纵截距为 $y - xy'$.

由题意得
$$y - xy' = \frac{x+y}{2}$$

方程变形为
$$x\frac{dy}{dx} = \frac{y}{2} - \frac{x}{2}, \quad \text{即} \quad \frac{dy}{dx} - \frac{1}{2x}y = -\frac{1}{2}.$$

于是　$y = e^{\int \frac{1}{2x}dx}\left(\int \left(-\frac{1}{2}\right)e^{\int (-\frac{1}{2x})dx}dx + C\right) = e^{\frac{1}{2}\ln|x|}\left(\int \left(-\frac{1}{2}\right)e^{-\frac{1}{2}\ln|x|}dx + C\right)$

$$= |x|^{\frac{1}{2}}\left(\int \left(-\frac{1}{2}\right)|x|^{-\frac{1}{2}}dx + C\right) = x^{\frac{1}{2}}\left(\int \left(-\frac{1}{2}x^{-\frac{1}{2}}\right)dx + C\right)$$

$$= x^{\frac{1}{2}}\left(-x^{\frac{1}{2}} + C\right) = -x + Cx^{\frac{1}{2}}.$$

所以，方程的通解为 $y = -x + Cx^{\frac{1}{2}}$.

定义 9.5 形如

$$\frac{dy}{dx} + P(x)y = Q(x)y^n \quad (n \neq 0, 1) \tag{9.14}$$

的方程称为**伯努利方程**. 其中当 $n = 0, 1$ 时，为一阶线性微分方程.

式 (9.14) 经过变形后也可以看作线性方程来解，式 (9.14) 两边同除以 y^n

$$y^{-n}\frac{dy}{dx} + P(x)y^{1-n} = Q(x).$$

令 $z = y^{1-n}$ ，则有 $\dfrac{dz}{dx} = (1-n)y^{-n}\dfrac{dy}{dx}$ ，

即

$$\frac{1}{1-n}\frac{dz}{dx} + P(x)z = Q(x).$$

而 $\dfrac{dz}{dx} + (1-n)P(x)z = (1-n)Q(x)$ 为一阶线性微分方程，故

$$z = e^{-\int(1-n)P(x)dx}\left(\int(1-n)Q(x)e^{\int(1-n)P(x)dx}dx + C\right).$$

下面我们给出伯努利方程的解题步骤：

（1）两端同除以 y^n ；

（2）作代换 $z = y^{1-n}$ ；

（3）解关于 z 的线性微分方程；

（4）还原，将 $z = y^{1-n}$ 代回求得通解.

【例 9.14】 求微分方程 $x^2 y' + xy = y^2$ 的通解.

解　方程变形为 $y^{-2}y' + \dfrac{1}{x}y^{-1} = \dfrac{1}{x^2}$ ，令 $z = y^{-1}$ ，则

$$\frac{dz}{dx} = -y^{-2}\frac{dy}{dx},$$

原方程变为

$$\frac{dz}{dx} - \frac{1}{x}z = -\frac{1}{x^2},$$

则

$$z = e^{\int\frac{1}{x}dx}\left(\int -\frac{1}{x^2}e^{-\int\frac{1}{x}dx}dx + C_1\right) = x\left(\int -\frac{1}{x^3}dx + C_1\right)$$

$$= x\left(\frac{1}{2x^2} + C_1\right) = \frac{1}{2x} + C_1 x = \frac{Cx^2 + 1}{2x}, \left(C_1 = \frac{C}{2}\right).$$

故通解为 $\dfrac{1}{y} = \dfrac{Cx^2 + 1}{2x}$ ，即 $y = \dfrac{2x}{Cx^2 + 1}$.

习题 9.2

1. 用分离变量法求解下列微分方程.

（1）$\dfrac{dy}{dx} = 2xy$ ；

（2）$\dfrac{dy}{dx} = x^2 y^2$ ；

（3）$\dfrac{dy}{dx} = (1 + x + x^2)y$ ，且 $y(0) = e$ ；

（4）$yy' = e^x \sin x$ ；

（5）$(x^2 - 4x)y' + y = 0$ ；

（6）$\cos x \sin y \, dx + \sin x \cos y \, dy = 0$ ；

（7）$y' = y \ln x, y|_{x=1} = 2$ ；

（8）$xy' - y \ln y = 0, y|_{x=1} = e$ ；

（9）$y' = x\sqrt{1 - y^2}$ ；

（10）$y \ln x \, dx + x \ln y \, dy = 0$ ；

（11）$\dfrac{dy}{dx} = e^{x-y}, y(0) = 1$ ；

（12）$y' = \dfrac{y(1-x)}{x}$.

2. 求下列微分方程的通解或在给定条件下的特解.

（1）$xy' - y - \sqrt{x^2 + y^2} = 0$ ；

（2）$y' = \dfrac{y}{x} + \sin\dfrac{y}{x}$ ；

(3) $3xy^2\,\mathrm{d}y=(2y^3-x^3)\,\mathrm{d}x$；　　　(4) $x^2y'+xy=y^2,y(1)=1$；

(5) $xy'=y(\ln y-\ln x),y(1)=1$；　　　(6) $(y-x+2)\,\mathrm{d}x=(x+y+4)\,\mathrm{d}y$；

(7) $(x+y)\,\mathrm{d}x+(3x+3y-4)\,\mathrm{d}y=0$.

3. 求下列微分方程的通解或在给定初始条件下的特解.

(1) $y'+y=\mathrm{e}^{-x}$；　　　(2) $y'-\dfrac{n}{x}y=x^n\mathrm{e}^x$；

(3) $(x-2y)\,\mathrm{d}y+\mathrm{d}x=0$；　　　(4) $(1+x\sin y)y'-\cos y=0$；

(5) $y'-\dfrac{y}{x+1}=(x+1)\mathrm{e}^x,y(0)=1$；　　　(6) $y'+\dfrac{2x}{1+x^2}y=\dfrac{2x^2}{1+x^2}$, $y(0)=\dfrac{2}{3}$；

(7) $y'-\dfrac{1}{x}y=-\dfrac{2}{x}\ln x$, $y(1)=1$；　　　(8) $y'+2xy=(x\sin x)\mathrm{e}^{-x^2}$, $y(0)=1$；

(9) $y'=\dfrac{x^4+y^3}{xy^2}$；　　　(10) $y'=\dfrac{1}{x^3y^3+xy}$；

(11) $2xy\,\mathrm{d}y=(2y^2-x)\,\mathrm{d}x$；　　　(12) $\dfrac{\mathrm{d}y}{\mathrm{d}x}=\dfrac{\mathrm{e}^y+3x}{x^2}$；

(13) $(x^2+y)\,\mathrm{d}x+(x-2y)\,\mathrm{d}y=0$；　　　(14) $y\,\mathrm{d}x-x\,\mathrm{d}y=(x^2+y^2)\,\mathrm{d}x$.

4. 镭的衰变有如下规律：镭的衰变速度与它的现存量 R 成正比，由经验材料得知，镭经过 1600 年后，只余原始量 R_0 的一半，试求镭的量 R 与时间 t 的函数关系.

5. 已知某商品的成本 $C=C(x)$ 随产量 x 的增加而增加，其增长率为

$$C'(x)=\frac{1+x+C}{1+x},$$

且产量为零时，固定成本 $C(0)=C_0>0$. 求商品的生产成本函数 $C(x)$.

6. 已知曲线过点 $(2,3)$ ，且曲线上任意一点的切线与 x 轴和 y 轴截得的线段都被切点二等分，求此曲线方程.

7. 某商品的需求量 x 对价格 P 的弹性为 $-P\ln 3$. 若该商品的最大需求量为 1200（即 $P=0$ 时，$x=1200$）（P 的单位为元，x 的单位为千克）试求需求量 x 与价格 P 的函数关系，并求当价格为 1 元时市场上对该商品的需求量.

8. 已知 $f(x)$ 满足 $\displaystyle\int_0^x f(t)\,\mathrm{d}t+(x-1)f(x)=1$，求 $f(x)$.

9. 试建立具有下列性质的曲线所满足的微分方程并求解：曲线上任一点的切线的纵截距等于切点横坐标的平方.

9.3　可降阶的微分方程

我们把二阶和二阶以上的微分方程统称为高阶微分方程. 这一节我们要讨论几种特殊的高阶微分方程的解法，通过变量代换，将高阶方程转化为阶数较低的微分方程，或变成几个一阶微分方程，然后再进行一阶微分方程的求解.

9.3.1　$y^{(n)}=f(x)$ 型的微分方程

令 $y^{(n-1)}=z$ ，则原方程可化为一阶微分方程 $\dfrac{\mathrm{d}z}{\mathrm{d}x}=f(x)$ ，于是，

$$z = y^{(n-1)} = \int f(x) \mathrm{d}x + C_1 .$$

同理，$y^{(n-2)} = \int \left[\int f(x) \mathrm{d}x + C_1 \right] \mathrm{d}x + C_2$，…，$n$ 次积分后可求其通解.

这种方程的特点：只含有 $y^{(n)}$ 和 x，不含 y 及 y 从 1 阶直到 $(n-1)$ 阶的导数.

【例 9.15】 求方程 $y^{(n)} = 1$ 的通解.

解 方程两边关于 x 积分 n 次，$y^{(n-1)} = x + C_1$，

$$y^{(n-2)} = \frac{1}{2} x^2 + C_1 x + C_2 ,$$

$$y^{(n-3)} = \frac{1}{3!} x^3 + \frac{1}{2!} C_1 x^2 + C_2 x + C_3 ,$$

$$\cdots$$

$$y' = \frac{1}{(n-1)!} x^{n-1} + \frac{1}{(n-2)!} C_1 x^{n-2} + \cdots + C_{n-2} x + C_{n-1} .$$

得到所求的通解

$$y = \frac{1}{n!} x^n + \frac{1}{(n-1)!} C_1 x^{n-1} + \cdots + C_{n-1} x + C_n .$$

9.3.2　$y'' = f(x, y')$ 型的微分方程

这类方程的特点为方程含有 y''，y'，x，不显含 y. 令 $y' = p$，则 $y'' = p'$，于是可将其化成一阶微分方程 $\dfrac{\mathrm{d}p}{\mathrm{d}x} = f(x, p)$，设其通解为 $p = \varphi(x, C_1)$，即 $y' = \varphi(x, C_1)$，再解 $y' = f(x)$ 型的方程，两边同时积分即可求解.

【例 9.16】 求微分方程 $y'' + y' = x^2$ 的通解.

解 方程中不显含 y，令 $p = \dfrac{\mathrm{d}y}{\mathrm{d}x}$，则 $y'' = \dfrac{\mathrm{d}p}{\mathrm{d}x}$，原方程化为 $\dfrac{\mathrm{d}p}{\mathrm{d}x} + p = x^2$.

解此一阶线性非齐次方程

$$p = \mathrm{e}^{-\int \mathrm{d}x} \left(\int x^2 \mathrm{e}^{\int \mathrm{d}x} \mathrm{d}x + C_1' \right) = \mathrm{e}^{-x} \left(\int x^2 \mathrm{e}^x \mathrm{d}x + C_1' \right)$$

$$= \mathrm{e}^{-x} ((x^2 - 2x + 2) \mathrm{e}^x + C_1') = x^2 - 2x + 2 + C_1' \mathrm{e}^{-x} .$$

即
$$y' = x^2 - 2x + 2 + C_1' \mathrm{e}^{-x}$$

两边积分得 $y = \dfrac{1}{3} x^3 - x^2 + 2x + C_1 \mathrm{e}^{-x} + C_2$（$C_1' = -C_1$）.

【例 9.17】 求微分方程 $y'' = 1 + y'^2$ 的通解.

解 方程中不显含 y，令 $p = \dfrac{\mathrm{d}y}{\mathrm{d}x}$，则 $y'' = \dfrac{\mathrm{d}p}{\mathrm{d}x}$，原方程化为 $\dfrac{\mathrm{d}p}{\mathrm{d}x} = 1 + p^2$.

分离变量为 $\dfrac{\mathrm{d}p}{1 + p^2} = \mathrm{d}x$，两边积分得 $\arctan p = x + C_1$，即 $\dfrac{\mathrm{d}y}{\mathrm{d}x} = \tan(x + C_1)$，故原方程的通解为 $y = -\ln |\cos(x + C_1)| + C_2$.

【例 9.18】 求方程 $(1 + x^2) y'' = 2xy'$ 满足条件 $y|_{x=0} = 1, y'|_{x=0} = 3$ 的特解.

解　令 $p=y'$，则原方程可化为 $\dfrac{\mathrm{d}p}{p}=\dfrac{2x\,\mathrm{d}x}{1+x^2}$，两边积分得 $\dfrac{\mathrm{d}y}{\mathrm{d}x}=C_1(1+x^2)$，上式两边

再积分得通解 $y=\displaystyle\int C_1(1+x^2)\,\mathrm{d}x=C_1\left(x+\dfrac{1}{3}x^3\right)+C_2$.

将条件 $y\big|_{x=0}=1$，$y'\big|_{x=0}=3$ 代入，得 $C_1=3$，$C_2=1$，

得特解
$$y=3\left(x+\dfrac{1}{3}x^3\right)+1.$$

9.3.3　$y''=f(y,y')$ 型的微分方程

此类方程的特点是不显含 x. 我们令 $y'=p$，为了使方程不引入新的变量 x，于是有

$y''=\dfrac{\mathrm{d}p}{\mathrm{d}x}=\dfrac{\mathrm{d}p}{\mathrm{d}y}\dfrac{\mathrm{d}y}{\mathrm{d}x}=p\dfrac{\mathrm{d}p}{\mathrm{d}y}$，可将其化为一阶微分方程. $p\dfrac{\mathrm{d}p}{\mathrm{d}y}=f(y,p)$ 可求其通解 $\dfrac{\mathrm{d}y}{\mathrm{d}x}=$

$p=\varphi(y,C_1)$. 这是一个变量分离方程，它的通解就是原方程的通解.

【例 9.19】　求微分方程 $yy''-y'^2=0$ 的通解.

解　令 $p=y'$，则 $y''=p\dfrac{\mathrm{d}p}{\mathrm{d}y}$，于是原方程化为 $yp\dfrac{\mathrm{d}p}{\mathrm{d}y}-p^2=0$.

若 $p=0$，则 $\dfrac{\mathrm{d}y}{\mathrm{d}x}=0$，解得 $y=C$（$p=0$ 得 $C_1=0$）.

若 $p\neq 0$，则原方程化为 $\dfrac{\mathrm{d}p}{p}=\dfrac{\mathrm{d}y}{y}$，$\dfrac{\mathrm{d}y}{\mathrm{d}x}=p=C_1 y$.

运用分离变量法，得此方程的通解为 $y=C_2\mathrm{e}^{C_1 x}$.

综上所述，原方程的通解为 $y=C_2\mathrm{e}^{C_1 x}$.

【例 9.20】　求方程 $y''-2yy'=0$，$y\big|_{x=0}=1$，$y'\big|_{x=0}=1$ 的解.

解　方程中不显含 x，令 $p=\dfrac{\mathrm{d}y}{\mathrm{d}x}$，则 $y''=p\dfrac{\mathrm{d}p}{\mathrm{d}y}$，原方程化为

$$p\dfrac{\mathrm{d}p}{\mathrm{d}y}-2yp=0，\ \text{即}\ \dfrac{\mathrm{d}p}{\mathrm{d}y}=2y.$$

两边积分，得

$$p=y^2+C_1,$$

由初始条件当 $x=0$ 时 $y=1$，$p=y'=1$，得 $C_1=0$，故 $\dfrac{\mathrm{d}y}{\mathrm{d}x}=y^2$，即 $\dfrac{\mathrm{d}y}{y^2}=\mathrm{d}x$，两边积分

得

$$-\dfrac{1}{y}=x+C_2.$$

再由 $y\big|_{x=0}=1$，得 $C_2=-1$，故 $y=\dfrac{1}{1-x}$.

上面的例 9.17 方程中也可以看作是不显含 x 类型的微分方程，令 $p=\dfrac{\mathrm{d}y}{\mathrm{d}x}$，则 $y''=$

$p\dfrac{\mathrm{d}p}{\mathrm{d}y}$，原方程化为 $\dfrac{p\,\mathrm{d}p}{\mathrm{d}y}=1+p^2$，分离变量也可以解得相同结果.

习题 9.3

1. 求下列微分方程的通解.

(1) $y''' = x\mathrm{e}^x$;

(2) $y'' = \dfrac{1}{1+x^2}$;

(3) $(1+x^2)y'' + 2xy' = 0$；

(4) $y'' - (y')^2 = 0$；

(5) $x^3 \dfrac{\mathrm{d}^2 x}{\mathrm{d}t^2} + 1 = 0$；

(6) $yy'' - (y')^2 + (y')^3 = 0$.

(7) $yy'' + (y')^2 = \dfrac{yy'}{\sqrt{1+x^2}}$.

2. 求下列微分方程满足初始条件的特解.

(1) $y''' = \ln x$，$y(1) = 0$，$y'(1) = -\dfrac{3}{4}$，$y''(1) = -1$；

(2) $x^2 y'' + xy' = 1$，$y(1) = 0$，$y'(1) = 1$；

(3) $y'' + y'^2 = 1$，$y(0) = 0$，$y'(0) = 1$.

(4) $yy'' + (y')^2 = 0$，$y(0) = 1$，$y'(0) = 2$；

(5) $y'' = 3\sqrt{y}$，$y(0) = 1$，$y'(0) = 2$.

9.4　二阶常系数线性微分方程

形如
$$y'' + py' + qy = f(x) \tag{9.15}$$
的方程称为二阶常系数线性微分方程. 其中 p、q 均为实常数，$f(x)$ 为已知的连续函数.

如果 $f(x) \equiv 0$，则方程(9.15) 变成
$$y'' + py' + qy = 0 . \tag{9.16}$$

我们把方程(9.16) 叫做二阶常系数齐次线性方程，当 $f(x) \not\equiv 0$ 时，把方程式(9.15) 叫做二阶常系数非齐次线性方程. 本节我们将讨论它们的解法.

9.4.1　二阶常系数齐次线性微分方程

为了研究需要，我们首先介绍线性相关性的概念和方程解的叠加原理.

定义 9.6　设 $y_1(x), y_2(x), \cdots, y_n(x)$ 为定义在区间 I 内的 n 个函数，若存在不全为零的常数 $k_1, k_2, \cdots, k_n$，使得当在该区间内有 $k_1 y_1 + k_2 y_2 + \cdots + k_n y_n \equiv 0$，则称这 n 个函数在区间 I 内**线性相关**，否则称它们**线性无关**.

例如 $1, \cos^2 x, \sin^2 x$ 在实数范围内是线性相关的，因为
$$1 - \cos^2 x - \sin^2 x \equiv 0 .$$

又如 $1, x, x^2$ 在任何区间 (a,b) 内是线性无关的，因为在该区间内要使
$$k_1 + k_2 x + k_3 x^2 \equiv 0 ,$$

必须 $k_1 = k_2 = k_3 = 0$.

特别地，对两个函数的情形，若 $\dfrac{y_1}{y_2}=$ 常数，则 y_1，y_2 线性相关，若 $\dfrac{y_1}{y_2}\neq$ 常数，则 y_1，y_2 线性无关.

定理 9.1 如果函数 y_1 与 y_2 是方程(9.16)的两个解，则 $y=C_1y_1+C_2y_2$ 也是方程(9.16)的解，其中 C_1，C_2 是任意常数.

证明 因为 y_1 与 y_2 是方程(9.16)的解，所以有

$$y''_1+py'_1+qy_1=0,$$
$$y''_2+py'_2+qy_2=0.$$

将 $y=C_1y_1+C_2y_2$ 代入方程(9.16)的左边，得

$$(C_1y''_1+C_2y''_2)+p(C_1y'_1+C_2y'_2)+q(C_1y_1+C_2y_2)$$
$$=C_1(y''_1+py'_1+qy_1)+C_2(y''_2+py'_2+qy_2)=0$$

所以 $y=C_1y_1+C_2y_2$ 是方程(9.16)的解.

定理 9.1 说明齐次线性方程的解具有叠加性. 叠加起来的解从形式看含有 C_1，C_2 两个任意常数，但它不一定是方程(9.18)的通解.

定理 9.2 如果 y_1 与 y_2 是方程(9.16)的两个线性无关的特解，则 $y=C_1y_1+C_2y_2$(C_1，C_2 为任意常数)是方程(9.16)的通解.

例如，$y''+y=0$ 是二阶齐次线性方程，$y_1=\sin x$，$y_2=\cos x$ 是它的两个解，且 $\dfrac{y_1}{y_2}=\tan x\neq$ 常数，即 y_1，y_2 线性无关，所以 $y=C_1y_1+C_2y_2=C_1\sin x+C_2\cos x$（$C_1$，$C_2$ 是任意常数）是方程 $y''+y=0$ 的通解.

由于指数函数 $y=e^{rx}$（r 为常数）和它的各阶导数都只差一个常数因子，根据指数函数的这个特点，我们用 $y=e^{rx}$ 来试着看看能否选取适当的常数 r，使 $y=e^{rx}$ 满足方程(9.16).

将 $y=e^{rx}$ 求导，得 $y'=re^{rx}$，$y''=r^2e^{rx}$.

把 y，y'，y'' 代入方程(9.16)，得 $(r^2+pr+q)e^{rx}=0$

因为 $e^{rx}\neq0$，所以只有

$$r^2+pr+q=0 \tag{9.16'}$$

只要 r 满足方程(9.16')，$y=e^{rx}$ 就是方程式(9.16)的解.

我们把方程(9.16')叫做方程(9.16)的**特征方程**，特征方程是一个代数方程，其中 r^2，r 的系数及常数项恰好依次是方程(9.16) y''，y'，y 的系数.

特征方程(9.16')的两个根为 $r_{1,2}=\dfrac{-p\pm\sqrt{p^2-4q}}{2}$，因此方程(9.16)的通解有下列三种不同的情形.

(1) 当 $p^2-4q>0$ 时，r_1，r_2 是两个不相等的实根.

$$r_1=\dfrac{-p+\sqrt{p^2-4q}}{2}，r_2=\dfrac{-p-\sqrt{p^2-4q}}{2}$$

$y_1=e^{r_1x}$，$y_2=e^{r_2x}$ 是方程(9.16)的两个特解，并且 $\dfrac{y_1}{y_2}=e^{(r_1-r_2)x}\neq$ 常数，即 y_1 与 y_2 线性无关. 根据定理 9.2，得方程(9.16)的通解为 $y=C_1e^{r_1x}+C_2e^{r_2x}$

(2) 当 $p^2-4q=0$ 时，r_1，r_2 是两个相等的实根.

$r_1=r_2=-\dfrac{p}{2}$，这时只能得到方程(9.16)的一个特解 $y_1=e^{r_1x}$，还需求出另一个解

y_2，且 $\dfrac{y_2}{y_1} \neq$ 常数，设 $\dfrac{y_2}{y_1} = u(x)$ ，即

$$y_2 = e^{r_1 x} u(x) , \quad y'_2 = e^{r_1 x}(u' + r_1 u) , \quad y''_2 = e^{r_1 x}(u'' + 2r_1 u' + r_1{}^2 u) .$$

将 y_2, y'_2, y''_2 代入方程(9.16)，得

$$e^{r_1 x}[(u'' + 2r_1 u' + r_1{}^2 u) + p(u' + r_1 u) + qu] = 0 .$$

整理，得

$$e^{r_1 x}[u'' + (2r_1 + p)u' + (r_1{}^2 + pr_1 + q)u] = 0 .$$

由于 $e^{r_1 x} \neq 0$ ，所以 $u'' + (2r_1 + p)u' + (r_1{}^2 + pr_1 + q)u = 0$ 。

因为 r_1 是特征方程(9.16$'$)的二重根，所以

$$r_1{}^2 + pr_1 + q = 0, \quad 2r_1 + p = 0 .$$

从而有

$$u'' = 0 .$$

因为我们只需一个不为常数的解，不妨取 $u = x$ ，可得到方程(9.16)的另一个解

$$y_2 = x e^{r_1 x} .$$

那么，方程(9.16)的通解为

$$y = C_1 e^{r_1 x} + C_2 x e^{r_1 x} .$$

即

$$y = (C_1 + C_2 x) e^{r_1 x} .$$

(3) 当 $p^2 - 4q < 0$ 时，特征方程(9.16$'$)有一对共轭复根

$$r_1 = \alpha + \mathrm{i}\beta, \quad r_2 = \alpha - \mathrm{i}\beta, \quad 其中 \alpha = -\frac{p}{2}, \quad \beta = \frac{\sqrt{4q - p^2}}{2} \quad (\beta \neq 0) .$$

于是

$$y_1 = e^{(\alpha + \mathrm{i}\beta)x} , \quad y_2 = e^{(\alpha - \mathrm{i}\beta)x} .$$

利用欧拉公式 $e^{\mathrm{i}x} = \cos x + \mathrm{i}\sin x$ 把 y_1, y_2 改写为

$$y_1 = e^{(\alpha + \mathrm{i}\beta)x} = e^{\alpha x} \cdot e^{\mathrm{i}\beta x} = e^{\alpha x}(\cos\beta x + \mathrm{i}\sin\beta x) ,$$

$$y_2 = e^{(\alpha - \mathrm{i}\beta)x} = e^{\alpha x} \cdot e^{-\mathrm{i}\beta x} = e^{\alpha x}(\cos\beta x - \mathrm{i}\sin\beta x) .$$

y_1, y_2 之间成共轭关系，取

$$\overline{y_1} = \frac{1}{2}(y_1 + y_2) = e^{\alpha x} \cos\beta x ,$$

$$\overline{y_2} = \frac{1}{2i}(y_1 - y_2) = e^{\alpha x} \sin\beta x .$$

方程(9.16)的解具有叠加性，所以 $\overline{y_1}$ ，$\overline{y_2}$ 还是方程(9.16)的解，并且 $\dfrac{\overline{y_2}}{\overline{y_1}} = \dfrac{e^{\alpha x} \sin\beta x}{e^{\alpha x} \cos\beta x} = \tan\beta x \neq$ 常数，所以方程(9.16)的通解为

$$y = e^{\alpha x}(C_1 \cos\beta x + C_2 \sin\beta x) .$$

综上所述，求二阶常系数线性齐次方程通解的步骤如下：

(1) 写出方程(9.16)的特征方程

$$r^2 + pr + q = 0 .$$

求特征方程的两个根 r_1, r_2 。

(2) 根据 r_1, r_2 的不同情形，按下表写出方程(9.16)的通解.

特征方程 $r^2 + pr + q = 0$ 的两个根 r_1, r_2	方程 $y'' + py' + qy = 0$ 的通解
两个不相等的实根 $r_1 \neq r_2$	$y = C_1 e^{r_1 x} + C_2 e^{r_2 x}$
两个相等的实根 $r_1 = r_2$	$y = (C_1 + C_2 x) e^{r_1 x}$
一对共轭复根 $r_{1,2} = \alpha \pm i\beta$	$y = e^{\alpha x}(C_1 \cos\beta x + C_2 \sin\beta x)$

【例 9.21】 求方程 $y'' - 2y' = 0$ 的通解.

解 特征方程为 $r^2 - 2r = 0$，解得 $r_1 = 0$，$r_2 = 2$，故原方程的通解为 $y = C_1 + C_2 e^{2x}$.

【例 9.22】 求方程 $y'' + 2y' + 5y = 0$ 的通解.

解 所给方程的特征方程为

$$r^2 + 2r + 5 = 0,$$

$$r_1 = -1 + 2i, r_2 = -1 - 2i,$$

所求通解为

$$y = e^{-x}(C_1 \cos 2x + C_2 \sin 2x).$$

【例 9.23】 求方程 $y'' + y' - 2y = 0$，$y|_{x=0} = 0$，$y'|_{x=0} = 3$ 的特解.

解 特征方程为 $r^2 + r - 2 = 0$，解得 $r_1 = 1, r_2 = -2$，故原方程的通解为 $y = C_1 e^x + C_2 e^{-2x}$. 于是 $y' = C_1 e^x - 2C_2 e^{-2x}$，由初始条件，有 $\begin{cases} C_1 + C_2 = 0 \\ C_1 - 2C_2 = 3 \end{cases}$；解得 $\begin{cases} C_1 = 1 \\ C_2 = -1 \end{cases}$，故所求的特解为 $y = e^x - e^{-2x}$.

9.4.2 二阶常系数非齐次线性微分方程

二阶常系数非齐次线性微分方程的一般形式为

$$y'' + py' + qy = f(x). \tag{9.17}$$

下面我们介绍二阶常系数非齐次线性微分方程解的结构定理.

定理 9.3 设 y^* 是方程（9.17）的一个特解，Y 是式（9.17）所对应的齐次方程式（9.16）的通解，则 $y = Y + y^*$ 是方程式（9.17）的通解.

证 把 $y = Y + y^*$ 代入方程（9.17）的左端

$$(Y'' + y^{*''}) + p(Y' + y^{*'}) + q(Y + y^*)$$
$$= (Y'' + pY' + qY) + (y^{*''} + py^{*'} + qy^*)$$
$$= 0 + f(x) = f(x).$$

$y = Y + y^*$ 使方程（9.17）的两端恒等，所以 $y = Y + y^*$ 是方程（9.17）的解.

定理 9.4 设二阶非齐次线性方程（9.17）的右端 $f(x)$ 是几个函数之和，如

$$y'' + py' + qy = f_1(x) + f_2(x) \tag{9.18}$$

而 y_1^* 与 y_2^* 分别是方程 $y'' + py' + qy = f_1(x)$，与 $y'' + py' + qy = f_2(x)$ 的特解，那么 $y_1^* + y_2^*$ 就是方程（9.18）的特解，非齐次线性方程（9.17）的特解有时可用上述定理来帮助求出.

这里我们只讨论 $f(x)$ 为 $P_m(x)e^{\lambda x}$ 与 $e^{\lambda x}[P_l(x)\cos\omega x + P_n(x)\sin\omega x]$ 这两种特殊形式时方程（9.17）的特解求法.

（1）$f(x) = e^{\lambda x} P_m(x)$，其中 λ 为常数，$P_m(x)$ 是关于 x 的一个 m 次多项式 方程（9.17）的右端 $f(x)$ 是多项式 $P_m(x)$ 与指数函数 $e^{\lambda x}$ 乘积，其导数仍为同一类型函数，因此方程（9.17）的特解可能为 $y^* = Q(x)e^{\lambda x}$，其中 $Q(x)$ 是某个多项式函数.

把 $y^* = Q(x)e^{\lambda x}$，$y^{*'} = [\lambda Q(x) + Q'(x)]e^{\lambda x}$，$y^{*''} = [\lambda^2 Q(x) + 2\lambda Q'(x) + Q''(x)]e^{\lambda x}$.

代入方程(9.17) 并消去 $e^{\lambda x}$ ，得

$$Q''(x) + (2\lambda + p)Q'(x) + (\lambda^2 + p\lambda + q)Q(x) = P_m(x).\tag{9.19}$$

以下分三种不同的情形，分别讨论函数 $Q(x)$ 的确定方法：

① 若 λ 不是方程(9.16) 的特征方程 $r^2 + pr + q = 0$ 的根，即 $\lambda^2 + p\lambda + q \neq 0$，要使式 (9.19) 的两端恒等，可令 $Q(x)$ 为另一个 m 次多项式 $Q_m(x)$。

$$Q_m(x) = b_0 + b_1 x + b_2 x^2 + \cdots + b_m x^m.$$

将其代入式 (9.19)，并比较两端关于 x 同次幂的系数，就得到关于未知数 $b_0, b_1, \cdots, b_m$ 的 $m+1$ 个方程。联立解方程组可以确定出 $b_i (i = 0, 1, \cdots, m)$。从而得到所求方程的特解为

$$y^* = Q_m(x)e^{\lambda x}.$$

② 若 λ 是特征方程 $r^2 + pr + q = 0$ 的单根，即 $\lambda^2 + p\lambda + q = 0, 2\lambda + p \neq 0$，要使式 (9.19) 成立，则 $Q'(x)$ 必须是 m 次多项式函数，于是令

$$Q(x) = xQ_m(x).$$

用同样的方法来确定 $Q_m(x)$ 的系数 $b_i (i = 0, 1, \cdots, m)$。

③ 若 λ 是特征方程 $r^2 + pr + q = 0$ 的重根，即 $\lambda^2 + p\lambda + q = 0, 2\lambda + p = 0$。

要使式(9.19) 成立，则 $Q''(x)$ 必须是一个 m 次多项式，可令

$$Q(x) = x^2 Q_m(x).$$

用同样的方法来确定 $Q_m(x)$ 的系数。

综上所述，若方程式(9.17) 中的 $f(x) = P_m(x)e^{\lambda x}$ ，则式(9.17) 的特解为

$$y^* = x^k Q_m(x)e^{\lambda x}.$$

其中 $Q_m(x)$ 是与 $P_m(x)$ 同次的待定多项式，k 按 λ 不是特征方程的根，是特征方程的单根或是特征方程的重根依次取 0，1 或 2。

【例 9.24】 求方程 $y'' + 2y' = 3e^{-2x}$ 的一个特解。

解 $f(x)$ 是 $p_m(x)e^{\lambda x}$ 型，且 $P_m(x) = 3, \lambda = -2$。

对应齐次方程的特征方程为 $r^2 + 2r = 0$，特征根为 $r_1 = 0, r_2 = -2$。

$\lambda = -2$ 是特征方程的单根，令 $y^* = xb_0 e^{-2x}$，代入原方程解得 $b_0 = -\dfrac{3}{2}$。

故所求特解为

$$y^* = -\frac{3}{2}xe^{-2x}.$$

【例 9.25】 求方程 $y'' - 2y' + y = (x - 1)e^x$ 的通解。

解 先求对应齐次方程 $y'' - 2y' + y = 0$ 的通解。

特征方程为 $r^2 - 2r + 1 = 0, r_1 = r_2 = 1$。

齐次方程的通解为

$$Y = (C_1 + C_2 x)e^x.$$

再求所给方程的特解

$$\lambda = 1, P_m(x) = x - 1.$$

由于 $\lambda = 1$ 是特征方程的二重根，所以

$$y^* = x^2(ax + b)e^x.$$

把它代入所给方程，并约去 e^x 得

$$6ax + 2b = x - 1.$$

比较系数，得

$$a = \frac{1}{6}, b = -\frac{1}{2}.$$

于是
$$y^* = x^2 \left(\frac{x}{6} - \frac{1}{2} \right) e^x .$$

所给方程的通解为　$y = Y + y^* = \left(C_1 + C_2 x - \frac{1}{2} x^2 + \frac{1}{6} x^3 \right) e^x .$

(2) $f(x) = e^{\lambda x} [P_l(x) \cos\omega x + P_n(x) \sin\omega x]$ 的解法　首先为了研究问题的需要我们给出复变量指数函数与三角函数间的关系公式——欧拉公式. 根据前面所学的无穷级数的内容, 可以证明任何实数的三角函数可以用纯虚指数表示, 从而通过指数函数来研究三角函数的性质. 由 $e^x = \sum_{n=0}^{\infty} \frac{x^n}{n!} (-\infty < x < +\infty)$, 可令

$$e^z = \sum_{n=0}^{\infty} \frac{z^n}{n!} = 1 + z + \frac{z^2}{2!} + \frac{z^3}{3!} + \cdots + \frac{z^n}{n!} + \cdots ,$$

若复数 $z = x + iy$, 令 $x = 0$, 则 $z = iy$,

$$e^z = \sum_{n=0}^{\infty} \frac{z^n}{n!} = 1 + z + \frac{z^2}{2!} + \frac{z^3}{3!} + \cdots + \frac{z^n}{n!} + \cdots ,$$

$$e^{iy} = \left(1 - \frac{y^2}{2!} + \frac{y^4}{4!} - \cdots \right) + i \left(x - \frac{y^3}{3!} + \frac{y^5}{5!} - \cdots \right) = \cos y + i \sin y ,$$

即 $e^{i\theta} = \cos\theta + i\sin\theta$ 这个式子称为欧拉 (Euler) 公式.

在欧拉公式中用 $-\theta$ 代替 θ, 则 $e^{-i\theta} = \cos\theta - i\sin\theta$.

由 $e^{i\theta} = \cos\theta + i\sin\theta$, $e^{-i\theta} = \cos\theta - i\sin\theta$ 得到

$$\cos\theta = \frac{e^{i\theta} + e^{-i\theta}}{2}, \sin\theta = \frac{e^{i\theta} - e^{-i\theta}}{2i} .$$

由上式容易看出正弦函数是奇函数, 余弦函数是偶函数, 上面的这两个式子也称为**欧拉公式**.

下面研究方程 $y'' + py' + qy = e^{\lambda x} [P_l(x) \cos\omega x + P_n(x) \sin\omega x]$ 的特解形式.

应用欧拉公式可得

$$e^{\lambda x} [P_l(x) \cos\omega x + P_n(x) \sin\omega x]$$
$$= e^{\lambda x} \left[P_l(x) \frac{e^{i\omega x} + e^{-i\omega x}}{2} + P_n(x) \frac{e^{i\omega x} - e^{i\omega x}}{2i} \right]$$
$$= \frac{1}{2} [P_l(x) - iP_n(x)] e^{(\lambda + i\omega) x} + \frac{1}{2} [P_l(x) + iP_n(x)] e^{(\lambda - i\omega) x}$$
$$= P(x) e^{(\lambda + i\omega) x} + \overline{P}(x) e^{(\lambda - i\omega) x} .$$

其中 $P(x) = \frac{1}{2} (P_l - P_n i)$, $\overline{P}(x) = \frac{1}{2} (P_l + P_n i)$, 而 $m = \max\{l, n\}$.

设方程 $y'' + py' + qy = P(x) e^{(\lambda + i\omega) x}$ 的特解为 $y_1^* = x^k Q_m(x) e^{(\lambda + i\omega) x}$, 则 $\overline{y_1^*} = x^k \overline{Q}_m(x) e^{(\lambda - i\omega) x}$ 必是方程 $y'' + py' + qy = \overline{P}(x) e^{(\lambda - i\omega) x}$ 的特解, 其中 k 按 $\lambda \pm i\omega$ 不是特征方程的根或是特征方程的根依次取 0 或 1.

于是方程 $y'' + py' + qy = e^{\lambda x} [P_l(x) \cos\omega x + P_n(x) \sin\omega x]$ 的特解为

$$y^* = x^k Q_m(x) e^{(\lambda + i\omega) x} + x^k \overline{Q}_m(x) e^{(\lambda - i\omega) x}$$
$$= x^k e^{\lambda x} [Q_m(x)(\cos\omega x + i\sin\omega x) + \overline{Q}_m(x)(\cos\omega x - i\sin\omega x)]$$
$$= x^k e^{\lambda x} [R_m^{(1)}(x) \cos\omega x + R_m^{(2)}(x) \sin\omega x]$$

综上所述, 我们有如下结论.

如果 $f(x)=e^{\lambda x}[P_l(x)\cos\omega x+P_n(x)\sin\omega x]$，则二阶常系数非齐次线性微分方程 $y''+py'+qy=f(x)$ 的特解可设为

$$y^*=x^k e^{\lambda x}[R_m^{(1)}(x)\cos\omega x+R_m^{(2)}(x)\sin\omega x]$$

式中，$R_m^{(1)}(x)$，$R_m^{(2)}(x)$ 是 m 次待定多项式，$m=\max\{l,n\}$，而 k 按 $\lambda\pm i\omega$ 不是特征方程的根或是特征方程的单根依次取 0 或 1.

线性非齐次方程的通解如表 9.1 所示.

表 9.1

$f(x)$	λ，ω 与特征根	特解形式
$e^{\lambda x}P_m(x)$ 其中 $P_m(x)$ 为 m 次多项式	λ 不是特征方程的根	$e^{\lambda x}Q_m(x)$
	λ 是特征方程的单根	$x e^{\lambda x}Q_m(x)$
	λ 是特征方程的重根	$x^2 e^{\lambda x}Q_m(x)$
$e^{\lambda x}[P_l(x)\cos\omega x+P_n(x)\sin\omega x]$ 其中 $P_l(x)$，$P_n(x)$ 分别为 l，n 次多项式	$\lambda\pm\omega i$ 不是特征方程的根	$e^{\lambda x}[R_m^{(1)}(x)\cos\omega x+R_m^{(2)}(x)\sin\omega x]$
	$\lambda\pm\omega i$ 是特征方程的根	$x e^{\lambda x}[R_m^{(1)}(x)\cos\omega x+R_m^{(2)}(x)\sin\omega x]$

注：$Q_m(x)$，$R_m^{(1)}(x)$，$R_m^{(2)}(x)$ 均为 m 次待定多项式.

【例 9.26】 求方程 $y''+2y'-3y=4\sin x$ 的一个特解.

解 $\lambda=0$，$\omega=1$，$\lambda\pm\omega i=\pm i$ 不是特征方程为 $r^2+2r-3=0$ 的根，因此原方程的特解形式为

$$y^*=a\cos x+b\sin x$$

于是

$$y^{*\prime}=-a\sin x+b\cos x$$
$$y^{*\prime\prime}=-a\cos x-b\sin x$$

将 y^*，$y^{*\prime}$，$y^{*\prime\prime}$ 代入原方程，得

$$\begin{cases}-4a+2b=0\\-2a-4b=4\end{cases}$$

解得

$$a=-\frac{2}{5}，b=-\frac{4}{5}$$

原方程的特解为

$$y^*=-\frac{2}{5}\cos x-\frac{4}{5}\sin x.$$

【例 9.27】 求 $y''-3y'=2e^{2x}\sin x$ 的通解.

解 原方程对应的齐次方程的特征方程为 $r^2-3r=0$，解得 $r_1=0$，$r_2=3$，故对应的齐次方程的通解为 $y=C_1+C_2e^{3x}$.

$\lambda=2$，$\omega=1$，$2+i$ 不是特征方程的根，设原方程的特解形如 $y^*=e^{2x}(a\cos x+b\sin x)$，代入原方程得

$$(3a+4b)\cos x e^{2x}+(3b-4a)\sin x e^{2x}-3[(2a+b)\cos x e^{2x}+(2b-a)\sin x e^{2x}]$$
$$=2e^{2x}\sin x$$

整理并消去 e^{2x} 得 $(-3a+b)\cos x-(a+3b)\sin x=2\sin x$，比较系数有 $\begin{cases}b-3a=0\\a+3b=-2\end{cases}$，解得

$$\begin{cases} a = -\dfrac{1}{5} \\ b = -\dfrac{3}{5} \end{cases}, \quad 于是\ y^* = \mathrm{e}^{2x}\left(-\dfrac{1}{5}\cos x - \dfrac{3}{5}\sin x\right)，故原方程的通解为$$

$$y = C_1 + C_2\mathrm{e}^{3x} - \frac{1}{5}\mathrm{e}^{2x}(\cos x + 3\sin x)\ .$$

【例 9.28】 求方程 $y'' - 2y' - 3y = \mathrm{e}^x + \sin x$ 的通解.

解 先求对应的齐次方程的通解 Y. 对应的齐次方程的特征方程为

$$r^2 - 2r - 3 = 0\ ,$$
$$r_1 = -1, r_2 = 3\ ,$$
$$Y = C_1\mathrm{e}^{-x} + C_2\mathrm{e}^{3x}\ .$$

再求非齐次方程的一个特解 y^*.

由于 $f(x) = 5\cos 2x + \mathrm{e}^{-x}$，根据定理 9.4，分别求出方程对应的右端项为 $f_1(x) = \mathrm{e}^x$，$f_2(x) = \sin x$ 的特解 y_1^*、y_2^*，则 $y^* = y_1^* + y_2^*$ 是原方程的一个特解.

由于 $\lambda = 1, \pm\omega\mathrm{i} = \pm\mathrm{i}$ 均不是特征方程的根，故特解为

$$y^* = y_1^{\ *} + y_2^{\ *} = a\mathrm{e}^x + (b\cos x + c\sin x)\ .$$

代入原方程，得

$$-4a\mathrm{e}^x - (4b + 2c)\cos x + (2b - 4c)\sin x = \mathrm{e}^x\sin x\ .$$

比较系数，得

$$-4a = 1\ ,\ 4b + 2c = 0\ ,\ 2b - 4c = 1\ .$$

解之得

$$a = -\frac{1}{4}, b = \frac{1}{10}, c = -\frac{1}{5}\ .$$

于是所给方程的一个特解为

$$y^* = -\frac{1}{4}\mathrm{e}^x + \frac{1}{10}\cos x - \frac{1}{5}\sin x\ .$$

故所求方程的通解为

$$y = Y + y^* = C_1\mathrm{e}^{-x} + C_2\mathrm{e}^{3x} - \frac{1}{4}\mathrm{e}^x + \frac{1}{10}\cos x - \frac{1}{5}\sin x\ .$$

习题 9.4

1. 求下列齐次线性微分方程的通解或在给定条件下的特解.

(1) $y'' - 4y' + 4y = 0$；   (2) $y'' - y' - 2y = 0$；

(3) $y'' + 5y' + 6y = 0$，$y(0) = 1$，$y'(0) = 6$；

(4) $y'' - 2y' + 10y = 0$，$y\left(\dfrac{\pi}{6}\right) = 0$，$y'\left(\dfrac{\pi}{6}\right) = \mathrm{e}^{\frac{\pi}{6}}$.

2. 求下列非齐次线性微分方程的通解或给定初始条件下的特解

(1) $y'' + 3y' - 10y = 144x\mathrm{e}^{-2x}$；   (2) $y'' - 6y' + 8y = 8x^2 + 4x - 2$；

(3) $y'' + y = \cos 3x$，$y\left(\dfrac{\pi}{2}\right) = 4$，$y'\left(\dfrac{\pi}{2}\right) = -1$；

(4) $y'' - 8y' + 16y = \mathrm{e}^{4x}$，$y(0) = 0$，$y'(0) = 1$.

3. 已知某个二阶非齐次线性微分方程有三个特解 $y_1 = x$，$y_2 = x + \mathrm{e}^x$ 和 $y_3 = 1 + x + \mathrm{e}^x$，求这个方程的通解.

4. 设对一切实数 x，函数 $f(x)$ 连续且满足等式 $f'(x)=x^2+\int_0^x f(t)\mathrm{d}t$，且 $f(0)=2$，求函数 $f(x)$.

5. 设二阶常系数非齐次线性微分方程 $y''+ay'+by=\alpha\mathrm{e}^x$ 的一个特解为 $y=\mathrm{e}^{2x}+(1+x)\mathrm{e}^x$，试确定常数 a,b，并求该微分方程的通解.

6. 设函数 $\varphi(x)$ 可微，且满足 $\varphi(x)=\mathrm{e}^x+\int_0^x(t-x)\varphi(t)\mathrm{d}t$，求 $\varphi(x)$.

*9.5 微分方程在经济学中的应用

微分方程在经济学中有着广泛的应用，有关经济量的变化率问题常转化为微分方程的定解问题. 一般应先根据某个经济法则或某种经济假说建立一个数学模型，即以所研究的经济量为未知函数，时间 t 为自变量的微分方程模型，然后求解微分方程，通过求得的解来解释相应的经济量的意义或规律，最后作出预测或决策. 下面介绍微分方程在经济学中的几个简单应用.

9.5.1 微分方程的平衡解与稳定性

在自然科学和社会科学中的大量问题都可以用微分方程来描述，尤其当我们描述实际对象的某些特性随时间（空间）而演变的过程，分析它的变化规律，预测它的未来形态时，要建立对象的动态模型，通常要用到微分方程模型，而稳定性模型的对象仍是动态过程，建模的目的就是研究时间充分长以后过程的变化趋势、平衡状态是否稳定. 稳定性模型不是求解微分方程，而是用微分方程稳定性理论研究平衡状态的稳定性. 用微分方程解决动态模型问题，当时间充分长时，动态过程的变化趋势是我们要研究的主要问题.

初始条件用于确定方程的定解，它的微小变化会产生不同的解，这种对于解的微小变化会随时间增长而长期存在还是会逐渐消逝呢？

初始条件的微小变化会导致解的性态随时间变大后，产生显著的差异，这时称系统是不稳定的. 初始条件的微小变化会导致解的性态差异随时间变大后而消失，这时称系统是稳定的. 微分方程的平衡解是指微分方程的不变化的解，也就是常数解. 如一阶微分方程 $\dfrac{\mathrm{d}x}{\mathrm{d}t}=(x-a)(x-b)$ 的解 $x=a,x=b$ 都是该方程的平衡解. 一般地，一阶微分方程

$$\frac{\mathrm{d}x}{\mathrm{d}t}=f(x) \tag{9.20}$$

右端不显含自变量 t，代数方程 $f(x)=0$ 的实根 $x(t)=x_0$ 称为方程(9.20) 的平衡解（点），它也是方程(9.20) 的解（奇解）.

如果从任意可能的初始条件出发，方程(9.20) 的解 $x(t)$ 都满足

$$\lim_{t\to\infty}x(t)=x_0, \tag{9.21}$$

则称平衡解 $x=x_0$ 是稳定的，否则，称平衡解 $x=x_0$ 是不稳定的.

判断平衡点 x_0 是否稳定通常有两种方法：

(1) 利用定义即式(9.21) 的方法，称为间接法.

(2) 不求方程(9.20) 的解 $x(t)$，因而不利用式(9.21) 的方法，称为直接法.

下面介绍直接法：

将 $f(x)$ 在 x_0 做泰勒展开，$f(x) \approx f(x_0) + f'(x_0)(x - x_0)$，由于 x_0 是平衡解，即 $f(x_0) = 0$，泰勒公式只取一次项，则方程 (9.20) 近似为

$$\frac{\mathrm{d}x}{\mathrm{d}t} = f'(x_0)(x - x_0) \tag{9.22}$$

其称为方程 (9.20) 的近似线性方程. x_0 也是方程 (9.22) 的平衡点. 因为方程 (9.22) 的一般解是

$$x(t) = C e^{f'(x_0)t} + x_0. \tag{9.23}$$

其中，C 是由初始条件决定的常数.

关于平衡点 x_0 的稳定性有如下的结论：

若 $f'(x_0) < 0$，有 $\lim\limits_{t \to \infty} x(t) = \lim\limits_{t \to \infty} (C e^{f'(x_0)t} + x_0) = x_0$，则 x_0 是方程 (9.20)、方程 (9.22) 的稳定的平衡点.

若 $f'(x_0) > 0$，有 $\lim\limits_{t \to \infty} x(t) = \lim\limits_{t \to \infty} (C e^{f'(x_0)t} + x_0) = \infty$，则 x_0 不是方程 (9.20)、方程 (9.22) 的稳定的平衡点.

9.5.2 供需均衡的价格调整模型

在完全竞争的市场条件下，商品的价格由市场的供求关系决定，或者说，某商品的供给量 S 及需求量 Q 与该商品的价格 P 有关，为简单起见，假设供给函数与需求函数分别为

$$S = a_1 + b_1 P, \quad Q = a - bP,$$

其中 a_1, b_1, a, b 均为常数，且 $b_1 > 0, b > 0$.

供需均衡的静态模型为

$$\begin{cases} Q = a - bP, \\ S = a_1 + b_1 P, \\ Q(P) = S(P). \end{cases}$$

显然，静态模型的均衡价格为

$$P_e = \frac{a - a_1}{b + b_1}.$$

对产量不能轻易扩大，其生产周期相对较长的情况下的商品，瓦尔拉 (Walras) 假设：超额需求 $[Q(P) - S(P)]$ 为正时，未被满足的买方愿出高价，供不应求的卖方将提价，因而价格上涨；反之，价格下跌，因此，t 时刻价格的变化率与超额需求 $Q - S$ 成正比，即

$$\frac{\mathrm{d}P}{\mathrm{d}t} = k(Q - S),$$

于是瓦尔拉假设下的动态模型为

$$\begin{cases} Q = a - bP(t), \\ S = a_1 + b_1 P(t), \\ \dfrac{\mathrm{d}P}{\mathrm{d}t} = k[Q(P) - S(P)]. \end{cases}$$

整理上述模型得

$$\frac{\mathrm{d}P}{\mathrm{d}t} = \lambda(P_e - P).$$

其中，$\lambda = k(b + b_1) > 0$. 这个方程的通解为

$$P(t) = P_e + C e^{-\lambda t}.$$

假设初始价格为 $P(0)=P_0$，代入上式得 $C=P_0-P_e$，于是动态价格调整模型的解为

$$P(t)=P_e+(P_0-P_e)e^{-\lambda t},$$

由于 $\lambda>0$，故

$$\lim_{t\to\infty}P(t)=P_e.$$

这表明，随着时间的不断延续，实际价格 $P(t)$ 将逐渐趋于均衡价格 P_e.

9.5.3 索洛（Solow）新古典经济增长模型

设 $Y(t)$ 表示时刻 t 的国民收入，$K(t)$ 表示时刻 t 的资本存量，$L(t)$ 表示时刻 t 的劳动力，索洛曾提出如下的经济增长模型：

$$\begin{cases} Y=f(K,L)=Lf(r,1), \\ \dfrac{dK}{dt}=sY(t), \\ L=L_0e^{\lambda t}. \end{cases}$$

其中 s 为储蓄率（$s>0$），λ 为劳动力增长率（$\lambda>0$），L_0 表示初始劳动力（$L_0>0$），$r=\dfrac{K}{L}$ 称为资本劳力比，表示单位劳动力平均占有的资本数量. 将 $K=rL$ 两边对 t 求导，并利用 $\dfrac{dL}{dt}=\lambda L$，有

$$\frac{dK}{dt}=L\frac{dr}{dt}+r\frac{dL}{dt}=L\frac{dr}{dt}+\lambda rL.$$

又由模型中的方程可得

$$\frac{dK}{dt}=sLf(r,1),$$

于是有

$$\frac{dr}{dt}+\lambda r=sf(r,1). \tag{9.24}$$

取生产函数为柯布-道格拉斯（Cobb-Douglas）函数，即

$$f(K,L)=A_0K^\alpha L^{1-\alpha}=A_0Lr^\alpha,$$

其中 $A_0>0$，$0<\alpha<1$ 均为常数.

易知 $f(r,1)=A_0r^\alpha$，将其代入式（9.24）中得

$$\frac{dr}{dt}+\lambda r=sA_0r^\alpha. \tag{9.25}$$

方程两边同除以 r^α，便有

$$r^{-\alpha}\frac{dr}{dt}+\lambda r^{1-\alpha}=sA_0.$$

令 $r^{1-\alpha}=z$，则 $\dfrac{dz}{dt}=(1-\alpha)r^{-\alpha}\dfrac{dr}{dt}$，上述方程可变为

$$\frac{dz}{dt}+(1-\alpha)\lambda z=sA_0(1-\alpha).$$

这是关于 z 的一阶非齐次线性方程，其通解为

$$z=Ce^{-\lambda(1-\alpha)t}+\frac{sA_0}{\lambda}\ (C\text{ 为任意常数}).$$

以 $z = r^{1-\alpha}$ 代入后整理得

$$r(t) = \left[Ce^{-\lambda(1-\alpha)t} + \frac{sA_0}{\lambda} \right]^{\frac{1}{1-\alpha}}.$$

当 $t = 0$ 时，若 $r(0) = r_0$，则有

$$C = r_0^{1-\alpha} - \frac{s}{\lambda}A_0.$$

于是有

$$r(t) = \left[\left(r_0^{1-\alpha} - \frac{s}{\lambda}A_0 \right) e^{-\lambda(1-\alpha)t} + \frac{sA_0}{\lambda} \right]^{\frac{1}{1-\alpha}}.$$

因此 $\lim\limits_{t \to \infty} r(t) = \left(\dfrac{s}{\lambda}A_0 \right)^{\frac{1}{1-\alpha}}$.

事实上，我们在式(9.25) 中，令 $\dfrac{\mathrm{d}r}{\mathrm{d}t} = 0$，可得其均衡值 $r_e = \left(\dfrac{s}{\lambda}A_0 \right)^{\frac{1}{1-\alpha}}$.

9.5.4　新产品的推广模型

设有某种新产品要推向市场，t 时刻的销量为 $x(t)$，由于产品良好性能，每个产品都是一个宣传品，因此，t 时刻产品销售的增长率 $\dfrac{\mathrm{d}x}{\mathrm{d}t}$ 与 $x(t)$ 成正比，同时，考虑到产品销售存在一定的市场容量 N，统计表明 $\dfrac{\mathrm{d}x}{\mathrm{d}t}$ 与尚未购买该产品的潜在顾客的数量 $N - x(t)$ 也成正比，于是有

$$\frac{\mathrm{d}x}{\mathrm{d}t} = kx(N - x). \tag{9.26}$$

其中 k 为比例系数，分离变量积分，可以解得

$$x(t) = \frac{N}{1 + Ce^{-kNt}}. \tag{9.27}$$

方程(9.26) 也称为逻辑斯谛模型，通解表达式(9.27) 也称为**逻辑斯谛 (Logistic) 曲线**.

由

$$\frac{\mathrm{d}x}{\mathrm{d}t} = \frac{CN^2 k e^{-kNt}}{(1 + Ce^{-kNt})^2},$$

以及

$$\frac{\mathrm{d}^2 x}{\mathrm{d}t^2} = \frac{CN^3 k^2 e^{-kNt}(Ce^{-kNt} - 1)}{(1 + Ce^{-kNt})^3},$$

当 $x(t^*) < N$ 时，则有 $\dfrac{\mathrm{d}x}{\mathrm{d}t} > 0$，即销量 $x(t)$ 单调增加. 当 $x(t^*) > \dfrac{N}{2}$ 时，$\dfrac{\mathrm{d}^2 x}{\mathrm{d}t^2} < 0$；当 $x(t^*) < \dfrac{N}{2}$ 时，$\dfrac{\mathrm{d}^2 x}{\mathrm{d}t^2} > 0$. 即当销量达到最大需求量 N 的一半时，产品最为畅销，当销量不足 N 一半时，销售速度不断增大，当销量超过一半时，销售速度逐渐减小.

国内外许多经济学家调查表明，许多产品的销售曲线与式(9.27) 的曲线十分接近，根据对曲线性状的分析，许多分析家认为，在新产品推出的初期，应采用小批量生产并加强广告宣传，而在产品用户达到 $20\%\sim80\%$ 期间，产品应大批量生产，在产品用户超过 80% 时，应适时转产，可以达到最大的经济效益.

逻辑斯谛模型是一种在许多领域有着广泛应用的数学模型，下面我们借助树的增长来建立该模型.

一棵小树刚栽下去的时候长得比较慢，渐渐地，小树长高了而且长得越来越快，几年后，绿荫底下已经可乘凉了；但长到某一高度后，它的生长速度趋于稳定，然后再慢慢降下来. 这一现象很具有普遍性. 现在我们来建立这种现象的数学模型.

如果假设树的生长速度与它目前的高度成正比，则显然不符合两头尤其是后期的生长情形，因为树不可能越长越快；但如果假设树的生长速度正比于最大高度与目前高度的差，则又明显不符合中间一段的生长过程. 折中一下，我们假定它的生长速度既与目前的高度，又与最大高度与目前高度之差成正比.

设树生长的最大高度为 $H(\mathrm{m})$，在 t（年）时的高度为 $h(t)$，则有

$$\frac{\mathrm{d}h(t)}{\mathrm{d}t}=kh(t)[H-h(t)]. \tag{9.28}$$

其中 $k>0$ 是比例常数. 这个方程为逻辑斯谛方程. 它是可分离变量的一阶微分方程.

下面来求解方程(9.28). 分离变量得

$$\frac{\mathrm{d}h}{h(H-h)}=k\,\mathrm{d}t,$$

两边积分

$$\int\frac{\mathrm{d}h}{h(H-h)}=\int k\,\mathrm{d}t,$$

得

$$\frac{1}{H}[\ln h-\ln(H-h)]=kt+C_1,$$

或

$$\frac{h}{H-h}=\mathrm{e}^{kHt+C_1 H}=C_2\mathrm{e}^{kHt},$$

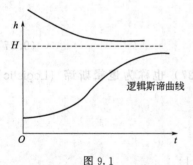

逻辑斯谛曲线

图 9.1

故所求通解为

$$h(t)=\frac{C_2 H\mathrm{e}^{kHt}}{1+C_2\mathrm{e}^{kHt}}=\frac{H}{1+C\mathrm{e}^{-kHt}},$$

其中的 $C\left(C=\dfrac{1}{C_2}=\mathrm{e}^{-C_1 H}>0\right)$ 是正常数.

函数 $h(t)$ 的图像称为 Logistic 曲线. 图 9.1 所示的是一条典型的 Logistic 曲线，由于它的形状，一般也称为 S 曲线. 可以看到，它基本符合我们描述的树的生长情形. 另外还可以算得

$$\lim_{t\to+\infty}h(t)=H.$$

这说明树的生长有一个限制，因此也称为限制性增长模式.

> **注意**：Logistic 的中文音译名是"逻辑斯谛". "逻辑"在字典中的解释是"客观事物发展的规律性"，因此许多现象本质上都符合这种 S 规律. 除了生物种群的繁殖外，还有信息的传播、新技术的推广、传染病的扩散以及某些商品的销售等. 例如流感的传染，在任其自然发展（例如初期未引起人们注意）的阶段，可以设想它的速度既正比于得病的人数，又正比于未传染到的人数. 开始时患病的人不多因而传染速度较慢；但随着健康人与患者接触，受传染的人越来越多，传染的速度也越来越快；最后，传染速度自然而然地渐渐降低，因为已经没有多少人可被传染了.

下面举例说明逻辑斯谛的应用.

人口阻滞增长模型：1837 年，荷兰生物学家 Verhulst 提出一个人口模型

$$\frac{\mathrm{d}y}{\mathrm{d}t} = y(k - by), \quad y(t_0) = y_0$$

其中 k, b 称为生命系数.

我们不详细讨论这个模型，只提应用它预测世界人口数的两个有趣的结果.

有生态学家估计 k 的自然值是 0.029. 利用 20 世纪 60 年代世界人口年平均增长率为 2% 以及 1965 年人口总数 33.4 亿这两个数据，计算得 $b=2$，从而估计得：

(1) 世界人口总数将趋于极限 107.6 亿；

(2) 到 2000 年时世界人口总数为 59.6 亿.

后一个数字很接近 2000 年时的实际人口数，世界人口在 1999 年刚进入 60 亿.

习题 9.5

1. 某公司办公用品的月平均成本 C 与公司雇员人数 x 有如下关系：$C' = C^2 e^{-x} - 2C$，且 $C(0)=1$，求 $C(x)$.

2. 设 $R=R(t)$ 为小汽车的运行成本，$S=S(t)$ 为小汽车的转卖价值，它满足下列方程：$R' = \frac{a}{S}$，$S' = -bS$，其中 a, b 为正的已知常数，若 $R(0)=0$，$S(0)=S_0$（购买成本），求 $R(t)$ 与 $S(t)$.

3. 设 $D=D(t)$ 为国民债务，$Y=Y(t)$ 为国民收入，它们满足如下的关系：$D' = \alpha Y + \beta$，$Y' = \gamma Y$，其中 α，β，γ 为正已知常数.

(1) 若 $D(0)=D_0, Y(0)=Y_0$，求 $D(t)$ 和 $Y(t)$；

(2) 求极限 $\lim\limits_{t \to +\infty} \dfrac{D(t)}{Y(t)}$.

4. 设 $C=C(t)$ 为 t 时刻的消费水平，$I=I(t)$ 为 t 时刻的投资水平，$Y=Y(t)$ 为 t 时刻的国民收入，它们满足下列方程

$$\begin{cases} Y = C + I, \\ C = aY + b, & 0 < a < 1, b > 0, a, b \text{ 均为常数}, \\ I = kC', & k > 0 \text{ 为常数}. \end{cases}$$

(1) 设 $Y(0)=Y_0$，求 $Y(t)$，$C(t)$，$I(t)$；

(2) 求极限 $\lim\limits_{t \to +\infty} \dfrac{Y(t)}{I(t)}$.

总习题 9

1. 判断题（请在正确说法后面画√，错误说法后面画×）.

(1) 微分方程 $x(y''')^2 + 2y' + 3y^4 = 0$ 的阶数为 3.　　　　　　（　　）

(2) 函数 $y = Ce^{-2x}$ 是微分方程 $y'' + y' - 2y = 0$ 的通解.　　（　　）

(3) 方程 $x\mathrm{d}x + y\mathrm{d}y = 0$ 是齐次方程.　　　　　　　　　（　　）

(4) 对齐次方程 $\dfrac{\mathrm{d}y}{\mathrm{d}x} = \varphi\left(\dfrac{y}{x}\right)$，解题时可用变换 $u = \dfrac{y}{x}$ 化为可分离变量的微分方程求解；

有时也可用变换 $u=\dfrac{x}{y}$.　　　　　　　　　　　　　　　　　　（　　）

(5) 若 $y=Y$ 是某微分方程的解，则 $y=Y$ 不是该微分方程的通解，就一定是该微分方程的特解.　　　　　　　　　　　　　　　　　　　　　　　　　　　　（　　）

(6) 由方程 $x^2-xy+y^2=C$（C 为任意常数）确定的函数为方程 $(x-2y)y'=2x-y$ 的解.　　　　　　　　　　　　　　　　　　　　　　　　　　　　　（　　）

2. 选择题.

(1) 下列函数为微分方程 $y''-y=0$ 的解的是（　　）.

(A) $y=\sin x$　　　(B) $y=\sin x+\cos x$　　　(C) $y=e^x+e^{-x}$　　　(D) $y=e^{2x}$

(2) 已知函数 $y=y(x)$ 满足方程 $xy\mathrm{d}x=\sqrt{2-x^2}\mathrm{d}y$ ，且当 $x=1$ 时，$y=1$，则当 $x=-1$ 时，$y=$（　　）.

(A) 1　　　(B) e　　　(C) -1　　　(D) e^{-1}

(3) 方程 $\cos x\dfrac{\mathrm{d}y}{\mathrm{d}x}+y^2\sin x=0$ 是（　　）.

(A) 一阶线性微分方程　　　　　　　(B) 齐次方程

(C) 可分离变量的微分方程　　　　　(D) 伯努利方程

(4) 下列方程为一阶线性微分方程的是（　　）.

(A) $yy'=x^2+1$　　　　　　　　(B) $y'-x\cos y=1$

(C) $y\mathrm{d}x=(x+y^2)\mathrm{d}y$　　　　(D) $x\mathrm{d}x=(x+y)\mathrm{d}y$

(5) 伯努利方程 $\dfrac{\mathrm{d}y}{\mathrm{d}x}+y=y^3\sin x$ 可以通过变换（　　）化为相应的一阶线性非齐次微分方程求解.

(A) $z=y^2$　　　(B) $z=y^{-2}$　　　(C) $z=y^{-1}$　　　(D) $z=y^3$

(6) 下列方程是齐次微分方程的是（　　）.

(A) $(x+1)e^y\mathrm{d}x=(y+x)e^x\mathrm{d}y$　　　(B) $y'=\dfrac{1}{x+y}$

(C) $x^2(\mathrm{d}x+\mathrm{d}y)=y^2(\mathrm{d}x-\mathrm{d}y)$　　　(D) $(x^2+2y)\mathrm{d}x=xy(\mathrm{d}x+\mathrm{d}y)$

(7) 下列函数组在其定义区间内线性无关的有（　　）.

(A) e^x,e^{2+x}　　　(B) $x,2x$　　　(C) $\sin2x,\sin x\cos x$　　　(D) e^{-x},e^x

(8) 已知某二阶常系数齐次线性微分方程的两个特征根分别为 $r_1=1,r_2=2$，则该方程为（　　）.

(A) $y''-y'+y=0$　　　　　　(B) $y''-3y'+2=0$

(C) $y''-3y'-2y=0$　　　　　(D) $y''-3y'+2y=0$

(9) 方程 $y'=\dfrac{1}{2x+y}$ 是（　　）.

(A) 可分离变量的微分方程　　　　　(B) 齐次方程

(C) 一阶线性微分方程　　　　　　　(D) 伯努利方程

(10) 方程 $y''-4y'+4y=0$ 的两个线性无关的解为（　　）.

(A) e^{2x},xe^{2x}　　　(B) e^{2x},ce^{2x}　　　(C) e^{2x},e^{2x+1}　　　(D) $3e^{2x},-e^{2x}$

3. 填空题

(1) 微分方程 $y''+2y'=x^3$ 的一特解可设为＿＿＿＿＿＿＿＿＿＿.

(2) 微分方程 $y'' - 2y' - 3y = -17e^{3x}\cos x$ 的一特解可设为 _____.

(3) 微分方程 $y'' + y' = 4x + 3e^{-x}$ 的一特解可设为 _____.

(4) 已知 $y_1 = e^{x^2}$ 及 $y_2 = xe^{x^2}$ 都是方程 $y'' - 4xy' + (4x^2 - 2)y = 0$ 的解，则该方程的通解为 _____.

(5) 方程 $y''' = e^{-x}$ 的通解是 _____.

(6) 方程 $y'' + 4y' = x + e^{-4x}$ 的特解可设为 $y^* = $ _____.

4. 求解下列微分方程

(1) 求微分方程 $2x(1 + y^2)\mathrm{d}x - (1 + x^2)\mathrm{d}y = 0$ 满足初始条件 $x|_{y=0} = 1$ 的特解.

(2) 求微分方程 $y' = \dfrac{y}{x} + 3\tan\dfrac{y}{x}$ 的通解.

(3) 求伯努利方程 $\dfrac{\mathrm{d}y}{\mathrm{d}x} + 2xy = 2xy^2$ 的通解.

(4) 求 $y'' - 3y' + 2y = 2e^x\cos x$ 的通解.

(5) 验证下列各题所给出的隐函数是微分方程的解.

① $x^2 - xy + y^2 = C, (x - 2y)y' = 2x - y$；   ② $\displaystyle\int_0^y e^{-\frac{t^2}{2}}\mathrm{d}t + x = 1, y'' = y(y')^2$.

(6) 已知曲线族，求它相应的微分方程(其中 C, C_1, C_2 均为常数)（一般方法：对曲线簇方程求导，然后消去常数，方程中常数个数决定求导次数.）

① $(x + C)^2 + y^2 = 1$；   ② $y = C_1\sin 2x + C_2\cos 2x$.

(7) 写出下列条件确定的曲线所满足的微分方程.

① 曲线在 (x, y) 处切线的斜率等于该点横坐标的平方.

② 曲线在点 $P(x, y)$ 处的法线与 x 轴的交点为 Q，PQ 被 y 轴平分.

③ 曲线上的点 $P(x, y)$ 处的切线与 y 轴交点为 Q，PQ 长度为 2，且曲线过点$(2，0)$.

知识窗 9   常微分方程的发展史况

由微分方程这名词可以领悟到其特点：方程中含有未知函数的导数或微分. 微分方程以方程的形式描述了未知函数与其导数之间的关系. 如果方程中的未知函数是一元函数，则称之为常微分方程. 如果方程中的未知函数是多元函数，则方程中出现偏导数，称之为偏微分方程.

对于数学及其应用而言，微分方程的重大意义在于：许多物理问题与技术问题的研究，都可以划归为微分方程的求解问题. 诸如电子计算机及无线电装置的计算、弹道的计算、飞机在飞行中的稳定性的研究，以及化学反应过程的稳定性的研究等，都可以化为微分方程的求解问题. 某些物理规律也可以用微分方程描述.

微分方程理论的基本问题是研究满足这个微分方程的函数，即微分方程的解. 微分方程的理论使得人们有可能充分、全面地表达出方程解的性质. 这在自然科学的应用中有其重要意义，微分方程的理论也提供了求解数值解的方法.

微分方程的起源可追溯到 17 世纪末，为了解决物理问题、天文学问题，微分方程几乎是与微分、积分同时产生的. 数学家曾借助于微分方程从理论上得到了行星运动规律，从而验证了德国天文学家开普勒由实验而得到的推想. 天文学家也曾借助于微分方程，在海王星被观测到之前，推算出了它的方位. 而今微分方程已成为研究自然的强有力的工具.

正像微积分在 17 世纪后期与 18 世纪前期一样，常微分方程最早的著作出现在数学家们彼此的通信中，或者出现在刊物中．荷兰数学家、物理学家、天文学家惠更斯在 1693 年的《教师学报》中明确提出了微分方程．雅各布·伯努利是利用微积分求常微分方程问题分析解的先驱者之一．在 1690 年，他发表的关于等时问题的解答中就引入了微分方程 $\sqrt{b^2y-a^3}\,\mathrm{d}y=\sqrt{a^3}\,\mathrm{d}x$，两端积分，从而得到了 $\dfrac{2b^2y-2a^3}{3b^2}\sqrt{b^2y-a^3}=\sqrt{a^3}\,x$．在 1691 年 6 月的《教师学报》中他又给出了用微积分方法建立悬链线问题的解答．在同年他的微积分教本中又对这个问题进行了完善的阐述．在建立微分方程 $\dfrac{\mathrm{d}y}{\mathrm{d}x}=\dfrac{s}{c}$（其中 s 是由定点到悬链线上任一点 (x,y) 间的弧长，c 依赖于弦在单位长度内的重量）的基础上，导出其解 $y=c\cosh\dfrac{x}{c}$．莱布尼茨提出了常微分方程的变量分离法，对于形如 $y\dfrac{\mathrm{d}x}{\mathrm{d}y}=f(x)\cdot g(y)$ 的方程，化为 $\dfrac{\mathrm{d}x}{f(x)}=\dfrac{g(y)}{y}\mathrm{d}y$，在两边积分，从而得到方程的解，并于 1691 年函告惠更斯．同年，他还给出了 $y'=f\left(\dfrac{y}{x}\right)$ 的求解方法，令 $y=ux$，并代入方程，使得方程变量可以分离．约翰·伯努利在 1694 年的《教师学报》中作了更加完整的说明．

莱布尼茨在 1694 年利用变量替换法给出了 $y'+P(x)y=Q(x)$ 的解．

雅各布·伯努利在 1695 年提出了伯努利方程 $\dfrac{\mathrm{d}y}{\mathrm{d}x}=P(x)y+Q(x)y^n$．莱布尼茨 1696 年给出证明：利用变量替换 $z=y^{1-n}$，可以把方程化为关于未知函数及其导函数都是一次的线性方程．

约翰·伯努利首先提出了全微分方程的概念，即方程 $P(x,y)\mathrm{d}x+Q(x,y)\mathrm{d}y=0$ 中的 $P(x,y)\mathrm{d}x+Q(x,y)\mathrm{d}y$ 为某个函数 $u=u(x,y)$ 的全微分的情形．欧拉在 1734～1735 年的论文中曾给出方程为全微分方程的条件．如果某一微分方程不是全微分方程，但若存在一个函数 $\mu(x,y)$，将其同乘方程两端后所得方程为全微分方程，则称此 $\mu(x,y)$ 为所给方程的积分因子．积分因子的概念也是欧拉于 1734～1735 年的论文中首次提出的，论文中欧拉确立了可采用积分因子的方程类型，并证明了如果知道了一个常微分方程的两个积分因子，令它们之比等于常数，则可得到该微分方程的一个解．克雷罗（Alexis Claude Clairaut，1713～1765）在他 1739 年的文章中也独立地引进了积分因子的概念，提出方程为全微分方程的充分必要条件是 $\dfrac{\partial P}{\partial y}=\dfrac{\partial Q}{\partial x}$，并在 1740 年的论文中对此加以理论化．一般地说，人们认为求解一阶微分方程的所有初等方法的探讨工作于 1740 年基本完成．

二阶常微分方程于 1691 年在物理问题的研究中首次出现．雅各布·伯努利研究船帆在风力下的形状，即膜盖问题时，引入二阶方程 $\dfrac{\mathrm{d}^2x}{\mathrm{d}s^2}=\left(\dfrac{\mathrm{d}y}{\mathrm{d}s}\right)^3$，其中 s 为弧长．他在 1691 年所著的微积分教科书中给出了这个问题的解答，证明了它与悬链线问题在数学上是相同的．1734 年 12 月，丹尼尔·伯努利（Daniel Bernoulli，1700～1782）在给欧拉的信中宣称，他解决了一端固定在墙上，而另一端自由的弹性横梁的横向位移问题：$k^4\dfrac{\mathrm{d}^4y}{\mathrm{d}x^4}=y$，其中 k 为常数，x 是横梁上距自由端的距离，y 是在 x 点的相对于横梁未弯曲位置的垂直位移．欧拉在 1735 年 6 月的回信中说，他也已发现这个方程，但对于这个方程，除了用级数外无法积分．他确实得到了四个独立的级数解，这些级数代表圆函数和对数函数，而欧拉在当时并不

了解这一点. 四年以后, 即 1739 年 9 月, 欧拉在给约翰·伯努利的信中指出, 上述方程的解可以表示为

$$y = A \left[\left(\cos \frac{x}{k} + \mathrm{ch} \frac{x}{k} \right) - \frac{1}{b} \left(\sin \frac{x}{k} + \mathrm{sh} \frac{x}{k} \right) \right]$$

其中 b 由条件 "当 $x=1$ 时, $y=0$" 来确定, 从而

$$b = \frac{\sin \frac{1}{k} + \mathrm{sh} \frac{1}{k}}{\cos \frac{1}{k} + \mathrm{ch} \frac{1}{k}}$$

弹性问题促使欧拉考虑求解常系数一般线性方程的数学问题. 在上面提及的 1739 年 9 月欧拉给约翰·伯努利的信中, 欧拉说他已取得了成功. 在 1743 年他的著作中, 他又研究了线性常系数齐次微分方程

$$Ay + B \frac{\mathrm{d}y}{\mathrm{d}x} + C \frac{\mathrm{d}^2 y}{\mathrm{d}x^2} + \cdots + L \frac{\mathrm{d}^n y}{\mathrm{d}x^n} = 0$$

指出其通解是由其 n 个特解分别乘以任意常数后相加而成. 这些特解形如 $y = \mathrm{e}^{rx}$, r 由特征方程 $A + Br + Cr^2 + \cdots + Lr^n = 0$ 所确定. 对于特征方程有 k 重根的情形, 他得出其特解形如 $y = \mathrm{e}^{rx}(\alpha + \beta x + \cdots + \gamma x^{k-1})$.

他还讨论了复根、复重根的情形, 从而完整地解决了常系数线性齐次微分方程的问题. 十年以后, 欧拉又给出了常系数线性非齐次微分方程的解法. 但他采用的方法是逐次降低方程的阶数. 将方程两端同乘以 $\mathrm{e}^{rx}\mathrm{d}x$, 在两边积分, 再确定 r, 以能降低方程阶数.

1700 年, 约翰·伯努利用形如 x^n 的因子逐次降低线性微分方程 $a_0 x^n \frac{\mathrm{d}^n y}{\mathrm{d}x^n} + a_1 x^{n-1} \frac{\mathrm{d}^{n-1} y}{\mathrm{d}x^{n-1}} + \cdots + a_n y = 0$ 的阶数. 1740 年, 欧拉用代换 $x = \mathrm{e}^t$ 的方法求得它的解, 后来此方程被命名为欧拉方程.

1700 年以后, 利用级数求解微分方程的方法得到广泛使用. 1750 年, 欧拉将这种方法提到重要的位置.

1766 年, 达朗贝尔指出, 线性非齐次微分方程的通解等于它的特解与相应线性齐次微分方程的通解之和.

到 18 世纪中期, 微分方程课题成为数学中的一门独立学科, 而其求解问题成为该学科的一项重要内容. 但对解的理解与寻求方法却不断发生本质上的变化, 起初限于用初等函数表示解; 之后允许用一个没有积出的积分表示解; 后来在用前两种方法不断失败之后, 又提出用无穷级数表示解.

欧拉证明了: 凡是可用分离变量法求解的方程都可以用积分因子求解, 但是反之不然. 对于高阶微分方程, 变量分离法是不可行的, 也不存在变量替换的一般原则. 即使可以用变量替换来求解, 其难度与直接求解微分方程的难度基本相当. 当然变量替换有时可以用来降低方程的阶数.

时至今日, 微分方程仍然是最有生命力的数学分支之一, 并不断在向前发展, 它几乎渗透到了各个学科领域.

第10章

差分方程初步

在实际中，许多问题所研究的变量都是离散的形式，所建立的数学模型也是离散的，譬如，像政治、经济和社会等领域中的实际问题．有些时候，即使所建立的数学模型是连续形式，例如像常见的微分方程模型、积分方程模型等，往往都需要用计算机求数值解．这就需要将连续变量在一定条件下进行离散化，从而将连续型模型转化为离散型模型，因此，最后都归结为求解离散形式的差分方程解的问题．差分方程理论和求解方法在数学建模与解决实际问题的过程中起着重要作用．

10.1　差分方程的基本概念

10.1.1　差分

一般地，在连续变化的时间范围内，变量 y 关于时间 t 的变化率是用 $\dfrac{\mathrm{d}y}{\mathrm{d}t}$ 来刻画的；对离散型的变量 y，通常取在规定的时间区间上的差商 $\dfrac{\Delta y}{\Delta t}$ 来刻画变量 y 的变化率．如果选择 $\Delta t = 1$，则

$$\Delta y = y(t+1) - y(t)$$

可以近似表示变量 y 的变化率．由此我们给出差分的定义．

定义 10.1　设函数 $y_t = y(t)$，称改变量 $y_{t+1} - y_t$ 为函数 y_t 的差分，也称为函数 y_t 的一阶差分，记为 Δy_t，即 $\Delta y_t = y_{t+1} - y_t$ 或 $\Delta y(t) = y(t+1) - y(t)$．
一阶差分的差分称为二阶差分，记为 $\Delta^2 y_t$，即

$$\begin{aligned}
\Delta^2 y_t = \Delta(\Delta y_t) &= (y_{t+2} - y_{t+1}) - (y_{t+1} - y_t) \\
&= y_{t+2} - 2y_{t+1} + y_t.
\end{aligned}$$

类似可定义三阶差分，四阶差分，……

$$\Delta^3 y_t = \Delta(\Delta^2 y_t), \ \Delta^4 y_t = \Delta(\Delta^3 y_t), \cdots.$$

一般地，函数 y_t 的 $n-1$ 阶差分的差分称为 n 阶差分，记为 $\Delta^n y_t$．用数学归纳法易证

$$\Delta^n y_t = \sum_{i=0}^{n} (-1)^i C_n^i y_{t+n-i} .$$

二阶及二阶以上的差分统称为高阶差分.

【例 10.1】　设 $y_t = 3t + 5$，求 $\Delta^3 y_t$.

解

$$\begin{aligned}
\Delta^3 y_t &= \Delta(\Delta^2 y_t) = \Delta(y_{t+2} - 2y_{t+1} + y_t) \\
&= (y_{t+3} - 2y_{t+2} + y_{t+1}) - (y_{t+2} - 2y_{t+1} + y_t) \\
&= y_{t+3} - 3y_{t+2} + 3y_{t+1} - y_t \\
&= [3(t+3) + 5] - 3[3(t+2) + 5] + 3[3(t+1) + 5] - (3t + 5) \\
&= 0
\end{aligned}$$

由差分的定义可以证明一阶差分有如下性质：

(1) $\Delta(Cy_t) = C\Delta y_t$ （C 为常数）；　　　　(2) $\Delta(y_t \pm z_t) = \Delta y_t \pm \Delta z_t$；

(3) $\Delta(y_t \cdot z_t) = z_t \Delta y_t + y_{t+1} \Delta z_t$；　　　(4) $\Delta\left(\dfrac{y_t}{z_t}\right) = \dfrac{z_t \Delta y_t - y_t \Delta z_t}{z_{t+1} \cdot z_t}$ （$z_t \neq 0$）.

10.1.2　差分方程的基本概念

定义 10.2　含有自变量 t，未知函数 y_t 及未知函数 y_t 差分 $\Delta y_t, \Delta^2 y_t, \cdots, \Delta^n y_t$ 的方程称为**差分方程**. 差分方程的一般形式为

$$F(t, y_t, \Delta y_t, \Delta^2 y_t, \cdots, \Delta^n y_t) = 0 , \tag{10.1}$$

或　　　　　　　$$G(t, y_t, y_{t+1}, y_{t+2}, \cdots, y_{t+n}) = 0 \tag{10.2}$$

方程（10.1）与方程（10.2）是完全等价的方程，在实用中将应用问题表示成差分方程时，大部分是方程（10.2）的形式，而且这种形式容易处理，所以在本书中把式（10.2）作为差分方程的基本形式.

定义 10.3　差分方程（10.2）中未知函数脚标的最大值与最小值的差数称为**差分方程的阶**.

【例 10.2】　求差分方程 $\Delta^3 y_x + y_x + 2x = 0$ 的阶数.

解　由于 $\Delta^3 y_x = y_{x+3} - 3y_{x+2} + 3y_{x+1} - y_x$，故上式可化为

$$y_{x+3} - 3y_{x+2} + 3y_{x+1} = -2x .$$

由 $(x+3) - (x+1) = 2$，因此是二阶差分方程.

定义 10.4　满足差分方程的函数称为**差分方程的解**.

如果差分方程的解中含有相互独立的任意常数的个数恰好等于方程的阶数，则称这个解为该差分方程的通解.

我们往往要根据系统在初始时刻所处的状态对差分方程附加一定的条件，这种附加条件称为初始条件，满足初始条件的解称为特解.

【例 10.3】　设有差分方程 $y_{x+1} - y_x = 1$，把函数 $y_x = x + 1$ 代入此方程，则左边 $= [(x+1) + 1] - (x+1) = 1 =$ 右边，所以 $y_x = x + 1$ 是此方程的解. 同样可以验证 $y_x = c + x$（c 为常数）是此差分方程的通解. $y_x = x + 1$ 就是差分方程 $y_{x+1} - y_x = 1$ 的满足初始条件 $y_0 = 1$ 的特解.

定义 10.5　若差分方程中所含未知函数及未知函数的各阶差分均为一次的，则称该差分方程为**线性差分方程**.

线性差分方程的一般形式是

$$y_{t+n} + a_1(t)y_{t+n-1} + \cdots + a_{n-1}(t)y_{t+1} + a_n(t)y_t = f(t).$$

其特点是 $y_{t+n}, y_{t+n-1}, \cdots, y_t$ 都是一次的.

习题 10.1

1. 试确定下列差分方程的阶.

(1) $y_{t+3} - y_{t-2} + y_{t-4} = 0$；　　　　　(2) $5y_{t+5} + 3y_{t+1} = 7$.

2. 指出下列等式哪一个是差分方程，若是，进一步指出是否为线性方程.

(1) $-3\Delta y_t = 3y_t + a^t$；　　　　　(2) $y_{t+2} - 2y_{t+1} + 3y_t = 4$.

3. 将下列差分方程化成用函数值形式表示的方程.

(1) $\Delta y_t = 3$；　　　　　(2) $\Delta^2 y_t - 3\Delta y_t = 5$；

(3) $\Delta y_t + 2y_t - 3 = 0$；　　　　　(4) $\Delta^3 y_t + 2\Delta^2 y_t + \Delta y_t = 5$.

4. 试证明下列函数是差分方程的解.

(1) $y_t = c + 2t$，$y_{t+1} - y_t = 2$；　　　　　(2) $y_t = c_1 + c_2 2^t$，$y_{t+2} - 3y_{t+1} + 2y_t = 0$；

(3) $y_t = \dfrac{c}{1+ct}$，$(1+y_t)y_{t+1} = y_t$.

10.2　一阶常系数线性差分方程

一阶常系数线性差分方程的一般形式为

$$y_{t+1} - ay_t = f(t). \tag{10.3}$$

其中，a 为非零常数，$f(t)$ 为已知函数. 如果 $f(t) = 0$，则方程（10.3）变为

$$y_{t+1} - ay_t = 0. \tag{10.4}$$

方程（10.4）称为**一阶常系数线性齐次差分方程**，相应地，当 $f(t) \neq 0$ 时，方程（10.3）称为**一阶常系数线性非齐次差分方程**.

由差分方程解的定义易证

(1) 如果 y_t 是式（10.4）的解，则 Ay_t 也是方程（10.4）的解，且为方程（10.4）的通解，其中 A 是任意常数；

(2) 如果记 $\overline{y}_t$ 是式（10.4）的通解，y^* 是方程（10.3）的一个特解，则 $y_t = \overline{y}_t + y^*$ 为方程（10.3）的通解.

10.2.1　一阶常系数线性齐次差分方程

将方程（10.4）改写为 $y_{t+1} = ay_t$. 假定在初始时刻（即 $t=0$）时，函数 y_t 取任意值 A，那么由上式逐次迭代，算得

$$y_1 = ay_0 = aA,$$
$$y_2 = ay_1 = a^2 A,$$
$$\cdots$$

由数学归纳法易知，方程（10.4）的通解为

$$y_t = Aa^t, \quad t = 0, 1, 2, \cdots.$$

如果给定初始条件 $t=0$ 时 $y_t = y_0$，则 $A = y_0$，此时特解为

$$y_t = y_0 a^t.$$

以上这种方法称为迭代法.

10.2.2　一阶常系数线性非齐次差分方程

我们再来求式（10.3）右端当 $f(t)$ 是某些特殊形式的函数时的特解. 与常微分方程相类似，对于一些特殊类型的 $f(t)$，常采用待定系数法求方程（10.3）的特解.

情形 Ⅰ　$f(t)=b$，b 为常数.

这时，方程（10.3）变为

$$y_{t+1}-ay_t=b .\tag{10.5}$$

这里 a,b 均为非零常数.

试以 $y^*=\mu$（μ 为待定常数）形式的特解代入方程，得

$$\mu-a\mu=(1-a)\mu=b .$$

当 $a\neq1$ 时，可求得特解

$$y^*=\frac{b}{1-a}\ (a\neq1) .$$

当 $a=1$ 时，这时改设特解 $y^*=\mu t$（μ 为待定系数），将其代入方程，得

$$\mu(t+1)-a\mu t=(1-a)\mu t+\mu=b .$$

因 $a=1$，故求得特解

$$y^*=bt\ (a=1)$$

综上所述，方程（10.5）的通解为

$$y_t=\overline{y_t}+y^*=\begin{cases}Aa^t+\dfrac{b}{1-a}, & a\neq1 \\[2mm] A+bt, & a=1\end{cases} .\tag{10.6}$$

其中 A 为任意常数.

【例 10.4】 求差分方程 $y_{t+1}-2y_t=5$ 的通解.

解　因 $a=2\neq1,b=5$，故由通解公式（10.6），得原方程的通解为

$$y_t=A\cdot2^t-5 ，A\text{ 为任意常数.}$$

【例 10.5】 试解差分方程 $2y_{x+1}=4y_x+3$，并求当 $y_0=\dfrac{1}{2}$ 时的特解.

解　原一阶常系数线性非齐次差分方程化为

$$y_{x+1}-2y_x=\frac{3}{2} ，a=2\neq1,b=\frac{3}{2} ，$$

代入式（10.6）得通解

$$y_x=A\cdot2^x-\frac{3}{2} ，A\text{ 为任意常数.}$$

由初始条件 $y_0=\dfrac{1}{2}$ 得 $\dfrac{1}{2}=-\dfrac{3}{2}+A$，所以 $A=2$.

故原差分方程满足初始条件的特解为 $y_x=-\dfrac{3}{2}+2^{x+1}$.

情形 Ⅱ　$f(x)=ct^n$（c 为常数）.

此时差分方程（10.3）为

$$y_{t+1}-ay_t=ct^n .\tag{10.7}$$

设方程（10.7）具有形如 $y^*=t^s(b_0+b_1t+\cdots+b_nt^n)$ 的特解.

当 $a\neq1$ 时取 $s=0$，$y^*=b_0+b_1t+\cdots+b_nt^n$；当 $a=1$ 时取 $s=1$，$y^*=t(b_0+b_1t+$

$\cdots +b_nt^n$）. 将 y^* 代入方程(10.7) 比较两端同次项系数，确定 $b_0,b_1,\cdots,b_n$ ，从而可得到特解.

【例 10.6】 求差分方程 $y_{t+1}-3y_t=2t$ 满足 $y_0=\dfrac{1}{2}$ 的特解.

解 $a=3\neq 1,s=0,y^*=b_0+b_1t$ ，将 y^* 代入原方程解得

$$b_0=-\frac{1}{2},b_1=-1.$$

即

$$y^*=-\frac{1}{2}-t,$$

所以通解为

$$y_t=A\cdot 3^t-t-\frac{1}{2}.$$

由 $y_0=\dfrac{1}{2}$ ， $A=1$ ，故特解为 $y_t=3^t-t-\dfrac{1}{2}$.

情形Ⅲ $f(t)$ 为指数函数.

不妨设 $f(t)=b\cdot d^t$ 这里 b,d 均为非零常数，于是方程(10.3) 变为

$$y_{t+1}-ay_t=b\cdot d^t. \tag{10.8}$$

当 $d-a\neq 0$ 时，设方程(10.8) 有特解 $y^*=\mu\cdot d^t$ ，这里 μ 为待定系数. 将其代入方程(10.8)，得

$$\mu d^{t+1}-a\mu d^t=bd^t.$$

求得特解

$$y^*=\frac{b}{d-a}\cdot d^t\ (d-a\neq 0).$$

当 $d-a=0$ 时，改设方程 (10.8) 的特解 $y^*=\mu td^t$ ， μ 为待定系数，将其代入方程 (10.8)，注意 $d-a=0$ ，可求得特解

$$y^*=bt\cdot d^{t-1}\ (d-a=0).$$

综合上述，方程(10.8) 的通解为

$$y_t=\begin{cases}A\cdot a^t+\dfrac{b}{d-a}\cdot d^t, & d-a\neq 0\\[3mm] A\cdot a^t+btd^{t-1}, & d-a=0\end{cases}. \tag{10.9}$$

【例 10.7】 求差分方程 $y_{t+1}-y_t=2^t$ 的通解.

解 因 $a=1,b=1,d=2$ ，故 $d-a=1\neq 0$. 由通解公式(10.9) 得原方程的通解

$$y_t=A+2^t，A\ 为任意常数.$$

【例 10.8】 求差分方程 $2y_{x+1}-3y_x=5\left(\dfrac{1}{3}\right)^x$ 的通解.

解 原差分方程化为

$$y_{x+1}-\frac{3}{2}y_x=\frac{5}{2}\left(\frac{1}{3}\right)^x,$$

$$a=\frac{3}{2},b=\frac{5}{2},d=\frac{1}{3},d-a=-\frac{7}{6}\neq 0,$$

代入方程(10.9) 得到差分方程的通解

$$y_x=-\frac{15}{7}\times\left(\frac{1}{3}\right)^x+A\left(\frac{3}{2}\right)^x，A\ 为任意常数.$$

【例 10.9】 设某产品在时期 t 的价格、供给量与需求量分别为 P_t、S_t 与 $D_t(t=0,1,2,\cdots)$. 当 ① $S_t=2P_t+1$，② $D_t=-4P_{t-1}+5$，③ $S_t=D_t$ 时，求

(1) 由①，②，③推出差分方程 $P_{t+1}+2P_t=2.$；(2) 上述差分方程的解.

解　(1) 因为 $S_t=D_t$，所以 $2P_t+1=-4P_{t-1}+5$，即 $P_t+2P_{t-1}=2$，从而

$$P_{t+1}+2P_t=2.$$

(2) 方程 $P_{t+1}+2P_t=2$ 是一阶常系数线性非齐次方程，$a=-2\neq1$，通解为

$$P_t=A(-2)^t+\frac{2}{3}.$$

【例 10.10】　在农业生产中，种植先于产出及产品出售一个适当的时期，t 时期该产品的价格 P_t 决定着生产者在下一时期愿意提供市场的产量 S_{t+1}，P_t 还决定着本期该产品的需求量 Q_t，因此有 $Q_t=a-bP_t$，$S_t=-c+dP_{t-1}$（a，b，c，d 均为正的常数），求价格随时间变动的规律.

解　假定在每一个时期中价格总是确定在市场售清的水平上，即 $S_t=Q_t$，因此可得到 $-c+dP_{t-1}=a-bP_t$，　即 $bP_t+dP_{t-1}=a+c$，故 $P_t+\dfrac{d}{b}P_{t-1}=\dfrac{a+c}{b}$（常数 a，b，c，$d>0$）.

因为 $d>0,b>0$，所以 $\dfrac{d}{b}\neq-1$，这属于右端为常数的情形. 从而方程的特解为 $P_t^*=\dfrac{a+c}{b+d}$，而相应齐次方程的通解为 $A\left(-\dfrac{d}{b}\right)^t$，故问题的通解为 $P_t=\dfrac{a+c}{b+d}+A\left(-\dfrac{d}{b}\right)^t$.

当 $t=0$ 时，$P_t=P_0$（初始价格），代入得 $A=P_0-\dfrac{a+c}{b+d}$.

即满足初始条件 $t=0$ 时 $P_t=P_0$ 的特解为

$$P_t=\frac{a+c}{b+d}+\left(P_0-\frac{a+c}{b+d}\right)\left(-\frac{d}{b}\right)^t.$$

习题 10.2

1. 求差分方程 $y_{t+1}-3y_t=0$ 的通解.

2. 求差分方程 $y_{t+1}-3y_t=-2$ 的通解.

3. 求差分方程 $y_{t+1}-\dfrac{1}{2}y_t=3\left(\dfrac{3}{2}\right)^t$ 在初始条件 $y_0=5$ 时的特解.

4. 求差分方程 $y_{t+1}-4y_t=3t^2$ 的通解.

5. 求差分方程 $y_{t+1}-y_t=3+2t$ 满足初始条件 $y_0=5$ 的特解.

6. 求下列差分方程 $2y_{t+1}+y_t=3+t$ 满足初始条件 $y_0=1$ 的特解.

7. 求差分方程 $y_{t+1}+4y_t=2t^2+t-1$ 的通解.

8. 设 S_t 为 t 期储蓄，I_t 为 t 期投资，Y_t 为 t 期国民收入，哈罗德（Harrod·R·H）建立了如下宏观经济模型

$$\begin{cases} S_t=\alpha Y_{t-1},\, 0<\alpha<1 \\ I_t=\beta(Y_t-Y_{t-1}),\, \beta>1 \\ S_t=I_t. \end{cases}$$

试求 Y_t、I_t、S_t.

9. 某家庭从现在着手从每月工资中拿出一部分资金存入银行，用于投资子女的教育，并计划 20 年后开始从投资账户中每月支取 1000 元，直到 10 年后子女大学毕业用完全部资金. 要实现这个投资目标，20 年内共要筹措多少资金？每月要向银行存入多少钱？假设投资的月利率为 0.5%.

*10.3 二阶常系数线性差分方程

二阶常系数线性差分方程的一般形式为

$$y_{t+2} + py_{t+1} + qy_t = f(t). \tag{10.10}$$

其中 $f(t)$ 为已知函数，p,q 为常数. 特别地，当 $f(t) \equiv 0$ 时，方程(10.10) 变为

$$y_{t+2} + py_{t+1} + qy_t = 0, \tag{10.11}$$

当 $f(t) \neq 0$ 时，称方程 (10.10) 为**二阶常系数线性非齐次差分方程**. 而方程(10.11) 称为方程(10.10) 对应的**齐次差分方程**.

与一阶常系数线性差分方程情形相类似，二阶常系数线性非齐次差分方程的通解等于其任一特解 y^* 与对应二阶常系数线性齐次差分方程的通解 $\bar{y}_t$ 的和，即

$$y_t = \bar{y}_t + y^*. \tag{10.12}$$

10.3.1 二阶常系数线性齐次差分方程

对于方程(10.11)，设 $y_t = \lambda^t (\lambda \neq 0)$ 为一特解，代入方程(10.11) 得

$$\lambda^{t+2} + p\lambda^{t+1} + q\lambda^t = 0,$$

即

$$\lambda^2 + p\lambda + q = 0. \tag{10.13}$$

方程(10.13) 称为方程(10.11) 的特征方程，其根 $\lambda_{1,2} = \dfrac{-p \pm \sqrt{p^2 - 4q}}{2}$ 称为方程(10.11) 的特征根.

情形 I $p^2 - 4q > 0$，即其特征方程有两个不同实根，即 $\lambda_1 \neq \lambda_2$. 注意到 λ_1^t, λ_2^t 是线性无关的，所以齐次差分方程(10.11) 有通解 $y_t = C_1\lambda_1^t + C_2\lambda_2^t$（$C_1, C_2$ 是任意常数）.

【例 10.11】 求 $y_{t+2} + 4y_{t+1} + 3y_t = 0$ 的通解.

解 其特征方程 $\lambda^2 + 4\lambda + 3 = 0$，特征根为 $-1, -3$. 原方程有通解

$$y_t = C_1(-1)^t + C_2(-3)^t \ (C_1, C_2 \text{ 是任意常数}).$$

情形 II $p^2 - 4q = 0$，即其特征方程有两个相同实根，即 $\lambda = \lambda_1 = \lambda_2 = -\dfrac{p}{2}$，与常微分方程相似，可以验证 $\lambda^t, t\lambda^t$ 是齐次差分方程(10.11) 的线性无关的特解，所以 $y_t = (C_1 + C_2t)\lambda^t$（$C_1, C_2$ 是任意常数）是齐次差分方程(10.11) 的通解.

【例 10.12】 求差分方程 $y_{t+2} - 4y_{t+1} + 4y_t = 0$ 的通解.

解 特征方程为 $\lambda^2 - 4\lambda + 4 = 0, \lambda_1 = \lambda_2 = 2.$

故方程有相等的特征根，原方程的通解为

$$y_t = (C_1 + C_2t) \cdot 2^t \ (C_1, C_2 \text{ 是任意常数}).$$

情形 III $p^2 - 4q < 0$，因 p,q 是实数，即其特征方程有两互为共轭的复根，记为

$$\lambda_{1,2} = -\frac{p}{2} \pm \frac{i}{2}\sqrt{4q - p^2} = \alpha \pm i\beta \text{，将其转化为三角形式}$$

$$\lambda = \sqrt{\alpha^2 + \beta^2} = \sqrt{q} > 0, \tan\theta = \frac{\beta}{\alpha} = -\frac{\sqrt{4q - p^2}}{p}, \theta \in (0, \pi) .$$

则 $\alpha = \lambda\cos\theta, \beta = \lambda\sin\theta$，即 $\alpha \pm i\beta = \lambda(\cos\theta \pm i\sin\theta)$. 可以验证 $y_t^{(1)} = \lambda^t[\cos(\theta t) + i\sin(\theta t)]$，$y_t^{(2)} = \lambda^t[\cos(\theta t) - i\sin(\theta t)]$ 是齐次差分方程（10.11）的特解，还可以证明 $\frac{1}{2}(y_t^{(1)} + y_t^{(2)}) = \lambda^t\cos(\theta t)$，$\frac{1}{2i}(y_t^{(1)} - y_t^{(2)}) = \lambda^t\sin(\theta t)$ 也是齐次差分方程（10.11）的线性无关的特解，所以 $y_t = \lambda^t[C_1\cos(\theta t) + C_2\sin(\theta t)]$（$C_1, C_2$ 是任意常数）是齐次差分方程（10.11）的通解.

【例 10.13】　求 $y_{t+2} + 4y_t = 0$ 的通解.

解　其特征方程 $\lambda^2 + 4 = 0$，特征根为 $-2i$、$2i$，且 $\lambda = \sqrt{0^2 + 2^2} = 2, \theta = \frac{\pi}{2}$. 原方程有通解

$$y_t = 2^t\left[C_1\cos\left(\frac{\pi}{2}t\right) + C_2\sin\left(\frac{\pi}{2}t\right)\right], （C_1, C_2 \text{ 是任意常数}）.$$

10.3.2　二阶常系数线性非齐次差分方程

为了求得线性非齐次差分方程（10.10）的通解，在解得对应齐次方程的通解后，只需解得非齐次方程的一个特解. 与二阶常系数线性微分方程相类似，求二阶常系数线性差分方程（10.10）的一个特解，常用的方法仍是待定系数法.

当方程（10.10）的右端函数 $f(t)$ 为多项式函数或指数函数时，可采用与一阶常系数线性非齐次差分方程完全类似的待定系数法，通过适当地设定试解函数，求出非齐次方程（10.10）的特解.

情形 I　$f(t) = P_m(t)$（$P_m(t)$ 为 m 次多项式）方程（10.10）改写成

$$y_{t+2} + py_{t+1} + qy_t = P_m(t), \tag{10.14}$$

特征方程为

$$\lambda^2 + p\lambda + q = 0 . \tag{10.15}$$

方程（10.14）的特解形式为

$$y^* = t^s Q_m(t), \tag{10.16}$$

其中 $Q_m(t) = b_0 + b_1 t + b_2 t^2 + \cdots + b_m t^m$.

若 $1 + p + q \neq 0$（1 不是特征根），取 $s = 0$，特解形式为：

$$y^* = Q_m(t) . \tag{10.17}$$

若 $1 + p + q = 0, 2 + p \neq 0$（1 是单特征根），取 $s = 1$，特解形式为

$$y^* = tQ_m(t) . \tag{10.18}$$

若 $1 + p + q = 0, 2 + p = 0$（1 是二重特征根），取 $s = 2$，特解形式为

$$y^* = t^2 Q_m(t) . \tag{10.19}$$

将特解 y^* 代入原方程，再比较同次项系数确定 $b_0, b_1, b_2, \cdots, b_m$ 便得到一个特解.

【例 10.14】　求 $y_{t+2} + 4y_t = 2$ 的通解.

解　例 10.13 已经给出对应齐次方程的通解

$$\overline{y_t} = 2^t\left[C_1\cos\left(\frac{\pi}{2}t\right) + C_2\sin\left(\frac{\pi}{2}t\right)\right]$$

故只需求一个特解.

因为 1 不是特征根，故 $s=0$；又由于 $f(t)=2$，故 $Q_m(t)=b_0$.

令 $y^*=b_0$，将 y^* 代入原方程 $b_0+4b_0=2$，得到 $b_0=\dfrac{2}{5}$，所以它的通解为

$$y_t=2^t\left[C_1\cos\left(\frac{\pi}{2}t\right)+C_2\sin\left(\frac{\pi}{2}t\right)\right]+\frac{2}{5}，（C_1,C_2 \text{ 是任意常数}）.$$

【例 10.15】 求差分方程 $y_{x+2}-6y_{x+1}+8y_x=9$ 的通解及 $y_0=10,y_1=25$ 时的特解.

解 特征方程为 $\lambda^2-6\lambda+8=0$，即 $(\lambda-4)(\lambda-2)=0$，得到

$$\lambda_1=4,\lambda_2=2.$$

因此，对应的齐次方程的通解是

$$\overline{y}_x=C_14^x+C_22^x （C_1,C_2 \text{ 为任意常数}）.$$

因为 $1-6+8\neq0$，即 1 不是特征根，取 $s=0$；$f(t)=9$，故 $Q_m(t)=b_0$.

则 $y^*=b_0$，将 y^* 带入原方程 $b_0-6b_0+8b_0=9$，$b_0=3$. 故 $y^*=3$. 故所求方程的通解为 $y_x=C_14^x+C_22^x+3$ （C_1,C_2 为任意常数）.

由初始条件 $y_0=10,y_1=25$ 得

$$\begin{cases}C_1+C_2+3=10\\4C_1+2C_2+3=25\end{cases},$$

于是

$$C_1=4,C_2=3.$$

故满足初始条件的特解为

$$y_x=4^{x+1}+3\cdot2^x+3.$$

情形 Ⅱ 如果 $f(t)=\lambda^tP_m(t)$（$P_m(t)$ 是 m 次多项式，λ 是常数）则非齐次方程为

$$y_{t+2}+py_{t+1}+qy_t=\lambda^tP_m(t). \tag{10.20}$$

可以直接设其特解为

$$y^*=\lambda^tt^sQ_m(t). \tag{10.21}$$

其中 $Q_m(t)=(b_0+b_1t+b_2t^2+\cdots+b_mt^m)$. 当 λ 不是特征根时，取 $s=0$；当 λ 是单特征根时，取 $s=1$；当 λ 是二重特征根时，取 $s=2$. 将特解 y^* 代入原方程，再比较同次项系数确定 $b_0,b_1,b_2,\cdots,b_m$ 便得到一个特解.

【例 10.16】 求 $y_{t+2}+4y_t=2^t$ 的通解.

解 $\lambda=2$，不是特征根，故 $s=0$；$P_m(t)=1$，故 $Q_m(t)=b_0$.

则

$$y^*=b_0\cdot2^t,$$

代入方程得 $b_02^{t+2}+4b_02^t=2^t$，所以 $b_0=\dfrac{1}{8}$，所以其通解

$$y_t=2^t\left[C_1\cos\left(\frac{\pi}{2}t\right)+C_2\sin\left(\frac{\pi}{2}t\right)\right]+\frac{2^t}{8}（C_1,C_2 \text{ 是任意常数}）.$$

【例 10.17】 求差分方程 $y_{x+2}-4y_{x+1}+4y_x=2\cdot5^x$ 的通解.

解 特征方程为 $\lambda^2-4\lambda+4=0$，即 $(\lambda-2)^2=0$，特征根为 $\lambda_1=\lambda_2=2$.

因此对应的齐次差分方程的通解为

$$\overline{y}_x=C_12^x+C_2x2^x （C_1,C_2 \text{ 是任意常数}）.$$

因为 $\lambda=5$ 不是特征根，故 $s=0$；$P_m(t)=2$，故 $Q_m(t)=b_0$. 则 $y^*=b_0\cdot5^x$，代入方程得 $b_0=\dfrac{2}{9}$.

$$y^* = \frac{2}{9} \cdot 5^x.$$

故所求差分方程的通解为

$$y_x = (C_1 + C_2 x)2^x + \frac{2}{9} \cdot 5^x \ (C_1, C_2 \text{ 是任意常数}).$$

习题 10.3

1. 求差分方程 $y_{t+2} - 3y_{t+1} - 4y_t = 0$ 的通解.

2. 求差分方程 $y_{t+2} + 4y_{t+1} + 4y_t = 0$ 的通解.

3. 求差分方程 $y_{t+2} - 2y_{t+1} + 4y_t = 0$ 的通解.

4. 求差分方程 $y_{t+2} + y_{t+1} - 2y_t = 12$ 的通解及满足初始条件 $y_0 = 0, y_1 = 0$ 的特解.

5. 求差分方程 $y_{t+2} + 3y_{t+1} - 4y_t = t$ 的通解.

6. 求差分方程 $y_{t+2} + 2y_{t+1} + y_t = 3 \cdot 2^t$ 的通解.

7. 求差分方程 $y_{t+2} + y_{t+1} + \frac{1}{4} y_t = \left(-\frac{1}{2} \right)^t$ 的通解.

总习题 10

1. 填空题.

(1) 设 $y_t = t^2 + 3$，则 $\Delta^2 y_t = $ _____.

(2) 方程 $y_{t+1} - 2y_t = t$ 的通解为 _____.

(3) 差分方程 $y_{t-2} - y_{t-4} = y_{t+2}$ 的阶为 _____.

2. 选择题.

(1) 下列等式是差分方程的有 (   ).

    (A) $2\Delta y_x = y_x + x$ (B) $\Delta^2 y_x = y_{x+2} - 2y_{x+1} + y_x$

    (C) $-2\Delta y_x = 2y_x + 3x$ (D) $y(2x) + y(3x)x = 2^x$

(2) 下列差分方程为二阶的有 (   ).

    (A) $y_{x+2} + 4y_{x+1} + 3y_x = 3^x$ (B) $y_{x+2} - 3y_{x+1} = x$

    (C) $y_{x+2} - 4y_{x-1} = 3$ (D) $\Delta^2 y_x = y_x + 3x^2$

3. 验证下列各给定函数是其对应方程的解.

(1) $y_{t+1} - 2y_t = -8, \ y_t = c2^t + 8$；

(2) $y_{t+2} - 5y_{t+1} + 6y_t = 0, \ y_t = c_1 3^t + c_2 2^t$.

4. 求下列函数的差分.

(1) $y_x = c$ (c 为常数)；   (2) $y_x = a^x$；

(3) $y_x = \sin ax$.

5. 证明下列等式.

(1) $\Delta(u_x \cdot v_x) = u_{x+1} \Delta v_x + v_x \Delta u_x$；(2) $\Delta \left(\dfrac{u_x}{v_x} \right) = \dfrac{v_x \Delta u_x - u_x \Delta v_x}{v_x v_{x+1}}$.

6. 设 y_x, v_x, u_x 分别是下列差分方程的解：$y_{x+1} + ay_x = f_1(x)$，$y_{x+1} + ay_x = f_2(x)$，$y_{x+1} + ay_x = f_3(x)$.

求证：$Z_x = y_x + v_x + u_x$ 是差分方程 $y_{x+1} + ay_x = f_1(x) + f_2(x) + f_3(x)$ 的解.

7. 求下列差分方程的通解或在给定初始条件下的特解.

(1) $y_{t+1} - 5y_t = 3$，$y_0 = \dfrac{7}{3}$；

(2) $2y_{x+1} + y_x = 3^x$；　　　　(3) $y_{t+1} - y_t = 6t^2$

(4) $y_{x+2} - 2y_{x+1} - 8y_x = 0$；　　　(5) $y_{x+2} + 4y_t = 0$

(6) $y_{x+2} + y_{x+1} - 6y_x = 16$，$y_0 = 0$，$y_1 = -1$；　　　(7) $y_{x+2} - y_x = 2 \cdot 3^x$．

8. 设有价格调整方程 $P_{t+2} = \beta\gamma_0 + \beta\alpha(P_{t+1} - P_t)$，式中 P 是价格，β, α, γ_0 是正常数. 试就下面两种情况分别确定方程的解：(1) $\beta\alpha = 1$；(2) $\beta\alpha = 2$.

知识窗 10　微积分的诞生与发展

微积分是与科学应用联系着发展起来的，从微积分成为一门学科来说，是在 17 世纪，但是微分和积分的思想在古代就已经产生了.

一、萌芽时期

公元前 3 世纪，古希腊的阿基米德在研究解决抛物弓形的面积、球和球冠面积、螺线下面积和旋转双曲体的体积问题中，就隐含着近代积分学的思想. 作为微分学基础的极限理论来说，早在古代已有比较清楚的论述. 比如我国的庄周所著的《庄子》一书的《天下篇》中，记有"一尺之棰，日取其半，万世不竭". 三国时期的刘徽在他的割圆术中提到"割之弥细，所失弥小，割之又割，以至于不可割，则与圆周和体而无所失矣." 这些都是朴素的，也是很典型的极限概念.

到了 17 世纪，有许多科学问题需要解决，这些问题也就成了促使微积分产生的因素. 归结起来，大约有四种主要类型的问题：第一类是研究运动的时候直接出现的，也就是求即时速度的问题；第二类问题是求曲线的切线的问题；第三类问题是求函数的最大值和最小值问题；第四类问题是求曲线长、曲线围成的面积、曲面围成的体积、物体的重心、一个体积相当大的物体作用于另一物体上的引力.

17 世纪的许多著名的数学家、天文学家、物理学家都为解决上述几类问题作了大量的研究工作，如法国的费马、笛卡儿、罗贝瓦、笛沙格；英国的巴罗、沃利斯；德国的开普勒；意大利的卡瓦列里等人都提出许多很有建树的理论，为微积分的创立做出了贡献. 17 世纪下半叶，在前人工作的基础上，英国大科学家牛顿和德国数学家莱布尼茨分别在自己的国度里独自研究和完成了微积分的创立工作. 他们的最大功绩是把两个貌似毫不相关的问题联系在一起，一个是切线问题（微分学的中心问题），一个是求积问题（积分学的中心问题）.

二、17 世纪的大发展——牛顿和莱布尼茨的贡献

中世纪时期，欧洲科学发展停滞不前，人类对无穷、极限和积分等观念的想法都没有什么突破. 中世纪以后，欧洲数学和科学急速发展，微积分的观念也于此时趋于成熟. 在积分方面，1615 年，开普勒（Kepler）把酒桶看作一个由无数圆薄片积累而成的物件，从而求出其体积. 而伽利略（Galileo）的学生卡瓦列里（Cavalieri）即认为一条线由无穷多个点构成，一个面由无穷多条线构成，一个立体由无穷多个面构成. 这些想法都是积分法的前驱.

在微分方面，17 世纪人类也有很大的突破. 费马（Fermat）在一封给罗贝瓦（Roberval）的信中，提及计算函数的极大值和极小值的步骤，而这实际上已相当于现代微分学中所用设函数导数为零，然后求出函数极值点的方法. 另外，巴罗（Barrow）亦已经懂得透过"微分三角形"（相当于以 $\mathrm{d}x$、$\mathrm{d}y$、$\mathrm{d}s$ 为边的三角形）求出切线的方程，这和现今微分学中用导数求切线的方法是一样的. 由此可见，人类在 17 世纪已经掌握了微分的要领.

然而，直至 17 世纪中叶，人类仍然认为微分和积分是两个独立的观念. 就在这个时候，

牛顿和莱布尼茨将微分及积分两个貌似不相关的问题，透过"微积分基本定理"或"牛顿-莱布尼茨公式"联系起来，说明求积分基本上是求微分之逆，求微分也是求积分之逆．这是微积分理论中的基石，是微积分发展一个重要的里程碑．

微积分诞生以后，逐渐发挥出它非凡的威力，过去很多初等数学束手无策的问题，至此往往迎刃而解．例如，雅各布·伯努利（Jacob Bernoulli）用微积分的技巧，发现对数螺线经过各种适当的变换之后，仍然是对数螺线．他的弟弟约翰·伯努利（Johann Bernoulli）在 1696 年提出一个"最速降线"问题："一质点受地心吸力的作用，自较高点下滑至较低点，不计摩擦，问沿着什么曲线时间最短？"这个问题后来促使了变分学诞生．欧拉（Euler）的著作亦总结了自 17 世纪微积分的全部成果．

尽管如此，微积分的理论基础问题，仍然在当时的数学界引起很多争论．牛顿的"无穷小量"，有时是零，有时又不是零，他的极限理论也是十分模糊的．莱布尼茨的微积分同样不能自圆其说．这个问题要到 19 世纪才得到完满的解答，所以微积分在当时，惹来不少反对的声音，当中包括数学家罗尔（Rolle）．尽管如此，罗尔本身亦曾提出一条与微积分有关的定理：他指出任意的多项式 $f(x) = a + bx + cx^2 + dx^3 + \cdots$ 的任何两个实根之间都存在至少一个 $b + 2cx + 3dx^2 + \cdots = 0$ 的实根．熟悉微积分的朋友会知道，$b + 2cx + 3dx^2 + \cdots$ 其实是 $f(x) = a + bx + cx^2 + dx^3 + \cdots$ 的导数．后人将这条定理推广至可微函数，发现若函数 $f(x)$ 可微，则在 $f(x) = 0$ 的任何两个实根之间，方程 $f'(x) = 0$ 至少有一个实根．这条定理被冠为"罗尔定理"，视为微分学的基本定理之一．由此可见，在挑战微积分的理论基础的同时，数学家已经就微积分的发展作出了很大的贡献．

三、19 世纪基础的奠定

微积分的发展迅速，使人来不及检查和巩固微积分的理论基础．19 世纪，许多迫切问题基本上已经解决，数学家于是转向微积分理论的基础重建，人类亦终于首次给出极限、微分和积分等概念的严格定义．

1816 年，波尔查诺（Bolzano）在人类历史上首次给出连续函数的近代定义．继而在 1821 年，柯西（Cauchy）在他的《教程》中提出 e 方法，后来在 1823 年的《概要》中他改写为 d 方法，把整个极限过程用不等式来刻画，使无穷的运算化为一系列不等式的推算，这就是所谓极限概念的"算术化"．后来魏尔斯特拉斯（Weierstrass）将 e 和 d 联系起来，完成了 e-d 方法，这就是现代极限的严格定义．

有了极限的严格定义，数学家便开始尝试严格定义导数和积分．在柯西之前，数学家通常以微分为微积分的基本概念，并把导数视作微分的商．然而微分的概念模糊，因此把导数定义作微分的商并不严谨．于是柯西《概要》中直接定义导数为差商的极限，这就是现代导数的严格定义，为现代微分学的基础．

在《概要》中，柯西还给出连续函数的积分的定义：设 $f(x)$ 为在 $[a, b]$ 上连续的函数，则任意用分点 $a = x_0 < \cdots < x_n = b$，将 $[a, b]$ 分为 n 个子区间 $[x_{i-1}, x_i]$（$i = 1, 2, \cdots, n$），如果和式 $S = \sum\limits_{i=1}^{n} f(x_{i-1})(x_i - x_{i-1})$ 当最大子区间的长度趋向 0 时，极限存在，则此极限称为函数 $f(x)$ 在 $[a, b]$ 上的积分．这跟现代连续函数积分的定义是一致的．

后来黎曼（Riemann）推广了柯西的定义．黎曼的定义跟柯西的定义不同的地方在于和式 S 的定义，在黎曼的定义中，和式 S 定义为

$$S = \sum_{i=1}^{n} f(\xi_{i-1})(x_i - x_{i-1}).$$

留意黎曼在黎曼和中用了 $[x_{i-1}, x_i]$ 中任意一点 ξ_{i-1}，而柯西在其和式 S 中则永远选取子区间 $[x_{i-1}, x_i]$ 的左端点 x_{i-1}。我们说黎曼推广了柯西的定义，是因为对所有在 $[a, b]$ 上连续的函数，柯西积分的值跟黎曼积分的值一样，而且有一些在 $[a, b]$ 上不连续的函数，当最大子区间的长度趋向 0 时 S 的极限依然存在。这就是现在所用的"黎曼积分"的定义。至此，微积分理论的基础重建已经大致完成。

柯西以后，微积分逻辑基础发展史上的最重大事件是人类从集合理论出发，建立了实数理论——我们说实数理论的建立是微积分理论发展史上的一件大事，是因为微积分的理论用上了很多实数的性质。这实数理论的建立，主要功劳归于戴德金（Dedekind）、康托尔（Cantor）、魏尔斯特拉斯等人。1872 年，梅雷（Méray）提出的无理数定义，和同一年康托尔提出用有理"基本序列"来定义无理数实质相同。有了实数理论，加上集合论和极限理论，微积分就从三百年来，首次有了巩固的逻辑基础，而微积分的理论亦终于趋于完备。

部分习题参考答案与提示

第1章

习题 1.1

1. (1) $g\left(-\sin\dfrac{\pi}{2}\right)=\sin 1$； (2) $f(x_0+h)-f(x_0)=2x_0h+h^2+2h$； (3) $f(x)=(1+x)^2$； (4) $f(x)=\dfrac{1}{x^2}+\dfrac{3}{x}+3$； (5) $f\left[\dfrac{1}{f(x)}\right]=1-x$； (6) $f(x)=\dfrac{c(ax^2-b)}{(a^2-b^2)x}$.

2. (1) $x\in(-3,+\infty)$； (2) $x\in\left(-\dfrac{1}{2},1\right)\bigcup(1,+\infty)$； (3) $x\in(0,1)\bigcup(1,4)$； (4) $x\neq 4$ 且 $x\neq 5$ 且 $x\neq 6$.

3. (1) $x\in[1,3]$； (2) $x\in[-2,2]$； (3) $x\in[a,1-a]$.

4. (1) $[1,5]$； (2) $[1,\sqrt{3}]$.

5. (1) $y=x^2+1,\ x\in(-\infty,0]$； (2) $y=2\tan(x-\pi),\ x\in\left(k\pi+\dfrac{\pi}{2},\ k\pi+\dfrac{3}{2}\pi\right)$, $k\in\mathbf{Z}$； (3) $y=\log_2(x+1);\ x\in(-1,+\infty)$； (4) $y=4^{2x-1}$.

6. $(x-1)^2+y^2=1$.

习题 1.2

1. (1) A； (2) A； (3) A； (4) D.   2. (1) $\dfrac{1}{2}$，(2) $\dfrac{\sqrt{2}}{2}$； (3) 5； (4) 2.

3. $1<a<\dfrac{4}{3}$.   4. $x>\dfrac{3}{2}$ $(0<a<1)$；无解 $(a>1)$.

习题 1.3

1. 成本函数：$C=200+10q$，平均成本函数：$\overline{C}=\dfrac{200}{q}+10$；收益函数：$R=50p-2p^2$，利润函数：$L=70p-2p^2-700$.

2. (1) $p = \dfrac{60 - q}{4}$；　(2) $R = \dfrac{60 - q}{4} \cdot q$.　3. $R(q) = \begin{cases} 100q, & 0 \leqslant q \leqslant 20 \\ 400 + 80q, & 20 < q \leqslant 50 \\ 900 + 70q, & 50 < q \end{cases}$.

4. (1) $R(q) = q(1 - q)$；　(2) $R = \dfrac{2}{9}$.　5. $\dfrac{539}{39}$.

总习题 1

1. (1) $\dfrac{1}{(x-1)^2} + \dfrac{3}{x-1} + 3$；　(2) $\begin{cases} 1, & -1 < x < 0 \\ e^x, & 0 \leqslant x \leqslant 1 \end{cases}$；　(3) $y = 10^{x-1} - 2$.

2. (1) B；　(2) D；　(3) D.

3. (1) $[-3, 3]$；　(2) $[a - \varepsilon, a + \varepsilon]$；　(3) $(-\infty, -5) \bigcup (1, +\infty)$.

4. (1) 不是，定义域不能是空集；　(2) 不是，定义域不能是空集.

5. (1) 不相同，定义域不同；　(2) 不相同，定义域不相同.

6. $e^{-2}, 3, 15, 3, 3$.　7. $x^2(x-1)^2, x^2(x^2 - 1), 0, 1$.

8. $\dfrac{1 + x}{1 - x}, \dfrac{-x}{2 + x}, \dfrac{x - 1}{x + 1}$.

9. $(x - 3)^2 + \cos(x - 3), (2x - 1)^2 + \cos(2x - 1)$.

10. (1) $(0, 1)$；　(2) $[1, 4]$；　(3) $[-4, -\pi] \bigcup [0, \pi]$；　(4) $[-3, -2) \bigcup (3, 4]$.

11. $y = \begin{cases} 4 + 2x & x < \dfrac{1}{2} \\ 6 - 2x & x \geqslant \dfrac{1}{2} \end{cases}$，图略.

12. (1) 偶；　(2) 非奇非偶；　(3) 奇；　(4) 奇.

13. (1) 在 $(-\infty, +\infty)$ 内单调减；　(2) 在 $(-\infty, 0]$ 内单调增，在 $[0, +\infty)$ 内单调减. 在 $(-\infty, +\infty)$ 内非单调函数.

14. (1) 4π；　(2) π.

15. (1) $y = \dfrac{1 - x}{1 + x}$；　(2) $y = 4^{2x - 1}$.

16. (1) $y = \sqrt{u}, u = 1 - \sin x$；　(2) $y = u^2, u = \cos v, v = \omega^{\frac{1}{2}}, \omega = x + 1$；　(3) $y = \sqrt{u}$, $u = \ln v, v = \sqrt{x}$.

17. (2) 代入法；　(3) 代入法.

18. $y = \begin{cases} 8, & 0 < x \leqslant 20 \\ 16, & 20 < x \leqslant 40 \\ 24, & 40 < x \leqslant 60 \end{cases}$.

19. $R = \begin{cases} 250x, & 0 \leqslant x \leqslant 600 \\ 250 \times 600 + (250 - 20)(x - 600), & 600 < x \leqslant 800 \\ 250 \times 600 + 230 \times 200, & x > 800 \end{cases}$.

第 2 章

习题 2.1

1. (1) 0；(2) 0；(3) 2；(4) 1；(5) 1；(6) 0.

习题 2.3

5. 不是.　　6. 水平渐近线 $y=0$，铅直渐近线 $x=0$ 和 $x=2$.

习题 2.4

1. (1) $\dfrac{8}{3}$；　(2) 0；　(3) 0；　(4) $2a$；　(5) 0；　(6) $\dfrac{1}{5}$；　(7) -1；　(8) 1；

(9) $\dfrac{3}{2}$；(10) 2.

2. $a=1,b=2$.　　3. $a=25,b=-20$.

4. (1) $A=0,B=1$；　(2) $A=0,B=0$；　(3) $A=\dfrac{2}{5},B=-3$.

习题 2.5

1. (1) 3；(2) 1；　(3) $\dfrac{a}{4}$；　(4) ∞；　(5) $\dfrac{1}{2}$；　(6) 1.

2. (1) e^2；(2) e^9；　(3) e^9；　(4) e^{-4}.

习题 2.6

5. (1) $\dfrac{2}{5}$；(2) $\begin{cases}0, & n>m \\ \infty, & n<m \\ 1, & n=m\end{cases}$；　(3) $\dfrac{1}{2}$；　(4) $\dfrac{12}{5}$.　　6. $a=-\dfrac{3}{2}$.

习题 2.7

2. (1) $x=1$ 为可去间断点；$x=2$ 为第二类间断点；(2) $x=1$ 为跳跃间断点.

3. $f(0^+)=0$ $f(0^-)=1$，$\lim\limits_{x\to 0}f(x)$ 不存在，$x=0$ 为跳跃间断点；$\lim\limits_{x\to 1}f(x)=0$.

4. $a=\dfrac{2}{3},b=3$.

5. (1) $\sqrt{5}$；(2) $\dfrac{1}{2}$；　(3) 0；　(4) 2；　(5) 1；　(6) $\sqrt{\mathrm{e}}$；　(7) 0；　(8) e^3.

6. $x=\pm 1$ 是跳跃间断点.

习题 2.8

2. 提示：令 $\varphi(x)=f(x)-x$.　　4. 提示：令 $\varphi(x)=f(x)-g(x)$.

总习题 2

1. (1) -2；　(2) $-\dfrac{\sqrt{2}}{6}$；　(3) 2；　(4) $y=\dfrac{1}{5}$；　(5) 0.

2. (1) D；(2) A；　(3) D；　(4) B；　(5) A.

3. (1) ∞；　(2) $\dfrac{1}{2}$；　(3) $\dfrac{1}{3}$；　(4) 1；　(5) $-\dfrac{1}{2}$；　(6) 1；　(7) $\dfrac{2}{3}$；　(8) $\dfrac{1}{2}$；　(9)

$\dfrac{2}{3}\sqrt{2}$；　(10) -1；　(11) $\dfrac{1}{2}$；　(12) $\dfrac{1}{8}$；　(13) e^4；　(14) e^{-2}；　(15) e^2；　(16) 1.

4. $a = -8$.　　5. 铅直渐近线 $x = 0$，斜渐近线 $y = x + 3$.

7. $x = 0$ 是第一类间断点.　　8. $x = 0$ 是第一类间断点，$x = 1$ 是第二类间断点.

9. $x = 1$ 和 $x = -1$ 都是第一类间断点.　　10. (1) $a = 1$；(2) $a = 1, b = 0$.

11. $a = 1, b = 1$.　　12. $a = -\pi, b = 0$.

第 3 章

习题 3.1

1. (1) 连续；不可导；(2) 连续；不可导.　　2. $a = 2, b = 0$.

3. (1) $f'(x_0)$；　(2) $3f'(x_0)$.　　4. $\left(\dfrac{1}{6}, \sqrt[3]{\dfrac{1}{6}}\right)$.　　5. e.

6. $\left(\dfrac{1}{2}, \dfrac{1}{4}\right)$；$x - y - \dfrac{1}{4} = 0$.

7. 切线方程为：$3x - y - 2 = 0$；法线方程为：$x + 3y - 4 = 0$.

8. $0, 1$, 不存在.　　9. $f'(x) = \begin{cases} 3x^2, & x < 0 \\ 2^x \ln 2, & x > 0 \end{cases}$.

10. $f'(x) = 2|x|$.

习题 3.2

1. (1) $\dfrac{4t}{(1-t^2)^2}$；　(2) $\dfrac{1 - \ln x}{x^2}$；　(3) $\dfrac{(\sin t + t\cos t)(1 + \tan t) - t\sin t \cdot \sec^2 t}{(1 + \tan t)^2}$；

(4) $-\dfrac{x}{\sqrt{a^2 - x^2}}$；　(5) $-\dfrac{4x}{3\sqrt[3]{1 - x^2}}$；　(6) $-2\sin[\cos(\cos 2x)] \cdot \sin(\cos 2x) \cdot \sin(2x)$；

(7) $\dfrac{1}{\sqrt{1 + x^2}}$；　(8) $y = (x+2)(x+3) + (x+1)(x+3) + (x+1)(x+2)$；　(9) $2x \cdot$

$2^{x^2}\ln 2$；(10) $\dfrac{1}{1 + x^2}$；　(11) $y = \sec^2 \dfrac{x}{2} \cdot \tan \dfrac{x}{2} - \csc^2 \dfrac{x}{2} \cdot \cot \dfrac{x}{2}$.

2. $(e^2, 4)$ 及 $(1, 0)$.　　3. $(0, 1)$.　　4. $\dfrac{1}{3x}$.

5. (1) $\dfrac{4f(x)f'(x)\sqrt{g(x)} + g'(x)}{4\sqrt{g(x)}\left[f^2(x) + \sqrt{g(x)}\right]}$；　(2) $y = e^{-f(x)}[g'(x) - g(x)f'(x)]$.

6. $x'(y) = \dfrac{1 + x}{x + 2 - (1 + x)\cos x}$.

7. (1) $y' = \dfrac{e^y - y}{x(1 - e^y)}$；　(2) $\dfrac{y - x}{x + y}$；　(3) $\dfrac{2x - y}{x - 2y}$.

8. (1) $-a(1 + t\cot t)$；　(2) $-\tan t$.

9. (1) $\dfrac{x^2}{1 - x} \cdot \sqrt[3]{\dfrac{3 - x}{(3 + x)^2}}\left[\dfrac{2}{x} + \dfrac{1}{1 - x} + \dfrac{x - 9}{3(9 - x^2)}\right]$；

(2) $\dfrac{\sqrt{x}\sin x^2}{(x + 3)^2 \ln x}\left(\dfrac{1}{2x} + 2x\cot x^2 - \dfrac{2}{x + 3} - \dfrac{1}{x\ln x}\right)$；

(3) $x^x(1 + \ln x)$；　(4) $(\sin x)^{\ln(1-x)}\left[\ln(1 - x) \cdot \cot x - \dfrac{\ln\sin x}{1 - x}\right]$；

(5) $(\ln x)^{\tan 2x}\left[\dfrac{\tan 2x}{x\ln x}+2\ln(\ln x)\cdot\sec^2 2x\right]$；　(6) $e^{\sin x}\cos x$；　(7) $\dfrac{1}{1+x^2}$；　(8) 0.

习题 3.3

1. (1) $e^{-x}\left[f''(e^{-x})e^{-x}+f'(e^{-x})\right]$；　(2) $\dfrac{f''(x)f(x)-\left[f'(x)\right]^2}{\left[f(x)\right]^2}$．

2. -2．　3. (1) $\dfrac{-2}{e^{2t}(1+t)}$；　(2) -4．

4. (1) $a_0 n!$；　(2) $2^{n-1}\cos\left(2x+\dfrac{n\pi}{2}\right)$；　(3) $n!\left[\dfrac{(-1)^n}{x^{n+1}}+\dfrac{1}{(1-x)^{n+1}}\right]$．

5. $\dfrac{2-\ln x}{x(\ln x)^3}$．

习题 3.4

1. (1) $\ln|x|+C$；　(2) $\arctan t+C$；　(3) $e^{x^2}+C$；　(4) $\dfrac{1}{2}\tan 2x+C$．

2. (1) $a\sec^2(ax+b)dx$；　(2) $e^x(\tan x+\sec^2 x+1)dx$；　(3) $2\sec^2(e^x)\tan(e^x)\cdot e^x dx$；　(4) $-\sec x\, dx$．

3. $dy=\dfrac{y\left[\cos(x+y)-e^x\ln y\right]}{e^x-y\cos(x+y)}dx$；　$y'=\dfrac{y\left[\cos(x+y)-e^x\ln y\right]}{e^x-y\cos(x+y)}$．

4. (1) 设 $f(t)=e^t$，在区间 $[0,x]$ 上用近似公式 $f(x)\approx f(0)+f'(0)(x-0)$；(2)、(3)、(4) 证明类似.

5. (1) 0.99；　(2) 2.0017；　(3) 0.01；　(4) 1.05.

总习题 3

1. $f(x)=xe^{3x}$，$f'(x)=e^{3x}(1+3x)$．　2. (1) $\dfrac{2(x^2+y^2)}{(x-y)^3}$；　(2) $-\dfrac{b^4}{a^2y^3}$．

3. $2012!$．　4. $f'(x)=\begin{cases}\dfrac{1}{x+1}, & x\geqslant 0 \\[2mm] \dfrac{(2x^2-1)e^{x^2}+1}{x^2}, & x<0\end{cases}$．

5. $\dfrac{dx}{dy}=\dfrac{1}{y'}$，$\dfrac{d^2x}{dy^2}=\dfrac{d\left(\frac{1}{y'}\right)}{dy}=\dfrac{d\left(\frac{1}{y'}\right)}{dx}\cdot\dfrac{dx}{dy}=-\dfrac{y''}{(y')^2}\cdot\dfrac{1}{y'}=-\dfrac{y''}{(y')^3}$．

6. $f(a)+ab$．　7. (1) 1；　(2) $\ln 2-1$；　(3) -1．　8. $a=\dfrac{1}{2}f''(0)$，$b=f'(0)$，$c=f(0)$．

9. 提示：在函数 $p(x)=f_1(x)f_2(x)\cdots f_n(x)\neq 0$ 两端取对数再求导.

10. B．　11. $\dfrac{x}{x+1}$．　12. $6e^{6x}$．　13. $\dfrac{nx^{n+1}-(n+1)x^n+1}{(1-x)^2}$．　14. 16.

15. 4．　16. 1．　17. $x+2y=0$.

第 4 章

习题 4.1

1. (1) 0； (2) 2； (3) 0.

2. (1) 满足，$\dfrac{\sqrt{3}a}{3}$； (2) 满足，$\dfrac{1}{\ln 2}$； (3) 满足，$\dfrac{5-\sqrt{43}}{3}$.

3. 提示：设 $f(x)=a_0 x^4+a_1 x^3+a_2 x^2+a_3 x+a_4=0$ 的四个实根分别为：$a<b<c<d$，则 $f'(x)=4a_0 x^3+3a_1 x^2+2a_2 x+a_3$ 分别在区间 $[a，b]$、$[b，c]$、$[c，d]$ 上满足罗尔定理.

4. 提示：(1) 设 $f(x)=\sin x$ 在区间 $[x_1，x_2]$ 上应用拉格朗日定理；
(2) 设 $f(x)=\ln x$ 在区间 $[a，b]$ 上应用拉格朗日定理.

5. 3 个.

习题 4.2

1. (1) $\dfrac{n}{m}a^{n-m}$； (2) 1； (3) $\dfrac{3}{2}$； (4) $\dfrac{\ln 2}{6}$； (5) $-\dfrac{1}{3}$； (6) 2e； (7) $\dfrac{\ln 6}{2}$；

(8) 2； (9) 1； (10) $-\dfrac{e}{2}$； (11) e^{-1}； (12) $2\sqrt[3]{3}$； (13) e^{-1}； (14) 0； (15) 1.

3. $f'(x)=\begin{cases}\dfrac{x\cos x-\sin x}{x^2}-1, & x\neq 0 \\ -1, & x=0\end{cases}$.

习题 4.3

1. (1) $x\in(-\infty，-1]$ 时函数单调递增、$x\in[-1，\dfrac{1}{3}]$ 时函数单调递减、$x\in[\dfrac{1}{3}，+\infty)$ 时函数单调递增；

(2) $x\in(0，2]$ 时函数单调递减，$x\in[2，+\infty)$ 时函数单调递增；

(3) $x\in(-\infty，0]$ 时函数单调递增，$x\in[0，+\infty)$ 时函数单调递减；

(4) $x\in(0，\dfrac{1}{2}]$ 时函数单调递减，$x\in[\dfrac{1}{2}，+\infty)$ 时函数单调递增；

(5) $x\in(-\infty，0]$ 时函数单调递增，$x\in[0，+\infty)$ 时函数单调递减.

4. (1) 极大值 $f(-1)=10$；极小值 $f(3)=-22$； (2) 极小值 $f(0)=0$； (3) 极大值 $f(0)=0$，极小值 $f(\dfrac{2}{5})=-\dfrac{3}{5}\sqrt[3]{\dfrac{4}{25}}$.

5. (1) 最大值 $f(e)=e^{\frac{1}{e}}$； (2) 最小值 $f(-5)=\sqrt{6}-5$，最大值 $f(\dfrac{3}{4})=\dfrac{5}{4}$；

(3) 最大值 $f(\dfrac{1}{5})=\dfrac{1}{5}$.

6. 提示：证明 $f'(x)$ 在区间 $(-\infty，+\infty)$ 上符号不变.

习题 4.4

1. (1) $x\in(-\infty，-\dfrac{\sqrt{2}}{2}]$ 时为凹弧；$x\in[-\dfrac{\sqrt{2}}{2}，\dfrac{\sqrt{2}}{2}]$ 时为凸弧；$x\in[\dfrac{\sqrt{2}}{2}，+\infty)$ 时

为凹弧；

(2) $x \in (-\infty, -3)$时为凸弧；$x \in (-3, 6]$时仍为凸弧；$x \in [6, +\infty)$时为凹弧；

(3) $x \in (-\infty, -1]$时为凸弧；$x \in [-1, 1]$时为凹弧；$x \in [1, +\infty)$时为凸弧.

2. $a = -\dfrac{3}{2}, b = \dfrac{9}{2}$.　　3. 提示：设 $f(x) = x^n$，当 $n > 1, x > 0, y > 0$ 时证明其为凹函数.

4. $k = \pm \dfrac{\sqrt{2}}{8}$.

习题 4.5

1. $C(100) = 205, \overline{C(100)} = 2.05, C'(100) = 0.025$.

2. $R(30) = 120, \overline{R(30)} = 4, R'(30) = -2$.

3. $Q = 300$ 时利润最大，最大利润为 25000.

4. (1) -24，表明当价格为 6 时，再价格提高（或降低）1 个单位，需求会降低 24 个单位（或增加 24 个单位）；

(2) 1.85，表明价格上涨（下降）1%，则需求减少（增加）1.85%；

(3) $P = 5$ 时总收益最大，最大收益为 500.

总习题 4

1. (1) $a_1 a_2 \cdots a_n$;　　(2) $\ln x$;　　(3) $\dfrac{1}{n!}$;　　(4) $\dfrac{1}{6}$;　　(5) $-\dfrac{1}{\pi}$;　　(6) $\dfrac{1}{6}$;　　(7) $\dfrac{3}{2}$;　(8) -2.

2. 提示：对函数 $f(x) = \dfrac{e^x}{x}$，$g(x) = \dfrac{1}{x}$ 应用柯西定理.

3. $a = -3, b = \dfrac{11}{2}$.

4. $a = -1$ 时，$f(x)$ 在 $x = 0$ 处连续；$a = -2$ 时，$x = 0$ 是 $f(x)$ 的可去间断点.

5. 凸弧.

6. 提示：对 $f(x) = x \sin x + 2\cos x + \pi x$ 在 (a, b) 上应用拉格朗日定理.

7. 提示：在区间 $[0, 2]$ 上对函数 $f(x)$ 应用介值定理可得：存在点 η，使得 $f(\eta) = \dfrac{f(0) + f(1) + f(2)}{3} = 1$，再在 $[\eta, 3]$ 上用罗尔定理.

8. 设 $f(x) = \ln(1 + x)$，在区间 $\left[0, \dfrac{1}{n}\right]$ 上应用拉格朗日定理.

9. 6.

10. $\dfrac{3}{2} e$.　11. $e^{-\sqrt{2}}$.　12. $\dfrac{1}{12}$.　13. $e^{-\frac{1}{2}}$.　14. $-\dfrac{1}{2}$.

15. 设 $f(x) = 4\arctan x - x + \dfrac{4\pi}{3} - \sqrt{3}$，用 $f'(x)$ 的符号讨论 $f(x)$ 在区间 (1) $(-\infty, -\sqrt{3})$；(2) $(-\sqrt{3}, \sqrt{3})$；(3) $(\sqrt{3}, +\infty)$ 上的单调性.

第5章

习题 5.1

1. (1) $\dfrac{2}{x+1}$；　(2) 0；　(3) $\arctan x + C$.

2. (1) C；　(2) B.

3. (1) $2\sqrt{x} + C$；　(2) $\dfrac{3}{13}x^{\frac{13}{3}} + C$；　(3) $\dfrac{1}{3}x^3 + x^2 - 4x + C$；

(4) $\dfrac{1}{5}x^5 + \dfrac{2}{3}x^3 + x + C$；　(5) $2\sqrt{x} + \dfrac{4}{3}x^{\frac{3}{2}} + \dfrac{2}{5}x^{\frac{5}{2}} + C$；　(6) $\dfrac{6}{17}x^{\frac{17}{6}} + \dfrac{3}{4}x^{\frac{4}{3}} + C$；

(7) $2e^x - 3\arcsin x + C$；　(8) $\tan x - \sec x + C$；　(9) $\dfrac{1}{2}(x - \sin x) + C$；

(10) $-\cot x - x + C$；　(11) $x - \arctan x + C$；　(12) $\dfrac{1}{3}x^3 + 2x - \arctan x + C$.

4. (1) $y = x^3 + 1$；　(2) $s = \dfrac{3}{2}t^2 - 2t + 5$；　(3) $C(x) = x^2 + 10x + 20$.

习题 5.2

(1) $\dfrac{1}{5}e^{5x+1} + C$；　(2) $-\dfrac{1}{2}\ln|3 - 2x| + C$；　(3) $-\dfrac{1}{10}(1 - 2x)^5 + C$；

(4) $-\dfrac{1}{2}\cos(x^2) + C$；　(5) $\dfrac{1}{3}\sqrt{2 + 3x^2} + C$；　(6) $2\sqrt{\sin x - \cos x} + C$；

(7) $\dfrac{1}{6}\sin^3(2x + 1) + C$；　(8) $\dfrac{1}{7}\tan^7 x + C$；　(9) $\ln|\ln x| + C$；　(10) $-\dfrac{1}{x\ln x} + C$；

(11) $\sin x - \dfrac{1}{3}\sin^3 x + C$；　(12) $-\dfrac{1}{12}\cos 6x - \dfrac{1}{4}\cos 2x + C$；　(13) $\arctan e^x + C$；

(14) $\dfrac{3}{2}(x+1)^{\frac{2}{3}} - 6(x+1)^{\frac{1}{3}} + 12\ln|(x+1)^{\frac{1}{3}} + 2| + C$；

(15) $\dfrac{6}{7}x^{\frac{7}{6}} - \dfrac{6}{5}x^{\frac{5}{6}} + 2x^{\frac{1}{2}} - 6x^{\frac{1}{6}} + 6\arctan x^{\frac{1}{6}} + C$；　(16) $\sqrt{2x} - \ln(1 + \sqrt{2x}) + C$；

(17) $\dfrac{1}{2}x^2 - 2\ln(x^2 + 4) + C$；　(18) $\ln\left|\dfrac{\sqrt{x^2+1} - 1}{x}\right| + C$；

(19) $\dfrac{1}{2}\ln(x^2 + 2x + 3) - \sqrt{2}\arctan\left(\dfrac{x+1}{\sqrt{2}}\right) + C$；　(20) $\dfrac{1}{4}\ln\left|\dfrac{2x-1}{2x+1}\right| + C$；

(21) $\dfrac{1}{5}\ln\left|\dfrac{x-2}{x+3}\right| + C$；　(22) $\dfrac{1}{4}\ln|(x+1)(x-3)^3| + C$；

(23) $\dfrac{a^2}{2}\arcsin\dfrac{x}{a} - \dfrac{x}{2}\sqrt{a^2 - x^2} + C$；　(24) $\dfrac{x}{\sqrt{1+x^2}} + C$；

(25) $\arcsin x + \dfrac{\sqrt{1-x^2}}{x} - \dfrac{1}{x} + C$；　(26) $\dfrac{1}{2}\ln(1 + x^2) + \dfrac{1+x}{2(1+x^2)} + \dfrac{1}{2}\arctan x + C$.

习题 5.3

(1) $-x\cos x + \sin x + C$；　(2) $x\ln x - x + C$；　(3) $x\arcsin x + \sqrt{1-x^2} + C$；

(4) $-\dfrac{1}{2}x e^{-2x}-\dfrac{1}{4}e^{-2x}+C$；　(5) $\dfrac{1}{3}x^3\ln x-\dfrac{1}{9}x^3+C$；　(6) $\dfrac{1}{2}e^{-x}(\sin x-\cos x)+C$；

(7) $-x^2\cos x+2x\sin x+2\cos x+C$；　(8) $-\dfrac{1}{x}(\ln^3 x+3\ln^2 x+6\ln x+6)+C$；

(9) $2e^{\sqrt{x-1}}(\sqrt{x-1}-1)+C$；　(10) $\dfrac{1}{2}x[\sin(\ln x)+\cos(\ln x)]+C$；

(11) $x\arccos\sqrt{x}+\dfrac{1}{2}\arcsin\sqrt{x}-\dfrac{\sqrt{x(1-x)}}{2}+C$；　(12) $\dfrac{1}{4}x^2(2\ln^2 x-2\ln x+1)+C$.

习题 5.4

(1) $\dfrac{1}{3}x^3-\dfrac{1}{2}x^2+x-\ln|x+1|+C$；

(2) $\ln|x^2+5x-10|+C$；

(3) $\dfrac{1}{2}\ln(x^2-2x+3)+\sqrt{2}\arctan\dfrac{x-1}{\sqrt{2}}+C$；

(4) $\dfrac{1}{3}x^3+\dfrac{1}{2}x^2-x-6\ln|x|+\dfrac{5}{2}\ln(1+x^2)+\arctan x+C$；

(5) $\dfrac{1}{2}\ln|x|-\dfrac{1}{3}\ln|x+1|-\dfrac{1}{12}\ln(x^2+2)-\dfrac{1}{3\sqrt{2}}\arctan\dfrac{x}{\sqrt{2}}+C$；

(6) $\dfrac{2}{3\sqrt{3}}\arctan\dfrac{2x+1}{\sqrt{3}}-\dfrac{2}{3\sqrt{15}}\arctan\dfrac{2x+1}{\sqrt{15}}+C$；

(7) $-\dfrac{\sqrt{2}}{8}\arctan\dfrac{x+1}{\sqrt{2}}+\dfrac{(x+1)(2x+5)}{4(x^2+2x+3)}+C$.

总习题 5

1. (1) $\dfrac{2}{\sqrt{\cos x}}+C$；　(2) $\dfrac{1}{2}(x^2-1)e^{x^2}+C$；　(3) $\dfrac{1}{2}\ln(x^2-6x+13)+4\arctan\dfrac{x-3}{2}+C$.

2. (1) B；　(2) B.

3. (1) $\dfrac{1}{2}\ln\left|\dfrac{e^x-1}{e^x+1}\right|+C$；　(2) $-\dfrac{1}{x+1}+\dfrac{1}{2(x+1)^2}+C$；　(3) $\ln|x-\sin x|+C$；

(4) $\dfrac{1}{3}\tan^3 x-\tan x+x+C$；　(5) $-\dfrac{1}{2}\ln|\csc x-\cot x|-\dfrac{1}{2}\csc x\cdot\cot x+C$；

(6) $x-\tan\dfrac{x}{2}+C$；　(7) $-\dfrac{\sqrt{1+x^2}}{x}+C$；　(8) $\dfrac{1}{6}\arctan(x^3)+\dfrac{x^3}{6(1+x^6)}+C$；

(9) $-\dfrac{1}{\ln x}+C$；　(10) $\dfrac{1}{4}x^2-\dfrac{1}{4}x\sin 2x-\dfrac{1}{8}\cos 2x+C$；　(11) $\dfrac{1}{3}(1+x^2)^{\frac{3}{2}}-\sqrt{1+x^2}+C$.

第 6 章

习题 6.1

1. (1) $e-1$；　(2) 16.　2. (1) $\dfrac{3}{2}$；　(2) $\dfrac{\pi}{4}$.

3. (1) $[0,45]$；　(2) $[3e^{-1},3e^8]$．　4. (1) $\int_1^3 x^3\mathrm{d}x$ 较大；　(2) $\int_1^2 \ln x\mathrm{d}x$ 较大．

习题 6.2

1. (1) $2x\sqrt{1+x^4}$；　(2) $-x^2e^x$；　(3) $3x^2\cos(\pi x^3)-2x\cos(\pi x^2)$；　(4) $2x\int_0^{x^2}f(t)\mathrm{d}t$．

2. (1) $\dfrac{1}{2}$；　(2) e^2；　(3) $\dfrac{1}{3}$；　(4) e^2；　(5) $\dfrac{\pi^2}{4}$；　(6) $\dfrac{1}{2}$．

3. (1) 6；　(2) $\dfrac{73}{6}$；　(3) $\dfrac{\pi}{6}$；　(4) $\dfrac{1}{2}\ln 5$；　(5) $\dfrac{2\pi}{3}$；　(6) $1+\dfrac{\pi}{2}$；　(7) 2；　(8) $\dfrac{\pi^3}{24}+\dfrac{2}{3}$．

4. 1.　6. $x=0$ 时取得极小值，$x=1$ 时取得极大值．

习题 6.3

1. (1) $\dfrac{1}{4}$；　(2) $\dfrac{1}{28}$；　(3) $\dfrac{5}{2}$；　(4) $2(2-\sqrt{2})$；　(5) $7+2\ln 2$；　(6) $2+\dfrac{\pi}{2}-$
$2\arctan\dfrac{1}{2}$；　(7) $\dfrac{\pi}{3}$；　(8) $\ln(\sqrt{2}-1)-\ln(2-\sqrt{3})$；　(9) $-\dfrac{2\sqrt{3}}{3}+2+\ln(2+\sqrt{3})-\dfrac{1}{2}$
$\ln 3$；　(10) $\sqrt{3}-\dfrac{\pi}{3}$．

2. $\ln(1+e)$．

习题 6.4

1. (1) $\dfrac{1}{2}(1-e^{-\frac{\pi}{2}})$；　(2) $\dfrac{\pi}{4}-\dfrac{1}{2}$；　(3) $\ln(e+1)-\dfrac{e}{e+1}$；　(4) $\dfrac{e}{2}(\sin 1-\cos 1)+\dfrac{1}{2}$；
(5) $\dfrac{9-4\sqrt{3}}{36}\pi+\dfrac{1}{2}\ln\dfrac{3}{2}$；　(6) $\dfrac{1}{4}(1-\ln 2)$．

2. 3.　3. $\int_0^x f(t)\mathrm{d}t=\begin{cases}1-\cos x,0\leqslant x\leqslant 1\\ \dfrac{1}{4}(2x^2\ln x-x^2+5-4\cos 1),1<x\leqslant 2\\ x+2\ln 2-\cos 1-\dfrac{7}{4},2<x\end{cases}$．

习题 6.5

1. (1) $\dfrac{3}{2}-\ln 2$；　(2) $e+e^{-1}-2$；　(3) $\dfrac{7}{6}$；　(4) $\dfrac{7}{48}$；　(5) $\dfrac{1}{6}(a+1)^3$；　(6) 4.

2. $\dfrac{9}{4}$．　3. $\dfrac{1}{2}$．

4. (1) $\dfrac{8}{3}\pi$；　(2) $\pi^2-2\pi$；　(3) $\dfrac{576}{5}\pi$；　(4) $V_x=\pi(e-2)$，$V_y=\dfrac{\pi}{2}(e^2+1)$；
(5) $V_x=\dfrac{3\pi}{10}$，$V_y=\dfrac{3}{10}\pi$；　(6) $4\pi^2$．

5. $a=0$，$b=A$．　6. $100qe^{-\frac{q}{10}}$．　7. $\dfrac{1999}{3}$．

习题 6.6

1. (1) $\dfrac{1}{3}$；　(2) 发散；　(3) π；　(4) $\dfrac{3}{32}\pi^2$.　2. $\dfrac{\pi}{2}$.　3. $\dfrac{5}{2}$.

4. (1) 1；　(2) 发散；　(3) $\dfrac{8}{3}$；　(4) 发散.　5. (1) 36；　(2) $\dfrac{15}{4}$；　(3) 180.

总习题 6

1. (1) 0；　(2) $\ln 3$；　(3) $\dfrac{\pi}{4-\pi}$；　(4) $\dfrac{4}{\pi}-1$.

2. (1) A；　(2) A；　(3) A；　(4) B.　3. (1) $\dfrac{\pi}{6}$；　(2) $\dfrac{1}{2}$.

4. $f(x)$ 在 $x=0$ 处连续、可导，且 $f'(0)=0$.　5. $\dfrac{1}{e+1}+\ln\dfrac{e+1}{e}$.

6. (1) $\dfrac{\pi}{4}$；　(2) $\dfrac{\pi^2}{2}+2\pi-4$；　(3) $\dfrac{\pi}{4e}$；　(4) 发散.　7. $-\dfrac{1}{2}$.

8. (1) $V(\xi)=\dfrac{\pi}{2}(1-e^{-2\xi})$，$a=\dfrac{1}{2}\ln 2$；　(2) 所求点为 $(1,\,e^{-1})$，最大面积 $A=2e^{-1}$.

第 7 章

习题 7.1

1. (1) $x^4-2x^2y^2+2y^4$；　(2) $2y+(x-y)^2$.

2. (1) $\{(x,y)\,|\,x+y>0,x-y>0\}$；　(2) $\{(x,y)\,|\,y-x>0,x\geqslant 0,x^2+y^2<1\}$；

(3) $\{(x,y,z)\,|\,x^2+y^2-z^2\geqslant 0,x^2+y^2\neq 0\}$；　(4) $\{(x,y)\,|\,x^2+y^2\leqslant 1,y>\sqrt{x}\geqslant 0\}$.

3. (1) 1；　(2) $-\dfrac{1}{4}$；　(3) 2.

4. (1) $\lim\limits_{\substack{x\to 0\\x=y}}\dfrac{x^2y^2}{x^2y^2+(x-y)^2}=1$，$\lim\limits_{\substack{x\to 0\\y=2x}}\dfrac{x^2y^2}{x^2y^2+(x-y)^2}=0$；　(2) $\lim\limits_{\substack{y\to 0\\x=ky^2}}\dfrac{xy^2}{x^2+y^4}=\dfrac{k}{k^2+1}$.

5. $\{(x,y)\,|\,y^2-2x=0\}$.

习题 7.2

1. (1) $\dfrac{\partial s}{\partial u}=\dfrac{1}{v}-\dfrac{v}{u^2}$，$\dfrac{\partial s}{\partial v}=\dfrac{1}{u}-\dfrac{u}{v^2}$；

(2) $\dfrac{\partial z}{\partial x}=y[\cos(xy)-\sin(2xy)]$，$\dfrac{\partial z}{\partial y}=x[\cos(xy)-\sin(2xy)]$；

(3) $\dfrac{\partial z}{\partial x}=\dfrac{2}{y}\csc\dfrac{2x}{y}$，$\dfrac{\partial z}{\partial y}=-\dfrac{2x}{y^2}\csc\dfrac{2x}{y}$；

(4) $\dfrac{\partial u}{\partial x}=\dfrac{y}{z}x^{\frac{y}{z}-1}$，$\dfrac{\partial u}{\partial y}=\dfrac{1}{z}x^{\frac{y}{z}}\ln x$，$\dfrac{\partial u}{\partial z}=-\dfrac{y}{z^2}x^{\frac{y}{z}}\ln x$.

2. $\dfrac{\pi}{4}$.　3. $f_x(x,1)=1$.

4.　(1) $\dfrac{\partial^2 z}{\partial x^2}=\dfrac{2xy}{(x^2+y^2)^2}$, $\dfrac{\partial^2 z}{\partial y^2}=-\dfrac{2xy}{(x^2+y^2)^2}$, $\dfrac{\partial^2 z}{\partial x\partial y}=\dfrac{y^2-x^2}{(x^2+y^2)^2}$;

(2) $\dfrac{\partial^2 z}{\partial x^2}=y^x\ln^2 y$, $\dfrac{\partial^2 z}{\partial y^2}=x(x-1)y^{x-2}$, $\dfrac{\partial^2 z}{\partial x\partial y}=y^{x-1}(1+x\ln y)$.

5.　提示：$(0,0)$处的偏导数应按定义求

$$f_x(x,y)=\begin{cases}\dfrac{2xy^3}{(x^2+y^2)^2} & x^2+y^2\neq 0\\[2mm] 0 & x^2+y^2=0\end{cases},\quad f_y(x,y)=\begin{cases}\dfrac{x^2(x^2-y^2)}{(x^2+y^2)^2} & x^2+y^2\neq 0\\[2mm] 0 & x^2+y^2=0\end{cases}.$$

习题 7.3

1.　(1) $\mathrm{d}z=-\dfrac{x}{(x^2+y^2)^{\frac{3}{2}}}(y\mathrm{d}x-x\mathrm{d}y)$;　　(2) $\mathrm{d}z=yzx^{yz-1}\mathrm{d}x+zx^{yz}\ln x\mathrm{d}y+yx^{yz}\ln x\mathrm{d}z$.

2.　$\Delta z\approx 0.002$, $\mathrm{d}z=0.022$.　　*3.　2.95.　　*4.　$-0.2\mathrm{cm}$.

5.　$\Delta V\approx\mathrm{d}V=V_r\Delta r+V_h\Delta h=2\pi rh\Delta r+\pi r^2\Delta h=2\pi\times 20\times 100\times 0.05+\pi\times 20^2\times(-1)$
$=-200\pi(\mathrm{cm}^3)$.

习题 7.4

1.　$\dfrac{\partial z}{\partial x}=\dfrac{2x}{y^2}\ln(3x-2y)+\dfrac{3x^2}{(3x-2y)y^2}$, $\dfrac{\partial z}{\partial y}=-\dfrac{2x^2}{y^3}\ln(3x-2y)-\dfrac{2x^2}{(3x-2y)y^2}$.

2.　$\dfrac{\mathrm{d}z}{\mathrm{d}t}=\dfrac{3(1-4t^2)}{\sqrt{1-(3t-4t^3)^2}}$.　　3.　$\dfrac{\mathrm{d}u}{\mathrm{d}x}=\mathrm{e}^{ax}\sin x$.

*4.　(1) $\dfrac{\partial u}{\partial x}=2xf_1'+y\mathrm{e}^{xy}f_2'$, $\dfrac{\partial u}{\partial y}=-2yf_1'+x\mathrm{e}^{xy}f_2'$;

(2) $\dfrac{\partial u}{\partial x}=f_1'+yf_2'+yzf_3'$, $\dfrac{\partial u}{\partial y}=xf_2'+xzf_3'$, $\dfrac{\partial u}{\partial z}=xyf_3'$.

*5.　$\dfrac{\partial z}{\partial x}=\dfrac{3xf_1'-f(3x-y,\cos y)}{x^2}$, $\dfrac{\partial z}{\partial y}=-\dfrac{f_1'+f_2'\sin y}{x}$.

习题 7.5

1.　(1) $\dfrac{\mathrm{d}y}{\mathrm{d}x}=-\dfrac{\dfrac{\partial F}{\partial x}}{\dfrac{\partial F}{\partial y}}=\dfrac{y+x}{y-x}$;　　(2) $\dfrac{\mathrm{d}y}{\mathrm{d}x}=-\dfrac{\dfrac{\partial F}{\partial x}}{\dfrac{\partial F}{\partial y}}=\dfrac{yx^{y-1}-y^x\ln y}{xy^{x-1}-x^y\ln x}$;　　(3) $\dfrac{\mathrm{d}y}{\mathrm{d}x}=-\dfrac{\dfrac{\partial F}{\partial x}}{\dfrac{\partial F}{\partial y}}$

$=\dfrac{x+y}{x-y}$.

2.　(1) 令 $F(x,y,z)=\dfrac{x^2}{a^2}+\dfrac{y^2}{b^2}+\dfrac{z^2}{c^2}-1$, 则有 $\dfrac{\partial F}{\partial x}=\dfrac{2x}{a^2}$, $\dfrac{\partial F}{\partial y}=\dfrac{2y}{b^2}$, $\dfrac{\partial F}{\partial z}=\dfrac{2z}{c^2}$, 故

$$\dfrac{\partial z}{\partial x}=-\dfrac{\dfrac{\partial F}{\partial x}}{\dfrac{\partial F}{\partial z}}=-\dfrac{c^2 x}{a^2 z},\quad \dfrac{\partial z}{\partial y}=-\dfrac{\dfrac{\partial F}{\partial y}}{\dfrac{\partial F}{\partial z}}=-\dfrac{c^2 y}{b^2 z};$$

(2) $F(x,y,z)=e^x-xyz$, $\dfrac{\partial F}{\partial x}=e^x-yz$, $\dfrac{\partial F}{\partial y}=-xz$, $\dfrac{\partial F}{\partial z}=-xy$,

$$\dfrac{\partial z}{\partial x}=-\dfrac{\dfrac{\partial F}{\partial x}}{\dfrac{\partial F}{\partial z}}=\dfrac{e^x-yz}{xy}, \quad \dfrac{\partial z}{\partial y}=-\dfrac{\dfrac{\partial F}{\partial y}}{\dfrac{\partial F}{\partial z}}=-\dfrac{z}{y};$$

(3) $F(x,y,z)=\cos^2 x+\cos^2 y+\cos^2 z-1$, 则 $\dfrac{\partial F}{\partial x}=-\sin 2x$, $\dfrac{\partial F}{\partial y}=-\sin 2y$, $\dfrac{\partial F}{\partial z}=-\sin 2z$,

$$\dfrac{\partial z}{\partial x}=-\dfrac{\dfrac{\partial F}{\partial x}}{\dfrac{\partial F}{\partial z}}=-\dfrac{\sin 2x}{\sin 2z}, \quad \dfrac{\partial z}{\partial y}=-\dfrac{\dfrac{\partial F}{\partial y}}{\dfrac{\partial F}{\partial z}}=-\dfrac{\sin 2y}{\sin 2z};$$

(4) $F(x,y,z)=x^3+y^3+z^3-3axyz$, $\dfrac{\partial F}{\partial x}=3(x^2-ayz)$, $\dfrac{\partial F}{\partial y}=3(y^2-azx)$,

$$\dfrac{\partial F}{\partial z}=3(z^2-axy), \quad \dfrac{\partial z}{\partial x}=-\dfrac{\dfrac{\partial F}{\partial x}}{\dfrac{\partial F}{\partial z}}=-\dfrac{x^2-ayz}{z^2-axy}, \quad \dfrac{\partial z}{\partial y}=-\dfrac{\dfrac{\partial F}{\partial y}}{\dfrac{\partial F}{\partial z}}=-\dfrac{y^2-azx}{z^2-axy}.$$

3. $dz=-\dfrac{2xf_2'}{yf_1}dx-\dfrac{z}{y}dy$.　　4. $\dfrac{\partial x}{\partial y}\cdot\dfrac{\partial y}{\partial z}\cdot\dfrac{\partial z}{\partial x}=-1$.　　5. $\dfrac{\partial z}{\partial x}+\dfrac{\partial z}{\partial y}=1$.

6. $\dfrac{\partial^2 z}{\partial x^2}=\dfrac{2y^2 z e^z-2xy^3 z-y^2 z^2 e^z}{(e^z-xy)^3}$.

*8. $\dfrac{\partial u}{\partial x}=\dfrac{-uf_1'(zyvg_2'-1)-f_2'g_1'}{(xf_1'-1)(2yvg_2'-1)-f_2'g_1'}$, $\dfrac{\partial u}{\partial y}=\dfrac{g_1'(xf_1'+uf_1'-1)}{(xf_1'-1)(2yvg_2'-1)-f_2'g_1'}$.

*9. (1) $\dfrac{dx}{dz}=\dfrac{y-z}{x-y}$, $\dfrac{dy}{dz}=\dfrac{z-x}{x-y}$;

(2) $\dfrac{\partial u}{\partial x}=\dfrac{\sin v}{e^u(\sin v-\cos v)+1}$, $\dfrac{\partial u}{\partial y}=\dfrac{-\cos v}{e^u(\sin v-\cos v)+1}$,

$\dfrac{\partial v}{\partial y}=\dfrac{\cos v-e^u}{u[e^u(\sin v-\cos v)+1]}$, $\dfrac{\partial v}{\partial x}=\dfrac{\sin v+e^u}{u[e^u(\sin v-\cos v)+1]}$.

习题 7.6

1. (1) 极大值为 $f(2,-2)=8$;　　(2) 极大值为 $f\left(-\dfrac{1}{3},-\dfrac{1}{3}\right)=\dfrac{1}{27}$;　　(3) 极小值为 $f\left(\dfrac{1}{2},-1\right)=-\dfrac{1}{2}e$;　　(4) 极值为 $f\left(\dfrac{a}{3},\dfrac{a}{3}\right)=\dfrac{1}{27}a^3$, 当 $a<0$ 时, 是极小值, $a>0$ 时, 是极大值.

2. (1) 极大值为 $\dfrac{1}{4}$;　　(2) $z_{\min}=\dfrac{a^2 b^2}{a^2+b^2}$.　　3. $R=H=\sqrt[3]{\dfrac{V}{\pi}}$ 时, 所耗材料最少.

4. 最大体积为 $\dfrac{A}{6}\sqrt{\dfrac{A}{3}}$.

习题 7.7

1. (1) ① $\displaystyle\int_0^1 dx\int_0^{x^2} f(x,y)\,dy+\int_1^{\sqrt{2}} dx\int_0^{2-x^2} f(x,y)\,dy$;　　② $\displaystyle\int_0^4 dx\int_{\frac{x}{2}}^{\sqrt{x}} f(x,y)\,dy$;

③ $\int_0^1 dx \int_x^1 f(x,y) \, dy$;　　④ $\int_{-1}^1 dx \int_0^{\sqrt{1-x^2}} f(x,y) \, dy$;

(2) $\frac{1}{2}(1-e^{-4})$;　(3) $0 \leqslant I \leqslant 2$;　(4) $\iint\limits_{D}(x+y)^2 d\sigma \geqslant \iint\limits_{D}(x+y)^3 d\sigma$;　(5) $\pi-2$.

2. (1) $\frac{3}{4}\pi a^4$;　(2) $\frac{1}{6}a^3[\sqrt{2}+\ln(1+\sqrt{2})]$.

3. (1) $\frac{\pi}{4}(e-1)$;　(2) $\frac{\pi}{4}(2\ln2-1)$;　(3) $\frac{3}{64}\pi^2$.

4. (1) $\frac{9}{4}$;　(2) $\frac{3}{2}+\cos1+\sin1-\cos2-2\sin2$;　(3) $\frac{1}{3}R^3\left(\pi-\frac{4}{3}\right)$;　(4) $\frac{2}{3}\pi(b^3-a^3)$.

5. $\frac{17}{6}$.　6. $\frac{3}{32}\pi a^4$.

总习题 7

1. (1) $\{(x,y) \mid x^2+y^2 \leqslant 1, y > \sqrt{x} \geqslant 0\}$;　(2) $f_x(0,1)=1$;　(3) $2x-2y$;

(4) $dx-dy$;　(5) 充分，必要；　(6) 必要；　(7) $dz=dx-\sqrt{2}dy$;　*(8) $\left(\frac{\pi}{e}\right)^2$;

*(9) $\frac{\partial^2 z}{\partial x \partial y}=yf''(xy)+a\varphi'(ax+y)+ay\varphi''(ax+y)$.

2. $\{(x,y) \mid 0 < x^2+y^2 < 1, y^2 \leqslant 4x\}$, $\frac{\sqrt{2}}{\ln\frac{3}{4}}$.　3. 提示：$\left|\frac{xy}{\sqrt{x^2+y^2}}\right| \leqslant \frac{1}{2}\sqrt{x^2+y^2}$.

4. (1) $\frac{\partial z}{\partial x}=y^2(1+xy)^{y-1}$, $\frac{\partial z}{\partial y}=(1+xy)^y[\ln(1+xy)+\frac{xy}{1+xy}]$;

(2) $\frac{\partial z}{\partial t}=-kn^2 e^{-kn^2 t}\cos nx$, $\frac{\partial z}{\partial x}=-n e^{-kn^2 t}\sin nx$;

(3) $\frac{\partial z}{\partial x}=e^{\frac{x^2+y^2}{xy}}\left(2x+\frac{2(x^2+y^2)}{y}-\frac{(x^2+y^2)^2}{x^2 y}\right)$,

$\frac{\partial z}{\partial y}=e^{\frac{x^2+y^2}{xy}}\left(2y+\frac{2(x^2+y^2)}{x}-\frac{(x^2+y^2)^2}{xy^2}\right)$.

5. 提示：$(0,0)$ 处的偏导数应按定义求

$f_x(x,y)=\begin{cases}\dfrac{2xy^3}{(x^2+y^2)^2}, & x^2+y^2 \neq 0 \\ 0, & x^2+y^2=0\end{cases}$, $f_y(x,y)=\begin{cases}\dfrac{x^2(x^2-y^2)}{(x^2+y^2)^2}, & x^2+y^2 \neq 0 \\ 0, & x^2+y^2=0\end{cases}$.

9. $2\ln2+1$.　10. $\frac{\partial u}{\partial x} \cdot \frac{\partial v}{\partial x}=(f_1+yf_2)(1+y)g'$.

11. $\frac{\partial^2 z}{\partial x \partial y}=2f''+g''_{12}x+g'_2+xyg''_{22}$.

*12. $\frac{\partial u}{\partial x}=\frac{-uf'_1(zyvg'_2-1)-f'_2g'_1}{(xf'_1-1)(2yvg'_2-1)-f'_2g'_1}$, $\frac{\partial u}{\partial y}=\frac{g'_1(xf'_1+uf'_1-1)}{(xf'_1-1)(2yvg'_2-1)-f'_2g'_1}$.

13. $x_{长}=y_{宽}=\sqrt{\frac{A}{3a}}$, $z_{高}=\frac{a}{2b}\sqrt{\frac{A}{3a}}$.

14. 当长，宽都是 $\sqrt[3]{2k}$ ，而高 $\dfrac{1}{2}\sqrt[3]{2k}$ 为时，表面积最小.　　15. $\left(\dfrac{8}{5},\dfrac{16}{5}\right)$.

16. (1) $\iint\limits_{D}(x+y)^2\mathrm{d}\sigma\leqslant\iint\limits_{D}(x+y)^3\mathrm{d}\sigma$;　　(2) $\iint\limits_{D}\ln(x+y)^2\mathrm{d}\sigma\leqslant\iint\limits_{D}\ln(x+y)\,\mathrm{d}\sigma$.

17. (1) $\mathrm{e}-\mathrm{e}^{-1}$;　　(2) $\dfrac{13}{6}$;　　(3) $\dfrac{\pi}{4}R^4+9\pi R^2$.

18. (1) $I=\displaystyle\int_{-r}^{r}\mathrm{d}x\int_{0}^{\sqrt{r^2-x^2}}f(x,y)\,\mathrm{d}y$, $I=\displaystyle\int_{0}^{r}\mathrm{d}y\int_{-\sqrt{r^2-y^2}}^{\sqrt{r^2-y^2}}f(x,y)\,\mathrm{d}x$;

(2) $I=\displaystyle\int_{-2}^{-1}\mathrm{d}x\int_{-\sqrt{4-x^2}}^{\sqrt{4-x^2}}f(x,y)\,\mathrm{d}y+\int_{-1}^{1}\mathrm{d}x\int_{\sqrt{1-x^2}}^{\sqrt{4-x^2}}f(x,y)\,\mathrm{d}y+$

$\displaystyle\int_{-1}^{1}\mathrm{d}x\int_{-\sqrt{4-x^2}}^{-\sqrt{1-x^2}}f(x,y)\,\mathrm{d}y+\int_{1}^{2}\mathrm{d}x\int_{-\sqrt{4-x^2}}^{\sqrt{4-x^2}}f(x,y)\,\mathrm{d}y$,

$I=\displaystyle\int_{1}^{2}\mathrm{d}y\int_{-\sqrt{4-y^2}}^{\sqrt{4-y^2}}f(x,y)\,\mathrm{d}x+\int_{-1}^{1}\mathrm{d}y\int_{-\sqrt{1-y^2}}^{-\sqrt{1-y^2}}f(x,y)\,\mathrm{d}x+$

$\displaystyle\int_{-1}^{1}\mathrm{d}y\int_{\sqrt{1-y^2}}^{\sqrt{4-y^2}}f(x,y)\,\mathrm{d}x+\int_{-2}^{-1}\mathrm{d}y\int_{-\sqrt{4-y^2}}^{\sqrt{4-y^2}}f(x,y)\,\mathrm{d}x$.

19. 6π .　　20. $8\pi(5-\sqrt{2})\leqslant I\leqslant 8\pi(5+\sqrt{2})$.　　21. $6a^3$.　　22. $\dfrac{5}{6}+\dfrac{\pi}{4}$.

第 8 章

习题 8.1

1. (1) $\dfrac{1}{n(n+3)}$;　　(2) $\dfrac{(-1)^{n+1}a^2}{2n+1}$;　　(3) $a_n=\begin{cases}2k-1, & n=2k-1\\ \dfrac{1}{2k}, & n=2k\end{cases}\quad(k=1,2,\cdots)$.

2. 1.　　3. (1) $S_n=\dfrac{1}{5}\left(1-\dfrac{1}{5n+1}\right)$ ，收敛且其和为 $\dfrac{1}{5}$;

(2) $S_n=(\sqrt{n+2}-\sqrt{n+1})-(\sqrt{2}-1)$ ，收敛且其和为 $1-\sqrt{2}$.

4. (1) 发散；　(2) 发散；　(3) 收敛；　(4) 收敛；　(5) 收敛；　(6) 发散；　(7) 收敛；
(8) 收敛　；　(9) 发散；　(10) 发散

习题 8.2

1. (1) 发散；　(2) 收敛；　(3) 收敛；　(4) 收敛；　(5) 收敛；　(6) 收敛；　(7) 收敛；
(8) 发散.

2. (1) 发散；　(2) 收敛；　(3) 发散；　(4) 收敛.

3. (1) 收敛；　(2) 收敛；　(3) 收敛.

4. (1) 收敛；　(2) 发散；　(3) 收敛

习题 8.3

(1) 绝对收敛；　　(2) 发散；　(3) 条件收敛；　(4) 绝对收敛；　(5) 发散

习题 8.4

1. (1) $R=1,(-1,1)$;　　(2) $R=5,(-5,5)$;　　(3) $R=2,(-2,2)$;

(4) $R = 1$, $(1, 3)$.

2. 收敛.　　3. $x = a$.　　4. $[-1, 1)$.

5. (1) $\dfrac{1}{(1-x)^2}$, $|x| < 1$;　(2) $\dfrac{1}{2} \ln \dfrac{1+x}{1-x}$, $|x| < 1$;　(3) $(x+1)e^x$, $x \in (-\infty, +\infty)$.

习题 8.5

1. (1) $\displaystyle\sum_{n=0}^{\infty} \frac{(\ln a)^n}{n!} x^n$, $x \in (-\infty, +\infty)$;　(2) $x + \displaystyle\sum_{n=1}^{\infty} \frac{(-1)^{n+1}}{n(n+1)} x^{n+1}$, $x \in (-1, 1]$.

2. $\displaystyle\sum_{n=0}^{\infty} (-1)^n (x-1)^n$, $x \in (0, 2)$.　　3. $\displaystyle\sum_{n=0}^{\infty} \frac{(-1)^n}{n+1} (x-1)^{n+1}$, $x \in (0, 2]$.

4. $\displaystyle\sum_{n=0}^{\infty} (-1)^n \left(\frac{1}{2^{n+2}} - \frac{1}{2^{2n+3}} \right) (x-1)^n$, $x \in (-1, 3)$.　　5. $\displaystyle\sum_{n=0}^{\infty} \frac{(-1)^n}{2^{n+1}} x^n$, $x \in (-2, 2)$.

6. $\displaystyle\sum_{n=0}^{\infty} \frac{(-2)^n}{n!} x^n$, $x \in (-\infty, +\infty)$.

总习题 8

1. (1) $u_1 - a$;　(2) 收敛.

2. (1) B;　(2) C;　(3) B;　(4) D.

3. (1) 提示:分别求出 y' 和 y'' 代入微分方程;

(2) $y(x) = \dfrac{2}{3} e^{-\frac{x}{2}} \cos \dfrac{\sqrt{3}}{2} x + \dfrac{1}{3} e^x$, $-\infty < x < +\infty$.

4. $\ln (1-x-2x^2) = \displaystyle\sum_{n=1}^{\infty} \frac{(-1)^{n+1} - 2^n}{n} x^n$, 收敛区间 $\left[-\dfrac{1}{2}, \dfrac{1}{2} \right)$.

5. 收敛区间为 $(-3, 3)$, $x = -3$ 时收敛, $x = 3$ 时发散.

6. $f(x) = \displaystyle\sum_{n=0}^{\infty} \left[-\frac{1}{3^{n+1}} + \frac{(-1)^n}{2^{n+1}} \right] (x-1)^n$, 收敛区间 $(-1, 3)$.

7. 收敛域 $[-1, 1]$; $S(x) = 2x^2 \arctan x - x \ln(1+x^2)$, $x \in [-1, 1]$.

8. 收敛域为 $(-1, 1)$, $S(x) = \dfrac{3-x}{(1-x)^3}$, $x \in (-1, 1)$.

9. 收敛域为 $[-1, 1]$, $S(x) = (1+x)\ln(1+x) + (1-x)\ln(1-x)$, $x \in [-1, 1]$.

10. 4.　　11. $\displaystyle\sum_{n=1}^{\infty} f_n(x) = -e^x \ln(1-x)$, $x \in [-1, 1)$.　　12. $\dfrac{4}{3}$.　　13. 3980 万元.

14. $\ln(2+\sqrt{2})$.　　15. $f(x) = 1 - \dfrac{1}{2} \ln(1+x^2)$;　极大值 $f(0) = 1$.

16. (1) $y' = xy + \dfrac{1}{2} x^3$, $y(0) = 0$;　(2) $S(x) = -\dfrac{1}{2} x^2 + e^{\frac{1}{2} x^2} - 1$, $x \in R$.

17. $S(x) = \begin{cases} \dfrac{1}{2x} \ln \dfrac{1+x}{1-x} - \dfrac{1}{1-x^2}, & 0 < |x| < 1 \\ 0, & x = 0 \end{cases}$.

第 9 章

习题 9.1

1. (1) 一阶；　(2) 二阶；　(3) 三阶；　(4) 一阶.

3. $Ck\mathrm{e}^{kt}=-0.03C\mathrm{e}^{kt}$, C 取值任意, $k=-0.03$. 　4. $\omega=\pm3$. 　5. $y''=a(y')^2$.

6. $xy'-y+x=0$. 　7. $y'=y-x+1$. 　8. $\dfrac{\mathrm{d}y}{\mathrm{d}x}=2x+y,y(0)=0$.

9. $m\dfrac{\mathrm{d}v}{\mathrm{d}t}=-kt$, $v(10)=50,F(10)=4$.

10. $x(P)+Px'(P)=0,\dfrac{Ex}{EP}=\dfrac{P}{x}\cdot\dfrac{\mathrm{d}x}{\mathrm{d}P}=-\dfrac{P}{x}\cdot\dfrac{x}{P}=-1$.

习题 9.2

1. (1) $y=C\mathrm{e}^{x^2}$；　(2) $y=-\dfrac{3}{x^3+C}$ 及 $y=0$；　(3) $y=\mathrm{e}^{1+x+\frac{x^2}{2}+\frac{x^3}{3}}$；

(4) $y^2=\mathrm{e}^x(\sin x-\cos x)+C$；　(5) $(x-4)y^4=Cx$；　(6) $\sin x\sin y=C$；

(7) $y=2\mathrm{e}^{x(\ln x-1)+1}$；　(8) $y=\mathrm{e}^x$；　(9) $y=\sin\left(\dfrac{1}{2}x^2+C\right)$；　(10) $\ln^2 x+\ln^2 y=C$；

(11) $\mathrm{e}^y=\mathrm{e}^x+\mathrm{e}-1$；　(12) $y=Cx\mathrm{e}^{-x}$, 其中 C 为任意常数.

2. (1) $y+\sqrt{x^2+y^2}=cx^2$；　(2) $y=2x\arctan x$；　(3) $x^3+y^3=cx^2$；

(4) $y=\dfrac{2x}{1+x^2}$；　(5) $y=x\mathrm{e}^{1-x}$；　(6) $2\arctan\dfrac{y+3}{x+1}+\ln[(x+1)^2+(y+3)^2]=c$；

(7) $x+3y+2\ln|x+y-2|=c$.

3. (1) $y=\mathrm{e}^{-x}(x+c)$；　(2) $y=x^n(\mathrm{e}^x+c)$；　(3) $x=2(y-1)+c\mathrm{e}^{-y}$；　(4) $x=\dfrac{1}{\cos y}(y+c)$；　(5) $y=(1+x)\mathrm{e}^x$；　(6) $y=\dfrac{2(1+x^3)}{3(1+x^2)}$；　(7) $y=2(1+\ln x)-x$；　(8) $y=\mathrm{e}^{-x^2}(\sin x-x\cos x+1)$；　(9) $y^3=3x^4+cx^3$；　(10) $\dfrac{1}{x^2}=1-y^2+c\mathrm{e}^{-y^2}$；

(11) $y^2=x+x^2c$；　(12) $\dfrac{1}{2}x^2+x^3\mathrm{e}^{-y}=c$；　(13) $\dfrac{x^3}{3}-y^2+xy=c$；

(14) $\arctan\dfrac{x}{y}=x+c$.

4. $R=R_0\mathrm{e}^{-0.000433t}$ (时间以年为单位). 　5. $C(x)=(1+x)[\ln(1+x)+C_0]$.

6. $xy=6$. 　7. $x=C\mathrm{e}^{-p\ln 3}$, $x=1200\cdot3^{-1}=400$.

8. $f(x)=-\dfrac{1}{(x-1)^2}$. 　9. $y=-x^2+cx$.

习题 9.3

1. (1) $y=(x-3)\mathrm{e}^x+\dfrac{c_1x^2}{2}+c_2x+c_3$；

(2) $y=\displaystyle\int\arctan x\,\mathrm{d}x+c_1x=x\arctan x-\dfrac{1}{2}\ln(1+x^2)+c_1x+c_2$；　(3) $y=c_1\arctan x+c_2$；

(4) $y = -\ln|x + c_1| + c_2$；　　(5) $1 + c_1 x^2 = (c_1 t + c_2)^2$；　　(6) $y = c_2 e^{c_1(x-y)}$；

(7) $y^2 = c_1 x^2 + 2c_1 \left[\dfrac{x}{2}\sqrt{1+x^2} + \dfrac{1}{2}\ln(x + \sqrt{1+x^2})\right] + c_2$．

2.　(1) $y = \dfrac{1}{6}x^3\ln x - \dfrac{11}{36}x^3 + \dfrac{11}{36}$；　　(2) $y = \ln x + \dfrac{1}{2}\ln^2 x$；　　(3) $y = x$；

(4) $y^2 = 4x + 1$；　　(5) $y = \dfrac{(x+2)^4}{16}$．

习题 9.4

1.　(1) $y = (c_1 + c_2 x)e^{2x}$；　　(2) $y = c_1 e^{-x} + c_2 e^{2x}$；　　(3) $y = 9e^{-2x} - 8e^{-3x}$；

(4) $y = -\dfrac{1}{3}e^x\cos 3x$．

2.　(1) $y = (1 - 12x)e^{-2x} + c_1 e^{-5x} + c_2 e^{2x}$；　　(2) $y = (x+1)^2 + c_1 e^{2x} + c_2 e^{4x}$；

(3) $y = -\dfrac{1}{8}\cos 3x + \dfrac{5}{8}\cos x + 4\sin x$；　　(4) $y = \dfrac{1}{2}x^2 e^{4x} + xe^{4x}$；

3.　$y = c_1 + c_2 e^x + x$.　　4.　$f(x) = -2x + 2e^x$.　　5.　$y = c_1 e^x + c_2 e^{2x} + xe^x$.

6.　$\varphi(x) = \dfrac{1}{2}(\cos x + \sin x + e^x)$.

习题 9.5

1.　$C(x) = \dfrac{3e^x}{1 + 2e^{3x}}$.　　2.　$R(t) = \dfrac{a}{bS_0}e^{bt} - \dfrac{a}{bS_0}$.

3.　(1) $D(t) = \dfrac{\alpha Y_0}{\gamma}e^{\gamma t} + \beta t + D_0 - \dfrac{\alpha Y_0}{\gamma}$；　　(2) $\dfrac{\alpha}{\gamma}$.

4.　(1) $Y(t) = Y_e + (Y_0 - Y_e)e^{\mu t}$，$C(t) = a(Y_0 - Y_e)e^{\mu t} + Y_e$，$I(t) = (1-a)(Y_0 - Y_e)e^{\mu t}$；

(2) $\dfrac{1}{1-a}$.

总习题 9

1.　(1) $\checkmark$；　　(2) $\times$；　　(3) $\checkmark$；　　(4) $\checkmark$；　　(5) $\times$；　　(6) $\checkmark$.

2.　(1) C；　　(2) A；　　(3) C；　　(4) C；　　(5) B；　　(6) C；　　(7) D；　　(8) D；
(9) C；　　(10) A.

3.　(1) $x(ax^3 + bx^2 + cx + d)$；　　(2) $e^{3x}(c_1\cos x + c_2\sin x)$；　　(3) $x(ax+b) + cxe^{-x}$；

(4) $y = c_1 e^{x^2} + c_2 xe^{x^2}$；　　(5) $y = \dfrac{1}{2}c_1 x^2 + c_2 x - e^{-x} + c_3$；　　(6) $y^* = x(ax+b) + cxe^{-4x}$.

4.　(1) 特解为 $\arctan y = \ln\dfrac{1+x^2}{2}$.　　(2) 通解为 $\sin\dfrac{y}{x} = Cx^3$.　　(3) 通解为 $y = \dfrac{1}{1 + Ce^{x^2}}$.

(4) 通解为 $y=C_1\mathrm{e}^x+C_2\mathrm{e}^{2x}-\mathrm{e}^x(\sin x+\cos x)$.

(6) ① $y^2y'^2+y^2=1$；　② $y''+4y=0$.

(7) ① $y'=x^2$；　② $yy'+2x=0$；　③ $\begin{cases}x^2(1+y'^2)=4\\ y\mid_{x=2}=0\end{cases}$.

第10章

习题 10.1

1. (1) 7；　(2) 4.

2. (1) 不是；　(2) 是，线性.

3. (1) $y_{t+1}-y_t=3$；　(2) $y_{t+2}-5y_{t+1}+4y_t=5$；　(3) $y_{t+1}+y_t-3=0$；(4) $y_{t+3}-y_{t+2}=5$.

习题 10.2

1. $y_t=A3^t$.　2. $y_t=A3^t+1$.　3. $y_t=3\left(\dfrac{3}{2}\right)^t+2\left(\dfrac{1}{2}\right)^t$.

4. $y_t=-\left(\dfrac{5}{9}+\dfrac{2}{3}t+t^2\right)+A4^t$.　5. $y_t=5+2t+t^2$.

6. $y_t=\dfrac{1}{3}t+\dfrac{7}{9}+\dfrac{2}{9}\cdot\left(-\dfrac{1}{2}\right)^t$.　7. $y_t=-\dfrac{36}{125}+\dfrac{1}{25}t+\dfrac{2}{5}t^2+A(-4)^t$.

8. $Y_t=A\left(1+\dfrac{\alpha}{\beta}\right)^t=\left(1+\dfrac{\alpha}{\beta}\right)^tY_0$，$S_t=I_t=\alpha Y_{t-1}=\alpha\left(1+\dfrac{\alpha}{\beta}\right)^{t-1}Y_0$.

9. 20 年内要筹措资金 90073.45 元，平均每月要存入银行 194.95 元.

习题 10.3

1. $y_t=C_1(-1)^t+C_24^t$.　2. $y_t=(C_1+C_2t)(-2)^t$.

3. $y_t=2^t\left(C_1\cos\dfrac{\pi}{3}t+C_2\sin\dfrac{\pi}{3}t\right)$.　4. $y_t=4t+\dfrac{4}{3}(-2)^t-\dfrac{4}{3}$.

5. $y_t=t\left(-\dfrac{7}{50}+\dfrac{1}{10}t\right)+C_1(-4)^t+C_2$.　6. $y_t=\dfrac{2^t}{3}+(C_1+C_2t)(-1)^t$.

7. $y_t=-t^2\left(-\dfrac{1}{2}\right)^{t-1}+(C_1+C_2t)\left(-\dfrac{1}{2}\right)^t$.

总习题 10

1. (1) 2；　(2) $A\cdot2^t-t-1$；　(3) 6 阶.　2. (1) A；　(2) A.

4. (1) 0；　(2) $(a-1)a^x$；　(3) $2\cos\left(x+\dfrac{1}{2}\right)\sin\dfrac{a}{2}$.

7. (1) $y_t=A5^t-\dfrac{3}{4}$（通解），$y_x=\dfrac{37}{12}5^x-\dfrac{3}{4}$（特解）；

(2) $y_x=A\left(-\dfrac{1}{2}\right)^x+\dfrac{1}{7}3^x$；　(3) $y_t=A+t-3t^2+2t^3$；

(4) $y_x=A_14^x+A_2(-2)^x$；　(5) $y_t=2^t\left(A_1\cos\dfrac{\pi}{2}t+A_2\sin\dfrac{\pi}{2}t\right)$；

(6) $y_x = -4 + A_1 2^x + A_2 (-3)^x$（通解），$y_x = -4 + 3 \cdot 2^x + (-3)^x$（特解）；

(7) $y_x = \dfrac{1}{4} 3^x + A_1 + A_2 (-1)^x$.

8. (1) $y_x = \left(A_1 \cos \dfrac{\pi}{3} x + A_2 \sin \dfrac{\pi}{3} x \right) + \dfrac{\beta \gamma_0}{3}$;

(2) $y_x = (\sqrt{2})^x \left(A_1 \cos \dfrac{\pi}{4} x + A_2 \sin \dfrac{\pi}{4} x \right) + \dfrac{\beta \gamma_0}{5}$.